程序思维之前端框架实战系列

U0183041

Vue
全家桶

Vue.js
从入门到企业级实战

ES 6

ProMAX版

Vue

李 杰/编 著

router

axios

Vuex

中国水利水电出版社
www.waterpub.com.cn
· 北京 ·

内 容 提 要

《Vue.js从入门到企业级实战》是一本以高薪就业为目的，完全还原真实项目、真实服务端数据接口的Vue实战教程。全书共分为两大篇：Vue2篇和Vue3篇。其中，Vue2篇由基础知识和实战两大部分组成，包括学习Vue前的准备工作、Vue基础、组件、过渡与动画、可复用性组合、vue-cli的安装与配置、Vue全家桶之router、Postman软件的使用、Vue全家桶之axios、使用Fetch与服务端通信、Vue全家桶之Vuex、第三方插件和UI库的使用、项目架构搭建和企业级项目实战；Vue3篇为电子书，包括Vue3开发必学的TypeScript语法、用Vue3创建项目、Vue3新特性Composition API、用Vue3开发插件及使用第三方UI库。

《Vue.js从入门到企业级实战》内容丰富，实用性强，以面试内容和实战项目为基础进行讲解，所讲解的每个知识点都会让读者知道在实际项目的开发中如何使用，教会读者如何快速学会Vue编程并进行实战开发。本书可作为正在工作或打算学习Vue以获得高薪就业的初学者的参考书，也可作为相关培训机构的辅导教材。

图书在版编目（CIP）数据

Vue.js从入门到企业级实战 / 李杰编著 . — 北京：
中国水利水电出版社，2022.7
　　ISBN 978-7-5226-0665-1

Ⅰ . ① V… Ⅱ . ①李… Ⅲ . ①网页制作工具—程序
设计 Ⅳ . ① TP393.092.2

　　中国版本图书馆 CIP 数据核字 (2022) 第 071838 号

书　　名	Vue.js 从入门到企业级实战 Vue.js CONG RUMEN DAO QIYE JI SHIZHAN
作　　者	李杰　编著
出版发行	中国水利水电出版社 （北京市海淀区玉渊潭南路 1 号 D 座 100038） 网址：www.waterpub.com.cn E-mail：zhiboshangshu@163.com 电话：（010）62572966-2205/2266/2201（营销中心）
经　　售	北京科水图书销售有限公司 电话：（010）68545874、63202643 全国各地新华书店和相关出版物销售网点
排　　版	北京智博尚书文化传媒有限公司
印　　刷	北京富博印刷有限公司
规　　格	190mm×235mm　16 开本　37.75 印张　884 千字
版　　次	2022 年 7 月第 1 版　2022 年 7 月第 1 次印刷
印　　数	0001—3000 册
定　　价	129.80 元

前 言

前端工程师是目前最流行的职位，可与大数据、人工智能、云计算等火爆职位相媲美。前端工程师入门简单，适合大众人群（初中以上学历），学习人群广泛，工资高、就业好。前端开发技术包括HTML5+CSS3+JavaScript+Node，目前最火的前端框架包括Vue（Vue即Vue.js，本书为方便学习，统一称为Vue）和React。本书是Vue的高实用教程，包括商业正式项目和面试必问知识点，实战项目涵盖了实际工作中遇到的大部分问题和解决方案，学完后，工作得心应手。

为什么必须要学习ES 6+Vue2+TypeScript(TS)+Vue3？因为工作中80%的内容都是在维护老项目，而这些项目都是使用Vue2开发的。有一些项目需要兼容IE浏览器，至少要兼容到IE 10或IE 11，那么必须要使用Vue2开发，因为Vue3不支持IE浏览器。开发新项目并且不需要兼容IE时一般会使用Vue3。但是在企业中一般使用Vue3都需要用TS来开发，因为TS适合开发大型项目，而Vue3最大的优势就是完美支持TS，可以开发大型项目。在学习TS之前，还要学习ES 6，因为TS中包括ES 6语法，如果没有学会ES 6，学习TS就会比较吃力。在学习过程中要注意区分Vue2与Vue3，如Vue2和Vue3的响应式原理、Vue3的新特性等。那么完成本书的学习后，如何测试自己处于什么样的水平呢？如果可以将Vue2开发的实战项目转换成Vue3的模式，那么你可以开发3年工作经验难度的项目；如果只能开发Vue2的项目，那么你也能拥有1～2年开发项目的实力，唯一不足的就是解决问题的能力略有欠缺，毕竟没有真实的工作经验。不过没有关系，可以通过上网搜索解决临时遇到的问题，上网搜索可以解决99%的工作中遇到的问题，而剩下的1%可以求助同事或老师。读者可以扫描书中的二维码关注"html5程序思维"公众号，发送指令help到公众号后台，获得帮助。

学习技巧

如果你是职场精英，公司需要使用Vue开发项目，那么你可以从本书中快速学习开发项目的技巧并应用到企业中。

如果你是职场小白，那么你可以通过本书从基础开始学习，直到开发出企业级实战项目，在这个学习的过程中，提升自学能力、解决问题的能力、读代码二次开发的能力、举一反三的能力。有了这些能力，可以帮助你找到高薪并且稳定的工作。

详细的学习技巧可以扫描书中二维码观看视频学习。

本书内容组织

本书由Vue2 和Vue3两篇组成，其中，Vue2篇由14章组成；Vue3篇是电子书形式，由两章组成。

Vue2篇主要介绍学习Vue2前的准备工作部分、Vue全家桶（Vue+router+axios+Vuex）部分及企业级实战部分。

学习Vue2前的准备工作部分主要介绍MVC、MVP、MVVM框架及编程模式的区别，ES 6必备的14个特性及语法。

Vue全家桶（Vue+router+axios+Vuex）部分主要介绍Vue基础、组件、过渡与动画、可复用性组合、vue-cli的安装与配置、Vue全家桶之router、Postman软件的使用、Vue全家桶之axios、使用Fetch与服务端通信、Vue全家桶之Vuex、第三方插件和UI库的使用。

企业级实战部分介绍了如何搭建仿京东电商系统，是本书的重中之重，也是本书优于其他Vue教程的法宝。将真实数据接口用于实战项目，不仅能让读者学到的基础知识更加巩固，而且能让读者的前端技术有一个质的提高。

此外，本篇还会介绍Vue的基本语法、原理、面试的一些重点知识，实战开发必备的技能，如何独立开发项目、搭建项目架构，以及开发出性能高、兼容性好、扩展性强、维护性强的代码，如Vuex的异步数据流开发、Vue-i18n多语言国际化、第三方插件和UI库的使用、自定义封装组件等，最终开发出一套仿京东电商系统的企业级实战项目。完成本书的学习并熟练开发本书项目后，读者将拥有3年以上的技术实力，有助于找到高薪且稳定的工作。

Vue3 篇由学习Vue3前的准备工作部分和Vue3 新特性部分构成。前一部分涉及TypeScript、Vue3的基础知识及语法，后一部分涉及Vue3 的 Composition API、开发插件与第三方UI库。读者可以在"本书显著特色"模块中的"4.在线服务"中，根据相关提示获取电子书材料进行阅读、学习。

本书显著特色

1. 视频讲解

本书关键章节配有二维码，使用手机微信扫一扫，可以随时随地观看视频讲解。一方面，视频讲解可以帮助读者增强逻辑思维，提高举一反三、自我学习、解决问题的能力；另一方面，可以增加读者在工作中的实战技巧，提升修补各种漏洞的能力，开发出高性能、高兼容、高维护的项目。此外，笔者用幽默风趣的语言将抽象的问题具体化，使每一个知识点都对应实战开发项目。

2. 实战项目

真实的企业级仿京东电商系统开发实战，包括完整的接口文档，实用的商品详情、订单管理等开发人员必会功能。

3. 资源放送

本书提供的配套学习资源如下：

- 205集（约3079分钟）视频讲解；
- 204个配套源代码包；
- 381页Vue精品教学课件；
- 企业级完整接口文档。

另外，本书附赠以下学习资源，供读者在工作与学习中进一步掌握相关知识。

- 赠送价值5000元的移动端电商系统（采用PHP+MySQL+Vue+React框架开发）；
- 赠送前台和后台架构模板；
- 特别奉送上百道前端面试题，助读者面试一臂之力；
- 可以向笔者咨询工作中的问题，未必局限于本书。

4. 在线服务

本书提供售后疑难解答服务，有以下3种方式：

（1）扫描下方二维码，关注微信公众号"html5程序思维"，在后台发送"Vue23"，添加笔者QQ或微信进行远程答疑。

（2）加入QQ群：211851273，或关注抖音号（html5程序思维）、快手号（html5程序思维）与笔者或同行在线交流。

（3）扫描下方二维码，加入"本书专属读者在线服务交流圈"，与本书其他读者一起，分享读书心得、提出对本书的建议，以及咨询笔者问题等。

html5 程序思维公众号

本书专属读者在线服务交流圈

本书资源下载

本书提供全部配套视频和源代码包，有以下两种下载方式：

（1）扫描下方二维码，关注微信公众号"html5程序思维"，在后台发送"Vue23"，获得本书资源下载链接，然后将此链接复制到计算机浏览器的地址栏中，根据提示下载即可。

（2）扫描下方二维码，加入"本书专属读者在线服务交流圈"，在置顶的动态中获得本书资源下载链接，然后将此链接复制到计算机浏览器的地址栏中，根据提示下载即可。

html5 程序思维公众号　　　　　　本书专属读者在线服务交流圈

关于作者

李杰，资深前端工程师，技术总监，拥有10年以上一线大型项目开发经验，以及丰富的Web前端和移动端开发经验，擅长HTML5、JavaScript、Vue、uni-app、React、PHP、MySQL、混合式App开发。

程序思维创始人，曾任八维教育实训主任、千锋教育高级HTML5前端讲师，尚品中国联合创始人，学橙教育联合创始人。与许多大型企业合作开发过项目，服务百余客户，开发千余案例。

网易、CSDN、51CTO签约讲师，各大平台视频课程销量名列前茅。

2018年创业开发的学橙教育App入围APICloud教育行业优秀案例。

2020年畅销React视频课程受CSDN邀请入选平台"前端入门到全栈一卡通"套餐课，课程大卖，好评不断。

李杰

2022 年 5 月

目　录

Vue2 篇

由于篇幅有限，为了便于读者全方位地学习Vue，本书第二部分以电子书的形式介绍Vue3的相关内容，读者可根据本书前言中所述方式获取学习资源。

Vue3 篇

第 1 章

学习 Vue 前的准备工作

在学习Vue前了解MVC、MVP、MVVM编程模式的区别，有助于快速理解Vue和面试。好的开发工具可以提高你的编程速度和理解代码的能力，学习Vue需要有ES 6基础，所以在学习Vue前要先学习一下ES 6。

1.1 MVC、MVP、MVVM 框架及编程模式的区别

在学习Vue前端框架前，先了解一下框架常用的几种设计模式，便于更好地理解Vue，面试也是会问的。所谓设计模式（Design Pattern），其实是框架结构的呈现，目的是分离应用程序的页面展示、网络数据交互、数据呈现。随着项目复杂度的不断变化，新的框架也在不断更新迭代，从最早的MVC模式，到后面的MVP以及MVVM，都是对项目的一种重构。

1.1.1 MVC 框架

1. MVC 简介

MVC的全称为Model-View-Controller，即模型—视图—控制器的缩写，是一种软件设计规范，在Vue出现之前，开发Web并不是前后端分离，而是后端语言与前端语言混编在一起，维护困难，而MVC通常用于端语言，如PHP、NET、Java等。这样在开发时可以做到视图、模型、控制器相分离，使开发者维护更方便、代码更清晰。MVC通信方式如图1.1所示。

例如，后端语言Java常用的MVC框架有Struts、Spring；后端语言PHP常用的MVC框架有ThinkPHP、Laravel。

2. MVC 编程模式

（1）Model通常用于对数据库的操作。

（2）View通常用于页面显示，即用HTML、CSS、JavaScript语言编写的静态页面。

（3）Controller是Model和View通信的桥梁，负责从视图读取数据，并向模型发送数据。

3. MVC 框架特点

（1）用户可以向 View 发送指令（DOM 事件），再由 View 直接要求 Model 改变状态。

（2）用户也可以直接向 Controller 发送指令，再由 Controller发送给 View。

（3）Controller 非常浅，只起到路由的作用；而 View 非常深，业务逻辑都部署在 View中。

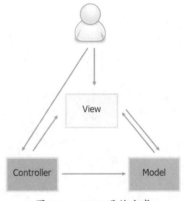

图 1.1   MVC 通信方式

1.1.2 MVP 框架

1. MVP 简介

MVP的全称为Model-View-Presenter，即模型—视图—表现层的缩写。Model通常用于对数据库的操作，View负责页面显示，Presenter代替了Controller负责逻辑的处理。

在MVP中View并不直接使用Model，它们之间的通信是通过Presenter（MVC中的Controller）进行的，所有的交互都发生在Presenter内部，Presenter完全把Model和View进行了分离，可以修改View而不影响Model，可以更高效地使用Model，因为所有的交互都发生在

Presenter内部。可以将一个Presenter用于多个View，不需要改变Presenter的逻辑。这个特性非常有用，因为View的变化总是比Model的变化频繁。图1.2显示了MVP通信方式。

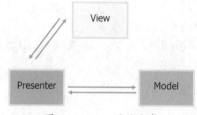

图 1.2　MVP 通信方式

从图1.2可以看出，View和Model是不需要直接交互的，交互都发生在Presenter中。

2. MVP 编程模式

（1）M（Model）：用于数据以及数据处理逻辑。

（2）V（View）：用于页面以及页面UI的显示和变化。

（3）P（Presenter）：中间件，M和V互不干涉，全靠P交互。

简单来说，M和V的代码中，各自实现各自的逻辑，不能有与对方相关的代码。P的代码中，必须有M和V的代码，用于二者的交互。

3. MVP 框架特点

（1）各部分之间的通信都是双向的。

（2）View 与 Model 不发生联系，都是通过 Presenter 进行交互的。

（3）View 非常浅，不部署任何业务逻辑，称为被动视图（Passive View），即没有任何主动性；而 Presenter非常深，所有业务逻辑都部署在 Presenter 中。

1.1.3　MVVM 框架

1. MVVM 简介

MVVM是Model-View-ViewModel的缩写，可以理解为MVP的升级版，MVVM没有MVC模式的 Controller ，也没有MVP模式的Presenter，有的是一个数据绑定器。在View模型中，绑定器在View和数据绑定器之间进行通信。图1.3显示了MVVM通信方式。

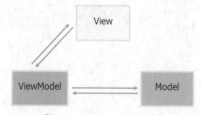

图 1.3　MVVM 通信方式

2. MVVM 编程模式

（1）Model：代表了描述业务逻辑和数据的一系列类的集合。它也定义了数据修改和操作的业务规则。

（2）View：代表了UI组件，如CSS、jQuery、HTML等，也就是把Model转化成UI。

（3）ViewModel：负责暴露方法、命令或其他属性操作View的状态，组装Model作为View动作的结果，并且触发View自己的事件。

3. MVVM 框架特点

MVVM采用双向绑定（data-binding），View的变动自动反映在 ViewModel中；反之亦然，Vue采用这种模式。

1.2   ES 6 新特性

ES 6（全称ECMAScript 6）是2015年6月正式发布的JavaScript语言的标准，也叫ECMAScript 2015（ES 2015）。它的目标是使JavaScript语言可以用来编写复杂的大型应用程序，成为企业级开发语言。

> **注意：**
> ES 6 不兼容IE浏览器。

Vue、React、Node现在都是用ES 6语法进行编写的，所以学习Vue前要先学习一下ES 6。

1.2.1   let 与 var 的区别

扫一扫，看视频

大家都知道在ES 5中声明变量使用var，在ES 6中声明变量则使用let，那么它们有什么区别呢？

1. 作用域不一样

var声明变量，只有函数作用域和全局作用域，没有块级作用域，也就是说，可以在代码块{}外部访问。而let可以实现块级作用域，只在代码块 {} 内部有效，在代码块 {} 外部不能访问。

用var声明变量，代码示例如下。

```
if(1==1){
    var a='10'
}
console.log(a);          //结果:10
```

结果为10，证明var声明的变量没有块级作用域，可以在代码块{}外部进行访问。

用let声明变量，代码示例如下。

```
if(1==1){
    let a='10'
}
console.log(a);          //结果:Uncaught ReferenceError: a is not defined
```

结果报错"Uncaught ReferenceError: a is not defined"，证明let声明的变量有块级作用域，在代码块{}外部不能访问。

2. let 没有变量提升

ES 6 明确规定，如果代码块中存在let和const命令，这个代码块对这些命令声明的变量，从一开始就形成了封闭作用域。凡是在声明之前就使用这些变量，就会报错。总之，在代码块内，使用let命令声明变量之前，变量都是不可用的。这在语法上称为暂时性死区（Temporal Dead Zone, TDZ）。

用var声明变量，代码示例如下。

```
console.log(a);
var a="10";                    //结果:undefined
```

结果为undefined，并没有报错，可以看出var声明的变量支持变量提升。

用let声明变量，代码示例如下。

```
console.log(a);
let a="10";                    //结果:Uncaught ReferenceError: Cannot access 'a' before initialization
```

结果报错"Uncaught ReferenceError: Cannot access 'a' before initialization"，提示初始化前无法访问变量a，可以看出let声明的变量不支持变量提升。

3. let 变量不能重复声明

用var声明变量，在多人开发一个项目时，如都声明了一个变量a，但各自用途不同，后面声明的a会把前面声明的覆盖掉，而用let就能解决这个问题。

用var声明变量，代码示例如下。

```
var a=1;
var a=10;
console.log(a);                //结果:10
```

结果为10，可以看出后面声明的a=10把a=1覆盖掉了，证明var声明的变量是可以重复声明的。

用let声明变量，代码示例如下。

```
let a=1;
let a=10;
console.log(a);                //结果:Uncaught SyntaxError: Identifier 'a' has already been declared
```

结果报错"Uncaught SyntaxError: Identifier 'a' has already been declared"，提示标识符"'a'"已声明，证明let声明的变量不能重复声明。

4. 循环作用域

在for循环中，不仅{}会生成块级作用域，()也会生成块级作用域，()块级作用域是{}块级作用域的父级作用域。

用var声明变量，代码示例如下。

```
var i = 1;
for (var i = 0; i < 10;i++) {
}
console.log(i);                //结果:10
```

结果为10，可以看出用var声明的变量是全局的，包括循环体内与循环体外。

用let声明变量，代码示例如下。

```
let i = 1;
for (let i = 0; i < 10; i++) {
}
console.log(i);                //结果:1
```

结果为1，可以看出用let声明的变量作用域为循环体内，循环体外的变量不受影响。

下面举一个面试经典案例。

```
for(var i=0;i<10;i++){
    setTimeout(function(){
        console.log(i);
    },300);
    }
```

i的值是多少？

i的值是10、10、10、10、10、10、10、10、10、10，即10个10，因为var声明的变量是全局的，包括循环体内与循环体外。

现在问题来了，如果想要i的值是0、1、2、3、4、5、6、7、8、9，该怎么办呢？

方法一：利用let解决。缺点：IE浏览器不支持let，兼容性存在问题。

```
for(let i=0;i<10;i++){
    setTimeout(function(){
        console.log(i);              // i是循环体内局部作用域，不受外界影响
    },300);
}
```

方法二：利用闭包解决。

```
for(var i=0;i<10;i++){
    (function($i){
        console.log($i);
    })(i);                           //使用闭包让i变成局部作用域
}
```

> **提示：**
> 请把let与var的区别背下来，面试可能会问！

1.2.2 const 常量的声明

扫一扫，看视频

const 声明一个只读常量，声明后不允许改变。这意味着，一旦声明必须初始化，否则会报错，常量的命名规范为全部大写。

代码示例如下。

```
const NAME="张三";
console.log(NAME);              //结果：张三
```

结果为张三。

尝试改变NAME的值，代码示例如下。

```
const NAME="张三";
NAME="李四";
console.log(NAME);                     //结果：Uncaught TypeError: Assignment to constant variable
```

结果报错"Uncaught TypeError: Assignment to constant variable"，可以证明常量的值是不能改变的。

const声明的值真的不能改变吗？看看下面的示例。

```
const ARR=[1,2,3];
ARR.push(4);
console.log(ARR);                  //结果:[1,2,3,4]

const OBJ={book:'HTML5'};
OBJ.book='Vue';
console.log(OBJ);                  //结果:{book: "Vue"}
```

从结果可以看出，如果向数组中添加值或设置对象中的某个值，const声明的值是可以改变的。再看看下面的示例。

```
const ARR=[1,2,3];
ARR=[1,2,3,4];
console.log(ARR); //结果:Uncaught TypeError: Assignment to constant variable

const OBJ={book:'HTML5'};
OBJ={book:'Vue'};
console.log(OBJ); //结果:Uncaught TypeError: Assignment to constant variable
```

结果报错，如果是等号赋值，那么const声明的值是不会改变的。

> **原因：**
> const其实不是保证变量的值不改变，而是保证变量指向的内存地址保存的数据不改变。所以复合类型（引用类型）Array（数组）、Object（对象）、function（函数）变量指向的内存地址其实是保存了一个指向数据的指针，const只能保证指针是固定的。至于指针指向的数据结构变不变就无法控制了，用const声明复合类型对象时要慎重。

1.2.3　模板字面量之多行字符串

模板字面量是增强版的字符串，它用反引号`（按键1左边的按键）标识。

1. 基本用法

```
let str= `Hello world!`;
console.log(str);                  //结果:Hello world!
console.log(typeof str);           //结果:string
console.log(str.length);           //结果:12
```

2. 多行字符串的支持

在ES 6出现之前，字符串中是不支持换行的，这样在开发程序时可读性很差。如果非要换行，试试下面的两种方法吧。

方法一：反斜杠。

代码示例如下。

```
var str= "Hello \
world!";
console.log(str);                  //结果:Hello world!
```

结果为Hello world!，没有报错，正常显示，证明反斜杠（＼）是可以换行的，但是反斜杠为什么可以换行呢？那是因为JavaScript长期以来一直存在一个语法Bug，在换行之前的反斜杠（\）可以承接下一行的代码，于是可以利用这个Bug创建多行字符串。

方法二：字符串拼接。

```
var str= "Hello " +
"world!";
console.log(str);                         //结果:Hello world!

var str= "Hello \n" +
"world!";
console.log(str);                         //结果:Hello
                                          // world!
```

没有报错，所以也可以用这种方法换行。

现在看看ES 6的模板字面量进行换行的语法。

```
var str=`Hello
world! `;
console.log(str);                         //结果:Hello world!
```

直接按Enter键换行就行了。

1.2.4 模板字面量之变量占位符

扫一扫，看视频

变量占位符可以看作JavaScript字符串的升级版，可以将JavaScript表达式嵌入模板字面量中。先来看看ES 5是如何在字符串中拼接变量的。

```
var name="张三";
var str="欢迎"+name+"同学，学习Vue";
console.log(str);                         //结果:欢迎张三同学，学习Vue
```

可以看出，ES 5字符串中拼接变量需要用+号作为连接符，如果字符串中的内容比较复杂，里面有单引号和双引号，那么写起来就比较费劲了，出错率比较高，可读性差，难以维护。

来看看ES 6的变量占位符是多么简单吧。

```
var name="张三";
var str=`欢迎${name}同学，学习Vue`;
console.log(str);                         //结果:欢迎张三同学，学习Vue
```

ES 6和ES 5写法的区别在于使用变量占位符条件的不同。

（1）使用反引号`。

（2）使用${与结束的 } 来界定。

再来看看比较复杂的例子，代码示例如下。

```
let price=10;
let amount=3;
let str=`商品单价${price}元，数量:${amount}, 小计:${(price*amount).toFixed(2)}`;
console.log(str);                         //结果:商品单价10元，数量:3，小计:30.00
```

上面的代码显示变量占位符可以轻易嵌入运算符、调用函数。

1.2.5　默认参数

扫一扫，看视频

在ES 5中声明函数，参数是不能有默认参数的，但是在ES 6中是可以添加默认参数的，先来看看在ES 5中如何实现默认参数。

代码示例如下。

```
function getName(name){
    var newName=name || "张三";            //设置默认参数
    console.log(newName);                  //结果：张三
}
getName();
```

上面的代码中调用getName()函数时并没有传入实参，name为undefined，打印的是"张三"，主要是||（或）起到的作用，如果这样调用getName("李四")，传入了一个实参"李四"，那么结果就是"李四"。看到以上示例应该可以推断出||的作用，如果name为true，那么newName就取值name，否则取值"张三"。

当然这里有个缺陷，如果这样调用getName(0)函数，值为0，0代表false，那么结果也会是"张三"，这不是我们想要的，想要的结果应该是0，所以要判断一下，代码示例如下。

```
function getName(name){
    var newName=name!=undefined?name:"张三";     //用三元运算符作判断
        console.log(newName);                     //结果:0
}
getName(0);
```

从以上案例可以看出，ES 5实现默认参数还是比较复杂的，需要判断一下才能实现。

那么看看ES 6是如何实现默认参数的。

```
function getName(name="张三"){
    console.log(name);                            //结果：张三
}
getName();
```

看到了吗？就是这么简单，调用getName()函数时没有传入值，那么name就是undefined，会自动取默认值为"张三"，如果调用getName函数传入值为"李四"，那么name就是"李四"。

1.2.6　扩展运算符的使用

扫一扫，看视频

扩展运算符理解起来并不难，其作用就是取出对象中的所有可遍历的属性，复制合并到当前对象中。

1. 操作对象

1）复制对象

```
let obj1={a:1,b:2};
let obj2={...obj1};
console.log(obj2);                 //{a: 1, b: 2}
```

用法很简单，如果是复制对象，只要在{}中加入...就行了，如{...obj1}，其实这个过程就是浅复制，如果不知道浅复制是什么，能解决什么问题？下面简要介绍一下浅复制的内容，在Vue

开发过程中经常要用，能解决许多问题。

先看一个不用浅复制的案例。

```
let obj1={a:1,b:2};
let obj2=obj1;
obj2.a=3;
console.log(obj1);              //{a: 3, b: 2}
console.log(obj2);              //{a: 3, b: 2}
```

结果为{a: 3, b: 2}，其实这不是我们想要的结果，我们希望obj1赋值给obj2，改变obj2.a的值，obj1.a的值不变。但是现在obj1.a的值也改变了，因为引用类型的值保存在堆内存中，指针指向的是同一个内存地址，所以obj2.a的值改变，obj1.a的值也会改变。要想解决这个问题，只要把obj2放到另一个内存地址中就可以了。这就要用到浅复制。

看一个用ES 5实现浅复制的例子。

```
let obj1={a:1,b:2};
let obj2={};
for(let key in obj1){
    obj2[key]=obj1[key];
}
obj2.a=3;
console.log(obj1);              //{a: 1, b: 2}
console.log(obj2);              //{a: 3, b: 2}
```

可以看到上面的结果为obj1={a: 1, b: 2}，obj2={a: 3, b: 2}。obj2.a的值改变了，不影响obj1.a的值，使用for循环实现浅复制。是不是有些麻烦？

来看看用扩展运算符如何实现吧。

```
let obj1={a:1,b:2};
let obj2={...obj1};
obj2.a=3;
console.log(obj1);              //{a: 1, b: 2}
console.log(obj2);              //{a: 3, b: 2}
```

用{...obj1}实现浅复制，很简单。

2）合并对象

```
let payload={title:"羊肉串",amount:10,price:2};
let user={uid:1,shop_id:20};
let data={...payload,...user};  //合并payload和user对象
console.log(data);              //{title: "羊肉串", amount: 10, price: 2, uid: 1, shop_id: 20}
```

从上面的代码中可以看到，将payload和user两个对象合并到data对象中，结果为{title: "羊肉串", amount: 10, price: 2, uid: 1, shop_id: 20}。在用Vue开发项目时，经常用这样的方式合并对象并提交数据给后端，需要重点学习。

2. 操作数组

1）复制数组

```
let arr1=[1,2,3];
let arr2=[...arr1];
console.log(arr2);             //[1, 2, 3]
```

和复制对象用法一样，唯一的区别就是把{}换成了[]。看一下浅复制的效果。

```
let arr1=[1,2,3];
let arr2=[...arr1];
arr1.push(4);
console.log(arr1);                    //[1, 2, 3, 4]
console.log(arr2);                    //[1, 2, 3]
```

可以看到，在arr1中添加了一个4，最终结果为arr1=[1, 2, 3, 4]，arr2=[1, 2, 3]。arr1和arr2并没有互相影响，实现了浅复制的效果。

2）合并数组

```
let arr1=[1,2,3];
let arr2=[4,5,6];
let arrData=[...arr1,...arr2];
console.log(arrData);                 //[1, 2, 3, 4, 5, 6]
```

从上面的代码可以看出，arr1和arr2最终合并的结果为[1, 2, 3, 4, 5, 6]，实现了数组的合并。那么在实际开发中什么地方能用到呢？

在做移动端开发时会用到上拉加载数据的功能，使用Vue开发就要用到数组的合并。

先看一下不用扩展运算符如何实现。

```
let data=[
    {id:1,title:"羊肉串"},
    {id:2,title:"猪肉串"},
    {id:3,title:"牛肉串"}
];
let newData=[
    {id:4,title:"啤酒"},
    {id:5,title:"可乐"},
    {id:6,title:"雪碧"}
];
for(let i=0;i<newData.length;i++){
    data.push(newData[i]);
}
console.log(data);
/*结果:
[{id: 1, title: "羊肉串"}
{id: 2, title: "猪肉串"}
{id: 3, title: "牛肉串"}
{id: 4, title: "啤酒"}
{id: 5, title: "可乐"}
{id: 6, title: "雪碧"}]
*/
```

从上面的代码可以看出，将newData中的数据添加到data中需要for循环。如果不想用for循环实现呢？

看看用扩展运算符如何实现。

```
let data=[
    {id:1,title:"羊肉串"},
    {id:2,title:"猪肉串"},
```

```
        {id:3,title:"牛肉串"}
    ];
    let newData=[
        {id:4,title:"啤酒"},
        {id:5,title:"可乐"},
        {id:6,title:"雪碧"}
    ];
    data.push(...newData);
    console.log(data);
    /*结果:
    [{id: 1, title: "羊肉串"}
    {id: 2, title: "猪肉串"}
    {id: 3, title: "牛肉串"}
    {id: 4, title: "啤酒"}
    {id: 5, title: "可乐"}
    {id: 6, title: "雪碧"}]
    */
```

data.push(...newData)这段代码代替了for循环,可以使用console.log(...newData)查看,结果为{id: 4, title: "啤酒"} {id: 5, title: "可乐"} {id: 6, title: "雪碧"},不再是数组,而是扩展出来的对象,可以压入数组中,代替for循环。

1.2.7　Object.assign 对象的复制与合并

扫一扫,看视频

Object.assign()方法用于将所有可枚举属性的值从一个或多个源对象复制到目标对象。它将值返回目标对象。如果目标对象中的属性具有相同的键,则属性将被源对象中的属性覆盖。后面的源对象的属性将类似地覆盖前面的源对象的属性。Object.assign() 方法和扩展运算符一样,可以实现对象的浅复制。

1. 基本用法

```
let target={a:1};
let source1={b:2};
let source2={c:3};
Object.assign(target,source1,source2);
console.log(target);                    //结果:{a: 1, b: 2, c: 3}
```

Object.assign()方法的第一个参数是目标对象,后面的参数是源对象。

如果目标对象与源对象有同名属性,或者多个源对象有同名属性,则后面的属性会覆盖前面的属性。看下面的案例。

```
let target={a:1,b:2};
let source1={b:3,c:3};
let source2={c:4};
Object.assign(target,source1,source2);
console.log(target);                    //结果:{a: 1, b: 3, c: 4}
```

结果为{a: 1, b: 3, c: 4},可见source1.c覆盖了target.b,source2.c覆盖了source1.c。

如果只有一个目标对象,会直接返回该参数。看下面的案例。

```
let target={a:1}
```

```
Object.assign(target);
console.log(target);                          //结果:{a: 1}
```

如果该参数不是对象，则会先转为对象，然后返回。看下面的案例。

```
let abc=Object.assign("abc");
console.log(abc);
/*
结果:
0: "a"
1: "b"
2: "c"
*/
console.log(abc[0],abc[1],abc[2]);            //结果:a b c
```

注意，undefined和null无法转为对象，所以如果它们作为首参数，就会报错。看下面的案例。

```
Object.assign(undefined)//结果: Uncaught TypeError: Cannot convert undefined or null
                                   to object
Object.assign(null)//结果: Uncaught TypeError: Cannot convert undefined or null to
                                   object
```

错误提示很清晰:undefined、null无法转为对象。

2. 常见用途

1）为对象添加属性

```
function Person(name,age){
    Object.assign(this,{name,age});
}
let person=new Person("张三",20);
console.log(person.name,person.age);          //结果:{name: "张三", age: 20}
```

上面的代码中Object.assign(this,{name,age});这句代码相当于this.name=name;this.age=age;。

2）为对象添加方法

```
function Person(name,age){
}
Object.assign(Person.prototype,{
    say(){
        console.log("say()方法");
    },
    run(){
        console.log("run()方法");
    }
});
let person=new Person();
person.say();                                 //结果:say()方法
person.run();                                 //结果:run()方法
```

上面的代码中使用Object.assign定义方法非常方便，第一个参数Person.prototype是原型，第二个参数是定义的方法，等同于下面的写法。

```
function Person(name,age){
}
```

```
Person.prototype.say=function(){
    console.log("say()方法");
}
Person.prototype.run=function(){
    console.log("run()方法");
}
let person=new Person();
person.say();                          //结果:say()方法
person.run();                          //结果:run()方法
```

这段代码相信大家都能理解，可以对比一下，是不是用Object.assign定义方法比较方便?

扫一扫，看视频

1.2.8　对象字面量语法扩展

在ES 5中对象字面量只是简单的键值对集合，看看下面的代码示例。

1. 属性初始值的简写

```
let title="Vue";
let price=98;
let books={title:title,price:price};
console.log(books);                    //结果:{title: "Vue", price: 98}
```

上面的代码定义了一个books对象，其属性title和price的值分别是let声明的变量title和price，其结果为{title: "Vue", price: 98}，可以看出属性title和price与let声明的变量title和price名字相同，在ES 6里面是可以简写的。代码示例如下。

```
let title="Vue";
let price=98;
let books={title,price};
console.log(books);                    //结果:{title: "Vue",price: 98}
```

上面的代码中let books={title,price};将title和price进行了简写，在实际开发中基本上都是简写的形式，大家要多多使用。

2. 对象方法的简写

在ES 5对象中添加方法，必须写全:和function，代码示例如下。

```
let person={
    say:function(){
        console.log("say()方法");
    }
}
person.say();
```

如果在ES 6中，可以省略:和function，代码示例如下。

```
let person={
    say(){
        console.log("say()方法");
    }
}
person.say();
```

这个say()方法没有了:和function，这种方式在Vue中使用得很频繁，大家一定要记住!

3. 计算属性名

在ES 5中，属性名出现特殊字符，如-或中文，需要用中括号（[ ]）括起来，代码示例如下。

```
let person={};
let ageAttr='age';
person['first-name']='四';
person['last-name']='李';
person[ageAttr]=20;
console.log(person);              //结果:{first-name: "四", last-name: "李", age: 20}
```

在ES 6中，可以在对象字面量中把属性名用[ ]括起来，则括号中就可以引用提前声明的变量。代码示例如下。

```
let ageAttr="age";
let person={
    ['first-name']:'四',
    ['last-name']:'李',
    [ageAttr]:20
};
console.log(person);              //结果:{first-name: "四", last-name: "李", age: 20}
```

在实际开发中，会使用后面将学到的Vuex中的mutations定义属性名，这是官方推荐使用的计算属性名的方式。

1.2.9 解构赋值

解构赋值语法是一种 JavaScript 表达式。通过解构赋值，可以将属性/值从对象/数组中取出，赋值给其他变量。在实际开发中用得非常多，大家一定要好好学习！

先来看看不用解构赋值在对象中提取特定的数据赋给变量。

扫一扫，看视频

```
//从对象中提取
let person={
    name:"张三",
    age:20
}
var name=person.name;
var age=person.age;
console.log(name,age);           //结果: 张三 20
```

上面的代码中加粗的地方为从对象中取值赋给变量，这种操作麻烦且不灵活。

下面来看看解构赋值的功能。

1. 对象解构

```
let person={
    name:"张三",
    age:20
}
let {name,age}=person;
console.log(name,age);           //结果: 张三 20
```

上面的代码中person.name的值被存储在变量name中，person.age的值被存储在变量age中，

name和age其实就是本地声明的变量。

> **注意:**
> 如果变量已经声明，想要用解构赋值语法给变量赋值，需要用圆括号包裹整条赋值语句。
> 看下面的代码示例。

```
let person={
    name:"张三",
    age:20
}
let name,age;
({name,age}=person);
console.log(name,age);          //结果: 张三 20
```

观察这段代码中加粗的部分，和之前的区别就是加了一个()，这样的写法看起来是不是很怪异？其原理是JavaScript引擎会将{}视为一个代码块，而语法规定代码块不允许出现在=的左侧，使用圆括号包裹起来可以将代码块转化成一个表达式，最终实现解构赋值。实际开发中很少用这样的写法，如果看到别人这么写能读懂就行了。

使用解构赋值时，如果指定的局部变量不存在于对象中，那么这个局部变量会被赋值为undefined，这时可以给这个局部变量设置一个默认值。看下面代码的加粗部分。

```
let person={
    name:"张三",
    age:20
}
let {name,age,city='北京'}=person;
console.log(name,age,city);     //结果: 张三 20 北京
```

像city='北京'这样就可以设置默认值了，打印出来的结果为"北京"。如果没有设置默认值，则会是undefined。

如果解构赋值局部变量名与其他变量名冲突，比如：

```
let person={
    name:"张三",
    age:20
}
let {name,age}=person;
let name="李四";
console.log(name,age);          //结果: Uncaught SyntaxError: Identifier 'name' has
                                // alredy been declared
```

看上面代码中的加粗部分，解构的局部变量name和声明的变量name名字一样，所以报错，提示name已经声明，所以需要给解构的变量重命名来解决这个问题。代码示例如下。

```
let person={
    name:"张三",
    age:20
}
let {name:pName,age}=person;
let name="李四";
console.log(name,age,pName);     //结果: 李四 20 张三
```

　　看上面代码中的加粗部分，name:pName表示读取名为name的属性赋给变量pName，感觉就像给name起了一个别名pName。

　　在实际开发中会遇到对象深层嵌套，那么如何取值呢？

```
let person={
    name:"张三",
    age:20,
    children:{
        name:"李四",
        age:21
    }
}
let {children:{name:cName}}=person;
console.log(cName);             //结果：李四
```

　　看上面代码中的加粗部分，先提取对象person的children属性，然后再查找name属性并赋予变量cName，然后打印cName，结果为"李四"。

　　再看看下面的代码。

```
let classify={
    title:"菜品",
    children:{
        title:"肉类",
        children:{
            title:"羊肉串"
        }
    }
}
```

　　用解构赋值的方式打印出"羊肉串"，如何操作？自己可以尝试写一下，看看是否真正理解了。下面公布答案。

```
let {children:{children:{title}}}=classify;
console.log(title);            //结果：羊肉串
```

　　先提取对象classify的children属性，接着查找children属性，再查找title属性，最终提取出来。解构赋值也可以配合扩展运算符使用，如果还不了解扩展运算符，可回顾1.2.6小节。代码示例如下。

```
let person={
    name:"张三",
    age:20,
    children:{
        name:"李四",
        age:21
    }
}
let {...personobj}=person;
console.log(personobj);
/*结果:age: 20
children: {name: "李四", age: 21}
name: "张三"
*/
```

上面的代码中{...personobj}会把person中的属性全部提取出来赋值给presonobj，这个personobj是自己定义的，名字可以随便起。

2. 数组解构

先来看看不用解构的方式如何提取数组中的值赋给变量，代码示例如下。

```
let arr=[10,20,30];
let a=arr[0],b=arr[1],c=arr[2];
console.log(a,b,c);              //10 20 30
```

从上面代码中加粗的部分可以看到，从数组中取值赋给变量，这种操作比较麻烦且不灵活。下面来看看解构赋值是如何操作的。

```
let arr=[10,20,30];
let [a,b,c]=arr;
console.log(a,b,c);             //10 20 30
```

注意上面代码中加粗的部分，中括号是解构数组，不再是大括号，按照值的顺序10、20、30对应赋给变量a、b、c，a=10、b=20、c=30。

如果只想提取30这个值，代码示例如下。

```
let arr=[10,20,30];
let [,,a]=arr;
console.log(a);                 //30
```

变量a前面用逗号作为占位符，这样就能提取出想要的值。

如果是已声明的变量解构赋值，不需要加圆括号，这点与对象解构不同。代码示例如下。

```
let arr=[10,20,30];
let a,b,c;
[a,b,c]=arr;
console.log(a,b,c);             //10 20 30
```

还可以给数组解构表达式添加默认值，代码示例如下。

```
let arr=[10,20,30];
let [a,b,c,d=40,e]=arr;
console.log(a,b,c,d,e);         //10 20 30 40 undefined
```

上面的代码中arr数组中的值分别对应解构变量a、b、c，a=10、b=20、c=30，那么d给了一个默认值40，d=40，e没有对应arr里面的值，也没有给默认值，所以e=undefined。

实际开发中会经常遇到数组嵌套，那么如何用解构的方式提取值呢？看以下代码。

```
let books=['PHP','Java',['JavaScript','CSS','HTML']];
let [a,,[,,j]]=books;
console.log(a,j);               //PHP HTML
```

上面代码中加粗的部分，a对应的值是PHP，后面用逗号作占位符，[]表示到下一层查找对应的值是['JavaScript','CSS','HTML']，[]中的前两个逗号是占位符，j对应的值是HTML，所以提取出来的值是a=PHP，j=HTML。

当然数组解构也可以和扩展运算符一起使用，代码示例如下。

```
let books=['PHP','Java',['JavaScript','CSS','HTML']];
let [a,,[...html]]=books;
```

```
let [...newBooks]=books;
console.log(a);//PHP
console.log(html);                //["JavaScript", "CSS", "HTML"]
console.log(newBooks);            //['PHP','Java',['JavaScript','CSS','HTML']]
```

> **注意:**
> newBooks相当于浅复制。

1.2.10　模块化

扫一扫，看视频

在ES 6之前的JavaScript中是没有模块化概念的。如果要进行模块化操作，需要引入第三方的类库，如requireJS和seaJS，requireJS是AMD规范，seaJS是CMD规范。

ES 6现已支持模块化开发规范ES Module，使JavaScript支持原生模块化开发。ES Module把一个文件当作一个模块，每个模块有自己的独立作用域，核心点就是模块的导入（import）与导出（export）。Vue和React中全是模块化，一定要学好！

模块化的优点如下。

（1）避免变量污染，命名冲突。

（2）提高代码复用率。

（3）提高维护性。

（4）可以提升执行效率。

（5）避免引入时的层层依赖。

下面来看看模块化如何使用。

新建一个global.js文件，代码示例如下。

```
export let name='张三';
```

可以看到let前面有一个export，意味着要导出name这个变量。

新建一个index.html文件，代码示例如下。

```
<script type="module">
    import {name} from './global.js';
    console.log(name);            //结果:张三
</script>
```

> **注意:**
> 上面代码的〈script〉标签中，一定要加上type="module"，表示让该script中的代码支持模块化。

```
import {name} from './global.js';
```

表示从global.js文件中导入name变量。

> **注意:**
> import必须配合export使用。

如果想导出多个变量，global.js文件中的代码如下。

```
export let name='张三';
export let age=20;
```

在index.html文件中导入，代码示例如下。

```
import {name,age} from './global.js';
console.log(name,age);        //结果: 张三 20
```

看上面的代码中{name,age}是不是很像解构赋值？其实这里就是解构提取出来的name和age变量，可以直接使用。

当然也可以导出和导入常量与方法，global.js文件中的代码示例如下。

```
export let name='张三';
export let age=20;

//导出常量
export const URL="http://www.lucklnk.com";

//导出方法
export function getName(){
    return '李四';
}
```

index.html文件中的代码示例如下。

```
<script type="module">
    import {name,age,getName,URL} from './global.js';
    console.log(name,age);        //结果: 张三 20
    console.log(getName());       //调用global.js文件中的getName()方法
    console.log(URL);             //http://www.lucklnk.com
</script>
```

上面的代码相信大家已经看懂了。其实export还有另一个写法。global.js文件中的代码示例如下。

```
let name='张三';
let age=20;
//导出常量
const URL="http://www.lucklnk.com";

//导出方法
function getName(){
    return '李四';
}
//导出
export {
    name,
    age,
    URL,
    getName
}
```

可以对比之前的代码看看哪里不一样，let、const、function前面去掉了export，在代码的结尾用export批量导出。这种写法在实际开发中应用得也很多，可以记一下这种格式。

在实际开发中有可能会存在命名冲突的问题，命名冲突的代码示例如下。

先来看看index.html文件中的代码。

```
import {name,age,getName,URL} from './global.js';
let name="王五";
console.log(name,age);              //结果：张三 20
console.log(getName());             //李四
console.log(URL);                   //http://www.lucklnk.com
```

出现报错"Uncaught SyntaxError: Identifier 'name' has already been declared"，提示name已经声明。import导入了一个name变量，let声明了一个name变量，我们要给导入的name重命名以解决冲突问题。一看到重命名，大家有没有想起解构赋值解决命名冲突的问题，如果忘了，请回顾1.2.9小节。

修改后的index.html文件中的代码示例如下。

```
import {name as oldName,age,getName,URL} from './global.js';
let name="王五";
console.log(name,oldName);          //结果：王五 张三
console.log(getName());             //李四
console.log(URL);                   //http://www.lucklnk.com
```

注意上面代码中加粗的部分，用as将name重命名为oldName，这样就解决了命名冲突的问题。

在export导出中也可以重命名，global.js文件中的代码示例如下。

```
let name='张三';
let age=20;
//导出常量
const URL="http://www.lucklnk.com";
//导出方法
function getName(){
    return '李四';
}
//导出
export {
    name as oldName,
    age,
    URL,
    getName
}
```

上面代码中加粗的部分，用as将name重命名为oldName，这样在index.html文件中直接导入oldName就行了。

index.html文件中的代码示例如下。

```
import {oldName,age,getName,URL} from './global.js';
let name="王五";
console.log(name,oldName);          //结果：王五 张三
console.log(getName());             //李四
console.log(URL);                   //http://www.lucklnk.com
```

注意上面代码中加粗的部分，之前的name as oldName变成了oldName。

也可以导入整个模块，则index.html文件中的代码示例如下。

```
<script type="module">
    import * as person from './global.js';
    console.log(person.oldName);        //结果: 张三
    console.log(person.getName());      //李四
    console.log(person.URL);            //http://www.lucklnk.com
</script>
```

看上面代码中加粗的部分，*代表导入所有，as重命名person，这样就能以person.oldName、person.getName()和person.URL的方式调用属性和方法。

模块化还有default导入/导出模式，在Vue和React中用得非常多，看下面的代码示例。

新建一个default.js文件，代码如下。

```
let name="张三";
export default name;
```

注意上面代码中加粗的部分，对比一下和之前的导出有什么不同。export后面不是{}，而是default，default后面是要导出的变量name。

> **注意：**
> 在一个模块中，export default只允许向外暴露一次，不然会出错，看下面的代码示例。

```
let name="张三";
let age=20;
export default name;
export default age;
```

上面这段代码中export default出现了两次，报错信息"Uncaught SyntaxError: Identifier 'default' has already been declared"，提示很清晰，default已声明。

新建一个default.html文件，代码示例如下。

```
<script type="module">
    import newName from './default.js';
    console.log(newName);               //结果: 张三
</script>
```

看看和之前的导入有什么不同。import后面不再是解构赋值，newName这个名字是自己定义的。直接调用变量newName即可。

那么现在问题来了，export default只允许导出一次，如果我们有多个方法或变量要导出，怎么办呢？可以用json对象的形式导出多个，看下面的代码示例。

default.js文件中的代码示例如下。

```
let name="张三";
let age=10;
function getName(){
    console.log("李四");
}
export default {
    name,
    age,
    getName
};
```

上面代码中，export default后面多了一个{}，变成了json对象的形式，这样就可以导出多个方法或变量。

default.html文件中的代码示例如下。

```
<script type="module">
    import person from './default.js';
    console.log(person);               //结果:{name: "张三", age: 10, getName: f}
    console.log(person.name,person.age);          //结果:张三 10
    person.getName();              //调用default.js文件中的getName()方法。结果:李四
</script>
```

person中存储的是default.js文件中导出的{name,age,getName}，这样我们就可以调用person.name、person.age和person.getName()了。

> **注意:**
> export default不支持as重命名。

1.2.11　箭头函数

箭头函数在Vue和React中使用得非常频繁，箭头函数表达式的语法比函数表达式更简洁，并且没有自己的this、arguments、super或new.target。箭头函数表达式更适用于那些本来需要使用匿名函数的地方，并且它不能用作构造函数。

扫一扫，看视频

1. 箭头函数与普通函数的对比

1）基本用法

```
//箭头函数
let person=()=>{
    console.log("大家好");
}
//相当于
function person(){
    console.log("大家好");
}
```

从上面的代码中可以看出箭头函数的格式，没有了function，用()=>{}声明函数，=>符号就是箭头函数的名字的来源。

2）箭头函数return

```
//箭头函数
let person=()=>"大家好";
//相当于
function person(){
    return "大家好"
}
```

看看上面的代码和之前有什么不同。箭头函数没有了{}，如果箭头函数没有{}，则代表返回，相当于普通函数的return。

3）箭头函数传参

```
let person=(name,age)=>{
    console.log(name,age);              //结果:张三 20
}
person("张三",20);
//相当于
function person(name,age){
    console.log(name,age);
}
```

箭头函数传参只需写在括号中即可，这个与普通函数没有什么区别。

如果箭头函数只传一个参数，括号可以去掉。代码示例如下。

```
let person=name=>{
    console.log(name);                  //结果:张三
}
person("张三");
```

注意上面代码中加粗的部分，已经没有括号了。

箭头函数不支持arguments，那么如何让箭头函数实现arguments的功能呢？可以使用扩展运算符，代码示例如下。

```
function person(){
    let args=arguments;
    console.log(args)
}
//相当于
//使用扩展运算符实现arguments功能
let person=(...args)=>{
    console.log(args);                  //结果:[1, 2, 3, "张三"]
}
person(1,2,3,"张三");
```

4）箭头函数返回对象字面量

如果箭头函数返回的是对象字面量，需要加上括号。代码示例如下。

```
let person=()=>({name:"李四",age:24});
console.log(person());                  //结果:{name: "李四", age: 24}
```

注意上面代码中加粗的部分，在{name:"李四",age:24}外包裹()。

5）高阶函数

什么是高阶函数？可以传入另一个函数作为参数的函数，就是高阶函数。代码示例如下。

```
//箭头函数
let person=()=>wrap=>prop=>{
    console.log(wrap,prop);             //结果:我是wrap 我是prop
};
person()('我是wrap')('我是prop');
//相当于
function person(){
    return function(wrap){
        return function(prop){
            console.log(wrap,prop);
```

```
        }
    }
}
```

看到上面的代码是不是有点儿晕？ React中的高级组件就是高阶函数，如果只看箭头函数可能不太明白，可以先看看普通函数，对比一下。下面介绍一下如何看懂箭头函数。person=()是第一层函数，对应下面的person()函数，这样就执行了第一层；接着person=()=>wrap，返回了一个参数为wrap的匿名函数，对应下面的('我是wrap')，这样就执行了第二层；接下来person=()=>wrap=>prop，返回了一个参数为prop的匿名函数，对应下面的('我是prop')，这样就执行了第三层。这个高价函数最多就3层，全部执行完毕。

2. 箭头函数与 this

如果要理解箭头函数，必须弄明白this指向的问题。代码示例如下。

```
var person={
    name:"张三",
    getName:function(){
        console.log(this);              //this指向person对象本身
        console.log(this.name);         //结果：张三
    }
}
person.getName();
```

上面的代码调用person.getName()函数时this指向的是person对象本身。

再来看看下面的代码。

```
var person={
    name:"张三",
    getName:function(){
        console.log(this);              //this指向window
        console.log(this.name);         //结果：空
    }
}
var getName=person.getName;
getName();
```

看上面代码中加粗的部分,将person.getName方法赋给变量getName,然后执行getName()函数,person.getName方法中的this指向了window,这是为什么呢？ 其实了解this指向很简单,记住一句话:谁调用,this就指向谁。

person.getName方法赋给变量getName，然后调用getName()函数，只需知道getName这个变量属于谁，那么this就指向谁。在最外层var getName是一个全局变量，全局变量默认都属于window，var getName等同于window.getName，既然getName属于window，那么person.getName方法中的this就是window。

那么要把this指向person，要怎么做呢？ 可以用bind改变this指向。

代码示例如下。

```
var person={
    name:"张三",
    getName:function(){
```

```
        console.log(this);              //this指向person对象本身
        console.log(this.name);         //结果: 张三
    }
}
var getName=person.getName.bind(person);
getName();
```

上面代码中加粗的部分，使用bind将this指向person。

再来看一个案例。

```
var person={
    name:"张三",
    getName:function(){
        setTimeout(function(){
            console.log(this);          //this指向window
            console.log(this.name);
        },30);
    }
};
person.getName();
```

上面的代码中，在getName方法中加了一个setTimeout，这里的this指向了window，这是为什么呢？想想之前的一句话：谁调用，this就指向谁。

我们看看setTimeout属于谁。当然是属于window，我们在写setTimeout时把window省掉了，全称应该是window.setTimeout，setTimeout中的function也自然属于window。那么this指向的就是window。

可以用箭头函数解决这个问题。

```
var person={
    name:"张三",
    getName:function(){
        setTimeout(()=>{
            console.log(this);          //this指向person对象本身
            console.log(this.name);
        },30);
    }
};
person.getName();
```

比较之前的代码，setTimeout第一个参数由function变成了箭头函数()=>{}，由于箭头函数没有this绑定，如果箭头函数被非箭头函数包裹，this绑定的就是最近一层非箭头函数的this，所以this指向person。

1.2.12 Promise

扫一扫，看视频

　　Promise就是一个对象，用来传递异步操作的消息，可以解决回调函数的嵌套问题，也就是所谓的"回调地狱"问题。

　　先来看"回调地狱"的案例。

```
ajax("http://www.lucklnk.com","get",function(){
    ajax("http://www.lucklnk.com","get",function(){
        ajax("http://www.lucklnk.com","get",function(){
```

```
            })
        })
    });
```

"回调地狱"通常是在异步执行时使用回调函数解决异步执行顺序时出现，这样一层一层嵌套让代码维护起来很不方便，Promise的出现解决了这样的问题。

来看Promise的代码示例。

```
let code=200;
let p1=new Promise((resolve,reject)=>{
    //用setTimeout模拟ajax，实际开发时这里要封装ajax
    setTimeout(()=>{
        if(code==200){
            //执行成功调用resolve()函数
            resolve("成功! ");
        }else{
            //执行失败调用reject()函数
            reject("失败");
        }
    },300);
});
//调用Promise
p1.then((result)=>{
    console.log(result);                    //结果: 成功!
}).catch((result)=>{
    console.log(result);                    //结果: 失败
})
```

上面的代码中Promise是通过构造函数创建的，接收函数作为参数，该函数有两个参数，分别是 resolve() 方法和 reject() 方法。

一个Promise有以下几种状态。

（1）pending：初始状态，既不是成功状态，也不是失败状态。

（2）fulfilled：意味着操作成功完成。

（3）rejected：意味着操作失败。

如果异步操作成功，resolve() 方法将 Promise 对象的状态从"未完成"变为"成功"（即从 pending 变为 fulfilled）。

如果异步操作失败，reject() 方法将 Promise 对象的状态从"未完成"变为"失败"（即从 pending 变为 rejected）。

如果执行resolve() 方法，对应地会调用then()方法，then()方法传入一个函数作为参数，该函数的参数的值就是resolve() 方法的实参。

如果执行reject()方法，对应地会调用catch()方法，catch()方法传入一个函数作为参数，该函数的参数的值就是reject()方法的实参。

在实际开发中应用最多的就是封装ajax，现在就实现用Promise封装ajax，代码示例如下。

```
function request(method, url, data) {
    let request = new XMLHttpRequest();//实例化ajax
    return new Promise( (resolve, reject)=> {
        request.onreadystatechange = function () {
```

```
            if (request.readyState === 4) {            //服务器连接已建立
                if (request.status === 200) {          //连接成功
                    resolve(request.responseText);     //处理结束后返回的结果
                } else {
                    reject(request.status);            //处理失败返回的结果
                }
            }
        };
        request.open(method, url);
        request.send(data);
    });
}
//调用request()方法
request("get",'http://vueshop.glbuys.com/api/home/index/nav?token=
1ec949a15fb709370f').then(function(result){
    console.log(JSON.parse(result));                   //获取成功
}).catch(function(result){
    console.log(result);                               //获取失败
});
```

上面的代码就是用Promise封装ajax的全部过程。首先自定义一个request()函数,有3个参数,第一个参数请求类型,第二个参数请求地址,第三个参数请求数据。

（1）new XMLHttpRequest()实例化ajax。

（2）返回Promise对象示例。

（3）如果连接成功,调用resolve()方法,将处理结束后返回的结果request.responseText传入resolve()方法。

（4）如果连接失败,调用reject()方法,将处理结束后返回的结果request.responseText传入reject()方法。

希望大家能充分理解用Promise封装ajax的代码并手写出来,面试时可能会问你,也有可能让你手写。

1.2.13　async/await/Promise 让异步变成同步

扫一扫,看视频

Promise可以解决"回调地狱"问题,但是并不完美。如果接口是链式关联的,那么Promise的then()方法中其实也有一个小的回调,维护起来还不是很方便。

这时,async和await出现了,async 表示异步,而 await表示等待。 async用于声明一个异步函数,而 await 用于等待一个异步方法执行完成。

来看下面的代码示例。

```
//自定义一个函数且必须返回一个Promise
function getTime(){
    //返回Promise
    return new Promise(function(resolve,reject){
        setTimeout(function(){
            resolve(10);
        },10)
    })
}
//自定义一个异步函数function,前面加上async
```

```
async function getAsync(){
    let num=await getTime();       //调用返回的Promise函数，前面加上await
    console.log(num);                       //结果:10
}
//执行异步函数
getAsync();
```

看上面的代码示例，使用async和await，需要记住几个固定的步骤。

（1）自定义一个函数且必须返回一个Promise。

（2）自定义一个异步函数function，前面加上async。

（3）调用返回Promise的函数，前面加上await，这样就可以获取到resolve()方法传递的实参。

我们在后面做实战开发时，表单验证会使用async和await，到时大家就知道多么好用了，可以说是彻底解决了"回调地狱"问题。

1.2.14 类的使用

JavaScript语言的传统方法是通过构造函数定义并生成新对象。function即是对象，对象即是function，没有class（类）的概念。ES 6提供了更接近传统语言的写法，如Java、PHP等后端语言，引入了class这个概念，作为对象的模板。通过class关键字，可以定义类。
扫一扫，看视频

先看传统写法。

```
function Person(name,age){
    //属性
    this.name=name;
    this.age=age;
}
//方法
Person.prototype.show=function(){
    console.log(this.name,this.age);       //结果: 张三 20
};
var person=new Person('张三',20);         //实例对象
person.show();                            //调用方法
```

上面的代码是用ES 5写的，再来看看用ES 6的类是如何实现的。

```
class Person{
    //构造函数
    constructor(name,age) {
        //属性
        this.name=name;
        this.age=age;
    }
    //方法
    show(){
        console.log(this.name,this.age);   //结果: 张三 20
    }
}
var person=new Person('张三',20);         //实例对象
person.show();                            //调用方法
```

在class声明语法时，类名首字母大写，如Person，这是命名规范。使用constructor()定义

构造函数，在new Person实例化时默认会执行constructor()方法。而show()方法等价于Person.prototype.show。

类也可以像函数一样使用表达式的形式定义。

```
let Person=class {
    //构造函数
    constructor(name,age) {
        this.name=name;
        this.age=age;
    }
}
var person=new Person('张三',20);                //实例对象
console.log(person.name);                        //结果: 张三
```

看上面代码中加粗的部分与之前的代码有什么区别。class Person变成了let Person=class。

1. 单例模式

使用类表达式，通过new class()函数可以实现单例模式，代码示例如下。

```
let Person=new class {
    //构造函数
    constructor(name,age) {
        this.name=name;
        this.age=age;
    }
}('张三',20);
console.log(person.name);                        //结果: 张三
```

上面的代码创建了一个匿名类表达式，然后立即执行，这样就实现了单例，无法再实例化一个Person对象了。

2. 访问器属性

访问器属性是在类中通过set和get创建的，set用于设置值，get用于获取值。

看下面的代码示例。

```
class Person{
    //构造函数
    constructor(name,age) {
        this._name=name;
        this.age=age;
    }
    set name(val){
        console.log(val);                        //结果: 李四
        this._name=val;
    }
    get name(){
        return this._name;
    }
}
var person=new Person('张三',20);                //实例对象
person.name="李四";
console.log(person.name);          //如果没有get，结果为undefined; 如果有get，结果为返回值
```

看上面的代码，构造constructor()方法中name变成了_name，多了一个下划线，其实这是一个命名规范，代表该属性只能通过方法访问。看到set name，记住这种格式，name()方法有一个参数可以接收到person.name设置的值，person.name每次改变值就会调用set name()方法，把接收到的值赋给this._name属性，也可以在set name中写一些逻辑。利用get name返回this._name，这样person.name就可以获取到之前设置的值。

3. 静态方法

ES 6支持了静态方法，静态方法不用创建实例即可调用。静态方法效率上要比实例化高，因为只会被初始化一次，不会创建几次对象，就被初始化几次，节省每次创建对象的内存空间。静态方法一般用在频繁使用的地方，如工具类。

代码示例如下。

```
class Person{
    static show(){
        console.log("我是静态方法");
    }
}
Person.show();
```

注意上面代码中加粗的部分，用static定义方法，这个方法就是静态方法。访问静态方法不需要实例化对象，直接调用Person.show()方法即可。

4.extends 继承

ES 6中使用extends实现类的继承，看一下代码示例。

```
//父类
class Person{
    //构造方法
    constructor(name) {
        this.name=name;
    }
    run(){
        console.log("人类在跑");
    }
}
//子类
class Spiderman extends Person{
    constructor(name) {
        super(name);                    //调用父类Person的constructor(name)方法
    }
}
let s1=new Spiderman("蜘蛛侠");
console.log(s1.name);                   //结果:蜘蛛侠
s1.run();                               //调用父类Person的run()方法
```

Spiderman类使用extends继承Person类，Spiderman叫派生类，也叫子类；Person叫基类，也叫父类。子类可以调用父类的属性和方法，Spiderman构造方法中的super()方法调用Person中的构造方法。需要注意的是，如果子类Spiderman定义了构造方法，那么就必须调用super()方法，如果子类Spiderman没有构造方法，那么在创建Spiderman实例时new Spiderman()方法会自动调用super()方法并传入所有参数。看下面的代码示例。

```
//父类
class Person{
    //构造方法
    constructor(name) {
        this.name=name;
    }
}
//子类
class Spiderman extends Person{
}

let s1=new Spiderman("蜘蛛侠");
console.log(s1.name);              //结果：蜘蛛侠
```

从上面的代码可以看到，子类Spiderman中没有构造方法，依然可以执行，没有报错。
子类也可以重写父类中的方法，代码示例如下。

```
//父类
class Person{
    constructor(name) {
        this.name=name;
    }
    run(){
        console.log("人类在跑");
    }
}
//子类
class Spiderman extends Person{
    run(){
        //调用父类this.name
        console.log(this.name+"在跑");
    }
}

let s1=new Spiderman("蜘蛛侠");
s1.run();//调用run()方法
```

注意上面代码中加粗的部分，子类的run()方法覆盖了父类的run()方法。这就是方法的重写。
子类也可以调用父类的方法，代码示例如下。

```
//父类
class Person{
    constructor(name) {
        this.name=name;
    }
    run(){
        console.log("人类在跑");
    }
}
//子类
class Spiderman extends Person{
```

```
        run(){
            //调用父类的方法
            super.run();
            //调用父类this.name
            console.log(this.name+"在跑");
        }
    }

    let s1=new Spiderman("蜘蛛侠");
    s1.run();                    //调用run()方法
```

注意上面代码中加粗的部分，在子类中使用super可以调用父类的方法。

1.3 小结

　　本章介绍了MVC、MVP、MVVM框架及各自编程模式的特点，以及ES 6必备的14个新特性，这些内容是学Vue前应知应会的东西。在以前传统的开发模式中（即MVC模式），前端人员只负责Model-View-Controller中的View部分，写好页面交由后端创建渲染模板并提供数据。随着MVVM模式的出现，前端已经可以自己写业务逻辑以及渲染模板了，后端只负责提供数据即可，前端能做的事情越来越多，在开发项目中所占工作比重更大。另外，如果读者有ES 6基础，可以跳过1.2节，如果在学习过程中不好理解，可以通过视频学习或等学习Vue时遇到相关知识点再回来学习一下ES 6。

第 2 章

Vue 基础

Vue是目前最流行的前端框架之一，支持ES 5、ES 6语法，支持所有兼容ES 5的浏览器，不支持IE 8和IE 8以下版本，熟练使用Vue后，开发项目是很"爽"的。

2.1 Vue 简介

2.1.1 什么是 Vue

Vue 是一套基于MVVM模式构建用户界面的渐进式框架。与其他大型框架不同的是，Vue 被设计为可以自底向上逐层应用。Vue 的核心库只关注视图层，不仅易于上手，还便于与第三方库或既有项目整合。另外，当与现代化的工具链以及各种支持类库结合使用时，Vue 也完全能够为复杂的单页应用提供驱动，支持前后端分离。

Vue的开发者是尤雨溪，一位独立的开源开发者。Vue于2015年10月26日发布了1.0.0版本，2016年10月1日发布了2.0.0版本。

Vue开发效率高，帮助减少不必要的DOM操作，双向数据绑定。当数据发生变化时，视图自动更新，开发者只需关注业务逻辑，不用关心DOM如何渲染，数据驱动会代替DOM操作。

2.1.2 安装 Vue

安装Vue有以下3种方式。

1. 使用独立版本

直接从Vue官网（https://vuejs.org）下载Vue的JavaScript脚本文件。脚本文件分为两种，一种是开发版本；另一种是生产版本。

扫一扫，看视频

开发版本包含所有的调试模式和警告，代码未压缩，适合开发阶段，便于开发者研究Vue源码。开发版本的下载地址为https://cdn.jsdelivr.net/npm/vue/dist/vue.js。

生产版本对代码进行了压缩，文件体积较小，适合在产品发布后正式运行环境下使用。生产版本的下载地址为https://cdn.jsdelivr.net/npm/vue。

下载完成后，通过<script src>引入vue.js文件，代码如下。

```
<body>
    <script src="vue.js"></script>
</body>
```

2. 使用 CDN 方式引入

CDN（Content Delivery Network，内容分发网络），是构建在现有网络基础之上的智能虚拟网络，依靠部署在各地的边缘服务器，通过中心平台的负载均衡、内容分发、调度等功能模块，使用户就近获取所需内容，降低网络拥塞，提高用户访问响应速度和命中率。CDN的关键技术主要有内容存储和分发技术。

使用CDN引入Vue框架实际上就是选择一个稳定的CDN服务商。这里推荐两个比较稳定的CDN服务商。

（1）jsDelivr。网址为https://www.jsdelivr.com，在首页的搜索框中输入vue，会出现vue的最新版本，可以选择2.6.1版本，也可以选择其他版本，如图2.1所示。

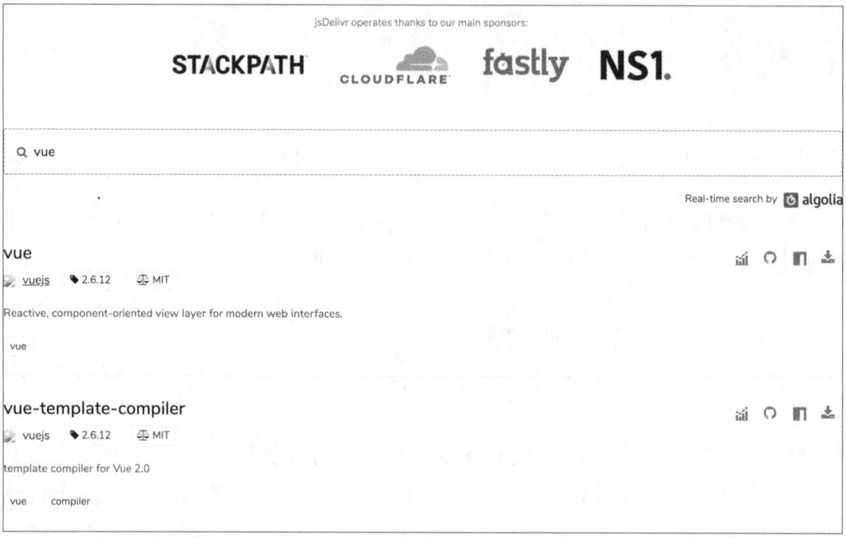

图 2.1   jsDelivr 首页

选择搜索结果vue，进入获取CDN地址链接页面，如图2.2所示。

图 2.2   获取 CDN 地址链接页面

单击Copy to Clipboard按钮，选择Copy URL选项，如图2.3所示。

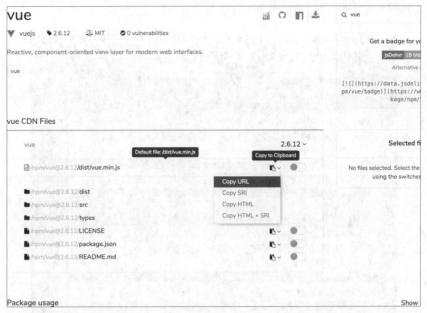

图 2.3 单击 Copy to Clipboard 按钮，选择 Copy URL 选项

获取的地址为https://cdn.jsdelivr.net/npm/vue@2.6.12/dist/vue.min.js，将获取的地址引入script，代码如下。

```
<body>
    <script src="https://cdn.jsdelivr.net/npm/vue@2.6.12/dist/vue.min.js"></script>
</body>dnjs
```

（2）cdnjs。网址为https://cdnjs.com，在首页的搜索框中输入vue，会出现vue新版本，可以选择2.6.12版本，也可以选择其他版本，如图2.4所示。

图 2.4 cdnjs 首页

选择搜索结果vue，进入获取CDN地址链接页面，如图2.5所示。

图 2.5　获取 CDN 地址链接页面

单击Copy URL按钮，复制Vue在CDN上面的地址，如图2.6所示。

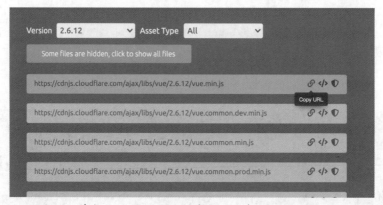

图 2.6　单击 Copy URL 按钮，复制 Vue 在 CDN 上面的地址

　　获取的地址为https://cdnjs.cloudflare.com/ajax/libs/vue/2.6.12/vue.min.js，将获取的地址引入script，代码如下。

```
<body>
    <script src="https://cdnjs.cloudflare.com/ajax/libs/vue/2.6.12/vue.min.js"></script>
</body>
```

3. 使用 NPM 方式安装

为了更好地学习，目前先不使用这种方式安装Vue，如果想要尝试NPM方式安装，可以参考6.1.1

小节的内容。

2.2　Vue 实例

每个 Vue 应用都是通过 Vue 函数创建一个新的 Vue 实例。当创建一个 Vue 实例时，可以传入一个选项对象，该对象包含数据、组件、生命周期等。

2.2.1　创建实例

创建Vue实例很简单，先引入Vue，创建HTML标签<div id="app"></div>，在<script>标签内部添加new Vue({})，通过el属性绑定要渲染的View，也可以使用$mount()方法手动挂载Vue实例，代码示例如下。

扫一扫，看视频

```
<div id="app"></div>
<script src="https://cdn.jsdelivr.net/npm/vue@2.6.12/dist/vue.min.js"></script>
<script>
    new Vue({
        el:"#app"
    })
    //或new Vue({}).$mount("#app");
</script>
```

2.2.2　数据与方法

当一个 Vue 实例被创建时，它将 data 对象中的所有属性加入 Vue 的响应式系统中。当这些属性的值发生改变时，视图将会产生"响应"，即更新为新的值。代码示例如下。

扫一扫，看视频

```
<div id="app"></div>
<script src="https://cdn.jsdelivr.net/npm/vue@2.6.12/dist/vue.min.js"></script>
<script>
    // 数据对象
    let data = { a: '张三' };
    // 该对象被加入一个 Vue 实例中
    let vue=new Vue({
        el:"#app",
        data: data
    })

    // 获得这个实例上的属性
    // 返回源数据中对应的字段
    console.log(vue.a == data.a)        //结果:true

    // 设置属性也会影响原始数据
    vue.a = '李四'
    console.log(data.a)                 //结果:李四

    //反之亦然
```

```
    data.a = '王五';
    console.log(vue.a)                    //结果：王五
</script>
```

上面的代码中自定义了一个对象let data，加入Vue实例中的data。当这些数据改变时，视图会进行重渲染。注意，只有当实例被创建时已经存在于data中的属性才是响应式的。

Vue实例中的data也可以是一个方法，代码示例如下。

```
<div id="app"></div>
<script src="https://cdn.jsdelivr.net/npm/vue@2.6.12/dist/vue.min.js"></script>
<script>
    // 数据对象
    let data = { a: '张三' };
    // 该对象被加入一个 Vue 实例中
    let vue=new Vue({
        el:"#app",
        data(){
            return data
        }
    })

    // 获得这个实例上的属性
    // 返回源数据中对应的字段
    console.log(vue.a == data.a) //结果:true

    // 设置属性也会影响原始数据
    vue.a = '李四'
    console.log(data.a)                   //结果：李四

    // 反之亦然
    data.a = '王五';
    console.log(vue.a)                    //结果：王五
</script>
```

注意上面代码中加粗的部分，data由对象变成了函数，以后在开发中都要使用函数初始化数据。

面试时面试官可能会问："data为什么要用函数初始化数据而不是对象？"

答：data写成函数形式，数据以函数返回值的形式定义，这样每次复用组件时，都会返回一份新的data，相当于每个组件实例都有自己的私有空间，它们只负责维护各自的数据，不会造成混乱。而写成对象形式，所有的组件实例共用一个data，这样改一个就全都改了，可以理解成函数相当于局部作用域，对象相当于全局作用域。

2.2.3 生命周期

扫一扫，看视频

每个Vue实例（组件）都是独立的，都有一个属于它的生命周期，从创建实例（组件）、数据初始化、挂载、更新到销毁实例，这就是一个实例（组件）所谓的生命周期。同时在生命周期的各个阶段也会运行一些叫作生命周期的钩子函数，这给了用户在Vue实例（组件）生命周期不同阶段添加代码的机会。生命周期如图2.7所示。

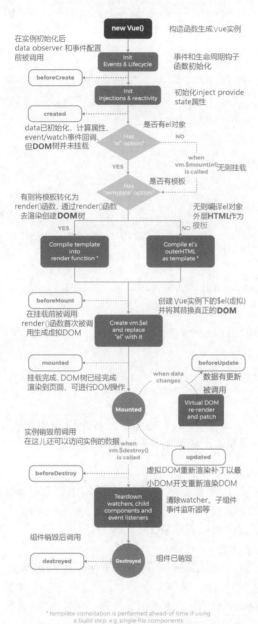

在实例初始化后 data observer 和事件配置前被调用

事件和生命周期钩子函数初始化

初始化inject provide state属性

data已初始化，计算属性、event/watch事件回调，但**DOM**树并未挂载

是否有el对象

when vm.$mount(el) is called 无则挂载

是否有模板

有则将模板转化为 render()函数，通过render()函数去渲染创建**DOM**树

无则编译el对象外层HTML作为模板

创建Vue实例下的$el(虚拟) 并将其替换真正的**DOM**

在挂载前被调用 render()函数首次被调用生成虚拟DOM

挂载完成，DOM树已经完成渲染到页面，可进行DOM操作

数据有更新被调用

实例销毁前调用 在这儿还可以访问实例的数据

虚拟DOM重新渲染补丁以最小DOM开支重新渲染DOM

清除watcher、子组件事件监听器等

组件销毁后调用

组件已销毁

图 2.7 生命周期图示

代码示例如下。

```
new Vue({
    el:"#app",
    beforeCreate(){
        console.log("beforeCreate");
    },
```

```
created(){
    console.log("created");
},
beforeMount(){
    console.log("beforeMount");
},
mounted(){
    console.log("mounted");
},
beforeUpdate(){
    console.log("beforeUpdate");
},
updated(){
    console.log("updated");
},
beforeDestroy(){
    console.log("beforeDestroy");
},
destroyed(){
    console.log("destroyed");
},
activated(){
    console.log("activated");
},
deactivated(){
    console.log("deactivated");
}
})
```

通过上面的代码示例可以知道，Vue生命周期的各个阶段由相应的生命周期钩子函数呈现。下面详细介绍一下各个生命周期钩子函数的作用和实际使用场景。

- beforeCreate：初始化之前。
- created：初始化完成之后（不能获取DOM，一般用于获取ajax数据）。
- beforeMount：挂载之前。
- mounted：挂载完成之后（可以获取DOM）。
- beforeUpdate：数据更新之前。
- updated：数据更新之后。应用场景：可以数据更新后获取焦点，也可以获取DOM的动态属性，更改数据时对DOM进行操作。
- beforeDestroy：在Vue实例销毁之前调用。在这一步，实例仍然完全可用。（页面离开）
- destroyed：在Vue 实例销毁之后调用。调用后，Vue 实例指示的所有东西都会解除绑定，所有的事件监听器会被移除，所有的子实例也会被销毁。（页面离开）
- activated:keep-live组件激活时调用。该钩子函数在服务器端渲染期间不被调用，用于性能优化缓存DOM和数据。
- deactivated:keep-alive组件停用时调用。该钩子函数在服务器端渲染期间不被调用。

如果还不是很了解生命周期没有关系，后面实战开发中会更深入地讲解。以上生命周期钩子函数要背下来，面试时可能会问到。

2.3　模板语法

Vue使用了基于HTML的模板语法，允许开发者声明式地将DOM定至底层的Vue实例数据。所有Vue的模板都是合法的HTML，所以能被遵循规范的浏览器和HTML解析器解析。在底层的实现上，Vue将模板编译成虚拟DOM渲染函数配合Diff算法能够智能地计算出最少需要重新渲染多少组件，并把DOM操作次数减到最少。结合响应式系统，实现数据更新即时渲染到视图层。

2.3.1　插值

数据绑定最常见的形式就是使用Mustache语法（双大括号）的文本插值，代码示例如下。

```html
<div id="app">
    {{text}}
</div>
<script src="https://cdn.jsdelivr.net/npm/vue@2.6.12/dist/vue.min.js"></script>
<script>
    new Vue({
        el:"#app",
        data(){
            return {
                text:"大家好"
            }
        }
    })
</script>
```

上面代码中加粗的部分，在<div>中Mustache标签将会被替代为对应数据对象上text属性的值。无论何时，绑定的数据对象上text属性的值发生了改变，插值处的内容都会更新。

插入HTML代码中的双大括号会将数据解释为普通文本，而非HTML代码。为了输出真正的HTML，需要使用v-html。代码示例如下。

```html
<div id="app">
    <span v-html="text"></span>
</div>
<script src="https://cdn.jsdelivr.net/npm/vue@2.6.12/dist/vue.min.js"></script>
<script>
    new Vue({
    el:"#app",
        data(){
            return {
                text:"<span style='font-size:14px;color:#FF0000'>大家好</span>"
            }
        }
    })
</script>
```

上面代码中加粗的部分，由之前的Mustache标签变成了v-html。这样浏览器就能够解析

HTML标签了。

Mustache 语法不能用在 HTML 属性（attribute）上，遇到这种情况应该使用 v-bind 指令。代码示例如下。

```
<div id="app">
    <a v-bind:href="url">程序思维</a>
</div>
<script src="https://cdn.jsdelivr.net/npm/vue@2.6.12/dist/vue.min.js"></script>
<script>
    new Vue({
        el:"#app",
        data(){
            return {
                url:"http://www.lucklnk.com"
            }
        }
    })
</script>
```

注意上面代码中加粗的部分，使用v-bind指令可以绑定动态属性。

Mustache标签还支持JavaScript表达式，代码示例如下。

```
<div id="app">
    {{url.toUpperCase()}}
    {{a+b}}
    {{isShow?'显示':'隐藏'}}
</div>
<script src="https://cdn.jsdelivr.net/npm/vue@2.6.12/dist/vue.min.js"></script>
<script>
    new Vue({
        el:"#app",
        data(){
            return {
                url:"http://www.lucklnk.com",
                a:1,
                b:2,
                isShow:true
            }
        }
    })
</script>
```

注意上面代码中加粗的部分，记住这样的格式，Mustache标签中是可以写JavaScript表达式的。

2.3.2　指令

指令（Directives）是带有v-前缀的特殊属性。指令的职责是当表达式的值改变时，将其产生的连带影响响应式地作用于DOM。

扫一扫，看视频

1. v-cloak

v-cloak指令设置样式，这些样式会在Vue实例编译结束时，从绑定的HTML元素上被移除。当网络较慢，网页还在加载Vue.js 文件，而导致Vue来不及渲染时，页面就会显示 Vue 源代码。可以使用v-cloak指令配合CSS规则解决这一问题。代码示例如下。

```html
<html>
    <head>
        <meta charset="UTF-8">
        <title>vue</title>
        <style>
            [v-cloak]{
                display:none;
            }
        </style>
    </head>
    <body>
        <div id="app" v-cloak>
            {{url}}
        </div>
        <script src="https://cdn.jsdelivr.net/npm/vue@2.6.12/dist/vue.min.js"></script>
        <script>
            new Vue({
                el:"#app",
                data(){
                    return {
                        url:"http://www.lucklnk.com"
                    }
                }
            })
        </script>

    </body>
</html>
```

注意上面代码中加粗的部分，v-cloak配合CSS规则使用，可以在当网速较慢或页面体积较大时，在页面上显示{{url}}字样，直到Vue.js文件加载完毕，模板编译后{{url}}才会被替换为数据对象中的内容。在这个过程中，页面会出现闪烁状况，用户体验相当不好，这时使用v-cloak指令就可以解决。

> **注意:**
> 如果是CDN引入Vue.js文件使用v-cloak指令解决页面闪烁问题是非常有效的。但是在实际开发中都是用NPM安装，模块化方式开发，内容都是由路由挂载不同的组件完成，就没有必要使用v-cloak指令了。如果不太好理解，在后面开发项目时就会明白。

2. v-text

v-text指令用于更新元素的文本内容，代码示例如下。

```html
<div id="app" v-cloak>
    <span v-text="url"></span>
```

```
        {{url}}
    </div>
    <script src="https://cdn.jsdelivr.net/npm/vue@2.6.12/dist/vue.min.js"></script>
    <script>
        new Vue({
            el:"#app",
            data(){
                return {
                    url:"http://www.lucklnk.com"
                }
            }
        })
    </script>
```

注意上面代码中加粗的部分，v-text="url"等价于{{url}}，如果只是更新部分文字，建议使用{{url}}插值形式。v-text指令在实际开发中用得不多，了解一下即可。

3.v-html

v-html指令用于在元素中插入HTML片段，相当于innerHTML。该指令存在安全漏洞，因此在本地代码中可以使用，如果要调用的第三方代码中包含该指令，则存在安全隐患。一般用于新闻详情页面和商品详情页面的内容输出。代码示例如下。

```
<div id="app" v-cloak>
    <div v-html="url"></div>
</div>
<script src="https://cdn.jsdelivr.net/npm/vue@2.6.12/dist/vue.min.js"></script>
<script>
    new Vue({
        el:"#app",
        data(){
            return {
                url:"<a href='http://www.lucklnk.com'>http://www.lucklnk.com</a>"
            }
        }
    })
</script>
```

注意上面代码中加粗的部分，在<div>中输出支持HTML标签的内容，该指令的值可以同Vue对象中data属性的变量绑定。

4.v-once

v-once指令可以让元素或组件只渲染一次，使用了此指令的元素或组件及其所有的子节点都会被当作静态内容并跳过，这可以用于优化更新性能。代码示例如下。

```
<div id="app" v-cloak>
    <div>{{url}}</div><!--结果:http://www.baidu.com-->
    <div v-once>{{url}}</div><!--结果:http://www.lucklnk.com-->
</div>
<script src="https://cdn.jsdelivr.net/npm/vue@2.6.12/dist/vue.min.js"></script>
<script>
    let vue=new Vue({
        el:"#app",
```

```
        data(){
            return {
                url:"http://www.lucklnk.com"
            }
        }
    })
    vue.$data.url="http://www.baidu.com";
</script>
```

注意上面代码中加粗的部分，data中的url属性值改变了，有v-once指令的元素内容不会改变。

5. v-pre

v-pre指令用于跳过这个元素及其子元素的编译过程。可以用来显示原始Mustache标签，对于大量没有指令的节点会加快编译速度。代码示例如下。

```
<div id="app" v-cloak>
    <div v-pre>{{url}}程序思维</div><!--结果:{{url}}程序思维-->
</div>
<script src="https://cdn.jsdelivr.net/npm/vue@2.6.12/dist/vue.min.js"></script>
<script>
    let vue=new Vue({
        el:"#app",
        data(){
            return {
                url:"http://www.lucklnk.com"
            }
        }
    })
</script>
```

注意上面代码中加粗的部分，元素加上v-pre指令的输出结果为"{{url}}程序思维"。

6. v-bind

v-bind指令可以动态地绑定一个或多个HTML元素的属性、将一个组件prop到表达式。代码示例如下。

```
<div id="app" v-cloak>
    <a v-bind:href="url">程序思维</a>
</div>
<script src="https://cdn.jsdelivr.net/npm/vue@2.6.12/dist/vue.min.js"></script>
<script>
    new Vue({
        el:"#app",
        data(){
            return {
                url:"http://www.lucklnk.com"
            }
        }
    })
</script>
```

注意上面代码中加粗的部分，url是data()方法中的对象属性，如果<a>标签的href属性接收url的值，就必须用v-bind指令绑定href属性。

v-bind指令也支持缩写，代码示例如下。

```
<div id="app" v-cloak>
    <a :href="url">程序思维</a>
</div>
<script src="https://cdn.jsdelivr.net/npm/vue@2.6.12/dist/vue.min.js"></script>
<script>
    new Vue({
        el:"#app",
        data(){
            return {
                url:"http://www.lucklnk.com"
            }
        }
    })
</script>
```

上面的代码中，v-bind指令没有了，只留下冒号，在实际开发中基本上全使用缩写。
v-bind指令也支持动态属性名，代码示例如下。

```
<div id="app" v-cloak>
    <a :[attrhref]="url">程序思维</a>
</div>
<script src="https://cdn.jsdelivr.net/npm/vue@2.6.12/dist/vue.min.js"></script>
<script>
    new Vue({
        el:"#app",
        data(){
            return {
                url:"http://www.lucklnk.com",
                attrhref:"href"
            }
        }
    })
</script>
```

注意上面代码中加粗的部分，可以使用data()方法中的属性attrhref作为动态属性名。

> **注意：**
> 动态属性名必须小写，写attrHref会报错。

在开发中经常会遇到内联字符串拼接，v-bind指令也支持。代码示例如下。

```
<div id="app" v-cloak>
    <img :src="url+'/images/1.jpg'" />
</div>
<script src="https://cdn.jsdelivr.net/npm/vue@2.6.12/dist/vue.min.js"></script>
<script>
    new Vue({
        el:"#app",
        data(){
            return {
                url:"http://www.lucklnk.com"
```

```
                }
            }
        })
</script>
```

注意上面代码中加粗的部分，拼接的字符串要用单引号包裹起来。

2.4 条件渲染

v-if指令用于条件性地渲染一块内容。这块内容只会在指令的表达式返回 true 时被渲染。配合 v-else 指令表示 v-if 指令的else 块，配合v-else-if指令，充当 v-if 指令的else-if块，可以连续使用。

2.4.1 v-if 指令的使用

v-if指令可以根据表达式的true或false值生成或删除一个元素。代码示例如下。

```
<div id="app" v-cloak>
    <div v-if="true">生成</div>
    <div v-if="false">删除</div>
    <div v-if="age==18">年龄:{{age}}</div>
</div>
<script src="https://cdn.jsdelivr.net/npm/vue@2.6.12/dist/vue.min.js"></script>
<script>
    let vue=new Vue({
        el:"#app",
        data(){
            return {
                age:18
            }
        }
    })
</script>
```

使用Chrome浏览器打开，按F12键打开开发者工具，选择Elements标签页，展开<div id="app">元素，如图2.8所示。

图 2.8 在浏览器中显示的效果

从图2.8中可以看到，v-if="false"的div元素并没有生成，其他表达式为true的div元素正常生成了。在实际开发中对元素操作频率较少的地方使用v-if指令，如订单状态的判断、是否为vip会员等。

<template> 元素上使用v-if指令条件渲染分组，因为 v-if 是一个指令，所以必须将它添加到一个元素上。但是如果想切换多个元素呢？此时可以把一个 <template> 元素当作不可见的包裹元素，并在上面使用v-if指令。最终的显示效果将不包含 <template> 元素。代码示例如下。

```
<div id="app" v-cloak>
    <template v-if="true">
        <div>生成</div>
        <div>删除</div>
        <div>年龄:{{age}}</div>
    </template>
</div>
<script src="https://cdn.jsdelivr.net/npm/vue@2.6.12/dist/vue.min.js"></script>
<script>
    let vue=new Vue({
        el:"#app",
        data(){
            return {
                age:18
            }
        }
    })
</script>
```

注意上面代码中加粗的部分，在<template>元素上使用v-if指令实现渲染分组。

也可以使用v-else指令表示 v-if指令的else 块，等同于if(){} else{}。代码示例如下。

```
<div id="app" v-cloak>
    <div v-if="isVip">
        vip会员
    </div>
    <div v-else>
        普通会员
    </div>
</div>
<script src="https://cdn.jsdelivr.net/npm/vue@2.6.12/dist/vue.min.js"></script>
<script>
    let vue=new Vue({
        el:"#app",
        data(){
            return {
                isVip:true
            }
        }
    })
</script>
```

注意上面代码中加粗的部分，data()方法中对象属性isVip为true时显示vip会员，否则显示普通会员。使用时，v-else指令要紧跟在v-if指令之后，相当于if(){} else{}语句。

v-else-if指令是Vue2.1.0版本中新增的功能,充当 v-if指令的else-if块,可以连续使用。代码示例如下。

```
<div id="app" v-cloak>
    订单状态:
    <div v-if="status=='0'">
        待付款
    </div>
    <div v-else-if="status=='1'">
        已付款
    </div>
    <div v-else>
        取消订单
    </div>
</div>
<script src="https://cdn.jsdelivr.net/npm/vue@2.6.12/dist/vue.min.js"></script>
<script>
    let vue=new Vue({
        el:"#app",
        data(){
            return {
                status:"1"
            }
        }
    })
</script>
```

　　注意上面代码中加粗的部分，v-else-if指令和v-else指令要紧跟在v-if指令或v-else-if指令之后，相当于if(status=='0'){} else if(status=='1'){} else{}。

　　v-if指令加key值的作用是Vue在渲染元素时，会尽可能地复用已有的元素而非重新渲染，这么做会使Vue渲染效率变得非常高。但是在开发中会出现用户不想要的结果，如在输入框中输入内容，单击"切换"按钮，会发现之前输入的内容被保留了下来，用key值就可以解决这个问题。看下面的代码示例。

　　新建v-if-key.html文件，输入以下代码。

```
<div id="app" v-cloak>
    <div v-if="loginType=='1'">手机号:<input type="text" placeholder="请输入手机号"></div>
    <div v-else>E-mail:<input type="text" placeholder="请输入E-mail"></div>
    <div>
        <button type="button" v-on:click="loginType=loginType=='1'?'2':'1'">切换登录
        方式</button>
    </div>
</div>
<script src="https://cdn.jsdelivr.net/npm/vue@2.6.12/dist/vue.min.js"></script>
<script>
    let vue=new Vue({
        el:"#app",
        data(){
            return {
                loginType:'
            }
        }
    })
</script>
```

上面的代码中，v-on:click是点击事件，在2.6.1小节中会详细讲解，这里可以先略过。使用Chrome浏览器打开，在输入框输入手机号，然后单击"切换登录方式"按钮，之前输入的手机号就被保留下来，如图2.9所示。

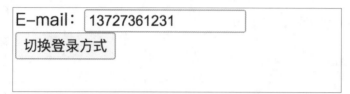

图2.9　在浏览器中显示的效果

从图2.9中可以看到，之前输入的是手机号，单击"切换登录方式"按钮后，在E-mail登录方式的输入框中保留了之前的内容，用户体验相当不好，用key值可以解决这个问题，看下面的代码示例。

```
<div id="app" v-cloak>
    <div v-if="loginType=='1'">手机号:<input type="text" placeholder="请输入手机号" key="1"></div>
    <div v-else>E-mail:<input type="text" placeholder="请输入E-mail" key="2"></div>
    <div>
        <button type="button" v-on:click="loginType=loginType=='1'?'2':'1'">切换登录方式</button>
    </div>
</div>
<script src="https://cdn.jsdelivr.net/npm/vue@2.6.12/dist/vue.min.js"></script>
<script>
    let vue=new Vue({
        el:"#app",
        data(){
            return {
                loginType:'1'
            }
        }
    })
</script>
```

注意上面代码中加粗的部分，在input元素上面添加了key属性，key的值类型只能是string或number，取值唯一。使用Chrome浏览器再次打开该页面，可以发现每次切换时，输入框被重新渲染了。

2.4.2　v-show 指令的使用

扫一扫，看视频

v-show指令可以根据表达式的true或false值显示或隐藏HTML元素。用法和v-if指令大致一样，不同的是带有 v-show 指令的元素始终会被渲染并保留在DOM中。v-show指令相当于对CSS样式display进行操作。代码示例如下。

```
<div id="app" v-cloak>
    <div v-show="true">显示</div>
```

```
        <div v-show="false">隐藏</div>
    </div>
    <script src="https://cdn.jsdelivr.net/npm/vue@2.6.12/dist/vue.min.js"></script>
    <script>
        let vue=new Vue({
            el:"#app",
            data(){
                return {

                }
            }
        })
    </script>
```

注意上面代码中加粗的部分，v-show指令的值为false，相当于在该元素上添加CSS样式display:none;，使该元素隐藏。使用Chrome浏览器打开，按F12键打开开发者工具，选择Elements标签页，展开<div id="app">元素，如图2.10所示。

图2.10　在浏览器中显示的效果

从图2.10中可以看到，v-show="false"的div元素添加了display:none;的CSS样式，该元素隐藏，其他元素显示正常。

> **注意：**
> v-show 指令不支持 <template> 元素，也不支持 v-else指令。

v-if指令与v-show指令的区别如下。

v-if指令是"真正"的条件渲染，因为它会确保在切换过程中条件块内的事件监听器和子组件适当地被销毁与重建。

v-if指令也是惰性的，如果在初始渲染时条件为false，则什么也不做，直到条件第一次变为true时，才会开始渲染条件块。

相比之下，v-show指令简单得多，不管初始条件是什么，元素总是会被渲染，并且只是简单地基于CSS进行切换。

一般来说，v-if指令有更高的切换开销，而v-show指令有更高的初始渲染开销。因此，如果需要非常频繁地切换，则使用v-show指令较好；如果在运行时组件很少改变，则使用v-if指令较好。

记得把v-if指令与v-show指令的区别背下来，面试有可能会问。

2.5　列表渲染

v-for指令基于一个数组渲染一个列表。v-for指令需要使用(item,index) in items形式的特殊语法，其中items是源数据数组；item是被迭代的数组元素的别名；index是索引。

扫一扫，看视频

2.5.1　v-for 指令的使用

v-for指令可以循环遍历数组，也可以遍历对象，代码示例如下。

```
<div id="app" v-cloak>
    <div v-for="item in list">菜品:{{item.title}}、价格:{{item.price}}</div>
</div>
<script src="https://cdn.jsdelivr.net/npm/vue@2.6.12/dist/vue.min.js"></script>
<script>
    new Vue({
        el:"#app",
        data(){
            return {
                list:[
                    {title:"羊肉串",price:2},
                    {title:"啤酒",price:4},
                    {title:"花毛一体",price:10}
                ]
            }
        }
    })
</script>
```

注意上面代码中加粗的部分，在data()方法中返回一个数组list，然后在div元素上使用v-for指令遍历该数组，item则是被迭代的list数组的别名，每次循环，item的值都会被重置为数组当前索引的值，在div元素内部，可以通过Mustache语法引用该变量。

v-for指令也支持显示索引，代码示例如下。

```
<div id="app" v-cloak>
    <div v-for="(item,index) in list">索引:{{index}}, 菜品:{{item.title}}, 价格:{{item.price}}</div>
</div>
<script src="https://cdn.jsdelivr.net/npm/vue@2.6.12/dist/vue.min.js"></script>
<script>
    new Vue({
        el:"#app",
        data(){
            return {
                list: [
                    {title:"羊肉串",price:2},
                    {title:"啤酒",price:4},
                    {title:"花毛一体",price:10}
                ]
            }
```

```
        }
    })
</script>
```

注意上面代码中加粗的部分，v-for指令传入的第二个参数index代表索引，在div元素内部，通过Mustache语法引用索引值。

带索引的最终显示的效果，如图2.11所示。

图2.11　在浏览器中显示的效果（带索引）

不带索引的最终显示的效果，如图2.12所示。

图2.12　在浏览器中显示的效果（不带索引）

v-for指令也可以遍历对象并输出值、属性名（key、键名）、索引，代码示例如下。

```
<div id="app" v-cloak>
    <div v-for="(value,key,index) in list">索引:{{index}}，属性:{{key}}，值:{{value}}</div>
</div>
<script src="https://cdn.jsdelivr.net/npm/vue@2.6.12/dist/vue.min.js"></script>
<script>
    let vue=new Vue({
        el:"#app",
        data(){
            return {
                list: {title:"羊肉串",price:2}
            }
```

```
            }
        })
    </script>
```

上面的代码中加粗的部分和之前遍历数组有什么不同？ list的值是对象，v-for指令的第一个参数必填参数value是被迭代对象属性的别名，第二个参数可选参数key是属性，第三个参数可选参数index是索引。

v-for指令也可以在\<template\>元素上使用，用法和v-if指令类似，可以遍历一段包含多个元素的内容，代码示例如下。

```
<div id="app" v-cloak>
    <template v-for="(item,index) in list">
        <div>索引:{{index}}，菜品:{{item.title}}，价格:{{item.price}}</div>
    </template>
</div>
<script src="https://cdn.jsdelivr.net/npm/vue@2.6.12/dist/vue.min.js"></script>
<script>
    new Vue({
        el:"#app",
        data(){
            return {
                list: [
                    {title:"羊肉串",price:2},
                    {title:"啤酒",price:4},
                    {title:"花毛一体",price:10}
                ]
            }
        }
    })
</script>
```

set()进行数据更新检测，解决再次给数据赋值时，不能在视图中更新显示的问题。

set(target,key,value)方法有3个参数。

- target：要更改的数据源,可以是对象或数组。
- key：要更改的具体数据或索引。
- value：重新赋的值。

代码示例如下。

```
<div id="app" v-cloak>
    <template v-for="(item,index) in list">
        <div>索引:{{index}}，菜品:{{item.title}}，价格:{{item.price}}</div>
    </template>
</div>
<script src="https://cdn.jsdelivr.net/npm/vue@2.6.12/dist/vue.min.js"></script>
<script>
    let vue=new Vue({
        el:"#app",
        data(){
            return {
                list: [
```

```
                    {title:"羊肉串",price:2},
                    {title:"啤酒",price:4},
                    {title:"花毛一体",price:10}
                ]
            }
        }
    })
    vue.$data.list[1].price=14;
    vue.$set(vue.$data.list,1,vue.$data.list[1]);
</script>
```

看上面代码中加粗的部分，$set()方法等于set()方法，使用vue.$data.list[1].price改变data()方法中的对象属性list索引为1的price的值，这时视图是不能即时更新的，需要用vue.$set()方法解决视图不能即时更新的问题。如果这里不是很明白，后面实战开发时会经常使用此方法，自然而然就知道set()方法的优点了。

key值的类型只能是string或number，主要用于Vue的虚拟DOM算法，在新旧节点对比时辨识VNodes。如果不使用key，Vue会使用一种最大限度减少动态元素并且尽可能地尝试就地修改或复用相同类型元素的算法。而使用key时，它会基于key的变化重新排列元素顺序，并且会移除key不存在的元素。

相同父元素的子元素key值必须唯一，重复的key值会造成渲染错误。

使用v-for指令遍历数组时，如果没有指定key，当数组元素顺序发生变更时，DOM绑定的数据会更新，而DOM本身的顺序不会变化；如果指定了key，当数组元素顺序发生变更时，DOM会和数据同步更新。

新建v-for-key.html文件，代码示例如下。

```html
<div id="app" v-cloak>
    <div v-for="(item,index) in list">
        <div><input type="checkbox"> {{item.title}}</div>
    </div>
    <button type="button" @click="add()">添加</button>
</div>
<script src="https://cdn.jsdelivr.net/npm/vue@2.6.12/dist/vue.min.js"></script>
<script>
    new Vue({
        el:"#app",
        data(){
            return {
                list: [
                    {id:1,title:"羊肉串",price:2},
                    {id:2,title:"啤酒",price:4},
                    {id:3,title:"花毛一体",price:10}
                ]
            }
        },
        methods:{
            add(){
                this.list.unshift({id:4,title:"土豆片",price:1})
            }
```

```
        }
    })
</script>
```

看上面的代码，有一些知识点还没有学到，@click为点击事件，将会在2.6.1小节中进行讲解；methods用于定义方法，后面也会讲解，在这里出现是为了演示这个案例。

使用Chrome浏览器打开v-for-key.html文件，最终显示的效果如图2.13所示。

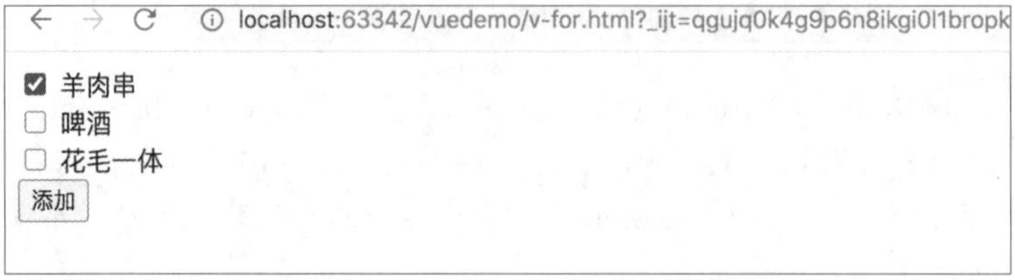

图2.13　在浏览器中显示的效果

从图2.13中可以看到，勾选"羊肉串"复选框，接下来单击"添加"按钮，显示的效果如图2.14所示。

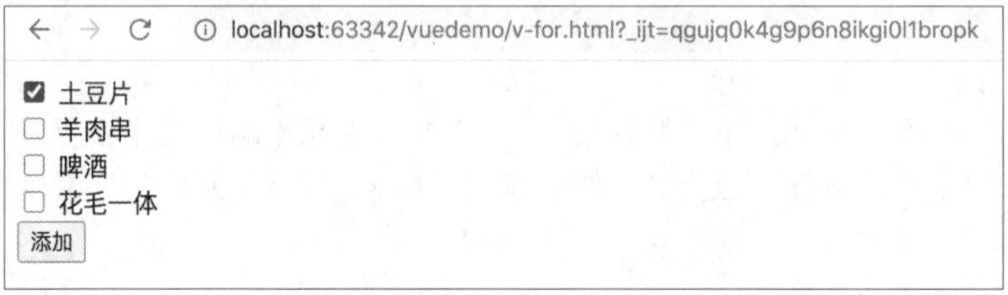

图2.14　单击"添加"按钮后显示的效果

从图2.14中可以看到，之前勾选的"羊肉串"变成了"土豆片"，这不是我们想要的结果。产生这个问题的原因是Vue更新v-for指令渲染的元素列表时，当数组元素顺序发生变更时，DOM绑定的数据会更新，而Vue不会移动DOM元素匹配数据项的顺序。当勾选"羊肉串"复选框时，指令记住了勾选的数组下标为0，当向数组中添加新的数据时，虽然数组长度发生了变化，但是指令记住的是之前勾选的下标，所以就把下标为0的"土豆片"勾选上了。

使用key属性为每个节点提供一个唯一的标识，让Vue重用和重排现有的元素，就能解决这个问题。代码示例如下。

```html
<div id="app" v-cloak>
    <div v-for="(item,index) in list" :key="item.id">
        <div><input type="checkbox"> {{item.title}}</div>
    </div>
    <button type="button" @click="add()">添加</button>
</div>
<script src="https://cdn.jsdelivr.net/npm/vue@2.6.12/dist/vue.min.js"></script>
<script>
    new Vue({
        el:"#app",
        data(){
            return {
```

```
                    list: [
                        {id:1,title:"羊肉串",price:2},
                        {id:2,title:"啤酒",price:4},
                        {id:3,title:"花毛一体",price:10}
                    ]
                }
            },
            methods:{
                add(){
                    this.list.unshift({id:4,title:"土豆片",price:1})
                }
            }
        })
    </script>
```

注意上面代码中加粗的部分，key属性的值是唯一的，一般都是后端给的id。需要注意的是，key属性不能添加在<template>元素中;key属性的值不能是index索引，否则不生效。

2.5.2　v-for 指令嵌套循环

在实际开发中经常会遇到层级较多的数据结构，这时我们要用v-for指令嵌套循环遍历数据。看下面的代码示例。

扫一扫，看视频

```html
<div id="app" v-cloak>
    <div v-for="(item,index) in items" :key="index">
        <div>
            {{item.title}}
            <div v-for="(item2,index2) in item.children" :key="index2">
                {{item2.title}}
            </div>
        </div>
    </div>
</div>
<script src="https://cdn.jsdelivr.net/npm/vue@2.6.12/dist/vue.min.js"></script>
<script>
    new Vue({
        el:"#app",
        data(){
            return {
                items: [
                    {
                        title:"肉类",
                        children:[
                            {title:"羊肉串"},
                            {title:"猪肉串"},
                            {title:"牛肉串"}
                        ]
                    },
                    {
                        title:"主食",
                        children:[
```

```
                            {title:"馒头片"},
                            {title:"面包片"}
                        ]
                    }
                ]
            }
        }
    })
</script>
```

注意上面代码中加粗的部分，第一层循环v-for="(item,index) in items"，相信大家已经能看懂了，这里不再作过多的讲解。第二层循环v-for="(item2,index2) in item.children"，item.children对应的是第一层循环v-for的第一个参数item，item则是被迭代的items数组的别名，这样就可以得到items属性children，即item.children。在第二层循环中，item2是被迭代的item.children数组的别名，每次循环，item2的值都会被重置为数组当前索引的值，在<div>元素内部，通过{{item2.title}}显示数组中的值。

使用v-for指令嵌套循环需要注意以下几点。

（1）父级循环中的index索引与子级循环中的index索引必须区分开。

（2）不要忽略key（父级循环对应父级的index索引，子级循环对应子级的index索引）。

（3）子级循环体需要从父级循环体以下的层级中获取，循环体可用数组带索引的方式表示。

2.5.3　v-for 指令与 v-if 指令一起使用性能优化技巧

扫一扫，看视频

当v-for指令与v-if指令一起使用时，v-for指令的优先级比v-if指令更高，这意味着v-if指令将分别重复运行于每个v-for指令循环中。如果渲染一个列表时，需要按照条件渲染，那么就需要v-for指令与v-if指令一起使用了。代码示例如下。

```
<div id="app" v-cloak>
    <div v-for="(item,index) in items" :key="index" v-if="item.isShow">
        {{item.title}}
    </div>
</div>
<script src="https://cdn.jsdelivr.net/npm/vue@2.6.12/dist/vue.min.js"></script>
<script>
    new Vue({
        el:"#app",
        data(){
            return {
                items: [
                    {title:"羊肉串",isShow:true},
                    {title:"猪肉串",isShow:false},
                    {title:"牛肉串",isShow:true},
                    {title:"馒头片",isShow:true},
                    {title:"面包片",isShow:false},
                ]
            }
        }
    })
```

```
</script>
```

注意上面代码中加粗的部分，很简单，这里就不过多讲解了。

最终渲染结果如下。

羊肉串
牛肉串
馒头片

Vue官方不建议将v-if 指令和 v-for 指令同时用在同一个元素上，因为一起使用，每个元素都会添加一个v-if指令。v-if指令重复运行于每个v-for指令循环中，会造成性能浪费。建议使用computed计算属性解决这个问题。代码示例如下。

```
<div id="app" v-cloak>
    <div v-for="(item,index) in newItems" :key="index">
        {{item.title}}
    </div>
</div>
<script src="https://cdn.jsdelivr.net/npm/vue@2.6.12/dist/vue.min.js"></script>
<script>
    new Vue({
        el:"#app",
        data(){
            return {
                items: [
                    {title:"羊肉串",isShow:true},
                    {title:"猪肉串",isShow:false},
                    {title:"牛肉串",isShow:true},
                    {title:"馒头片",isShow:true},
                    {title:"面包片",isShow:false},
                ]
            }
        },
        computed:{
            newItems(){
                return this.items.filter((item)=>{
                    return item.isShow==true;
                })
            }
        }
    })
</script>
```

最终渲染结果如下。

羊肉串
牛肉串
馒头片

主要看上面代码中加粗的部分，使用了computed计算属性，computed会在2.8.1小节讲解。这里使用computed是为了解决v-for指令与v-if指令在同一个元素上一起使用而造成的性能浪费的问题。建议学习完computed再回到这里学习一下，应该就能看懂了。

2.6　事件处理

Vue的事件处理可以用v-on（缩写成@）指令监听DOM事件，并在触发事件时运行一些JavaScript代码。Vue事件处理方法和表达式都严格绑定在当前ViewModel上，无须在JavaScript代码中手动绑定事件，ViewModel代码的逻辑非常纯粹，和DOM完全解耦，更易于维护。当一个Vue实例被销毁时，所有的事件处理器都会自动被删除，无须担心如何清理它们。

扫一扫，看视频

2.6.1　v-on 指令监听事件

可以用v-on指令监听DOM事件，并在触发事件时运行一些JavaScript代码。v-on指令可以缩写成@。看下面的代码示例。

```html
<div id="app" v-cloak>
    <div>
        <!--click直接绑定一个方法，greet或greet()均可，圆括号可有可无-->
        <button type="button" v-on:click="greet()">大家好</button>
        <!--v-on缩写成@-->
        <button type="button" @click="greet">大家好</button>
    </div>
    <div>
        <!--click事件直接使用JavaScript代码-->
        <button type="button" @click="count-=1">-</button>
        {{count}}
        <button type="button" @click="count+=1">+</button>
    </div>
    <div>
        <!--click绑定方法传参-->
        <button type="button" @click="hello('Hello World')">Hello World</button>
    </div>
</div>
<script src="https://cdn.jsdelivr.net/npm/vue@2.6.12/dist/vue.min.js"></script>
<script>
    new Vue({
        el:"#app",
        data(){
            return {
                count:0
            }
        },
        //在methods对象中定义方法
        methods:{
            //ES 5定义方法
            greet:function(){
                alert('大家好');
            },
            //ES 6简写方法
            hello(val){
                alert(val);
```

```
            }
        }
    })
</script>
```

看上面代码中加粗的部分。在Vue中自定义的方法要在methods属性中定义。需要注意的是，定义的方法不支持箭头函数，因为箭头函数绑定的是父级作用域上下文，this指向的并不是Vue实例。在实际开发中一般都用缩写@。

如果想访问原始的DOM事件，可以使用特殊的变量$event作为参数传入。看下面的代码示例。

```
<div id="app" v-cloak>
    <div>
        姓名:<input type="text" @input="setName($event)">
    </div>
</div>
<script src="https://cdn.jsdelivr.net/npm/vue@2.6.12/dist/vue.min.js"></script>
<script>
    new Vue({
        el:"#app",
        data(){
            return {
            }
        },
        methods:{
            setName(e){
                console.log(e.target.value);
            }
        }
    })
</script>
```

看上面代码中加粗的部分，@input监听输入框事件绑定setName()方法，参数为$event，然后在事件处理方法中调用setName(e)访问原始事件对象，e.target.value可以获取input输入框中的值。

2.6.2　事件修饰符与按键修饰符

Vue提供了事件修饰符与按键修饰符，在程序开发中使用非常方便，下面来看看如何使用！

扫一扫，看视频

1. 事件修饰符

在事件处理程序中调用event.stopPropagation()或event.preventDefault()是非常常见的需求。尽管可以在方法中轻松实现这点，但更好的方式是方法只有纯粹的数据逻辑，而不是去处理DOM事件细节。

为了解决这个问题，Vue为v-on指令提供了事件修饰符。修饰符是由点开头的指令后缀表示的，各修饰符如下。

- .stop：调用event.stopPropagation()，阻止冒泡事件。
- .prevent：调用event.preventDefault()，阻止默认事件。

- .capture：捕获冒泡，即有冒泡发生时，有该修饰符的DOM元素会先执行。如果有多个，从外到内依次执行，然后再按自然顺序执行触发的事件。
- .self：将事件绑定到自身，只有自身才能触发，通常用于避免冒泡事件的影响。
- .once：事件只能触发一次，如只能单击按钮一次。
- .passive：执行默认方法。一般用于滚动监听，如@scoll、@touchmove、@mousemove等事件，因为在滚动监听过程中，移动每个像素都会产生一次事件，每次都使用内核线程查询.prevent会使滚动卡顿。我们通过.passive跳过内核线程查询，可以大大提升滚动的流畅度。
- .left：按鼠标左键时触发。
- .right：按鼠标右键时触发。
- .middle：按鼠标中间键时触发。

> **注意：**
> .passive和.prevent相冲突，不能同时绑定在一个事件监听器上。

看事件修饰符的基本用法，代码示例如下。

```
<!-- 阻止单击事件继续传播 -->
<a @click.stop="doThis"></a>

<!-- 提交事件不再重载页面 -->
<form @submit.prevent="onSubmit"></form>

<!-- 修饰符可以串联 -->
<a @click.stop.prevent="doThat"></a>

<!-- 只有修饰符 -->
<form @submit.prevent></form>

<!-- 添加事件监听器时使用事件捕获模式 -->
<!-- 即内部元素触发的事件先在此处理，然后才交由内部元素进行处理 -->
<div @click.capture="doThis">...</div>

<!-- 只当在 event.target 是当前元素自身时触发处理函数 -->
<!-- 即事件不是从内部元素触发的 -->
<div @click.self="doThat">...</div>

<!--会阻止所有单击-->
<div @click.prevent.self="doThis">...</div>

<!--只会阻止对元素自身的单击-->
<div @click.self.prevent="doThis">...</div>
```

修饰符可以串联使用，但是要注意顺序，上面的代码中@click.prevent.self表示会阻止所有单击，@click.self.prevent表示只会阻止对元素自身的单击。顺序不一样，实现的效果也不一样。

接下来再看一个阻止冒泡事件的案例，代码示例如下。

```
<div id="app" v-cloak>
    <div @click="goPage()">
        <button type="button" @click.stop="del()">删除</button>
```

```
        </div>
    </div>
    <script src="https://cdn.jsdelivr.net/npm/vue@2.6.12/dist/vue.min.js"></script>
    <script>
        new Vue({
            el:"#app",
            methods:{
                goPage(){
                    alert('跳转页面');
                },
                del(){
                    alert('删除');
                }
            }
        })
    </script>
```

上面代码中加粗的部分，在@click事件加上.stop事件修饰符，阻止了冒泡事件，单击"删除"按钮，只会触发del()方法，这是我们想要的结果。如果没有加上.stop事件修饰符，那么就执行del()方法后紧接着再执行goPage()方法。阻止冒泡事件在实际开发中经常使用。

2. 按键修饰符

在监听键盘事件时，经常需要检查详细的按键。Vue允许为v-on指令在监听键盘事件时添加按键修饰符，具体如下。

- .enter：Enter键。
- .tab：Tab键。
- .delete：（捕获"删除"和"退格"键）删除键。
- .esc：Esc键。
- .space：空格键。
- .up：上。
- .down：下。
- .left：左。
- .right：右。

看一下代码示例。

```
<div id="app" v-cloak>
    <div @click="goPage()">
        <input type="text" @keyup.enter="enter()"></input>
    </div>
</div>
<script src="https://cdn.jsdelivr.net/npm/vue@2.6.12/dist/vue.min.js"></script>
<script>
    new Vue({
        el:"#app",
            methods:{
            enter(){
                alert('回车事件');
            }
```

```
        }
    })
</script>
```

注意上面代码中加粗的部分，监听keyup事件添加按键修饰符.enter，在input输入框中输入文字后按Enter键触发enter()方法。

2.6.3 系统修饰键

扫一扫，看视频

可以用以下修饰符实现仅在按下相应按键时才触发鼠标或键盘事件的监听器。
- .ctrl：Ctrl键。
- .alt：Alt键。
- .shift：Shift键。
- .meta：在 Mac 操作系统的键盘上，.meta 对应 command 键（⌘）；在 Windows 操作系统的键盘上，.meta 对应 Windows 徽标键（⊞）；在 Sun 操作系统的键盘上，.meta 对应实心宝石键（◆）；在其他特定键盘上，尤其在 MIT 和 Lisp 机器的键盘及其后继产品，如 Knight 键盘、space-cadet 键盘上，.meta 被标记为 "META"；在 Symbolics 键盘上，.meta 被标记为 "META" 或 "Meta"。

系统修饰键的代码示例如下。

```
<div id="app" v-cloak>
    <!-- Alt + C -->
    <input @keyup.alt.67="clear">

    <!-- meta + Click -->
    <button type="button" @click.meta="doSomething">Do something</button>
</div>
<script src="https://cdn.jsdelivr.net/npm/vue@2.6.12/dist/vue.min.js"></script>
<script>
    new Vue({
        el:"#app",
        methods:{
            clear(){
                alert('Alt + C');
            },
            doSomething(){
                alert("meta + Click");
            }
        }
    })
</script>
```

注意上面代码中加粗的部分，@keyup.alt.67监听keyup事件，需要按住Alt键再按C键（对应的keyCode为67）触发clear()方法；@click.meta，先按meta键再按鼠标左键触发doSomething()方法。
- .exact：.exact修饰符允许控制由精确的系统修饰符组合触发的事件，代码示例如下。

```
<div id="app" v-cloak>
    <!-- 即使Alt键或Shift键被一起按下时也会触发 -->
    <button @click.alt="onClick">A</button>
```

```
    <!-- 有且只有Alt键被按下时才触发 -->
    <button @click.alt.exact="onAltClick">A</button>

    <!-- 没有任何系统修饰键被按下时才触发 -->
    <button @click.exact="onClick">A</button>
</div>
<script src="https://cdn.jsdelivr.net/npm/vue@2.6.12/dist/vue.min.js"></script>
<script>
    new Vue({
        el:"#app",
        methods:{
            onAltClick(){
                alert('有且只有 Alt键被按下时才触发');
            },
            onClick(){
                alert("A");
            }
        }
    })
</script>
```

注意上面代码中加粗的部分，可以按照提示测试一下。

2.7 在 Vue 中使用 CSS 样式

操作HTML元素的class列表和内联样式是数据绑定的一个常见需求，所以Vue可以用v-bind指令处理它们，只需通过表达式计算出字符串结果即可。不过，字符串拼接麻烦且易错。因此，在将v-bind指令用于class和style时，Vue做了专门的增强。表达式结果的类型除了字符串，还可以是对象或数组。

2.7.1 class 的多种用法

1. 对象语法

我们可以传给 v-bind:class 一个对象，动态地切换 class，代码示例如下。

扫一扫，看视频

```
<style>
    [v-cloak]{
        display:none;
    }
    .active{font-size:14px;color:#FF0000}
</style>

<div id="app" v-cloak>
    <div :class="{active:isActive}">class样式</div>
</div>
<script src="https://cdn.jsdelivr.net/npm/vue@2.6.12/dist/vue.min.js"></script>
<script>
    new Vue({
        el:"#app",
```

```
        data(){
            return {
                isActive:true
            }
        }
    })
</script>
```

注意上面代码中加粗的部分，active这个class的存在取决于数据属性isActive的值，isActive为true时显示这个样式类最终解析为class="active";isActive为false时相当于没有加样式active。

最终显示的效果如图2.15所示。

图 2.15   在浏览器中显示的效果

从图2.15中可以看出，显示的效果为<div class="active">class样式</div>。

也可以在对象中传入更多字段动态切换多个 class。此外，v-bind:class 指令也可以与普通的 class属性共存。代码示例如下。

```
<style>
    [v-cloak]{
        display:none;
    }
    .active{font-size:14px;color:#FF0000}
    .my-box{width:100px;height:100px;background-color:#FF0000}
</style>

<div id="app" v-cloak>
    <div :class="{active:isActive,'my-box':isBox}">class样式</div>
</div>
<script src="https://cdn.jsdelivr.net/npm/vue@2.6.12/dist/vue.min.js"></script>
<script>
    new Vue({
        el:"#app",
        data(){
            return {
                isActive:true,
                isBox:true
            }
        }
    })
</script>
```

注意代码:class="{active:isActive,'my-box':isBox}"，my-box这个属性名中间有"-"符号，由于对象属性命名规范不能有"-"符号，所以需要用单引号将属性my-box包裹起来，不然就会报错。

最终渲染结果为<div:class="active my-box">class样式</div>。

当 isActive或isBox的值变化时，class列表将进行相应的更新。例如，如果isActive的值为false，最终渲染的结果为<div:class="my-box">class样式</div>。

绑定的数据对象不必内联定义在模板中，在data()方法中定义一个对象也可以。代码示例如下。

```
<div id="app" v-cloak>
    <div :class="objClass">class样式</div>
</div>
<script src="https://cdn.jsdelivr.net/npm/vue@2.6.12/dist/vue.min.js"></script>
<script>
    new Vue({
        el:"#app",
        data(){
            return {
                objClass:{
                    active:true,
                    'my-box':true
                }
            }
        }
    })
</script>
```

注意上面代码中加粗的部分，data()方法中返回一个数据属性为objClass的对象，在:class属性中引用，相当于:class="{active:true,'my-box':true}"。

最终渲染的结果为<div:class="active my-box">class样式</div>。

我们也可以在这里绑定一个返回对象的computed计算属性。这是一个常用且强大的模式，代码示例如下。

```
<style>
    [v-cloak]{
        display:none;
    }
    .active{font-size:14px;color:#FF0000}
    .my-box{width:100px;height:100px;background-color:#FF0000}
</style>

<div id="app" v-cloak>
    <div :class="objClass">class样式</div>
</div>
<script src="https://cdn.jsdelivr.net/npm/vue@2.6.12/dist/vue.min.js"></script>
<script>
    new Vue({
        el:"#app",
        data(){
            return {
```

```
                    isActive:true,
                    isBox:true
                }
            },
            computed:{
                objClass(){
                    return {
                        active:this.isActive,
                        'my-box':this.isBox
                    }
                }
            }
        })
</script>
```

看上面代码中加粗的部分，computed计算属性会在2.8.1小节详细讲解，这里先简单介绍一下。:class的值objClass不再是data()方法中的对象属性，而是computed中的方法。objClass()方法返回对象{active:this.isActive,'my-box':this.isBox}，active对应CSS样式.active，my-box对应CSS样式.my-box，this.isActive对应data()方法中的isActive，this.isBox对应data()方法中的isBox，最后将objClass赋值给:class。

最终渲染的结果为<div:class="active my-box">class样式</div>。

2. 数组语法

v-bind:class除了可以传递对象，还可以传递一个数组，代码示例如下。

```
<style>
    [v-cloak]{
        display:none;
    }
    .active{font-size:14px;color:#FF0000}
    .my-box{width:100px;height:100px;background-color:#FF0000}
</style>

<div id="app" v-cloak>
    <div :class="[activeClass,myBox]">class样式</div>
</div>
<script src="https://cdn.jsdelivr.net/npm/vue@2.6.12/dist/vue.min.js"></script>
<script>
    new Vue({
        el:"#app",
        data(){
            return {
                activeClass:'active',
                myBox:'my-box'
            }
        }
    })
</script>
```

注意上面代码中加粗的部分，:class的值不是对象，而是数组[activeClass,myBox]，数组中的值activeClass和myBox分别对应的是data()方法中对象属性activeClass和myBox，data()方法中的对象属性的值active和my-box分别对应的是CSS样式.active和.my-box。

最终渲染的结果为<div:class="active my-box">class样式</div>。

如果想根据条件切换列表中的 class，可以用三元表达式，代码示例如下。

```
<div id="app" v-cloak>
    <div :class="[isActive?activeClass:'',myBox]">class样式</div>
</div>
<script src="https://cdn.jsdelivr.net/npm/vue@2.6.12/dist/vue.min.js"></script>
<script>
    new Vue({
        el:"#app",
        data(){
            return {
                activeClass:'active',
                myBox:'my-box',
                isActive:true
            }
        }
    })
</script>
```

看上面代码中加粗的部分，如果isActive为true，值为activeClass；否则为空。

最终渲染的结果为<div:class="active my-box">class样式</div>。

不过，当有多个条件class时这样写有些烦琐。所以在数组语法中也可以使用对象语法，代码示例如下。

```
<div id="app" v-cloak>
    <div :class="[{activeClass:isActive},myBox]">class样式</div>
</div>
<script src="https://cdn.jsdelivr.net/npm/vue@2.6.12/dist/vue.min.js"></script>
<script>
    new Vue({
        el:"#app",
        data(){
            return {
                activeClass:'active',
                myBox:'my-box',
                isActive:true
            }
        }
    })
</script>
```

看上面代码中加粗的部分，由之前的三元表达式isActive?activeClass:"变成了{activeClass:isActive}，最终渲染的结果为<div:class="active my-box">class样式</div>，和之前的一样。

2.7.2　内联 style

使用v-bind:style可以给元素绑定内联样式，不过在实际开发中尽量避免内联样式的出现，因为内联样式不便于维护。

扫一扫，看视频

1. 对象语法

v-bind:style的对象语法十分直观，看着非常像CSS，但其实是一个JavaScript对象。CSS属性名可以用驼峰式（camelCase）或短横线分隔（kebab-case，记得用引号括起来）命名，代码示例如下。

```
<div id="app" v-cloak>
    <div :style="{width:'100px',height:'100px',fontSize:'14px','background-
    color':'#FF0000'}">style样式</div>
</div>
<script src="https://cdn.jsdelivr.net/npm/vue@2.6.12/dist/vue.min.js"></script>
<script>
    new Vue({
        el:"#app",
        data(){
            return {

            }
        }
    })
</script>
```

看上面代码中加粗的部分，:style的值是对象，fontSize需要驼峰式命名。background-color包含短横线分隔，需要用引号括起来。

最终渲染的结果为<div :style="width: 100px; height: 100px; fontSize: 14px; background-color: rgb(255, 0, 0);">style样式</div>。

上面代码中的内联样式直接用对象字面量的方式设置，可读性较差。直接将内联样式绑定到一个样式对象通常更好，这会让模板更清晰，代码示例如下。

```
<div id="app" v-cloak>
    <div :style="styleObj">style样式</div>
</div>
<script src="https://cdn.jsdelivr.net/npm/vue@2.6.12/dist/vue.min.js"></script>
<script>
    new Vue({
        el:"#app",
        data(){
            return {
                styleObj:{
                    width:"100px",
                    height:"100px",
                    fontSize:'14px',
                    "background-color":"#FF0000"
                }
            }
        }
    })
</script>
```

最终渲染的结果为<div :style="width: 100px; height: 100px; fontSize: 14px; background-color: rgb(255, 0, 0);"> style样式</div>。

2. 数组语法

v-bind:style的数组语法可以将多个样式对象应用到同一个元素上，代码示例如下。

```
<div id="app" v-cloak>
    <div :style="[styleObj,borderObj]">style样式</div>
</div>
<script src="https://cdn.jsdelivr.net/npm/vue@2.6.12/dist/vue.min.js"></script>
<script>
    new Vue({
        el:"#app",
        data(){
            return {
                styleObj:{
                    width:"100px",
                    height:"100px",
                    fontSize:'14px',
                    "background-color":"#FF0000"
                },
                borderObj:{
                    border:'1px solid #0000FF'
                }
            }
        }
    })
</script>
```

最终渲染的结果为<div:style="width: 100px; height: 100px; fontSize: 14px; background-color: rgb(255, 0, 0); border: 1px solid rgb(0, 0, 255);">style样式</div>。

3. 自动添加前缀

当 v-bind:style 使用需要添加浏览器引擎前缀的CSS属性时，如 transform，Vue会自动检测并添加相应的前缀。如果是Safari和Chrome浏览器，自动添加-webkit-transform属性；如果是Firefox浏览器，自动添加-moz-transform属性；如果是IE 9或以上版本的浏览器，自动添加-ms-transform属性。

4. 多重值

从Vue 2.3.0 起，可以为style绑定中的属性提供一个包含多个值的数组，常用于提供多个带前缀的值，代码示例如下。

```
<div :style="{ display: ['-webkit-box', '-ms-flexbox', 'flex'] }"></div>
```

这样写只会渲染数组中最后一个被浏览器支持的值。在上面的代码中，如果浏览器支持不带浏览器前缀的 flexbox，那么就只会渲染 display: flex。

2.8　v-model 指令双向绑定

v-model指令在表单<input>、<textarea>和<select>元素上创建双向数据绑定。它会根据控件类型自动选取正确的方法更新元素。尽管有些神奇，但v-model指令本质上不过是语法糖。它负责监听用户的输入事件以更新数据，并对极端场景进行特殊处理。

> **注意:**
> 对于需要使用输入法(如中文、日文、韩文等)的语言,你会发现 v-model 指令不会在输入法组合文字过程中得到更新。如果你想处理这个过程,请使用input事件。

本节知识点建议结合视频学习。

扫一扫,看视频

2.8.1 表单输入绑定

(1)在文本中使用,代码示例如下。

```
<div id="app" v-cloak>
    <input type="text" v-model="msg" />{{msg}}
</div>
<script src="https://cdn.jsdelivr.net/npm/vue@2.6.12/dist/vue.min.js"></script>
<script>
    new Vue({
        el:"#app",
        data(){
            return {
                msg:""
            }
        }
    })
</script>
```

看上面代码中加粗的部分,v-model指令的值是data方法返回的对象属性msg,当input元素的值发生变化时,input的值会赋给msg,从而达到双向绑定的效果。

(2)在多行文本中使用,代码示例如下。

```
<div id="app" v-cloak>
    <textarea v-model="msg"></textarea>
    {{msg}}
</div>
<script src="https://cdn.jsdelivr.net/npm/vue@2.6.12/dist/vue.min.js"></script>
<script>
    new Vue({
        el:"#app",
        data(){
            return {
                msg:""
            }
        }
    })
</script>
```

在文本区域中插值(<textarea>{{text}}</textarea>)并不会生效,应使用 v-model 指令代替。

(3)在单个复选框中使用,代码示例如下。

```
<div id="app" v-cloak>
    <input type="checkbox" id="checkbox" v-model="checked">
    <label for="checkbox">{{ checked }}</label>
</div>
```

```
<script src="https://cdn.jsdelivr.net/npm/vue@2.6.12/dist/vue.min.js"></script>
<script>
    new Vue({
        el:"#app",
        data(){
            return {
                checked:false
            }
        }
    })
</script>
```

单个复选框绑定的是布尔值，选中值为true，未选中值为false。

（4）在多个复选框中使用，代码示例如下。

```
<div id="app" v-cloak>
    <input type="checkbox" id="jack" value="Jack" v-model="checkedNames">
    <label for="jack">Jack</label>
    <input type="checkbox" id="john" value="John" v-model="checkedNames">
    <label for="john">John</label>
    <input type="checkbox" id="mike" value="Mike" v-model="checkedNames">
    <label for="mike">Mike</label>
    <br>
    <span>Checked names: {{ checkedNames }}</span>
</div>
<script src="https://cdn.jsdelivr.net/npm/vue@2.6.12/dist/vue.min.js"></script>
<script>
    new Vue({
        el:"#app",
        data(){
            return {
                checkedNames:[]
            }
        }
    })
</script>
```

多个复选框与单个复选框有所不同，多个复选框选中的值将被保存到checkedNames数组中。最终显示的效果如图2.16所示。

图 2.16　在浏览器中显示的效果（1）

（5）在单选按钮中使用，代码示例如下。

```
<div id="app" v-cloak>
    <label><input type="radio" value="1" v-model="gender">男</label>
    <label><input type="radio" value="2" v-model="gender">女</label>
    <br>
    <span>性别: {{ gender=='1'?'男':gender=='2'?'女':'' }}</span>
```

```
    </div>
    <script src="https://cdn.jsdelivr.net/npm/vue@2.6.12/dist/vue.min.js"></script>
    <script>
        new Vue({
            el:"#app",
            data(){
                return{
                    gender:"1"
                }
            }
        })
    </script>
```

当选中"男"时，gender的值为1；当选中"女"时，gender的值为2。在Mustache标签中用三元表达式作判断，如果值为1，显示"男"；如果值为2，显示"女"。

最终显示的效果如图2.17所示 。

图 2.17   在浏览器中显示的效果（2）

（6）在单选选择框中使用，代码示例如下。

```
<div id="app" v-cloak>
    <select v-model="selected">
        <option disabled value="">请选择</option>
        <option>羊肉串</option>
        <option>啤酒</option>
        <option>烤馒头</option>
    </select>
    <span>Selected: {{ selected }}</span>
</div>
<script src="https://cdn.jsdelivr.net/npm/vue@2.6.12/dist/vue.min.js"></script>
<script>
    new Vue({
        el:"#app",
        data(){
            return {
                selected:""
            }
        }
    })
</script>
```

单选选择框v-model指令绑定的数据属性为selected,选择"羊肉串"时,selected的值是"羊肉串"。

> **注意：**
> 如果 v-model 指令表达式的初始值未能匹配任何选项，<select> 元素将被渲染为"未选中"状态。在iOS中，这会使用户无法选择第一个选项。因为在这样的情况下，iOS 不会触发 change 事件。因此推荐像上面这样提供一个值为空的禁用选项。

（7）在多选选择框中使用，代码示例如下。

```
<div id="app" v-cloak>
    <select v-model="selected" multiple>
        <option>羊肉串</option>
        <option>啤酒</option>
        <option>烤馒头</option>
    </select>
    <span>Selected: {{ selected }}</span>
</div>
<script src="https://cdn.jsdelivr.net/npm/vue@2.6.12/dist/vue.min.js"></script>
<script>
    new Vue({
        el:"#app",
        data(){
            return {
                selected:[]
            }
        }
    })
</script>
```

多选选择框绑定的数据属性selected是数组类型，如果同时选择（Ctrl+鼠标左键）了"羊肉串"和"啤酒"，则selected的值为["羊肉串","啤酒"]。

2.8.2　值绑定

对于单选按钮、复选框和选择框的选项，v-model 指令绑定的值通常是静态字符串。但是有时我们可能想把值绑定到Vue实例的一个动态属性上，这时可以使用v-bind指令实现，并且这个属性的值可以不是字符串。

扫一扫，看视频

（1）绑定复选框，代码示例如下。

```
<div id="app" v-cloak>
<input type="checkbox" v-model="toggle" true-value="yes" false-value="no"/>{{toggle}}
</div>
<script src="https://cdn.jsdelivr.net/npm/vue@2.6.12/dist/vue.min.js"></script>
<script>
    new Vue({
        el:"#app",
        data(){
            return {
                toggle:""
            }
        }
    })
</script>
```

在使用单个复选框时，input元素上有两个特殊属性：true-value和false-value。当选中时，将true-value的值"yes"赋值给toggle；当未选中时，将false-value的值"no"赋值给toggle。

（2）绑定选择框的选项，代码示例如下。

```
<div id="app" v-cloak>
    <select v-model="selected">
        <option disabled value="">请选择</option>
        <!-- 内联对象字面量 -->
        <option :value="{ title: '羊肉串' }">羊肉串</option>
    </select>
    结果:{{selected.title}}
</div>
<script src="https://cdn.jsdelivr.net/npm/vue@2.6.12/dist/vue.min.js"></script>
<script>
    new Vue({
        el:"#app",
        data(){
            return {
                selected:""
            }
        }
    })
</script>
```

看上面代码中加粗的部分，选择框的选项option的值可以写成对象字面量的格式。当选中时，selected的值为{title:'羊肉串'}，selected.title的值为"羊肉串"。

2.8.3　修饰符

扫一扫，看视频

1. .lazy

在默认情况下，v-model指令在每次input事件被触发后将输入框的值与数据进行同步（除了输入法组合文字）。可以添加 .lazy 修饰符，从而转为在change事件之后进行同步，代码示例如下。

```
<div id="app" v-cloak>
    <input type="text" v-model.lazy="message">结果:{{message}}
</div>
<script src="https://cdn.jsdelivr.net/npm/vue@2.6.12/dist/vue.min.js"></script>
<script>
    new Vue({
        el:"#app",
        data(){
            return {
                message:""
            }
        }
    })
</script>
```

如果没有加上.lazy修饰符，相当于监听input事件，显示的效果如图2.18所示。

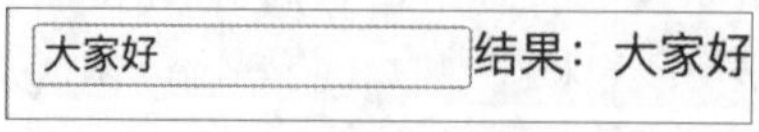

大家好　　　　　　　结果：大家好

图 2.18　没有加上 .lazy 修饰符在浏览器中显示的效果

如果加上.lazy修饰符，相当于监听change事件，显示的效果如图2.19所示。

图 2.19　加上 .lazy 修饰符在浏览器中显示的效果（1）

从图2.19可以看出，在input输入框中输入值，不会实时地显示在视图上；当输入完成并离开输入字段时，才会显示在视图上，如图2.20所示。

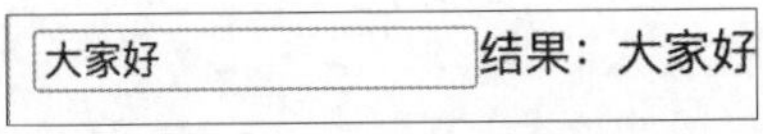

图 2.20　加上 .lazy 修饰符在浏览器中显示的效果（2）

2. .number

如果想自动将用户的输入值转为数字类型，可以给 v-model 指令添加 .number 修饰符，代码示例如下。

```
<div id="app" v-cloak>
    <input type="number" v-model.number="age">年龄:{{age}}
</div>
<script src="https://cdn.jsdelivr.net/npm/vue@2.6.12/dist/vue.min.js"></script>
<script>
    new Vue({
        el:"#app",
        data(){
            return {
                age:""
            }
        }
    })
</script>
```

这通常很有用，因为即使在 type="number" 时，输入input元素的值也总会返回字符串类型。字符串类型无法和"+"号直接做运算，会把"+"号当作连接符使用，通常需要把字符串类型的数字用parseInt或parseFloat转换成数字类型。而.number修饰符会自动将用户的输入值转换成数字类型。

3. .trim

如果要自动过滤用户输入的首尾空白字符，可以给v-model指令添加.trim修饰符，代码示例如下。

```
<div id="app" v-cloak>
    姓名:<input type="text" v-model.trim="name">
    <button type="button" @click="submit()">提交</button>
</div>
<script src="https://cdn.jsdelivr.net/npm/vue@2.6.12/dist/vue.min.js"></script>
<script>
    new Vue({
        el:"#app",
```

```
            data(){
                return {
                    name:""
                }
            },
            methods:{
                submit(){
                    if(this.name==''){
                        alert("请输入姓名");
                        return false;
                    }
                }
            }
        })
    </script>
```

上面的代码实现了表单验证功能，input输入框的值不能为空，否则提示"请输入姓名"，这样的验证在实际开发中经常使用。如果没有.trim修饰符，那么用户按下空格键，再单击"提交"按钮，不会提示"请输入姓名"，这不是我们想要的结果。加上.trim修饰符会自动过滤用户输入的首尾空白字符，解决了用户按下空格键不提示"请输入姓名"的问题。

2.8.4   双向绑定的原理

扫一扫，看视频

双向绑定的原理也叫响应式原理，面试时经常会问到，所以大家需要了解一下。Vue采用对象设计模式的发布者-订阅者模式，通过Object.defineProperty()方法属性的setter和getter，在数据变动时发布消息给订阅者，触发相应的监听回调完成双向绑定。下面使用Object.defineProperty()方法实现一个简单的双向绑定，代码示例如下。

```
<input type="text" />
<span id="text"></span>
<script>
    var text=document.getElementById("text");
    var data={};                    //全局对象
    var value="";           //全局变量用于set设置值和get获取值
    Object.defineProperty(data,"name",{
        //获取值getter
        get(){
            return value;
        },
        //监听数据发生变化设置值setter
        set(val){
            text.innerHTML=val;
            value=val;
        }
    });
    //监听input事件
    window.addEventListener("input",function(e){
        data.name=e.target.value;
    })
</script>
```

Object.defineProperty()方法会直接在一个对象上定义一个新属性，或者修改一个对象的现有属性，并返回此对象。

Object.defineProperty()方法有3个参数：①需要定义属性的当前对象；②当前需要定义的属性名；③属性描述符。

在上面的代码中，先定义一个data对象，使用Object.defineProperty()方法做数据劫持，监听data对象属性name的变化，使用addEventListener监听input事件。如果input元素的值发生变化，将input元素的值赋给data.name属性。由于data.name属性的值发生了改变，触发Object.defineProperty()方法中的set()方法。set()方法接收到的参数val的值就是data.name属性变化后的值，将val赋值给全局变量value。使用set()方法监听数据变化的优点就是当data.name属性的值发生变化时，可以在set()方法中写一些业务逻辑，然后使用get()方法返回全局变量value并获取值。这样就实现了一个简单的双向绑定。

Vue实现响应式完整流程如图2.21所示。

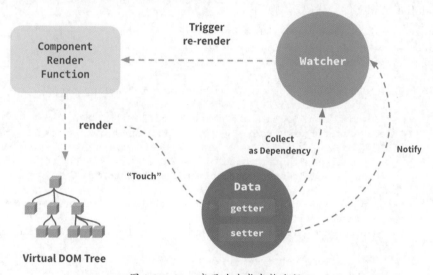

图 2.21　Vue 实现响应式完整流程

Observer用来实现对每个Vue的data中定义的属性，使用Object.defineProperty()方法递归地实现数据劫持，用setter和getter通知订阅者，订阅者会触发它的update()方法，对视图进行更新。每当用到双向绑定的指令时，就在Dep中增加一个订阅者，其订阅者只是更新自己的指令对应的数据，也就是v-model='name'和{{name}}有两个对应的订阅者，各自管理自己的地方。每当属性的set()方法触发时，就循环更新Dep中的订阅者。

2.8.5　todolist 案例开发

通过todolist可以更加深刻地理解v-model、添加数据、选择数据、删除数据、渲染列表、解决视图不更新问题、自由组装数据提交后端等综合练习的步骤，todolist页面如图2.22所示。

扫一扫，看视频

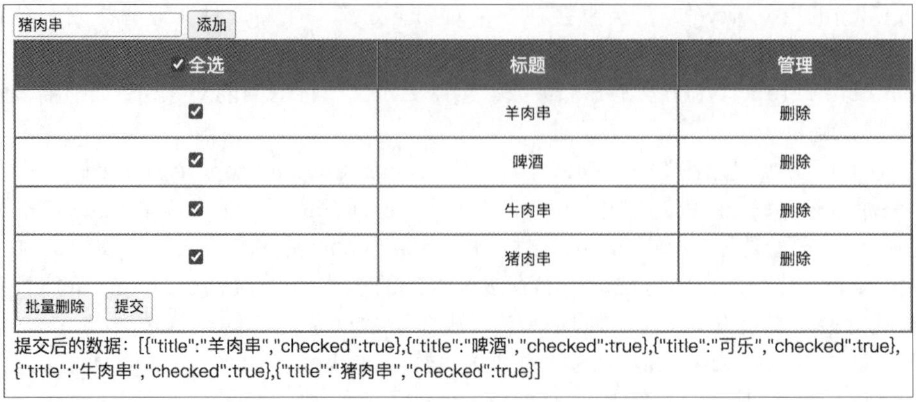

图 2.22   todolist 页面

新建todolist.html文件，代码示例如下。

```html
<div id="app" v-cloak>
    <input type="text" v-model.trim="title" />
    <button type="button" @click= "addItem()">添加</button>
    <div>
        <table width="100%" border="1" cellspacing="0" cellpadding="0">
            <tr style="color:#FFFFFF;font-size:16px;">
                <td height="40" align="center" bgcolor="#3399FF">
            <label><input type="checkbox" @click="allSelect()":checked="isAll">全选</label>
                </td>
                <td align="center" bgcolor="#3399FF">标题</td>
                <td align="center" bgcolor="#3399FF">管理</td>
            </tr>
            <tr style="font-size:14px;" v-for="(item,index) in listData" :key="index">
                <td height="40" align="center">
                  <input type="checkbox" @click=" selectItem (index)" :checked="item.checked">
                </td>
                <td align="center">{{item.title}}</td>
                <td align="center" @click="delItem(index)">删除</td>
            </tr>
            <tr>
                <td colspan="3" height="40">
                    <button type="button" @click="allDelItem()"> 批量删除</button>  
                    <button type="button" @click="submitData()">提交</button>
                    </td>
            </tr>
        </table>
        提交后的数据:{{lastData.length>0?lastData:''}}
    </div>
</div>
<script src="https://cdn.jsdelivr.net/npm/vue@2.6.12/dist/vue.min.js"></script>
<script>
    new Vue({
        el:"#app",
        data(){
```

```
            return {
                title:"",              //绑定视图input元素的v-model
                listData:[],           //数据列表，在视图v-for="(item,index) in listData"位置使用
                isAll:false,           //是否全选
                lastData:[]            //单击"提交"按钮后，最终组装的数据
            }
        },
    },
    methods:{
        //添加方法，在视图@click="addItem()"位置调用
        addItem(){
            if (this.title==''){
                alert("请输入内容");
                return;
            }
            //将input元素的值添加到列表数组中，checked用于判断是否选择
            this.listData.push({title:this.title,checked:false});
        },
        //删除方法，对应视图@click="delItem(index)"，index是数组this.listData的索引
        delItem(index){
            //使用splice删除指定索引的某条数据
            this.listData.splice(index, 1);
            //检测是否全选
            this.checkedAllSelect();
        },
        //全选，在视图@click="allSelect()"位置调用
        allSelect(){
            this.isAll=!this.isAll; //布尔值取反赋值
            if (this.listData.length>0){
                for (let i=0;i<this.listData.length;i++){
                    //将this.isAll的值赋给this.listData每条对象属性checked
                    this.listData[i].checked = this.isAll;
                }
            }
        },
        //批量删除，在视图@click="allDelItem()"位置调用
        allDelItem(){
            if (this.listData.length>0){
                for (let i=0;i<this.listData.length;i++){
                    //如果有选中的数据
                    if (this.listData[i].checked){
                        //删除选中的数据
                        this.listData.splice(i--,1);
                    }
                }
            }
            //检测是否全选
            this.checkedAllSelect();
        },
        //选择数据，在视图@click="selectItem(index)"位置调用
        selectItem(index){
            //index是this.listData列表的索引，!this.listData[index].checked布尔值取反赋值
            this.listData[index].checked = !this.listData[index].checked;
```

```
                    //set解决数据变化, 视图不渲染的问题
                    this.$set(this.listData,index,this.listData[index]);
                    //检测是否全选
                    this.checkedAllSelect();
                },
                //检测是否全选
                checkedAllSelect(){
                    let isAll=true;//设置一个局部变量, 作为是否全选的标识, 如果全选为true, 否则为false
                    if (this.listData.length>0){
                        for (let i=0;i<this.listData.length;i++){
                            //如果列表中有一个没有选中, 将isAll设置为false, 跳出循环
                            if (!this.listData[i].checked){
                                isAll=false;
                                break;
                            }
                        }
                    }else{//如果this.listData中没有数据, isAll为false
                        isAll = false;
                    }
                    //最终赋值给this.isAll
                    this.isAll = isAll;
                },
                //提交数据, 在视图@click="submitData()"位置调用
                submitData(){
                    let data=[];//定义局部变量
                    if (this.listData.length>0){
                        for (let i=0;i<this.listData.length;i++) {
                            //判断this.listData每条对象属性checked是否为true
                            if (this.listData[i].checked){
                                //如果checked为true, 将this.listData中的每条数据添
                                //加到data数组
                                data.push(this.listData[i]);
                            }
                        }
                    }
                    //最终赋值给this.lastData并渲染到视图{{lastData.length>0?lastData:''}}
                    this.lastData=JSON.stringify(data);
                }
            }
        })
    </script>
```

　　代码注释很清晰，请仔细阅读并亲自输入代码运行。接下来介绍一下data()函数返回属性值的作用，data()函数返回的title属性值为input输入的值。listData属性值是一个数组，存储input输入的值并可以在视图中使用v-for指令将数据显示出来。isAll属性值是一个布尔类型，如果值为true，将lastData内部的checked属性值设置为true，否则值为false。可以实现全选或反选数据的效果。lastData属性值是一个数组，存储lastData内部的checked属性值设置为true的数据，可以将复选框中的数据保存到lastData数组中。

2.9　computed 计算属性与 watch 侦听器

computed计算属性将被混入 Vue 实例中。所有 getter 和 setter 的 this 上下文自动地绑定为 Vue 实例，在实际开发中起着非常重要的作用。虽然计算属性在大多数情况下更合适，但有时也需要一个自定义的watch侦听器。到后面开发组件时watch可以解决异步数据读取不到的问题。

2.9.1　computed 计算属性

扫一扫，看视频

模板内的表达式非常便利，但是设计它们的初衷是用于简单运算。在模板中放入太多的逻辑会让模板过于复杂且难以维护。代码示例如下。

```
<div id="app" v-cloak>
    {{message.split('').reverse().join('')}}
</div>
<script src="https://cdn.jsdelivr.net/npm/vue@2.6.12/dist/vue.min.js"></script>
<script>
    new Vue({
        el:"#app",
        data(){
            return {
                message:"abcdefg"
            }
        }
    })
</script>
```

注意上面代码中加粗的部分，模板不再是简单的声明式逻辑。这里想要显示变量 message 的翻转字符串。当想要在模板中包含多处翻转字符串时，就会更加难以处理。这时应当使用 computed计算属性。

代码示例如下。

```
<div id="app" v-cloak>
    <div>翻转前:{{message}}</div>
    <div>翻转后:{{reverseMessage}}</div>
</div>
<script src="https://cdn.jsdelivr.net/npm/vue@2.6.12/dist/vue.min.js"></script>
<script>
    new Vue({
        el:"#app",
        data(){
            return {
                message:"abcdefg"
            }
        },
        computed:{
            //这里使用了计算属性的getter属性
            reverseMessage(){
                return this.message.split('').reverse().join('')
```

```
            }
        }
    })
</script>
```

看上面代码中加粗的部分，在Vue实例的选项对象的computed中定义reverseMessage()方法，该方法可以直接引用到视图{{reverseMessage}}中，注意不能加圆括号，即{{reverseMessage()}}，这样是不对的，在视图中显示的结果就是计算属性中reverseMessage()方法返回的值。

一般情况下，我们只是使用了computed中的getter属性，默认只有 getter。因此不能直接修改计算属性，如果想要修改，可以使用setter属性。代码示例如下。

```
<div id="app" v-cloak>
    <input type="text" v-model="newName" />{{newName}}
</div>
<script src="https://cdn.jsdelivr.net/npm/vue@2.6.12/dist/vue.min.js"></script>
<script>
    new Vue({
        el:"#app",
        data(){
            return {
                name:""
            }
        },
        computed:{
            newName:{
                //getter
                get(){
                    return this.name;
                },
                //setter
                set(val){
                    //val的值为input输入框输入的值
                    this.name=val;
                }
            }
        }
    })
</script>
```

看上面代码中加粗的部分，使用v-model指令绑定计算属性newName，当在input输入框中输入内容时会触发计算属性newName对象属性值的get()和set()方法，get()方法返回的this.name是data()方法返回的对象属性name，set()方法的参数val的值是input输入框输入的值，最后将val赋值给this.name。

学会了computed，可以再回顾一下2.5.3小节中v-for指令与v-if指令一起使用性能优化技巧的内容。

使用computed计算属性开发一个简单的价格计算功能，代码示例如下。

```
<div id="app" v-cloak>
    商品：苹果电脑<br/>
    价格：{{price}}<br/>
    数量：<button type="button" @click="amount>1?--amount:1">-</button> {{amount}}
```

```
        <button type="button" @click="++amount">+</button><br/>
    金额:{{total}}
</div>
<script src="https://cdn.jsdelivr.net/npm/vue@2.6.12/dist/vue.min.js"></script>
<script>
    new Vue({
        el:"#app",
        data(){
            return {
                price:17000,
                amount:1
            }
        },
        computed:{
            total(){
                let total=this.amount*this.price;
                return total
            }
        }
    })
</script>
```

看上面的代码，单击+或−按钮会增加或减少数量，data()方法返回对象属性amount的值发生了变化，就会触发计算属性中的total()方法，返回最终计算的结果，将结果显示到视图{{total}}中。

在浏览器中显示的效果如图2.23所示。

```
┌─────────────────────┐
│ 商品：苹果电脑         │
│ 价格：17000          │
│ 数量：[-] 2 [+]      │
│ 金额：34000          │
└─────────────────────┘
```

图 2.23　在浏览器中显示的效果

2.9.2　watch 侦听器

虽然计算属性在大多数情况下很合适，但有时也需要一个自定义的侦听器。Vue通过watch选项提供了一个更通用的方法，来响应数据的变化。当需要在数据变化时执行异步或开销较大的操作时，这种方法是最有用的。在实际开发中可以解决自定义封装组件或插件、异步初始化数据获取不到的问题。看一看watch的基本用法，代码示例如下。

扫一扫，看视频

```
<div id="app" v-cloak>
    <input type="text" :value="name"/>
    <button type="button" @click="name='李四'">改名</button>
</div>
<script src="https://cdn.jsdelivr.net/npm/vue@2.6.12/dist/vue.min.js"></script>
<script>
    new Vue({
        el:"#app",
```

```
        data(){
            return {
                name:"张三"
            }
        },
        watch:{
            name(newVal,oldVal){
                console.log("更新后:"+newVal,"更新前:"+oldVal);
            }
        }
    })
</script>
```

看上面的代码，视图input初始化value的值为data()方法返回对象属性name的值，单击"改名"按钮会改变name的值。使用watch侦听器监听name值的变化，在watch侦听器中name以方法的形式声明，有两个参数，第一个是更新后的值，第二个是更新前的值。这样就可以监听到name值的变化，并可以在watch侦听器的name()方法中写业务逻辑了。

在浏览器中显示的效果如图2.24所示。

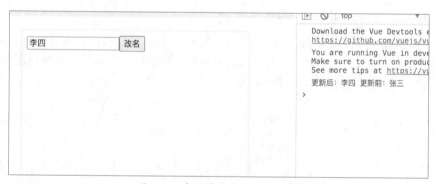

图 2.24　在浏览器中显示的效果

watch侦听器还可以监听计算属性，代码示例如下。

```
<div id="app" v-cloak>
    <input type="text" :value="name"/>
    <button type="button" @click="name='李四'">改名</button>
</div>
<script src="https://cdn.jsdelivr.net/npm/vue@2.6.12/dist/vue.min.js"></script>
<script>
    new Vue({
        el:"#app",
        data(){
            return {
                name:"张三"
            }
        },
        computed:{
            getName(){
                return this.name;
```

```
            }
        },
        watch:{
            getName(newVal,oldVal){
                console.log("更新后:"+newVal,"更新前:"+oldVal);
            }
        }
    })
</script>
```

看上面的代码，和之前代码的差别只是多了一个computed和监听计算属性getName。在浏览器中显示的效果如图2.24所示。

如果出现对象嵌套，想改变对象中的某一个属性值，代码示例如下。

```
<div id="app" v-cloak>
    <input type="text" :value="classify.children.title"/>
    <button type="button" @click="classify.children.title='猪肉串'">更新</button>
</div>
<script src="https://cdn.jsdelivr.net/npm/vue@2.6.12/dist/vue.min.js"></script>
<script>
    new Vue({
        el:"#app",
        data(){
            return {
                classify:{
                    title:"肉类",
                    children:{
                        title:"羊肉串"
                    }
                }
            }
        },
        watch:{
            "classify.children.title"(newVal,oldVal){
                console.log("更新后:"+newVal,"更新前:"+oldVal);
            }
        }
    })
</script>
```

看上面的代码，视图input元素默认值为data()方法返回的对象属性classify.children.title，单击"更新"按钮会更改classify.children.title属性的值，使用watch侦听器监听classify.children.title的变化。注意，watch侦听器中监听classify.children.title的写法要用双引号包裹。

在浏览器中显示的效果如图2.25所示。

图 2.25　在浏览器中显示的效果

在实际开发中还会遇到数组多层嵌套，这时要使用watch侦听器的深度监听功能监听数组的变化，代码示例如下。

```
<div id="app" v-cloak>
    <div v-for="(item,index) in classifys" :key="index">
        {{item.title}}
        <div class="item" v-for="(item2,index2) in item.children" :key= "index">{{item2.
            title}}</div>
    </div>
    <button type="button" @click="update()">更新</button>
</div>
<script src="https://cdn.jsdelivr.net/npm/vue@2.6.12/dist/vue.min.js"></script>
<script>
    new Vue({
        el:"#app",
        data(){
            return {
                classifys:[
                    {
                        title:"肉类",
                        children:[
                            {title:"羊肉串"},
                            {title:"猪肉串"},
                            {title:"牛肉串"}
                        ]
                    },
                    {
                        title:"饮料",
                        children:[
                            {title:"可乐"},
                            {title:"雪碧"},
                            {title:"美年达"}
                        ]
                    }

                ]
            }
        },
        methods:{
            update(){
                this.classifys[1].children[0].title="健力宝";
            }
        },
        watch:{
            classifys:{
                handler(val){
                    console.log(JSON.stringify(val));
                },
                deep:true          //深度监听
            }
        }
    })
</script>
```

看上面的代码，在data()方法中返回的对象属性classifys的值是一个二维数组，使用v-for指令渲染到视图上。单击"更新"按钮执行update()方法，将"可乐"改成"健力宝"，这时要使用watch侦听器深度监听classifys的变化。注意写法，在watch侦听器中添加对象属性classifys，命名要与data()方法中返回对象属性classifys命名一样，在classifys中添加一个方法，命名为handler，有一个参数，接收data()方法中返回对象属性classifys改变后的值。再添加一个属性，命名为deep，值为true，告诉watch侦听器要深度监听。在浏览器中显示的效果如图2.26所示。

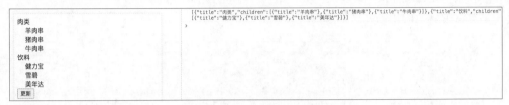

图 2.26　在浏览器中显示的效果

2.10　获取 DOM

虽然Vue不建议获取DOM操作视图，但是在实际开发中，开发复杂的功能还需要获取DOM。当然，Vue也支持原生JavaScript获取DOM的方式，官方也给出了专属Vue获取DOM操作的方法，可以使用ref操作DOM。

2.10.1　ref 的使用

ref被用来给元素或子组件注册引用信息。引用信息将会注册在父组件的 $refs 对象上。如果在普通的 DOM 元素上使用，引用指向的就是 DOM 元素；如果用在子组件上，引用就指向组件实例。先看一下代码示例。

扫一扫，看视频

```
<div id="app" v-cloak>
    <div class="box1" ref="box1">我是第一个盒子</div>
    <div class="box2" ref="box2">我是第二个盒子</div>
    <div class="box3" ref="box3">我是第三个盒子</div>
</div>
<script src="https://cdn.jsdelivr.net/npm/vue@2.6.12/dist/vue.min.js"></script>
<script>
    new Vue({
        el:"#app",
        mounted(){
            //获取box1的内容，支持点的方式获取
            console.log(this.$refs.box1.innerHTML);
            //获取box1父元素id="app"的内容，支持点的方式获取
            console.log(this.$refs.box1.parentNode.innerHTML);
            //获取box2下一个元素box3的内容，支持中括号的方式获取
            console.log(this.$refs['box2'].nextElementSibling);
            //获取box3上一个元素box2的内容，支持中括号的方式获取
            console.log(this.$refs['box3'].previousElementSibling);
```

```
        }
    })
</script>
```

看上面代码中加粗的部分，在<div>元素上添加属性ref，在mounted生命周期中获取DOM，注意页面初始化加载获取DOM要写在mounted生命周期中，否则获取不到DOM。使用this.$refs获取DOM，支持点的方式和中括号的方式获取。如果仍不明白，请看代码中的注释。获取后使用的方法和原生JavaScript一样。

在浏览器中解析的代码元素如图2.27所示。

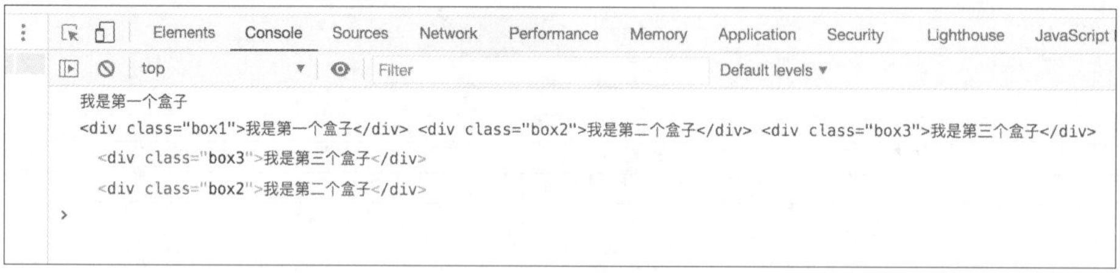

图 2.27　在浏览器中解析的代码元素

2.10.2　ref 底层源码解析

ref与原生JavaScript获取DOM还是有区别的，ref相对原生JavaScript获取DOM，会减少获取DOM节点的消耗，作用域上也有不同，ref只能获取当前组件里面的元素，而原生JavaScript获取DOM是支持跨组件跨页面的。由于我们还没有学到组件和路由，可能不太理解，没有关系，等后面学到了，自然而然就说明白了。先看一下ref的源码，了解一下为什么只能在当前组件中获取元素。部分源码如下。

```
//vnode参数：是虚拟DOM节点;isRemoval参数：是否删除ref
    function registerRef (vnode, isRemoval) {
        var key = vnode.data.ref;          //获取视图元素属性ref的值，如box1、box2、box3
        if (!isDef(key)) { return }        //如果元素上没有ref属性，返回
        var vm = vnode.context;  //当前Vue示例 new Vue
        var ref = vnode.componentInstance || vnode.elm;
        //获取vonde的组件实例或虚拟DOM对应的真实DOM节点
        var refs = vm.$refs;
        //这里refs对象格式：{box1:真实DOM,box2:真实DOM,box3:真实DOM}，在之前的代码中
        //this.$refs.box1，这样就可以调用真实DOM中的方法了
        if (isRemoval) {
        //如果为true，删除refs，如离开页面时、ref值改变、删除了ref属性等
            if (Array.isArray(refs[key])) {
                remove(refs[key], ref);
            } else if (refs[key] === ref) {
                refs[key] = undefined;
            }
        } else {                           //如果没有删除
            if (vnode.data.refInFor) {     //当在v-for指令内时，则保存为数组形式
                if (!Array.isArray(refs[key])) {
```

```
                refs[key] = [ref];
          } else if (refs[key].indexOf(ref) < 0) {
                // $flow-disable-line
                refs[key].push(ref);
          }
     } else {                              //如果不在v-for指令内，直接保存到refs对应的key属性上
          refs[key] = ref;
     }
  }
}
```

看上面的源码，所谓的获取DOM是由虚拟DOM实现的，虚拟DOM只处理当前组件的元素，所以ref只能获取当前组件内的DOM元素。

2.11　小结

本章主要讲解了安装Vue的几种方法、数据驱动代替DOM操作的开发思路、生命周期（生命周期钩子函数需要背下来，面试时可能会问，在后面开发实战项目中会更深入地了解生命周期）、常用的模板指令、v-if指令与v-show指令的区别、v-for指令与v-if指令一起使用性能优化技巧（这个知识点面试时也会问到，要好好学习一下）、v-model指令的使用和双向绑定的原理（也叫响应式原理，面试时也会问到，好好背一下）、计算属性和侦听器（目前可以先了解一下，知道如何使用即可，在后面开发实战项目中，封装插件和组件会经常用到，到时会有更深入的理解）、使用ref如何获取DOM（在实际开发中可以用它解决特殊的功能及需求问题）。总之，本章是Vue最基础的知识点，读者结合视频学习，效果会更好！

第 3 章

组　件

　　组件是Vue最核心的功能，在实际开发中可以采用模块化开发实现可重用、可扩展。可以按照template、style、script的拆分方式，放置到对应的.vue文件中。一个组件可以预定义很多选项，最核心的有：①模板（template），反映了数据和最终展现给用户的DOM之间的映射关系；②数据（data），一个组件的初始数据状态，对于可重复的组件，通常是私有的状态；③接收的外部的参数（props），组件之间通过参数进行数据的传递和共享，参数默认是单项绑定，但也可以声明为双向绑定；④方法（methods），对数据的改动操作一般都在组件内进行，可以通过v-on指令将用户输入事件和组件方法进行绑定；⑤生命周期函数（钩子函数），一个组件会触发多个生命周期函数，在这些钩子函数中可以封装一些自定义逻辑。

　　学习技巧：在实际项目开发中使用的都是vue-cli（Vue脚手架），现在我们使用CDN引入Vue.js模式开发，体现不出组件化的优点，所以在学习时先不要想实际应用问题，只需学会，等后面用vue-cli开发项目时会深入地理解组件化的优点。本章知识点建议结合视频学习。

3.1　注册组件

注册组件分为全局注册组件和局部注册组件，全局注册组件使用Vue.component()方法，有两个参数，第一个参数是自定义组件的名字，第二个参数是一个函数对象，函数对象使用Vue.extend()方法创建的组件构造器，也可以是一个选项对象。在实际开发中我们全部用组件的方式写项目。接下来看一下组件如何使用。

3.1.1　全局注册组件

在注册一个组件时，需要给它起一个名字。看一下全局注册组件的代码示例。

```
<div id="app" v-cloak>
    <public-component></public-component>
</div>
<script src="https://cdn.jsdelivr.net/npm/vue@2.6.12/dist/vue.min.js"></script>
<script>
    Vue.component("PublicComponent",{
        data(){
            return {
                title:"我是公共组件"
            }
        },
        template:`
            <div>
                {{title}}
            </div>
        `
    });
    new Vue({
        el:"#app"
    })
</script>
```

看上面代码中加粗的部分，使用Vue.component()方法注册全局组件，组件名为PublicComponent，第二个参数是一个选项对象，data选项必须是一个函数，之前在2.2.2小节中已经讲解了为什么必须是一个函数，这里不再赘述。组件的内容通过template选项定义，在使用组件时，组件所在的位置将被template选项的内容替换。

组件注册完成后，接下来使用此组件，看下面的代码。

```
<div id="app" v-cloak>
    <public-component></public-component>
</div>
```

这样调用即可。但是我们发现组件名称应该是PublicComponent，为什么在使用时变成了public-component呢？那是因为HTML并不区分元素和属性的大小写，所以浏览器会把所有大写字符解析为小写字符，因此在DOM模板中要采用kabab-case命名方式引用组件。

如果是在非DOM模板中，如字符串模板或单文件组件内，是可以用原始名称使用组件的，即<PublicComponent>和<public-component>都可使用。代码示例如下。

```
<div id="app" v-cloak></div>
<script src="https://cdn.jsdelivr.net/npm/vue@2.6.12/dist/vue.min.js"></script>
<script>
    Vue.component("PublicComponent",{
        data(){
            return {
                title:"我是公共组件"
            }
        },
        template:`
            <div>
                {{title}}
            </div>
        `
    });
    new Vue({
        el:"#app",
        template:`
            <div>
                <PublicComponent></PublicComponent>
            </div>
        `
    })
</script>
```

可以看到上面代码中加粗的部分，<PublicComponent>不是在DOM模板中使用，而是在Vue实例template选项中使用，是可以使用原始名称的。

> **注意：**
> 在template中写内容必须用一个根元素包裹，且只能有一个根元素。切记，上面的代码在template中用的根元素是<div>标签。

最终显示的效果如图3.1所示。

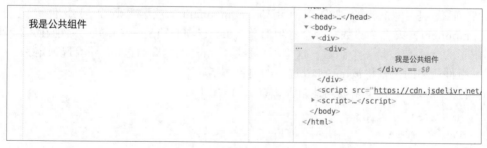

图 3.1   全局注册组件在浏览器中显示的效果

也可以使用Vue.extend()方法创建组件构造器，代码示例如下。

```
<div id="app" v-cloak></div>
<script src="https://cdn.jsdelivr.net/npm/vue@2.6.12/dist/vue.min.js"></script>
```

```
<script>
    Vue.component("PublicComponent",Vue.extend({
        data(){
            return {
                title:"我是公共组件"
            }
        },
        template:`
            <div>
                {{title}}
            </div>
        `
    }));
    new Vue({
        el:"#app",
        template:`
            <div>
                <PublicComponent></PublicComponent>
            </div>
        `
    })
</script>
```

看上面代码中加粗的部分，之前的选项对象变成了Vue.extend()方法，一样可以使用。

3.1.2　局部注册组件

全局注册组件往往是不够理想的。例如，如果使用一个像 webpack 这样的构建系统，全局注册所有的组件意味着即便有组件不再使用了，它仍然会被包含在最终的构建结果中。这会导致用户下载无谓的JavaScript代码。看一下局部注册组件的代码示例。

扫一扫，看视频

```
<div id="app" v-cloak>
    <input-component></input-component>
</div>
<script src="https://cdn.jsdelivr.net/npm/vue@2.6.12/dist/vue.min.js"></script>
<script>
    new Vue({
        el:"#app",
        components:{
            InputComponent:{
                data(){
                    return {
                        name:"张三"
                    }
                },
                template:`
                    <div>
                        <input type="text" v-model="name" />
                    </div>
                `
```

```
                }
            }
        })
    </script>
```

看上面代码中加粗的部分，局部注册组件写在components选项对象中，它的属性名称就是自定义元素的名字，其属性的值就是这个组件的选项对象。

当然，局部注册组件也可以使用Vue.extend()方法创建组件构造器，代码示例如下。

```
<div id="app" v-cloak>
    <input-component></input-component>
</div>
<script src="https://cdn.jsdelivr.net/npm/vue@2.6.12/dist/vue.min.js"></script>
<script>
    new Vue({
        el:"#app",
        components:{
            InputComponent:Vue.extend({
                data(){
                    return {
                        name:"张三"
                    }
                },
                template:`
                    <div>
                        <input type="text" v-model="name" />
                    </div>
                `
            })
        }
    })
</script>
```

看上面代码中加粗的部分，变成Vue.extend()方法一样可以使用。

其实这样写组件维护起来不是很方便，可以用对象字面量的方式创建组件，代码示例如下。

```
<div id="app" v-cloak>
    <input-component></input-component>
</div>
<script src="https://cdn.jsdelivr.net/npm/vue@2.6.12/dist/vue.min.js"></script>
<script>
    let InputComponent={
        data(){
            return {
                name:"张三"
            }
        }`
        template:`
            <div>
                <input type="text" v-model="name" />
            </div>
        `
```

```
    }
    new Vue({
        el:"#app",
        components:{
            InputComponent
        }
    })
</script>
```

看上面代码中加粗的部分,声明变量InputComponent值为组件选项对象,并引入components选项对象中。这样代码读起来更清晰,更易于维护。

当然,组件之间也可以嵌套使用,代码示例如下。

```
<div id="app" v-cloak></div>
<script src="https://cdn.jsdelivr.net/npm/vue@2.6.12/dist/vue.min.js"></script>
<script>
    //全局组件
    let PublicComponent={
        template:`
            <div>全局组件</div>
        `
    }
    Vue.component("PublicComponent",PublicComponent);

    //局部组件A
    let AComponent={
        template:`
            <div>
                <!--使用全局组件-->
                <PublicComponent></PublicComponent>
                我是A组件
            </div>
        `
    }

    //局部组件B
    let BComponent={
        template:`
            <div>
                <!--使用全局组件-->
                <PublicComponent></PublicComponent>
                <!--使用A组件-->
                <AComponent></AComponent>
                我是B组件
            </div>
        `,
        components:{
            //注册A组件
            AComponent
        }
    }
```

```
new Vue({
    el:"#app",
    components:{
        //注册B组件
        BComponent
    },
    template:`
        <div>
            <!--使用B组件-->
            <BComponent></BComponent>
        </div>
        `
})
</script>
```

注意上面代码中加粗的部分，创建全局注册组件PublicComponent和局部注册组件AComponent对象字面量并在该组件template选项对象中使用全局注册组件<PublicComponent>。接下来创建局部注册组件BComponent对象字面量并在该组件components选项对象中使用局部注册组件AComponent，在template选项对象中使用全局注册组件<PublicComponent>和局部注册组件<AComponent>。接下来在Vue实例components选项对象中使用局部注册组件BComponent，在template选项对象中使用局部注册组件<BComponent>。最终在浏览器中显示的效果如图3.2所示。

图 3.2   组件嵌套在浏览器中显示的效果

3.2   组件之间的通信

Vue组件之间的通信有多种方法：①父组件给子组件传值；②子组件给父组件传值；③兄弟组件之间传值。组件之间的通信在实际开发中可以增加代码的重用性和扩展性。

3.2.1   父组件给子组件传值

组件是当作自定义元素使用的，HTML元素有属性，同样，组件也可以有属性，利用属性给子组件内部传值，子组件使用props接收。代码示例如下。

```
<div id="app" v-cloak></div>
<script src="https://cdn.jsdelivr.net/npm/vue@2.6.12/dist/vue.min.js"></script>
<script>
    //子组件
    let ChildrenComponent={
        //使用props接收属性
        props:["post-title","sub-title"],
        template:`
            <div>{{postTitle}}-{{subTitle}}</div>
        `
    };
    //父组件
    let ParentComponent={
        data(){
            return {
                title:"我是父组件的title",
                subTitle:"我是父组件的subTitle"
            }
        },
        template: `
        <div>
            <ChildrenComponent :post-title="title" :sub-title= "subTitle"> </
            ChildrenComponent>
        </div>
        `,
        components:{
            ChildrenComponent
        }
    };
    new Vue({
        el:"#app",
        components:{
            ParentComponent
        },
        template:`
        <div>
            <ParentComponent></ParentComponent>
        </div>
        `
    })
</script>
```

　　注意上面代码中加粗的部分，在父组件中给子组件ChildrenComponent添加自定义属性post-title和sub-title，在子组件ChildrenComponent中使用props接收。props的值是一个数组，可以接收多个属性，在template中使用。

> **注意：**
> 接收的属性名是kebab-case形式，在Mustache标签中变量名要用camelCase形式，因为Mustache标签不支持kebab-case形式。

　　Vue还支持属性类型的验证，如子组件接收的属性值应该是对象类型，父组件传的是字符串类型的值，这显然不符合要求，这时需要进行属性验证。代码示例如下。

```
<div id="app" v-cloak></div>
<script src="https://cdn.jsdelivr.net/npm/vue/dist/vue.js"></script>
<script>
    //子组件
    let ChildrenComponent={
        //使用props接收属性并验证类型
        props:{
            "post-title":{
                type:String
            },
            "sub-title":{
                type:String
            }
        },
        template:`
            <div>{{postTitle}}-{{subTitle}}</div>
        `
    };
    //父组件
    let ParentComponent={
        data(){
            return {
                title:"我是父组件的title",
                subTitle:"我是父组件的subTitle"
            }
        },
        template: `
        <div>
            <ChildrenComponent :post-title="title" :sub-title="subTitle"></
            ChildrenComponent>
        </div>
        `,
        components:{
            ChildrenComponent
        }
    };
    new Vue({
        el:"#app",
        components:{
            ParentComponent
        },
        template:`
            <div>
                <ParentComponent></ParentComponent>
            </div>
        `
    })
</script>
```

看上面代码中加粗的部分，props的值由之前的数变为对象，type对象属性的值就是接收的类型限制。如果type属性值是String，但是父组件传过来的值是Object类型，在开发版本下，Vue

会在控制台中显示一个警告，如图3.3所示。

```
⊗ ▶ [Vue warn]: Invalid prop: type check failed for prop "postTitle". Expected String with value "[object Object]", got Object
  found in
  ---> <ChildrenComponent>
       <ParentComponent>
         <Root>
```

图 3.3　props 验证不正确抛出的警告

验证的type值可以是下列原生构造函数中的一个。

- String。
- Number。
- Boolean。
- Array。
- Object。
- Date。
- Function。
- Symbol。

在实际开发中推荐使用验证属性的方式使用props接收值。

验证属性的方式还支持验证父组件传过来的属性是否为必有属性，代码示例如下。

```html
<div id="app" v-cloak></div>
<script src="https://cdn.jsdelivr.net/npm/vue/dist/vue.js"></script>
<script>
    //子组件
    let ChildrenComponent={
        //使用props接收属性并验证类型
        props:{
            "post-title":{
                type:String,
                required:true          //父组件必须传入此属性
            },
            "sub-title":{
                type:String
            }
        },
        template:`
            <div>{{postTitle}}-{{subTitle}}</div>
        `
    };
    //父组件
    let ParentComponent={
        data(){
            return {
                title:"我是父组件的title",
                subTitle:"我是父组件的subTitle"
            }
```

```
        },
        template: `
          <div>
             <ChildrenComponent :sub-title="subTitle"></ChildrenComponent>
          </div>
          `,
        components:{
          ChildrenComponent
        }
    };
    new Vue({
        el:"#app",
        components:{
          ParentComponent
        },
        template:`
          <div>
             <ParentComponent></ParentComponent>
          </div>
          `
    })
</script>
```

看上面代码中加粗的部分，props接收的对象属性post-title的对象属性required的值为true，表示在父组件template选项对象中的<ChildrenComponent>组件必须有post-title这个属性。如果没有，在开发版本下，Vue会在控制台中显示一个警告，如图3.4所示。

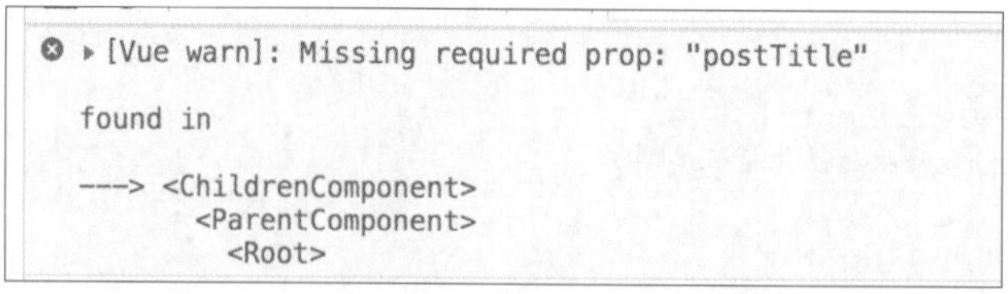

图 3.4   没有传入 postTitle 属性报错

验证属性的方式还支持默认值，在组件没有传入属性时，可以使用默认值，代码示例如下。

```
<div id="app" v-cloak></div>
<script src="https://cdn.jsdelivr.net/npm/vue/dist/vue.js"></script>
<script>
    //子组件
    let ChildrenComponent={
        //使用props接收属性并验证类型
        props:{
          "post-title":{
             type:String,
             default:"我是post-title默认值"
          },
          "sub-title":{
             type:String
          }
```

```
        },
        template:`
            <div>{{postTitle}}-{{subTitle}}</div>
        `
    };
    //父组件
    let ParentComponent={
        data(){
            return {
                title:"我是父组件的title",
                subTitle:"我是父组件的subTitle"
            }
        },
        template: `
            <div>
                <ChildrenComponent :sub-title="subTitle"></ChildrenComponent>
            </div>
        `,
        components:{
            ChildrenComponent
        }
    };
    new Vue({
        el:"#app",
        components:{
            ParentComponent
        },
        template:`
            <div>
                <ParentComponent></ParentComponent>
            </div>
        `
    })
</script>
```

　　注意上面代码中加粗的部分，子组件ChildrenComponent的对象属性props中post-title属性有一个default属性可以设置默认值，父组件ParentComponent的template选项对象中的<ChildrenComponent>组件并没有post-title属性，在子组件ChildrenComponent的template选项对象中会显示post-title属性的默认值"我是post-title默认值"。在浏览器中显示的效果如图3.5所示。

图 3.5　显示 post-title 属性的默认值

　　如果是Array或Object类型的默认值，需要用工厂函数返回，代码示例如下。

```
<div id="app" v-cloak></div>
<script src="https://cdn.jsdelivr.net/npm/vue/dist/vue.js"></script>
<script>
    //子组件
    let ChildrenComponent={
        //使用props接收属性并验证类型
        props:{
            "list":{
                type:Array,
                default:()=>[] //工厂函数返回默认值
            }
        },
        template:`
            <div>
                <div v-for="(item,index) in list" :key="index">{{item}}</div>
            </div>
        `
    };
    //父组件
    let ParentComponent={
        data(){
            return {
                list:["羊肉串", "啤酒", "馒头片"]
            }
        },
        template: `
            <div>
                <ChildrenComponent :list="list"></ChildrenComponent>
            </div>
        `,
        components:{
            ChildrenComponent
        }
    };
    new Vue({
        el:"#app",
        components:{              ParentComponent
        },
        template:`
            <div>
                <ParentComponent></ParentComponent>
            </div>
        `

    })
</script>
```

　　组件也可以接收任意属性，如给组件添加class或style等属性，这些外部设置的属性会被添加到这个组件的元素上面。代码示例如下。

```
<style>
    [v-cloak]{
        display:none;
```

```
    }
    .my-input{
        width:300px;
        height:40px;
        background-color:#FF0000;
    }
    .input{border:1px solid #0000FF;font-size:14px;color:#FFFFFF}
</style>
<div id="app" v-cloak></div>
<script src="https://cdn.jsdelivr.net/npm/vue/dist/vue.js"></script>
<script>
    //子组件
    let InputComponent={
        template:`
            <input type="text" class="input" />
        `
    };
    //父组件
    let ParentComponent={
        data(){
            return {
                title:"我是父组件的title",
                subTitle:"我是父组件的subTitle"
            }
        },
        template: `
            <div>
                <InputComponent class="my-input"></InputComponent>
            </div>
        `,
        components:{
            InputComponent
        }
    };
    new Vue({
        el:"#app",
        components:{            ParentComponent
        },
        template:`
            <div>
                <ParentComponent></ParentComponent>
            </div>
        `
    })
</script>
```

看上面代码中加粗的部分，可以直接在<InputComponent>组件上添加class属性，并且在根元素input上生效，如图3.6所示。

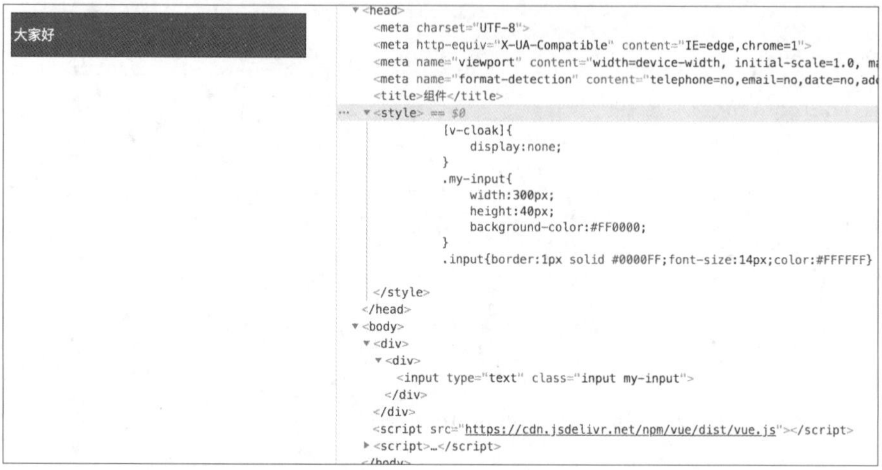

图 3.6　在组件上添加 class 属性在浏览器中显示的效果

注意看图3.6中input元素的class属性值为input my-input，但是我们在组件上只添加了my-input样式，为什么最终渲染在浏览器中会是这种样式呢？那是因为我们在InputComponent组件上添加了class属性，并且在InputComponent组件内部的根元素input上也添加了class属性，只要是属性为class和style，它们的值就会合并，而对于其他属性，则会覆盖，代码示例如下。

```html
<div id="app" v-cloak></div>
<script src="https://cdn.jsdelivr.net/npm/vue/dist/vue.js"></script>
<script>
    //子组件
    let InputComponent={
        template:`
            <input type="text" class="input" />
        `
    };
    //父组件
    let ParentComponent={
        data(){
            return {
                title:"我是父组件的title",
                subTitle:"我是父组件的subTitle"
            }
        },
        template: `
            <div>
                <InputComponent class="my-input" type="checkbox" checked></InputComponent>
            </div>
        `,
        components:{
            InputComponent
        }
    };
    new Vue({
```

```
    el:"#app",
    components:{
        ParentComponent
    },
    template:`
        <div>
          <ParentComponent></ParentComponent>
        </div>
        `
    })
</script>
```

注意上面代码中加粗的部分，在<InputComponent>组件上添加属性type和checked，InputComponent组件内部根元素input存在属性type，则覆盖，最终type的值为checkbox，checked属性不存在，则添加checked属性。最终在浏览器中显示的效果如图3.7所示。

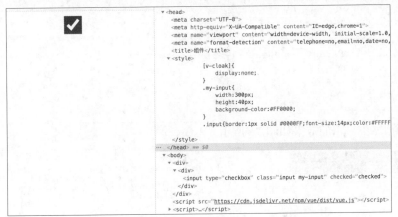

图 3.7　在组件上添加其他属性在浏览器中显示的效果

如果不希望根元素继承外部设置的属性，可以在子组件的选项中设置属性inheritAttrs的值为false，代码示例如下。

```
<div id="app" v-cloak></div>
<script src="https://cdn.jsdelivr.net/npm/vue/dist/vue.js"></script>
<script>
    //子组件
    let InputComponent={
        template:`
            <input type="text" class="input" />
        `,
        inheritAttrs:false              //根元素不继承外部设置的属性
    };
    //父组件
    let ParentComponent={
        data(){
            return {
                title:"我是父组件的title",
                subTitle:"我是父组件的subTitle"
```

```
                }
            },
            template: `
                <div>
                    <InputComponent class="my-input" type="checkbox" checked></
                    InputComponent>
                </div>
            `,
            components:{
                InputComponent
            }
        };
        new Vue({
            el:"#app",
            components:{
                ParentComponent
            },
            template:`
                <div>
                    <ParentComponent></ParentComponent>
                </div>
            `
        })
</script>
```

最终在浏览器中显示的效果如图3.8所示。

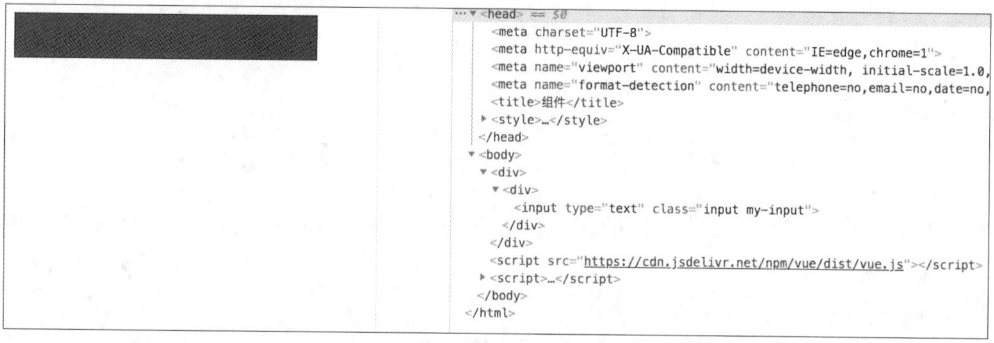

```
··· ▼<head> == $0
      <meta charset="UTF-8">
      <meta http-equiv="X-UA-Compatible" content="IE=edge,chrome=1">
      <meta name="viewport" content="width=device-width, initial-scale=1.0,
      <meta name="format-detection" content="telephone=no,email=no,date=no,
      <title>组件</title>
    ▶ <style>…</style>
    </head>
  ▼<body>
    ▼<div>
      ▼<div>
          <input type="text" class="input my-input">
        </div>
      </div>
      <script src="https://cdn.jsdelivr.net/npm/vue/dist/vue.js"></script>
    ▶ <script>…</script>
    </body>
  </html>
```

图 3.8   组件内根元素不继承外部设置的属性

从图3.8可以看出，input元素type="text"并且没有checked属性，没有被外部属性继承。

由于props传递数据属于单向数据流，父组件的属性变化会向下传递给子组件，但是反过来不行，这可以防止子组件意外改变父组件的状态，从而导致应用程序的数据流难以理解。每次父组件更新数据时，子组件的props都会刷新为最新的值。这意味着我们不应该在组件内部直接更改props，如果更改，Vue会在浏览器的控制台中给出警告。代码示例如下。

```
<div id="app" v-cloak></div>
<script src="https://cdn.jsdelivr.net/npm/vue/dist/vue.js"></script>
<script>
    //子组件
    let ChildrenComponent={
```

```
        props:{
            postTitle:{
                type:String
            }
        },
        template:`
            <div>
                {{postTitle}}
                <button type="button" @click="postTitle='李四'">改变title</button>
            </div>
        `,
    };
    //父组件
    let ParentComponent={
        data(){
            return {
                title:"张三"
            }
        },
        template: `
            <div>
                <ChildrenComponent :post-title="title" ></ChildrenComponent>
            </div>
        `,
        components:{
            ChildrenComponent
        }
    };
    new Vue({
        el:"#app",
        components:{
            ParentComponent
        },
        template:`
            <div>
                <ParentComponent></ParentComponent>
            </div>
        `
    })
</script>
```

看上面代码中加粗的部分,单击ChildrenComponent组件内部的template选项对象中button
按钮,改变postTitle的值,浏览器控制台发出警告,如图3.9所示。

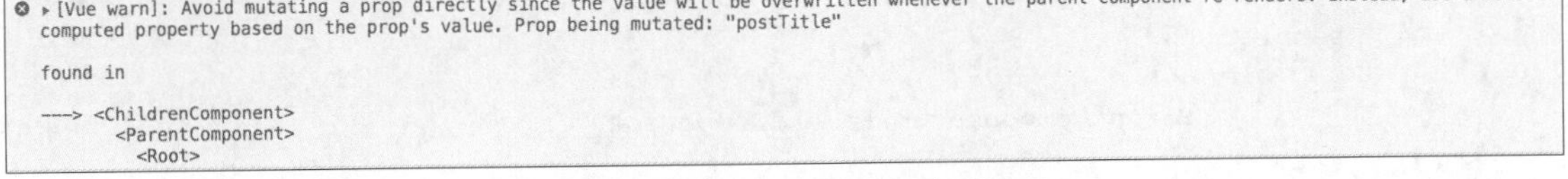

```
⊗ ▶ [Vue warn]: Avoid mutating a prop directly since the value will be overwritten whenever the parent component re-renders. Instead, use a data or
computed property based on the prop's value. Prop being mutated: "postTitle"

found in

---> <ChildrenComponent>
       <ParentComponent>
         <Root>
```

图 3.9 改变 postTitle 后报错

报错提示很清晰:避免直接改变属性,因为每当父组件重新渲染时,该值都将被覆盖。其实我们可以使用本地的data()方法或引用类型解决这个问题。先使用data()方法解决,代码示例如下。

```
<div id="app" v-cloak></div>
<script src="https://cdn.jsdelivr.net/npm/vue/dist/vue.js"></script>
<script>
    //子组件
    let ChildrenComponent={
        data(){
            return {
                title:this.postTitle
            }
        },
        props:{
            postTitle:{
                type:String
            }
        },
        template:`
            <div>
                {{title}}
                <button type="button" @click="title='李四'">改变title</button>
            </div>
        `,
    };
    //父组件
    let ParentComponent={
        data(){
            return {
                title:"张三"
            }
        },
        template: `
            <div>
                <ChildrenComponent :post-title="title" ></ChildrenComponent>
            </div>
        `,
        components:{
            ChildrenComponent
        }
    };
    new Vue({
        el:"#app",
        components:{
            ParentComponent
        },
        template:`
            <div>
                <ParentComponent></ParentComponent>
            </div>
        `
    })
</script>
```

　　注意上面代码中加粗的部分，将postTitle属性值赋值给data()方法中的对象属性title，然后改变title即可。
　　再来看使用引用类型如何解决这个问题，代码示例如下。

```
<div id="app" v-cloak></div>
<script src="https://cdn.jsdelivr.net/npm/vue/dist/vue.js"></script>
<script>
    //子组件
    let ChildrenComponent={
        props:{
            postTitle:{
                type:Object
            }
        },
        template:`
            <div>
                {{postTitle.name}}
                <button type="button" @click="postTitle.name='李四'">改变title</button>
            </div>
        `,
    };
    //父组件
    let ParentComponent={
        data(){
            return {
                title:{name:'张三'}
            }
        },
        template: `
            <div>
                <ChildrenComponent :post-title="title" ></ChildrenComponent>
            </div>
        `,
        components:{
            ChildrenComponent
        }
    };
    new Vue({
        el:"#app",
        components:{
            ParentComponent
        },
        template:`
            <div>
                <ParentComponent></ParentComponent>
            </div>
        `
    })
</script>
```

　　看上面代码中加粗的部分，ParentComponent组件中的data()方法返回的对象属性title值是对象类型，在ChildrenComponent组件中改变postTitle中的对象属性，name的值是可以改变的，不会报错，因为对象属于引用类型。引用类型存放在堆内存地址中，比较的是堆内存的地址，并不是其属性的值，所以改变其属性的值并没有改变内存地址，Vue不会报错。

3.2.2　子组件给父组件传值

扫一扫，看视频

　　3.2.1小节学习了父组件如何给子组件传值，在实际开发中也经常会用到子组件给父组件传值。在Vue中是通过自定义事件实现的，子组件使用$emit()方法触发事件，父组件使用v-on指令监听子组件的自定义事件完成通信。

　　$emit()方法的语法形式如下。

```
vue.$emit(eventName,[...args])
```

其中，eventName是自定义事件名称；args是附加参数。代码示例如下。

```
<div id="app" v-cloak></div>
<script src="https://cdn.jsdelivr.net/npm/vue/dist/vue.js"></script>
<script>
    //子组件
    let ChildrenComponent={
        template:`
            <div>
                <button type="button" @click="handleClick()">给父组件传值</button>
            </div>
        `,
        methods: {
            handleClick(){
                //向父组件传值
                this.$emit("handle-click","我是子组件的值1","我是子组件的值2");
            }
        }
    };
    //父组件
    let ParentComponent={
        template: `
            <div>
                <ChildrenComponent @handle-click="getVal" ></ChildrenComponent>
            </div>
        `,
        components:{
            ChildrenComponent
        },
        methods:{
            //接收子组件的值
            getVal(val,val2){
                console.log(val,val2);
            }
        }
    };
    new Vue({
        el:"#app",
        components:{
```

```
                ParentComponent
        },
        template:`
            <div>
                <ParentComponent></ParentComponent>
            </div>
            `
    })
</script>
```

注意上面代码中加粗的部分，子组件接收click事件后，调用handleClick()自定义方法，在该方法中再调用$emit()方法触发一个名为handle-click的自定义事件，在父组件的<ChildrenComponent>中添加v-on指令监听handle-click事件，调用自定义的geVal()方法接收子组件传过来的值。

3.2.3 兄弟组件之间传值

扫一扫，看视频

我们已经学习了如何在父子组件之间传值，但是在实际开发中也会出现兄弟组件（非父子组件）之间传值的需求，实现的方式很简单。声明一个bus变量，其值为new Vue()，然后在A组件使用bus.$emit()方法传值，在B组件使用bus.$on()方法接收A组件传过来的值，完成兄弟组件之间的传值。代码示例如下。

```
<div id="app" v-cloak></div>
<script src="https://cdn.jsdelivr.net/npm/vue/dist/vue.js"></script>
<script>
    let bus=new Vue();
    //A组件
    let AComponent={
        template:`
            <div>
                <button type="button" @click="handleClick">向B组件传值</button>
            </div>
            `,
        methods:{
            handleClick(){
                bus.$emit("handle-click","我是A组件的值");
            }
        }
    };
    //B组件
    let BComponent={
        data(){
            return {
                val:""
            }
        },
        template: `
            <div>
                {{val}}
            </div>
```

```
            `,
        created(){
            bus.$on('handle-click',val => {
                console.log(val);
                this.val = val;
            })
        }
    };
    new Vue({
        el:"#app",
        components:{
            AComponent,
            BComponent
        },
        template:`
            <div>
                <AComponent></AComponent>
                <BComponent></BComponent>
            </div>
        `
    })
</script>
```

注意上面代码中加粗的部分，声明一个bus变量，其值为new Vue()实例。在A组件中的button按钮接收click事件，调用handleClick()方法，在该方法内部调用bus.$emit()方法，自定义一个名为handle-click的事件。在B组件中created()生命周期钩子函数中使用bus.$on()方法监听handle-click事件，在回调函数中接收A组件bus.$emit()方法传过来的值。在浏览器中显示的效果如图3.10所示。

图 3.10   兄弟组件之间传值在浏览器中显示的效果

3.2.4   父组件与子组件实现双向绑定

扫一扫，看视频

在开发UI库时都是对HTML表单控件进行封装的，如自定义一个input组件，在自定义的input组件上添加v-model指令，默认v-model指令是不生效的，这时我们要手动让它支持v-model指令，常用的解决方案有两种。先来看第一种解决方案，代码示例如下。

```
<div id="app" v-cloak></div>
<script src="https://cdn.jsdelivr.net/npm/vue/dist/vue.js"></script>
<script>
    //自定义input组件
```

```
    let InputComponent={
        template:`
            <div>
                <input type="text" v-model="currentValue">
            </div>
        `,
        props:{
            //value并非data()方法返回的对象属性value，而是v-model指令底层的value属性
            value:{
                type:String
            }
        },
        computed:{
            currentValue:{
                get(){
                    return this.value;
                },
                set(val){
                    //自定义事件必须是input
                    this.$emit("input",val);
                }
            }
        }
    };
    //app组件
    let APPComponent={
        template:`
            <div>
                <InputComponent v-model="value"></InputComponent>{{value}}
            </div>
        `,
        data(){
            return {
                value:""
            }
        },
        components:{
            InputComponent
        }
    };
    new Vue({
        el:"#app",
        template:`
            <APPComponent></APPComponent>
        `,
        components:{
            APPComponent
        }
    })
</script>
```

注意上面代码中加粗的部分，在app组件<InputComponent>中添加v-model指令，绑定

data()方法返回的对象属性value，在自定义input组件中用props选项对象接收value。这个value并非data()方法返回的对象属性value，而是v-model指令底层的value属性，在input元素上添加v-model指令，绑定computed中的对象属性currentValue。接下来在computed计算属性中添加自定义属性currentValue，使用get()方法返回props接收的value，使用set()方法获取input元素的值，set()方法中的参数val就是input元素的值，在set()方法中使用$emit()方法，第一个参数自定义事件名称必须为input。之前在2.8.4小节学习过双向绑定的原理，知道v-model指令底层就是监听input事件，所以自定义事件名称必须为input，第二个参数就是input原生的值，即val参数。这样就可以将val派发给app组件value对象属性，最终完成了双向绑定。在浏览器中显示的效果如图3.11所示。

图 3.11   自定义组件 v-model 指令在浏览器中显示的效果

再来看第二种解决方案，可以使用model选项实现，代码示例如下。

```html
<div id="app" v-cloak></div>
<script src="https://cdn.jsdelivr.net/npm/vue/dist/vue.js"></script>
<script>
    //自定义input组件
    let InputComponent={
        template:`
            <div>
                <input type="text" @input="changeValue">
            </div>
        `,
        props:{
            value:{
                type:String
            }
        },
        model:{
            prop:"value",           //props中的value
            event:"change"          //$emit()方法自定义事件的名称change
        },
        methods:{
            changeValue(e){
                //自定义事件的名称可以自定义，如自定义事件的名称为change2，那么
                //model.event的值必须也是change2
                this.$emit("change",e.target.value);
            }
        }
    };
    //app组件
    let APPComponent={
```

```
    template:`
        <div>
            <InputComponent v-model="value"></InputComponent>{{value}}
        </div>
    `,
    data(){
        return {
            value:""
        }
    },
    components:{
        InputComponent
    }
};
new Vue({
    el:"#app",
    template:`
        <APPComponent></APPComponent>
    `,
    components:{
        APPComponent
    }
})
</script>
```

看上面代码中加粗的部分，在app组件<InputComponent>中添加v-model指令，绑定data()
方法返回的对象属性value，在自定义input组件中用props选项对象接收app组件中data()方法返
回的对象属性value，在input元素上监听input组件绑定changeValue()方法，在该方法中使用
$emit()方法自定义事件名称为change，第二个参数是input元素的值。在自定义input组件中添加
model选项对象，其中有两个属性，第一个是prop属性，值为props接收的属性value；第二个是
event属性，值为$emit()方法自定义事件名称change，这样就完成了双向绑定。在浏览器中显示
的效果如图3.11所示。

3.2.5 父组件调用子组件的方法

在实际开发中经常会用到父组件调用子组件的方法，其实很简单，通过ref就可以
直接调用子组件中的方法，代码示例如下。

```
<div id="app" v-cloak></div>
<script src="https://cdn.jsdelivr.net/npm/vue/dist/vue.js"></script>
<script>
    //子组件
    let ChildrenComponent={
        template:`
            <div> </div>
        `,
        methods:{
            send(){
                console.log("我是子组件的方法");
            }
```

```
        }
    };
    //父组件
    let ParentComponent={
        template: `
            <div>
                <ChildrenComponent ref="children"></ChildrenComponent>
                <button type="button" @click="getSend">调用子组件的方法</button>
            </div>
        `,
        components:{
            ChildrenComponent
        },
        methods:{
            getSend(){
                //使用ref调用子组件中的send()方法
                this.$refs["children"].send();
            }
        }
    };
    new Vue({
        el:"#app",
        components:{
            ParentComponent
        },
        template:`
            <div>
                <ParentComponent></ParentComponent>
            </div>
        `
    })
</script>
```

看上面代码中加粗的部分，在父组件中给<ChildrenComponent>添加ref属性，值为children，相当于给子组件ChildrenComponent起了一个名称children，使用$refs调用子组件中的send()方法。

3.3　动态组件与异步组件

动态组件和异步组件其实在实际开发中经常需要用到，动态组件可以根据需求显示或隐藏该组件；异步组件在大型应用中，可以将应用分割成小的代码块，做到按需加载，提高性能。

3.3.1　动态组件

扫一扫，看视频

在实际开发中经常会遇到动态切换页面显示部分区域内容的情况，如多标签内容切换，类似这样的功能都可以使用动态组件实现。组件的动态切换是通过在<component>元素上使用is属性实现的。本例在浏览器中显示的效果如图3.12所示。

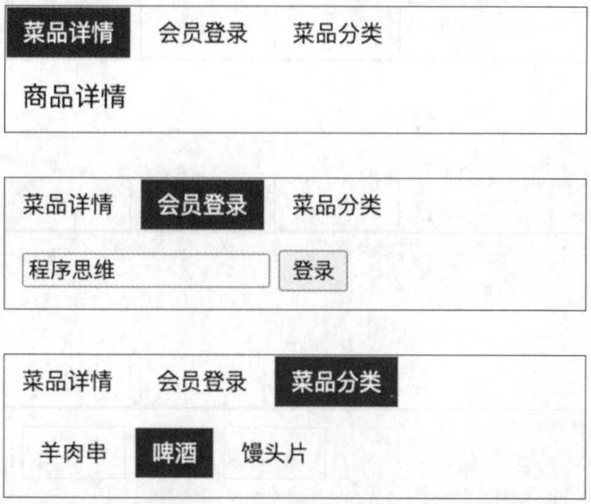

图 3.12　多标签页面在浏览器中显示的效果

　　图3.12中3个标签按钮分别对应3个组件，单击按钮会切换不同的组件，组件切换通过
<component>元素和is属性实现。代码示例如下。

```
<style>
    [v-cloak]{
        display:none;
    }
    .tab-wrap{width:100%;}
    .classify-tab,.tab-wrap .tab{display:inline-block;padding:5px 10px; border: 1px
    solid #EFEFEF;font-size:14px;margin-right:5px;}
    .classify-tab.active,.tab-wrap .tab.active{background-color: #0000FF;
    color:#FFFFFF;}
    .main{border:1px solid #EFEFEF;padding:10px;}
</style>

<div id="app" v-cloak></div>
<script src="https://cdn.jsdelivr.net/npm/vue/dist/vue.js"></script>
<script>
    //菜品详情组件
    let DetailComponent={
        template:`
            <div class="main">
                商品详情
            </div>
        `
    };
    //会员登录组件
    let LoginComponent={
        template:`
            <div class="main">
                <input type="text" /> <button type="button">登录</button>
            </div>
        `
    };
    //菜品分类组件
```

```
let ClassifyComponent={
    data(){
        return {
            classifys:[
                {id:1,title:"羊肉串",active:true},
                {id:2,title:"啤酒",active:false},
                {id:3,title:"馒头片",active:false}
            ]
        }
    },
    template: `
        <div class="main">
        <div v-for="(item,index) in classifys" :class="{'classify-tab':true,
         active:item.active}" :key="item.id" @click="selectClassify(index)">{{item.
         title}}</div>
        </div>
        `,
    methods:{
        //在视图@click="selectClassify(index)"位置使用
        selectClassify(index){
            for(let i=0;i<this.classifys.length;i++){
                //如果classifys中的active属性值为true
                if(this.classifys[i].active){
                    //将active为true的值改成false并跳出循环
                    this.classifys[i].active=false;
                    break;
                }
            }
            //将选中的数据active属性值设置为true
            this.classifys[index].active=true;
            //解决视图样式不渲染的问题
            this.$set(this.classifys,index,this.classifys[index]);
        }
    }
};
new Vue({
    el:"#app",
    data(){
        return {
            tabs:[
                {title:"菜品详情",componentName:"DetailComponent",active:true},
                {title:"会员登录",componentName:"LoginComponent",active:false},
                {title:"菜品分类",componentName:"ClassifyComponent",active:false}
            ],
            //在视图中:is的值
            currentComponent:"DetailComponent"//默认显示DetailComponent组件
        }
    },
    template:`
        <div>
```

```
            <div class="tab-wrap">
            <div :class="{tab:true,active:item.active}" v-for="(item,index) in tabs"
             :key="index" @click="selectTab(index,item.componentName)"> {{item.
             title}}</div>
            </div>
            <keep-alive>
                <component :is="currentComponent"></component>
            </keep-alive>
        </div>
        `,
        components:{
            DetailComponent,
            LoginComponent,
            ClassifyComponent
        },
        methods:{
            //改变tab样式，切换显示的组件
            selectTab(index,componentName){
                for(let i=0;i<this.tabs.length;i++){
                    //如果classifys中的active属性值为true
                    if(this.tabs[i].active){
                        //将active为true的值改成false并跳出循环
                        this.tabs[i].active=false;
                        break;
                    }
                }
                //将选中的数据active属性值设置为true
                this.tabs[index].active=true;
                //解决视图样式不渲染的问题
                this.$set(this.tabs,index,this.tabs[index]);
            //显示当前组件
            this.currentComponent=componentName;
        }
    }
})
</script>
```

注意上面代码中加粗的部分，在动态组件<component>中包裹<keep-alive>元素，这样可以保存组件之间切换时的状态，避免反复重新渲染导致的性能问题。如果没有<keep-alive>元素，切换组件时，会员登录组件input元素输入的内容是不能保存的，如图3.13所示。

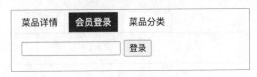

图 3.13　组件状态无法保存

从图3.13可以看出，之前输入的内容，在切换组件时无法保存。

加上<keep-alive>元素的效果如图3.14所示。

图 3.14　组件状态可以保存

3.3.2　异步组件

扫一扫，看视频

在大型应用中，我们可能要将应用分割成小的代码块，并且只在需要时才从服务器加载一个模块。为了简化，Vue 允许以一个工厂函数的方式定义组件，这个工厂函数会异步解析组件定义。Vue 只有在这个组件需要被渲染时才会触发该工厂函数，且会把结果缓存起来供未来重新渲染。代码示例如下。

```html
<div id="app" v-cloak></div>
<script src="https://cdn.jsdelivr.net/npm/vue/dist/vue.js"></script>
<script>
    Vue.component("async-component",function(resolve, reject){
        setTimeout(function () {
            // 向 resolve回调传递组件定义
            resolve({
                template: `<div>我是异步组件</div>`
            })
        }, 1000)
    });
    new Vue({
        el:"#app",
        template:`
            <div>
                <async-component></async-component>
            </div>
        `
    })
</script>
```

注意上面代码中加粗的部分，这个工厂函数会收到一个 resolve 回调，这个回调函数会在从服务器得到组件定义时被调用，也可以调用 reject(reason) 表示加载失败。这里的setTimeout是为了演示使用的，在实际开发中也可以使用ajax获取组件。

在局部注册组件中也可以使用异步组件，代码示例如下。

```html
<div id="app" v-cloak></div>
<script src="https://cdn.jsdelivr.net/npm/vue/dist/vue.js"></script>
<script>
    new Vue({
        el:"#app",
        components:{
            AsyncComponent:(resolve, reject)=>{
                setTimeout(function () {
                    // 向 resolve回调传递组件定义
                    resolve({
```

```
                  template: `<div>我是异步组件</div>`
               })
          }, 1000)
       }
    },
    template:`
       <div>
          <async-component></async-component>
       </div>
       `
    })
</script>
```

注意上面代码中加粗的部分，这个工厂函数也可以使用箭头函数定义。

3.3.3 组件的递归

在实际开发中有些应用场景需要递归输出数据，如后台管理系统中的无限级分类展示的功能，这时需要使用递归组件的方式实现，本例在浏览器中显示的效果如图 3.15 所示。

图 3.15 递归组件实现无限级分类

看下面的代码是如何实现的。

```
<style>
    [v-cloak]{
        display:none;
    }
    body{margin:0px;padding:0px;}
    .tree-row{
        width:100%;
        height:auto;
```

```
            box-sizing: border-box;
            border-top: 1px solid #EFEFEF;
            border-bottom: 1px solid #EFEFEF;
            font-size:14px;
            overflow:hidden;
            padding-top:10px;
            padding-bottom: 10px;
        }
</style>

<div id="app" v-cloak></div>
<script src="https://cdn.jsdelivr.net/npm/vue/dist/vue.js"></script>
<script>
//tree组件
    let TreeComponent={
        name:"tree-component",              //组件名称，用于在视图中调用自己
        props:{
            //表示第几层，如0代表第一层，1代表第二层
            level:{
                type:Number,
                default:0
            },
            data:{
                type:Array,
                default:()=>[]              //Array或Object默认值必须用工厂函数返回
            }
        },
        template:`
            <div>
                <div class="tree-row" v-for="(item,index) in data" :key="index">
                    <span :style="{'padding-left':level*20+'px'}">{{item.title}}</span>
                    <tree-component :level="level+1" :data="item.children"
                    v-if="item.children && item.children.length>0"></tree-component>
                </div>
            </div>
        `
    };
    new Vue({
        el:"#app",
        data(){
            return {
                classifys:[
                    {
                        title:"数码",
                        children:[
                            {
                                title:"手机",
                                children:[
                                    {title:"华为手机"},
                                    {title:"苹果手机"}
                                ]
                            },
```

```
                                   {title:"计算机"}
                               ]
                           },
                           {
                               title:"家电",
                               children:[
                                   {title:"大型家电"},
                                   {title:"生活电器"},
                                   {title:"家电服务"}
                               ]
                           }
                       ]
                   }
               },
               components:{
                   TreeComponent
               },
               template:`
                   <div>
                       <tree-component :data="classifys"></tree-component>
                   </div>
               `
           })
       </script>
```

注意上面代码中加粗的部分，将Vue实例data()方法中的数据传递给tree组件，tree组件使用props接收，在tree组件内部添加name属性，值为"tree-component"，并在tree组件内部调用<tree-component>，用v-if指令判断children中是否还有数据，如果没有数据，不再显示，否则继续查找，最终实现递归。

3.4 slot 插槽

slot插槽可以让用户在父组件中控制传递各种类型的内容到子组件，从而实现我们想要的内容展示。

3.4.1 基本用法

之前我们都是使用组件的属性传值，如果想使用组件传递内容，可以使用<slot>实现，代码示例如下。

扫一扫，看视频

```
<div id="app" v-cloak></div>
<script src="https://cdn.jsdelivr.net/npm/vue/dist/vue.js"></script>
<script>
    //自定义button组件
    let MyButton={
        template:`
            <button type="button"><slot></slot></button>
        `
    };
```

```
    new Vue({
        el:"#app",
        template:`
            <div>
                <my-button type="button">按钮</my-button>
                <my-button type="submit">提交</my-button>
            </div>
        `,
        components:{
            MyButton
        }
    })
</script>
```

注意上面代码中加粗的部分，在button元素内部使用了一个<slot>元素，可以把这个元素当作一个占位符。用<my-button>元素的内容置换组件内部的<slot>元素，最终在浏览器中显示的效果如图3.16所示。

图 3.16　slot 插槽基本用法

3.4.2　后备内容

在组件内部使用<slot>元素，可以给该元素指定一个内容作为默认值，代码示例如下。

```
<div id="app" v-cloak></div>
<script src="https://cdn.jsdelivr.net/npm/vue/dist/vue.js"></script>
<script>
    //自定义button组件
    let MyButton={
        template:`
            <button type="button"><slot>按钮</slot></button>
        `
    };
    new Vue({
        el:"#app",
        template:`
            <div>
                <my-button type="button"></my-button>
                <my-button type="submit">提交</my-button>
            </div>
        `,
        components:{
            MyButton
```

```
        }
    })
</script>
```

注意上面代码中加粗的部分，`<my-button type="button">`元素中没有任何内容，在MyButton组件内部，`<slot>`元素后备内容为"按钮"，最终显示的效果如图3.16所示。

3.4.3　命名（具名）插槽

在实际开发中有时会需要很多插槽，需要根据不同的内容对应不同的插槽进行渲染，代码示例如下。

```
<div id="app" v-cloak></div>
<script src="https://cdn.jsdelivr.net/npm/vue/dist/vue.js"></script>
<script>
    //自定义base-layout组件
    let BaseLayout={
        template:`
            <div>
                <header>
                    <slot name="header"></slot>
                </header>
                <slot></slot>
                <footer>
                    <slot name="footer"></slot>
                </footer>
            </div>
        `
    };
    new Vue({
        el:"#app",
        template:`
            <div>
                <base-layout>
                    <template v-slot:header>
                        <h1>我是页头</h1>
                    </template>
                    <div class="main">我是主体内容</div>
                    <template v-slot:footer>
                        <p>我是页脚</p>
                    </template>
                </base-layout>
            </div>
        `,
        components:{
            BaseLayout
        }
    })
</script>
```

注意上面代码中加粗的部分，在向命名插槽提供内容时，我们可以在 `<template>` 元素中使用 v-slot 指令，并以 v-slot 指令的参数形式提供其名称，在base-layout组件内部<slot>元素有一个特殊的属性name，其值为v-slot指令的参数名称，没有name属性的<slot>元素会带有隐含的名字default。最终在浏览器中显示的效果如图3.17所示。

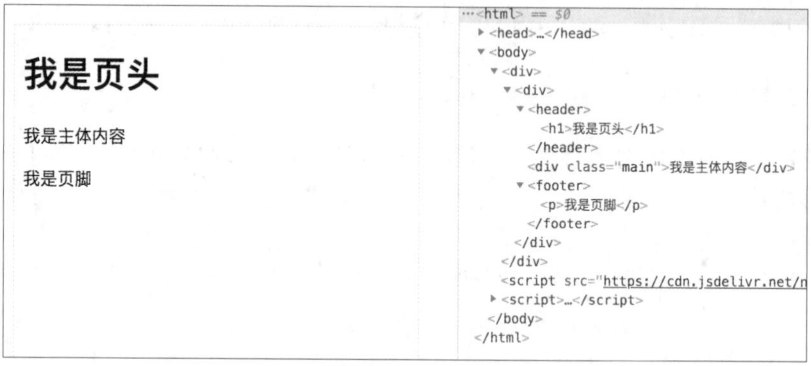

图 3.17   命名插槽示例

> **注意：**
> v-slot指令只能在<template>元素或组件元素中使用。

当然，v-slot指令也支持缩写语法，可以使用#代替v-slot指令。代码示例如下。

```
<div id="app" v-cloak></div>
<script src="https://cdn.jsdelivr.net/npm/vue/dist/vue.js"></script>
<script>
    //自定义base-layout组件
    let BaseLayout={
        template:`
        <div>
            <header>
                <slot name="header"></slot>
            </header>
            <slot></slot>
            <footer>
                <slot name="footer"></slot>
            </footer>
        </div>
        `
    };
    new Vue({
        el:"#app",
        template:`
        <div>
            <base-layout>
                <template #header>
                    <h1>我是页头</h1>
                </template>
                <div class="main">我是主体内容</div>
```

```
                    <template #footer>
                        <p>我是页脚</p>
                    </template>
                </base-layout>
            </div>
            `,
        components:{
            BaseLayout
        }
    })
</script>
```

注意上面代码中加粗的部分，使用#代替了v-slot指令。

该缩写只在其有参数时才可以使用，这意味着下面的语法是无效的。

```
<!-- 这样会触发一个警告 -->
<current-user #="{ user }">
    {{ user.firstName }}
</current-user>
```

3.4.4　作用域插槽

在实际开发中，有时需要在父级的插槽内容中访问子组件的数据。这时可以在子组件的<slot>元素上使用v-bind指令绑定一个属性，代码示例如下。

扫一扫，看视频

```
<div id="app" v-cloak></div>
<script src="https://cdn.jsdelivr.net/npm/vue/dist/vue.js"></script>
<script>
    //自定义base-layout组件
    let BaseLayout={
        template:`
            <div>
                <header>
                    <slot name="header" :value="'我是base-layout组件的头部'"></slot>
                </header>
                <slot :value="'我是base-layout组件的主体'"></slot>
                <footer>
                    <slot name="footer" :value="'我是base-layout组件的页脚'"></slot>
                </footer>
            </div>
            `
    };
    new Vue({
        el:"#app",
        template:`
            <div>
                <base-layout>
                    <template #header="slotProps">
                        <h1>{{slotProps.value}}</h1>
                    </template>
                    <template v-slot:default="slotProps">
```

```
                                <div class="main">{{slotProps.value}}</div>
                        </template>
                        <template #footer="slotProps">
                            <p>{{slotProps.value}}</p>
                        </template>
                    </base-layout>
                </div>
            `,
            components:{
                BaseLayout
            }
        })
    </script>
```

注意上面代码中加粗的部分，在base-layout组件内部的<slot>元素上绑定自定义属性value，在<base-layout>元素内部将v-slot:default赋值为slotProps，这个slotProps可以随便取名。使用slotProps.value获取base-layout组件内部的<slot>元素上绑定自定义属性value的值，v-slot:default="slotProps"可以简写成v-slot="slotProps"。

最终在浏览器中显示的效果如图3.18所示。

图 3.18　作用域插槽在浏览器中显示的效果

3.4.5　解构插槽属性

作用域插槽也可以使用ES 6的解构语法提取特定的插槽属性，代码示例如下。

```
<div id="app" v-cloak></div>
<script src="https://cdn.jsdelivr.net/npm/vue/dist/vue.js"></script>
<script>
    //自定义button组件
    let MyButton={
        data(){
            return {
                texts:{
                    title:"登录"
                }
            }
        },
```

```
        template:`
                <button type="button"><slot :value="texts">按钮</slot></button>
                `
        };
        new Vue({
            el:"#app",
            template:`
                <div>
                    <my-button type="button" v-slot="{value}">
                        {{value.title}}
                    </my-button>
                </div>
                `,
            components:{
                MyButton
            }
        })
</script>
```

这使代码更加简洁,尤其是该插槽提供多个属性时。当然,也可以在提取插槽属性时重命名,代码示例如下。

```
<my-button type="button" v-slot="{value:texts}">
    {{texts.title}}
</my-button>
```

3.4.6 动态插槽名

动态指令参数也可以使用在v-slot指令上,定义动态插槽名,代码示例如下。

扫一扫,看视频

```
<div id="app" v-cloak></div>
<script src="https://cdn.jsdelivr.net/npm/vue/dist/vue.js"></script>
<script>
    //自定义base-layout组件
    let BaseLayout={
        template:`
            <div>
                <header>
                    <slot name="header"></slot>
                </header>
            </div>
            `
    };
    new Vue({
        el:"#app",
        data(){
            return {
                headerName:"header"
            }
        },
        template:`
            <div>
```

```
                <base-layout>
                    <template #[headerName]>
                        <h1>我是页头</h1>
                    </template>
                </base-layout>
            </div>
            `,
            components:{
                BaseLayout
            }
        })
    </script>
```

注意上面代码中加粗的部分，headerName只有在父级作用域下才能解析，在<template>元素中使用时需要加上[]。

3.5　小结

本章主要讲解了Vue的核心：组件和插槽。关于组件，我们介绍了如何注册全局组件和局部组件、组件之间的通信(父组件给子组件传值、子组件给父组件传值、兄弟组件之间传值、父组件与子组件实现双向绑定、父组件调用子组件的方法)、动态组件与异步组件；关于插槽，主要介绍了slot插槽的基本用法、后备内容、命名(具名)插槽、作用域插槽、解构插槽属性、动态插槽名。组件化是Vue的精髓，Vue就是由一个个组件构成的，插槽的概念和使用是Vue的一个难点，插槽能让我们在组件标签内填充内容，做更高级的自定义组件。在后面的学习中，我们使用vue-cli开发项目时都是组件化开发。因此需要把父子组件之间传值、兄弟组件之间传值、动态组件、slot插槽的使用流程背下来，面试时会问到。总之，学完本章，我们要明白想学好Vue，必须拥有组件化思维。

第4章

过渡与动画

Vue提供了过渡与动画功能，解决了CSS 3动画不能使用display:none的问题，在插入、更新或移除 DOM 时，提供了多种不同方式的应用过渡效果：①在 CSS 过渡与动画中自动应用class；②可以配合使用第三方 CSS 动画库，如animate.css；③可以配合使用第三方JavaScript 动画库，如Velocity.js。

学习技巧：本章知识点建议结合视频学习。

4.1　transition 过渡组件

Vue 提供了 transition 的封装组件,在下列情形中,可以给任何元素和组件添加进入/离开过渡效果:①条件渲染(使用v-if指令);②条件展示(使用v-show指令);③动态组件;④组件根节点。

4.1.1　CSS 过渡与动画

扫一扫,看视频

在使用CSS过渡与动画时需要配合过渡的类名实现,在进入/离开过渡中,有 6 个 class 切换。

(1)v-enter:定义进入过渡的开始状态。在元素被插入之前生效,在元素被插入之后的下一帧移除。

(2)v-enter-active:定义进入过渡生效时的状态。在整个进入过渡的阶段中应用,在元素被插入之前生效,在过渡/动画完成之后移除。这个类可以被用于定义进入过渡的过程时间、延迟和曲线函数。

(3)v-enter-to:2.1.8 版本及以上定义进入过渡的结束状态。在元素被插入之后的下一帧生效(与此同时 v-enter 被移除),在过渡/动画完成之后移除。

(4)v-leave:定义离开过渡的开始状态。在离开过渡被触发时立刻生效,下一帧被移除。

(5)v-leave-active:定义离开过渡生效时的状态。在整个离开过渡的阶段中应用,在离开过渡被触发时立刻生效,在过渡/动画完成之后移除。这个类可以被用于定义离开过渡的过程时间、延迟和曲线函数。

(6)v-leave-to:2.1.8 版本及以上定义离开过渡的结束状态。在离开过渡被触发之后的下一帧生效(与此同时 v-leave 被移除),在过渡/动画完成之后移除。

进入/离开的过渡流程如图 4.1 所示。

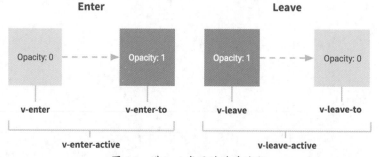

图 4.1　进入 / 离开的过渡流程

对于这些在过渡中切换的类名,如果使用一个没有名字的 <transition>,则 v- 是这些类名的默认前缀;如果使用 <transition name="my-transition">,那么 v-enter 会被替换为 my-transition-enter。

1.CSS 过渡

常用的过渡都是使用CSS过渡,代码示例如下。

```
<style>
    [v-cloak]{
        display:none;
```

```
        }
        /*进入过渡时的开始状态*/
        .slide-fade-enter{
            transform: translateX(0px);
        }
        /*进入过渡生效时的状态*/
        .slide-fade-enter-active {
            transition: all .3s ease;
        }
        /*离开过渡生效时的状态*/
        .slide-fade-leave-active {
            transition: all .8s cubic-bezier(1.0, 0.5, 0.8, 1.0);
        }
        /*离开过渡时的结束状态*/
        .slide-fade-leave-to{
            transform: translateX(200px);
        }
        .box{width:100px;height:100px;background-color:#0000FF; font-size: 14px;color:#EFEFEF}
</style>

<div id="app" v-cloak></div>
<script src="https://cdn.jsdelivr.net/npm/vue/dist/vue.js"></script>
<script>
    //app组件
    let APPComponent={
        template:`
            <div>
                <button @click="show = !show">
                    Toggle render
                </button>
                <transition name="slide-fade">
                    <div class="box" v-if="show">hello</div>
                </transition>
            </div>
        `,
        data(){
            return {
                show:true
            }
        },
    };
    new Vue({
        el:"#app",
        template:`
            <APPComponent></APPComponent>
        `,
        components:{
            APPComponent
        }
    })
</script>
```

看上面代码中加粗的部分，<transition>组件中name属性的值为"slide-fade"，要与CSS样式中class命名（如.slide-fade-enter）第二个短横线之前的"slide-fade"名称相同，第二个短横线之后的名称为进入/离开的过渡class名称。

> **注意：**
> <transition>组件内部元素只能有一个，同时要有v-if指令或v-show指令，当v-if指令或v-show指令值为true时触发进入过渡enter，为false时触发离开过渡leave。

在浏览器中显示的效果如图4.2 ~ 图4.4所示。

图 4.2   CSS 过渡初始化时的效果

图 4.3   CSS 过渡运行中的效果   图 4.4   CSS 过渡结束时的效果

2.CSS 动画

CSS动画用法与CSS过渡相同，区别是在动画中，v-enter类名在节点插入 DOM 后不是立即删除，而是在animationend（动画结束）事件触发时删除。代码示例如下。

```
<style>
    [v-cloak]{
        display:none;
    }
    /*进入过渡生效时的状态*/
    .bounce-enter-active {
        animation: bounce-in .5s;
    }
    /*离开过渡生效时的状态*/
    .bounce-leave-active {
        animation: bounce-in .5s reverse;
    }
    @keyframes bounce-in {
        0% {
            transform: scale(0);
        }
        50% {
            transform: scale(1.5);
        }
```

```
                100% {
                    transform: scale(1);
                }
            }
        .box{width:100px;height:100px;background-color:#0000FF; font-size:14px; color:#EFEFEF}
</style>

<div id="app" v-cloak></div>
<script src="https://cdn.jsdelivr.net/npm/vue/dist/vue.js"></script>
<script>
    //app组件
    let APPComponent={
        template:`
            <div>
                <button @click="show = !show">
                    Toggle render
                </button>
                <transition name="bounce">
                    <div class="box" v-show="show">hello</div>
                </transition>
            </div>
        `,
        data(){
            return {
                show:true
            }
        },
    };
    new Vue({
        el:"#app",
        template:`
            <APPComponent></APPComponent>
        `,
        components:{
            APPComponent
        }
    })
</script>
```

看上面代码中加粗的部分，<transition>组件是可以使用CSS的动画，class的命名规范和过渡类名是一样的。在浏览器中显示的效果如图4.5 ~ 图4.7所示。

图 4.5　动画初始化时的效果

图 4.6　动画运行中的效果

Toggle render

图 4.7　动画结束时的效果

4.1.2　多个元素的过渡

扫一扫，看视频

　　如果<transition>组件内部有多个元素可以使用 v-if指令或v-else指令进行过渡，确保最终内部只有一个元素，可以实现多标签切换动画效果。代码示例如下。

```
<style>
    [v-cloak]{
        display:none;
    }
    /*进入过渡时的开始状态*/
    .slide-fade-enter{
        transform: translateX(100px);
        opacity: 1;
    }
    /*进入/离开过渡生效时的状态*/
    .slide-fade-enter-active,.slide-fade-leave-active {
        transition: all .3s ease;
    }
    /*离开过渡时的结束状态*/
    .slide-fade-leave-to{
        transform: translateX(0px);
        opacity: 0;
    }
</style>
<div id="app" v-cloak></div>
<script src="https://cdn.jsdelivr.net/npm/vue/dist/vue.js"></script>
<script>
    //app组件
    let APPComponent={
        template:`
            <div>
                <transition name="slide-fade" mode="out-in">
                    <button v-if="show" key="save" @click="show=!show">
                        Save
                    </button>
                    <button v-else key="edit" @click="show=!show">
                        Edit
```

```
                    </button>
                </transition>
            </div>
        `,
        data(){
            return {
                show:true
            }
        },
    };
    new Vue({
        el:"#app",
        template:`
            <APPComponent></APPComponent>
        `,
        components:{
            APPComponent
        }
    })
</script>
```

看上面代码中加粗的部分，使用v-if指令或v-else指令可以实现两个按钮切换的动画效果。当有相同标签名的元素切换时，需要通过key属性设置唯一的值进行标记，让 Vue 区分它们，否则 Vue 为了效率只会替换相同标签内部的内容。即使在技术上没有必要，给 <transition> 组件中的多个元素设置 key 也是一个好的选择。注意，<transition>组件有一个mode属性，这个是过渡模式,可以让<transition>组件内部元素的运动效果像滑动过渡。mode属性有两个值。

（1）in-out：新元素先进行过渡，完成之后当前元素过渡离开。

（2）out-in：当前元素先进行过渡，完成之后新元素过渡进入。

4.1.3　多个组件的过渡

多个组件的过渡就简单很多，不需要使用key属性，只需使用动态组件即可实现，代码示例如下。

扫一扫，看视频

```
<style>
    [v-cloak]{
        display:none;
    }
    /*进入过渡时的开始状态*/
    .slide-fade-enter{
        transform: translateX(100px);
        opacity: 1;
    }
    /*进入/离开过渡生效时的状态*/
    .slide-fade-enter-active,.slide-fade-leave-active {
        transition: all .3s ease;
    }
    /*离开过渡时的结束状态*/
    .slide-fade-leave-to{
        transform: translateX(0px);
```

```
            opacity: 0;
        }
    </style>

    <div id="app" v-cloak></div>
    <script src="https://cdn.jsdelivr.net/npm/vue/dist/vue.js"></script>
    <script>
        //A组件
        let AComponent={
            template:`
                <div>
                    我是A组件
                </div>
            `,
        };
        //B组件
        let BComponent={
            template:`
                <div>
                    我是B组件
                </div>
            `,
        };
        new Vue({
            el:"#app",
            data(){
                return {
                    componentName:"AComponent"
                }
            },
            template:`
                <div>
                    <transition name="slide-fade" mode="out-in">
                        <component :is="componentName"></component>
                    </transition>
                    <button @click="componentName=='AComponent'?componentName='BComponent'
                     :componentName='AComponent'">切换组件</button>
                </div>
            `,
            components:{
                AComponent,
                BComponent
            }
        })
    </script>
```

看上面代码中加粗的部分，组件之间的过渡只需使用动态组件实现，如果忘记了动态组件如何实现，请重新学习3.3.1小节的内容。

4.1.4　配合 animate.css 实现动画效果

扫一扫，看视频

Vue的过渡系统可以和其他第三方CSS动画库结合使用，如animate.css（https://daneden.github.io/animate.css/）。这时我们需要自定义过渡类名才能实现，可以通过以下属性自定义过渡类名。

- enter-class：进入过渡时的开始状态。
- enter-active-class：进入过渡生效时的状态。
- enter-to-class (2.1.8+)：进入过渡时的结束状态。
- leave-class：离开过渡时的开始状态。
- leave-active-class：离开过渡生效时的状态。
- leave-to-class(2.1.8+)：离开过渡时的结束状态。

代码示例如下。

```
<!--引入animate.css样式-->
    <link href="https://cdn.jsdelivr.net/npm/animate.css@3.5.1" rel="stylesheet"
     type="text/css">
    <style>
    [v-cloak]{
        display:none;
    }
.box{width:100px;height:100px;background-color:#0000FF; font-size:14px;
 color:#EFEFEF;}
<style>
<div id="app" v-cloak></div>
<script src="https://cdn.jsdelivr.net/npm/vue/dist/vue.js"></script>
<script>
    new Vue({
        el:"#app",
        data(){
            return {
                show:false
            }
        },
        template:`
        <div>
            <transition enter-active-class="animated slideInLeft" leave-active-class=
             "animated slideInRight">
                <div class="box" v-show="show"></div>
            </transition>
            <button @click="show=!show">go</button>
        </div>
        `
    })
</script>
```

看上面代码中加粗的部分，在<transition>组件上添加enter-active-class和leave-active-class属性，其值分别是animate.css中相应的class名称。如果不清楚class名称，可以去animate.css官

网获取，这样就可以实现动画效果了。

4.1.5 JavaScript 钩子函数

JavaScript钩子函数也叫作过渡的钩子函数，借助v-on指令可以在这些节点挂载钩子函数，用于在元素过渡各节点时触发这些函数，代码示例如下。

```
<div id="app" v-cloak></div>
<script src="https://cdn.jsdelivr.net/npm/vue/dist/vue.js"></script>
<script>
    //app组件
    let APPComponent={
        template:`
        <div>
            <button @click="show = !show">
                Toggle render
            </button>
            <transition v-on:before-enter="beforeEnter" v-on:enter="enter"
             v-on:after-enter="afterEnter" v-on:before-leave="beforeLeave" v-
             on:leave="leave" v-on:after-leave="afterLeave" v-bind:css="false">
                <div class="box"  v-if="show">hello</div>
            </transition>
        </div>
        `,
        data(){
            return {
                show:true
            }
        },
        methods:{
            //进入过渡之前的组件状态
            beforeEnter(el){
                console.log("beforeEnter",el);
            },
            //进入过渡完成时的状态
            enter(el, done){
                console.log("enter",el);
                done();
            },
            //进入过渡完成之后的状态
            afterEnter(el){
                console.log("afterEnter",el);
            },
            //离开过渡之前的状态
            beforeLeave(el) {
                console.log("beforeLeave",el);
            },
            //离开过渡完成时的状态
            leave(el, done) {
                console.log("leave",el);
                done()
```

```
        },
        //离开过渡完成之后的状态
        afterLeave(el) {
            console.log("afterLeave",el);
        }
    }
};
new Vue({
    el:"#app",
    template:`
        <APPComponent></APPComponent>
    `,
    components:{
        APPComponent
    }
})
</script>
```

看上面代码中加粗的部分，在\<transition\>组件上使用v-on指令监听过渡事件并触发钩子函数，在这些钩子函数内部可以添加业务逻辑，也可以使用第三方JavaScript动画库，如Velocity.js。在 enter ()和 leave ()钩子函数中必须使用 done ()进行回调，否则它们将被同步调用，过渡会立即完成。注意在\<transition\>组件上还添加了v-bind:css="false"指令，这样Vue会跳过CSS的检测，也可以避免过渡过程中CSS的影响。

4.1.6 配合 Velocity.js 实现动画效果

Velocity和jQuery.animate的工作方式类似，也是实现JavaScript动画的一个很棒的选择，代码示例如下。

扫一扫，看视频

```
<div id="app" v-cloak></div>
<script src="https://cdn.jsdelivr.net/npm/vue/dist/vue.js"></script>
<!--引入Velocity.js-->
<script src="https://cdnjs.cloudflare.com/ajax/libs/velocity/1.2.3/velocity.min.
js"></script>
<script>
    //app组件
    let APPComponent={
        template:`
            <div>
                <button @click="show = !show">
                    Toggle
                </button>
                <transition v-on:before-enter="beforeEnter" v-on:enter="enter" v-
                  on:leave="leave" v-bind:css="false">
                    <p v-if="show">
                        Demo
                    </p>
                </transition>
            </div>
        `,
```

```
        data(){
            return {
                show:false
            }
        },
        methods:{
            //进入过渡之前的组件状态
            beforeEnter(el){
                el.style.opacity = 0
                el.style.transformOrigin = 'left'
            },
            //进入过渡完成时的状态
            enter(el, done){
                Velocity(el, { opacity: 1, fontSize: '1.4em' }, { duration: 300 })
                Velocity(el, { fontSize: '1em' }, { complete: done })
            },
            // 离开过渡完成时的状态
            leave(el, done) {
                Velocity(el, { translateX: '15px', rotateZ: '50deg' }, { duration: 600 })
                Velocity(el, { rotateZ: '100deg' }, { loop: 2 })
                Velocity(el, {
                    rotateZ: '45deg',
                    translateY: '30px',
                    translateX: '30px',
                    opacity: 0
                }, { complete: done })
            }
        }
    };
    new Vue({
        el:"#app",
        template:`
            <APPComponent></APPComponent>
        `,
        components:{
            APPComponent
        }
    })
</script>
```

从上面代码中可以看出，在JavaScript钩子函数中使用Velocity实现动画效果，Velocity使用起来非常简单，第一个参数是要操作的DOM，第二个参数是动画效果，这里不再重点讲解，如果想学习，可以去Velocity官网（http://www.velocityjs.org/）查看文档。

4.1.7　transition-group 列表过渡

扫一扫，看视频

<transition>组件内部只能有一个元素，那么如何用它同时渲染整个列表呢？在这种场景中，需要使用 <transition-group> 组件，关于这个组件，有以下几个特点：①与 <transition>组件不同，它会以一个真实元素形式呈现，默认为一个 <span> ，也可以通过 tag 属性更换为其他元素；②过渡模式不可用，因为不再相互切换特有的元素；

③内部元素必须提供唯一的key属性值；④CSS过渡的类将会应用在内部元素中，而不是这个组/容器本身。代码示例如下。

```
<style>
    [v-cloak]{
        display:none;
    }
    .list-item {
        display: inline-block;
        margin-right: 10px;
    }
    /*进入过渡生效时的状态和离开过渡生效时的状态*/
    .list-enter-active, .list-leave-active {
        transition: all 1s;
    }
    /*进入过渡时的开始状态和离开过渡时的结束状态*/
    .list-enter, .list-leave-to {
        opacity: 0;
        transform: translateY(30px);
    }
</style>

<div id="app" v-cloak></div>
<script src="https://cdn.jsdelivr.net/npm/vue/dist/vue.js"></script>
<script>
    //app组件
    let APPComponent={
        template:`
            <div>
                <button v-on:click="add">Add</button>
                <button v-on:click="remove">Remove</button>
                <transition-group name="list" tag="p">
                    <span v-for="item in items" v-bind:key="item" class="list-item">
                        {{ item }}
                    </span>
                </transition-group>
            </div>
        `,
        data(){
            return {
                items: [1,2,3,4,5,6,7,8,9],
                nextNum: 10
            }
        },
        methods:{
            //随机数
            randomIndex: function () {
                return Math.floor(Math.random() * this.items.length)
            },
            //在this.items数组内随机位置插入一条数据
            add: function () {
                this.items.splice(this.randomIndex(), 0, this.nextNum++)
```

```
        },
        //在this.items数组内随机位置删除一条数据
        remove: function () {
            this.items.splice(this.randomIndex(), 1)
        }
    }
};
new Vue({
    el:"#app",
    template:`
        <APPComponent></APPComponent>
    `,
    components:{
        APPComponent
    }
})
</script>
```

看上面代码中加粗的部分，使用<transition-group>组件支持内部多元素的过渡效果。

4.1.8　仿网店首页轮播图效果案例

扫一扫，看视频

学会了如何使用<transition-group>组件，接下来使用它开发一个类似网店首页轮播图的效果，最终效果如图4.8所示。

图 4.8　仿网店首页轮播图效果

代码示例如下。

```
<style>
    [v-cloak]{
        display:none;
    }
    .swiper-main{width:700px;height:350px;position:relative;z-index:1;}
    .swiper-main .swiper-wrap{width:100%;height:100%;}
    .swiper-main .swiper-wrap .slide{width:100%;height:100%;position: absolute;
    z-index:1;left:0;top:0;}
    .swiper-main .swiper-wrap .slide img{width:100%;height:100%;}
    .swiper-main .page{width:auto;height:auto;position:absolute;z-index:2;left:50%;
    bottom:10%;transform: translateX(-50%);-webkit-transform:translateX(-
    50%);white-space: nowrap;text-align: center;}
```

```
    .swiper-main .page .item{width:30px;height:10px;background-color: rgba(255,255,255,
    0.8);cursor:pointer;display:inline-block;  margin-right: 2.5px;margin-left:2.5px;}
    .swiper-main .page .item.active{background-color: rgba(0,0,0,0.8);}
    /*进入过渡生效时的状态和离开过渡生效时的状态*/
    .slide-enter-active,.slide-leave-active{transition:opacity 1s;}
    /*进入过渡时的开始状态*/
    .slide-enter{
        opacity:0;
    }
    /*进入过渡时的结束状态*/
    .slide-enter-to{
        opacity:1;
    }
    /*离开过渡时的开始状态*/
    .slide-leave{
        opacity:1;
    }
    /*离开过渡时的结束状态*/
    .slide-leave-to{
        opacity:0
    }
</style>

<div id="app" v-cloak></div>
<script src="https://cdn.jsdelivr.net/npm/vue/dist/vue.js"></script>
<script>
    //Swiper组件
    let Swiper={
        template:`
        <div>
            <div class="swiper-main">
                <div class="swiper-wrap">
                    <transition-group name="slide">
                        <div class="slide" v-for="(item,index) in slides" v-show="item.
                          isShow" :key="index"><img :src="item.img" alt=""></div>
                    </transition-group>
                </div>
                <div class="page">
                    <div :class="{item:true,active:item.isShow}" v-for="(item,index) in
                      slides" @click="changeImg(index)" :key="index"></div>
                </div>
            </div>
        </div>
        `,
        data(){
            return {
                slides:[
                    {img:"./images/banner1.jpg",isShow:true},
                    {img:"./images/banner2.jpg",isShow:false},
                    {img:"./images/banner3.jpg",isShow:false}
                ]
            }
```

```
        },
        methods:{
            //图片切换函数，在视图@click="changeImg(index)"位置使用
            changeImg(index){
                for(var i=0;i<this.slides.length;i++){
                    //如果有显示的图片
                    if(this.slides[i].isShow){
                        //隐藏显示的图片
                        this.slides[i].isShow=false;
                        break;
                    }                        }
                //显示单击分页器按钮，当前索引的图片
                this.slides[index].isShow=true;
                this.$set(this.slides,index,this.slides[index]);
            }
        }
    };
    new Vue({
        el:"#app",
        template:`
            <Swiper/>
        `,
        components:{
            Swiper
        }
    })
</script>
```

看上面的代码，注释很清晰，在Swiper组件的data()方法中初始化数组类型的数据slides，slides中的img属性值为图片路径，isShow属性值为true时表示显示图片，isShow属性值为false时表示隐藏图片。在<transition-group>组件内部元素使用v-for指令渲染数据，在methods选项对象内部声明changeImg()方法，参数为图片索引，单击分页器按钮将图片索引传递给该参数，该方法内部实现为隐藏已显示的图片，再显示当前索引的图片。

4.2　TweenMax 动画引擎

TweenMax是适用于移动端和现代互联网的超高性能专业级动画插件，可以实现复杂的动画效果，如贝塞尔动画、暂停/继续、简便的连续动画、十六进制颜色动画等内容。TweenMax中文官网地址为https://www.tweenmax.com.cn/。

4.2.1　使用 TweenMax 实现动画效果

扫一扫，看视频

由于TweenMax并不是学习Vue的重点，只是做复杂的动画会用到，所以这里只介绍一些常用的知识点，要学习更多的内容，可以访问TweenMax官网。

先看一下TweenMax构造函数的语法形式。

```
.TweenMax( target:Object, duration:Number, vars:Object ) ;
```

TweenMax的构造函数用于构建一个TweenMax对象。

TweenMax()函数的参数说明见表4.1。

表 4.1　TweenMax() 函数的参数说明

参数名	类　型	是否必填	描　述
target	Object	是	需要动画的对象
duration	Number	是	动画持续时间，一般单位为 s
vars	Object	是	动画参数

在Vue中使用TweenMax的代码示例如下。

```
<style>
    [v-cloak]{
        display:none;
    }
    .box{width:100px;height:100px;background-color:#0000FF; font-size:14px; color:#EFEFEF}
</style>

<div id="app" v-cloak></div>
<script src="https://cdn.jsdelivr.net/npm/vue/dist/vue.js"></script>
<!--引入TweenMax-->
<script src="https://cdnjs.cloudflare.com/ajax/libs/gsap/2.0.1/TweenMax.min.js"> </script>
<script>
    //app组件
    let APPComponent={
        template:`
            <div>
                <div class="box" ref="box">hello</div>
            </div>
        `,
        mounted(){
            //实例化TweenMax
            new TweenMax(this.$refs["box"], 3, {
                x: 500,
                alpha : 0.3,
            });
        }
    };
    new Vue({
        el:"#app",
        template:`
            <APPComponent></APPComponent>
        `,
        components:{
            APPComponent
        }
    })
</script>
```

　　看上面代码中加粗的部分，先使用CDN方式引入TweenMax.min.js。在app组件的template内部元素添加ref属性，值为"box"。在mounted生命周期钩子函数中实例化TweenMax对象，由于TweenMax需要获取DOM，所以必须在mounted生命周期钩子函数中实例化。实例化TweenMax的第一个参数this.$refs["box"]为需要动画的对象，第二个参数为动画持续时间，第三个参数为对象类型的动画参数，x属性表示水平移动，alpha属性表示透明度，值为0 ~ 1。

　　动画演示效果，请扫描下方的二维码欣赏。

　　接下来学习TweenMax常用的方法。

1. TweenMax.to()

　　TweenMax.to()方法用于创建一个从当前属性到指定目标属性的TweenMax动画对象，语法形式如下。

```
TweenMax.to( target:Object, duration:Number, vars:Object )
```

　　TweenMax.to()方法的参数说明见表4.1。

　　代码示例如下。

```
<div id="app" v-cloak></div>
<script src="https://cdn.jsdelivr.net/npm/vue/dist/vue.js"></script>
<!--引入TweenMax-->
<script src="https://cdnjs.cloudflare.com/ajax/libs/gsap/2.0.1/TweenMax.min.js"> </script>
<script>
    //app组件
    let APPComponent={
        template:`
        <div>
            <div class="box" ref="box">hello</div>
        </div>
        `,
        mounted(){
            TweenMax.to(this.$refs["box"], 3, {
                x: 500
            });
        }
    };
    new Vue({
        el:"#app",
        template:`
            <APPComponent></APPComponent>
        `,
        components:{
            APPComponent
```

```
        }
    })
</script>
```

注意上面代码中加粗的部分，不需要实例化TweenMax，直接调用TweenMax.to()方法即可，也可以对多个目标创建动画，代码示例如下。

```
<div id="app" v-cloak></div>
<script src="https://cdn.jsdelivr.net/npm/vue/dist/vue.js"></script>
<!--引入TweenMax-->
<script src="https://cdnjs.cloudflare.com/ajax/libs/gsap/2.0.1/TweenMax.min.js"> </script>
<script>
    //app组件
    let APPComponent={
        template:`
            <div>
                <div class="box" ref="box">hello</div>
                <div class="box2" ref="box2">hello</div>
            </div>
        `,
        mounted(){
            TweenMax.to([this.$refs["box"],this.$refs["box2"]], 3, {
                x: 300
            });
        }
    };
    new Vue({
        el:"#app",
        template:`
            <APPComponent></APPComponent>
        `,
        components:{
            APPComponent
        }
    })
</script>
```

注意上面代码中加粗的部分，第一个参数可以以数组的形式传递多个目标创建动画。

动画演示效果，请扫描下方的二维码欣赏。

2. TweenMax.from()

通过设置动画起始点初始化一个TweenMax，相当于动画从设置点开始，语法形式如下。

```
TweenMax.from( target:Object, duration:Number, vars:Object )
```

TweenMax.from()方法的参数说明见表4.1。

代码示例如下。

```
<div id="app" v-cloak></div>
<script src="https://cdn.jsdelivr.net/npm/vue/dist/vue.js"></script>
<!--引入TweenMax-->
<script src="https://cdnjs.cloudflare.com/ajax/libs/gsap/2.0.1/TweenMax.min.js"> </script>
<script>
    //app组件
    let APPComponent={
        template:`
        <div>
            <div class="box" ref="box">hello</div>
            <div class="box2" ref="box2">hello</div>
        </div>
        `,
        mounted(){
            TweenMax.from([this.$refs["box"],this.$refs["box2"]], 3, {
                x: 300
            });
        }
    };
    new Vue({
        el:"#app",
        template:`
            <APPComponent></APPComponent>
        `,
        components:{
            APPComponent
        }
    })
</script>
```

注意上面代码中加粗的部分，TweenMax.from()方法也支持单目标对象和多目标对象，用法和TweenMax.to()方法一样，只是呈现的动画效果相反。动画演示效果，请扫描下方的二维码欣赏。

3.TweenMax.fromTo()

通过设置动画起始点和结束点初始化一个TweenMax，相当于动画从设置点到第二个设置点，语法形式如下。

```
TweenMax.fromTo(target:Object,duration:Number,fromVars:Object,toVars:Object)
```

TweenMax.fromTo()方法的参数说明见表4.2。

表 4.2 TweenMax.fromTo() 方法的参数说明

参数名	类型	是否必填	描述
target	Object	是	需要动画的对象
duration	Number	是	动画持续时间,一般单位为 s
fromVars	Object	是	起始点动画参数
toVars	Object	是	结束点动画参数

代码示例如下。

```
<div id="app" v-cloak></div>
<script src="https://cdn.jsdelivr.net/npm/vue/dist/vue.js"></script>
<!--引入TweenMax-->
<script src="https://cdnjs.cloudflare.com/ajax/libs/gsap/2.0.1/TweenMax.min.js"> </script>
<script>
    //app组件
    let APPComponent={
        template:`
            <div>
                <div class="box" ref="box">hello</div>
                <div class="box2" ref="box2">hello</div>
            </div>
        `,
        mounted(){
            //实例化TweenMax
            TweenMax.fromTo([this.$refs["box"],this.$refs["box2"]], 3, {x:10,y:10},
            {x:100,y:100});
        }
    };
    new Vue({
        el:"#app",
        template:`
            <APPComponent></APPComponent>
        `,
        components:{
            APPComponent
        }
    })
</script>
```

注意上面代码中加粗的部分,TweenMax.fromTo()方法可以让目标对象从坐标(10,10)移动到坐标(100,100)。动画演示效果,请扫描下方的二维码欣赏。

4.TweenMax.staggerTo()

TweenMax.staggerTo()方法为多个目标制作一个有间隔的动画序列，相当于多个TweenMax的数组，需要设置每个动画的开始间隔。若不设置，则为0，同时开始动画，语法形式如下。

```
TweenMax.staggerTo( targets:Array, duration:Number, vars:Object, stagger:Number,
onCompleteAll:Function, onCompleteAllParams:Array, onCompleteAllScope:* )
```

TweenMax.staggerTo()方法的参数说明见表4.3。

表 4.3　TweenMax.staggerTo() 方法的参数说明

参数名	类　型	是否必填	描　述
targets	Array	是	要进行动画的对象，可以有多个，以数组形式传入
duration	Number	是	动画持续时间，一般单位为 s
vars	Object	是	设置动画的一些属性及其他参数
stagger	Number	否	每个动画的起始间隔，默认为 0
onCompleteAll	Function	否	当所有显示对象都完成动画后要调用的函数
onCompleteAllParams	Array	否	onCompleteAll() 函数的参数，以数组形式传入
onCompleteAllScope		否	onCompleteAll() 函数的作用域，this

代码示例如下。

```
<style>
    [v-cloak]{
        display:none;
    }
    .box {
        width:50px;
        height:50px;
        position:relative;
        border-radius:6px;
        margin-top:4px;
        display:inline-block;
    }
    .green{
        background-color:#6fb936;
    }
    .orange {
        background-color:#f38630;
    }
    .grey {
        background-color:#989898;
    }
</style>

<div id="app" v-cloak></div>
<script src="https://cdn.jsdelivr.net/npm/vue/dist/vue.js"></script>
<!--引入TweenMax-->
```

```
<script src="https://cdn.jsdelivr.net/npm/greensock@1.20.2/dist/TweenMax.min.js"> </script>
<script>
    //app组件
    let APPComponent={
        template:`
            <div>
                <div class="box green"></div>
                <div class="box grey"></div>
                <div class="box orange"></div>
                <div class="box green"></div>
                <div class="box grey"></div>
                <div class="box orange"></div>
                <div class="box green"></div>
                <div class="box grey"></div>
                <div class="box orange"></div>
            </div>
        `,
        mounted(){
            TweenMax.staggerTo(".box", 1, {rotation:360, y:100}, 0.5,function(val1,val2){
                alert("动画执行完成,"+val1+","+val2+"");
            },["360","100"]);
        }
    };
    new Vue({
        el:"#app",
        template:`
            <APPComponent></APPComponent>
        `,
        components:{
            APPComponent
        }
    })
</script>
```

　　注意上面代码中加粗的部分，TweenMax.staggerTo()方法的第一个参数是多个目标对象，为了方便，没有使用Vue的refs获取，而是使用原生JavaScript的方式获取DOM元素，第一个参数的值为.box，TweenMax底层用document.querySelectorAll()方法获取多个DOM元素；第二个参数是动画持续1s；第三个参数rotation属性值为360，表示让元素旋转360°，坐标y属性值为100，表示让元素向下移动100像素；第四个参数0.5表示每个元素动画开始的间隔时间；第五个参数是一个函数，表示所有动画完成后执行该函数；第六个参数是向第五个参数传参，参数为数组形式。动画演示效果，请扫描下方的二维码欣赏。

5. TweenMax.staggerFrom()

TweenMax.staggerFrom()方法为多个目标制作一个有间隔的动画序列，相当于多个TweenMax的数组，需要设置每个动画的开始间隔。若不设置，则为0，同时开始动画，语法形式如下。

```
TweenMax.staggerFrom( targets:Array, duration:Number, vars:Object, stagger:Number,
onCompleteAll:Function, onCompleteAllParams:Array, onCompleteAllScope:* )
```

TweenMax.staggerFrom()方法的参数说明见表4.3。

代码示例如下。

```
<style>
    [v-cloak]{
        display:none;
    }
    .box {
        width:50px;
        height:50px;
        position:relative;
        border-radius:6px;
        margin-top:4px;
        display:inline-block
    }
    .green{
        background-color:#6fb936;
    }
    .orange {
        background-color:#f38630;
    }
    .grey {
        background-color:#989898;
    }
</style>

<div id="app" v-cloak></div>
<script src="https://cdn.jsdelivr.net/npm/vue/dist/vue.js"></script>
<!--引入TweenMax-->
<script src="https://cdn.jsdelivr.net/npm/greensock@1.20.2/dist/TweenMax.min.js"> </script>
<script>
    //app组件
    let APPComponent={
        template:`
            <div>
                <div class="box green"></div>
                <div class="box grey"></div>
                <div class="box orange"></div>
                <div class="box green"></div>
                <div class="box grey"></div>
                <div class="box orange"></div>
                <div class="box green"></div>
                <div class="box grey"></div>
                <div class="box orange"></div>
            </div>
```

```
        `,
        mounted(){
            TweenMax.staggerFrom(".box", 1, {rotation:360, y:100}, 0.5,function(val1,val2){
                alert("动画执行完成,"+val1+","+val2+"");
            },["360","100"]);
        }
    };
    new Vue({
        el:"#app",
        template:`
            <APPComponent></APPComponent>
        `,
        components:{
            APPComponent
        }
    })
</script>
```

TweenMax.staggerFrom()方法与TweenMax.staggerTo()方法的用法一样，只是呈现的动画效果相反。动画演示效果，请扫描下方的二维码欣赏。

6. TweenMax.staggerFromTo()

通过设定序列动画的起点和终点初始化一个TweenMax，和TweenMax.fromTo()方法类似。语法形式如下。

```
TweenMax.staggerFromTo( targets:Array, duration:Number, fromVars:Object,
toVars:Object,stagger:Number,onCompleteAll:Function,onCompleteAllParams:Array,
onCompleteAllScope:* )
```

TweenMax.staggerFromTo()方法的参数说明见表4.3。

代码示例如下。

```
<div id="app" v-cloak></div>
<script src="https://cdn.jsdelivr.net/npm/vue/dist/vue.js"></script>
<!--引入TweenMax-->
<script src="https://cdn.jsdelivr.net/npm/greensock@1.20.2/dist/TweenMax.min.js"> </script>
<script>
    //app组件
    let APPComponent={
        template:`
            <div>
                <div class="box green"></div>
                <div class="box grey"></div>
                <div class="box orange"></div>
                <div class="box green"></div>
                <div class="box grey"></div>
```

```
                <div class="box orange"></div>
                <div class="box green"></div>
                <div class="box grey"></div>
                <div class="box orange"></div>
            </div>
        `,
        mounted(){
            TweenMax.staggerFromTo(".box",1,{rotation:0, x:0,y:0}, {rotation:180,
            x:100,y:100}, 0.5,function(val1,val2){
                alert("动画执行完成,"+val1+","+val2+"");
            },["180","100"]);
        }
    };
    new Vue({
        el:"#app",
        template:`
            <APPComponent></APPComponent>
        `,
        components:{
            APPComponent
        }
    })
</script>
```

看上面代码中加粗的部分，和TweenMax.staggerFrom()方法的用法一样，唯一的区别就是第三个参数为起始点动画参数，第四个参数为结束点动画参数。动画演示效果，请扫描下方的二维码欣赏。

扫一扫，看视频

4.2.2　实现一个加入购物车的抛物线动画效果

通过4.2.1小节学的知识，实现一个加入购物车抛物线的动画效果，后面在实战项目开发中会用到。先看一下案例效果，请扫描下方的二维码欣赏。

代码示例如下。

```
<!DOCTYPE html>
<html>
```

```
<head>
    <meta charset="UTF-8">
    <meta http-equiv="X-UA-Compatible" content="IE=edge,chrome=1"/>
    <meta name="viewport" content="width=device-width, initial-scale=1.0, maximum-
     scale=1.0, user-scalable=no"/>
    <meta name="format-detection" content="telephone=no,email=no,date=no,address=no"/>
    <title>加入购物车抛物线动画</title>
<style>
    [v-cloak]{
        display:none;
    }
    html,body{padding:0px;margin:0px;}
    .page{width:100%;min-height:100vh;margin:0 auto;}
    .goods-wrap{width:95%;height:auto;margin:0 auto;}
    .goods-wrap .item{width:100%;height:100px;display:flex;display:
     -webkit-flex;margin-top:10px;}
    .goods-wrap .item .image{width:100px;height:100px;margin-right:10px;}
    .goods-wrap .item .image img{width:100%;height:100%}
    .goods-wrap .item-content{width:65%;height:100%;clear: both;}
    .goods-wrap .item-content .item-title{font-size:14px;}
    .goods-wrap .item-content .price{font-size:14px; color:#f93036; margin-top:3px;}
    .goods-wrap .item-content .add-cart{padding:5px 10px;background-color:
     #f93036;color:#FFFFFF;font-size:14px;display:table;margin-top:3px;float: right;}

    .cart-wrap{width:100%;height:50px;position: fixed;left:0px;bottom:0px;z-index:
     10;background-color:#f6ab00;}
    .cart-wrap .cart-icon{width:30px;height:30px;position: absolute;left:30px;top:10px;
     background-image:url("./images/cart.png");background-size:100%;background-position:
     center;background-repeat: no-repeat;}
    .cart-wrap .order-btn{position: absolute;right:30px; top:12px;
     font-size:18px;color:#FFFFFF;}

    .cart-dot{width:10px;height:10px;background-color:#f93036;border-radius:
     100%;position: absolute;left:0px;top:0px;z-index:10;transform: translate(0px,0px);
     -webkit-transform: translate(0px,0px);display:none}
</style>
</head>
<body>
<div id="app" v-cloak></div>
<script src="https://cdn.jsdelivr.net/npm/vue/dist/vue.js"></script>
<!--引入TweenMax-->
<script src="https://cdn.jsdelivr.net/npm/greensock@1.20.2/dist/TweenMax.min.js">
 </script>
<script>
    //app组件
    let APPComponent={
        data(){
            return {
                //是否显示class="cart-dot"的元素
                isCartDot:false,
                //商品数据
```

```
                goodsList:[
                    {gid:1,title:"新款大码女装200斤胖mm显瘦印花直筒连衣裙",image:"//
                        vueshop.glbuys.com/uploadfiles/1484284752.jpg",price:159},
                    {gid:2,title:"新款木耳边卡通刺绣显瘦连衣裙",image:"//vueshop.glbuys.
                        com/uploadfiles/1484284030.jpg",price:139},
                    {gid:3,title:"新品雪纺拼接流苏腰带长款连衣裙女",image:"//vueshop.
                        glbuys.com/uploadfiles/1484284394.jpg",price:118}
                ]
            }
    },
    template:`
        <div class="page">
            <div class="goods-wrap">
                <div class="item" v-for="(item,index) in goodsList" :key="item.gid">
                    <div class="image">
                        <img :src="item.image" :alt="item.title">
                    </div>
                    <div class="item-content">
                        <div class="item-title">{{item.title}}</div>
                        <div class="price">¥{{item.price}}</div>
                        <div class="add-cart" @click="addCart($event)">加入购物车
                          </div>
                    </div>
                </div>
            </div>
            <div class="cart-wrap">
                <div class="cart-icon" ref="cart-icon"></div>
                <div class="order-btn">提交订单</div>
            </div>
            <!--必须使用v-if指令不能使用v-show指令,否则TweenMax会出现连贯动画的问题-->
            <div class="cart-dot" ref="cart-dot" v-if="isCartDot"></div>
        </div>
        `,
    created(){
        //cart-dot元素判断动画是否正在执行,默认没有执行动画,可以防止动画没有执行完成
        //多次点击影响动画执行的效果
        this.isCartDotRun=false;
    },
    methods:{
        //添加购物车函数,在视图@click="addCart"位置使用
        addCart(e){
            //如果动画没有执行
            if(!this.isCartDotRun){
                //将值设置为true,表示动画正在执行
                this.isCartDotRun=true;
                //创建cart-dot
                this.isCartDot=true;
                //创建cart-dot元素后不能立即获取和设置CSS样式,需要调用setTimeout()函数做一
                //下延迟
                setTimeout(()=>{
                    //获取"加入购物车"按钮当前的位置
                    let cartBtnX=e.target.offsetLeft;              //x坐标
```

```
            let cartBtnY=e.target.offsetTop;                    //y坐标
            let cartDot=this.$refs["cart-dot"];
            //显示并将cart-dot的位置移动到当前购物车按钮的位置，注意不要改变
            //left和top，调用translate()函数改变当前位置，因为TweenMax动画参数
            //x，y属性值对应的是translate()函数的x，y值。
            cartDot.style.cssText="transform: translate("+cartBtnX+"px,"+
                    cartBtnY+"px);-webkit-transform: translate("+cartBtnX+
                    "px,"+cartBtnY+"px);display:block";

            //获取cart-icon的位置
            let cartIcon=this.$refs["cart-icon"];
            //需要获取的是相对整个窗体的坐标，但是cartIcon.offsetTop获取的
            //是相对父级元素class="cart-wrap"的坐标，需要用父级元素的坐标加
            //上class="cart-icon"元素的坐标，由于父级元素x坐标就是0，所以
            //不用计算
            let cartIconX=cartIcon.offsetLeft;                  //x坐标
            //父级元素y坐标+cartIcon.offsetTop
            let cartIconY=cartIcon.parentNode.offsetTop+cartIcon.offsetTop;
            //y坐标

            //使用TweenMax实现贝塞尔曲线效果，起始位置{x:cartBtnX, y:cartBtnY}，
            //中间位置{x:150, y:cartBtnY-10}，最终到达的位置{x:cartIconX+10,
            //y:cartIconY}
            TweenMax.to(cartDot, 2, {bezier:[{x:cartBtnX,
            y:cartBtnY},{x:150, y:cartBtnY-10},{x:cartIconX+10,
            y:cartIconY}],onComplete:()=>{//动画完成时调用onComplete()函数
                //销毁cart-dot元素
                this.isCartDot=false;
                //动画执行完毕
                this.isCartDotRun=false;
            }
          });
        },30)
      }
    }
  }
};
new Vue({
    el:"#app",
    template:`
        <APPComponent></APPComponent>
    `,
    components:{
        APPComponent
    }
})
</script>
</body>
</html>
```

　　看一下上面代码中加粗的部分，TweenMax.to()方法的第三个参数，属性bezier的值是一个数组，数组中的对象个数没有限制，可以根据业务需求自定义，第四个参数onComplete是一个

方法，动画完成后执行该方法，其他代码的注释很清晰，这里就不再详细描述了，建议配合视频教程学习。

4.3　小结

本章主要讲解了在Vue中如何实现过渡与动画效果。关于过渡，有多元素和多组件的过渡，我们讲解了4种方式实现过渡动画：①使用Vue的transition标签结合CSS样式完成动画；②利用animate.css结合transition实现动画；③用JavaScript的钩子函数实现动画，在钩子函数中直接操作DOM，同时配合使用第三方JavaScript动画库，如Velocity.js；④如果需要实现复杂的动画效果，可以使用TweenMax完成。同时，还介绍了给列表添加过渡，使用transition-group进行包裹。本章内容强烈建议结合视频学习，过渡与动画效果一目了然。

第 5 章

可复用性组合

Vue的可复用性组合常用功能有混入、directive自定义指令、过滤器和插件，其中插件部分将在6.3节学习，在实际开发中使用的都是vue-cli开发插件。可复用性组合的优点是可以让代码实现重用、封装，易于维护，扩展性强。

5.1　混入

混入（mixin）提供了一种非常灵活的方式，分发 Vue 组件中的可复用性功能。一个混入对象可以包含任意组件选项。当组件使用混入对象时，所有混入对象的选项将被"混合"进入该组件本身的选项。

5.1.1　混入的使用

混入使用起来很简单，先定义一个混入对象，再将这个混入对象赋值给组件内部的mixins属性即可，代码示例如下。

```
<div id="app" v-cloak></div>
<script src="https://cdn.jsdelivr.net/npm/vue/dist/vue.js"></script>
<script>
    //定义一个混入对象
    let baseMixin={
        methods:{
            hello(val){
                alert("大家好,"+val);
            }
        }
    };
    //A组件
    let Acomponent={
        template:`
            <div>
                <button type="button" @click="hello('我是A组件')">hello</button>
            </div>
        `,
        //将混入对象baseMixin以数组形式赋值给mixins属性

        mixins:[baseMixin]
    };
    //B组件
    let Bcomponent={
        template:`
            <div>
                <button type="button" @click="hello('我是B组件')">hello</button>
            </div>
        `,
        //将混入对象baseMixin以数组形式赋值给mixins属性
        mixins:[baseMixin]
    };

    new Vue({
        el:"#app",
        template:`
            <div>
```

```
            <Acomponent></Acomponent>
            <Bcomponent></Bcomponent>
        </div>
        `,
        components:{
            Acomponent,
            Bcomponent
        }
    })
</script>
```

　　看上面代码中加粗的部分，先定义一个混入对象baseMixin，并赋值到A组件和B组件的mixins属性中。单击A组件的Button按钮，调用混入对象中的hello()方法，结果为"大家好，我是A组件"；单击B组件的Button按钮，调用混入对象中的hello()方法，结果为"大家好，我是B组件"。

5.1.2　选项合并

扫一扫，看视频

　　当组件和混入对象含有同名选项时，这些选项将以恰当的方式进行"合并"。数据对象在内部会进行递归合并，并在发生冲突时以组件数据优先。代码示例如下。

```
<div id="app" v-cloak></div>
<script src="https://cdn.jsdelivr.net/npm/vue/dist/vue.js"></script>
<script>
    //定义一个混入对象
    let baseMixin={
        data(){
            return {
                name:"张三",
                age:"26"
            }
        }
    };
    //A组件
    let Acomponent={
        data(){
            return {
                name:"李四",
                gender:"男"
            }
        },
        template:`
            <div></div>
        `,
        created(){
            console.log(this.$data); //结果:{"name":"李四","gender":"男","age":"26"}
        },
        //将混入对象baseMixin以数组形式赋值给mixins属性
        mixins:[baseMixin]
    };
```

```
    new Vue({
        el:"#app",
        template:`
            <div>
                <Acomponent></Acomponent>
            </div>
        `,
        components:{
            Acomponent
        }
    })
</script>
```

　　从上面代码的结果中可以看出，混入对象的data数据与A组件的data数据合并了，name属性相同，以A组件数据优先，所以替换了混入对象的data数据中的name属性值。

　　如果出现同名钩子函数，将合并为一个数组，因此都将被调用。另外，混入对象的钩子函数将在组件自身钩子函数之前被调用。代码示例如下。

```
<div id="app" v-cloak></div>
<script src="https://cdn.jsdelivr.net/npm/vue/dist/vue.js"></script>
<script>
    //定义一个混入对象
    let baseMixin={
        created(){
            console.log("混入对象中的created()钩子函数");
        }
    };
    //A组件
    let Acomponent={
        template:`
            <div></div>
        `,
        created(){
            console.log("A组件的created()钩子函数");
        },
        mixins:[baseMixin]
    };

    new Vue({
        el:"#app",
        template:`
            <div>
                <Acomponent></Acomponent>
            </div>
        `,
        components:{
            Acomponent
        }
    })
</script>
```

　　注意上面代码中加粗的部分，混入对象和A组件中都有created()钩子函数，会同时被调用，先调用混入对象的钩子函数，再调用A组件的钩子函数，结果为"混入对象中的created()钩子函数""A组件的created()钩子函数"。

如果混入对象中存在methods、components和directives，将会被合并为一个对象。两个对象键名冲突时，取组件的键值对。代码示例如下。

```html
<div id="app" v-cloak></div>
<script src="https://cdn.jsdelivr.net/npm/vue/dist/vue.js"></script>
<script>
    //定义一个混入对象
    let baseMixin={
        methods:{
            foo() {
                console.log('foo')
            },
            conflicting() {
                console.log('from mixin')
            }
        }
    };
    //A组件
    let Acomponent={
        template:`
            <div></div>
        `,
        mixins:[baseMixin],
        methods: {
            bar() {
                console.log('bar')
            },
            conflicting() {
                console.log('from self')
            }
        }
    };

    let vm=new Vue({
        el:"#app",
        template:`
            <div>
                <Acomponent></Acomponent>
            </div>
        `,
        components:{
            Acomponent
        }
    });
    //调用Acomponent组件的方法，$children[0]表示Acomponent组件
    vm.$children[0].foo();              //结果:foo
    vm.$children[0].bar();             //结果:bar
    vm.$children[0].conflicting();     //结果:from self
</script>
```

从上面代码的结果中可以看出，混入对象内部的方法与组件内部的方法合并。如果存在相同的方法，组件内部的方法会覆盖混入对象内部的方法。

5.1.3   全局混入

扫一扫，看视频

混入也可以进行全局注册。使用时要格外小心，一旦使用全局混入，它将影响每个在此之后创建的Vue实例。使用恰当时，可以用于为自定义选项注入处理逻辑。代码示例如下。

```
<div id="app" v-cloak></div>
<script src="https://cdn.jsdelivr.net/npm/vue/dist/vue.js"></script>
<script>
    //注册全局混入
    Vue.mixin({
        created(){
            //获取A组件自定义选项myOption
            var myOption = this.$options.myOption;
            if (myOption) {
                console.log(myOption)              //结果:hello world!
            }
        }
    });

    //A组件
    let Acomponent={
        template:`
            <div></div>
        `,
        //自定义选项
        myOption: 'hello world!'
    };

    new Vue({
        el:"#app",
        template:`
            <div>
                <Acomponent></Acomponent>
            </div>
        `,
        components:{
            Acomponent
        }
    });
</script>
```

请谨慎使用全局混入，因为它会影响每个单独创建的 Vue 实例（包括第三方组件）。大多数情况下，只能应用于自定义选项，就像上面示例代码一样。推荐将其作为插件发布，避免重复应用混入。

5.2 directive 自定义指令

除了核心功能默认内置的指令，Vue 也允许注册自定义指令。如果需要对普通 DOM 元素进行底层操作并复用，这时就会用到自定义指令。

5.2.1 注册自定义指令

Vue的自定义指令需要注册后才能使用，支持全局注册和局部注册两种方式。全局注册是使用Vue.directive()方法注册一个全局自定义指令，该方法有两个参数，第一个参数是指令的ID（名字），第二个参数是一个对象或函数。全局注册自定义指令的代码示例如下。

```html
<div id="app" v-cloak></div>
<script src="https://cdn.jsdelivr.net/npm/vue/dist/vue.js"></script>
<script>
    //注册一个全局自定义指令 'v-focus'
    Vue.directive('focus', {
        // 当被绑定的元素插入DOM中时调用
        inserted(el) {
            // 聚焦元素
            el.focus()
        }
    });

    //A组件
    let Acomponent={
        template:`
            <div><input type="text" v-focus></div>
        `,
    };

    new Vue({
        el:"#app",
        template:`
            <div>
                <Acomponent></Acomponent>
            </div>
        `,
        components:{
            Acomponent
        }
    });
</script>
```

看上面的代码，全局注册了一个自定义指令focus，在A组件的input元素上添加全局自定义指令v-focus。当访问页面时，自动聚焦到input元素上。

再看一下局部注册，局部注册是在Vue实例选项或组件中使用directives选项进行注册，代码示例如下。

```
<div id="app" v-cloak></div>
<script src="https://cdn.jsdelivr.net/npm/vue/dist/vue.js"></script>
<script>
    //A组件
    let Acomponent={
        template:`
            <div><input type="text" v-focus></div>
        `,
        directives:{
            //注册一个局部自定义指令
            focus:{
                //当被绑定的元素插入DOM中时执行
                inserted(el){
                    // 聚焦元素
                    el.focus()
                }
            }
        }
    };

    new Vue({
        el:"#app",
        template:`
            <div>
                <Acomponent></Acomponent>
            </div>
        `,
        components:{
            Acomponent
        }
    });
</script>
```

看上面的代码，注释很清晰，局部注册自定义指令只能在该组件内部使用。

5.2.2 钩子函数及其参数

扫一扫，看视频

1. 钩子函数

自定义指令是在定义对象中实现的，而定义对象是由钩子函数组成的。Vue提供了以下几个钩子函数，这些钩子函数都是可选的。

- bind()：只调用一次，指令第一次绑定到元素时调用。可以进行一次性的初始化设置。
- inserted()：被绑定元素插入父节点时调用（仅保证父节点存在，但不一定已经被插入文档中）。
- update()：所在组件的 VNode 更新时调用，但是可能发生在其子 VNode 更新之前。指令的值可能发生了改变，也可能没有，可以通过比较更新前后的值忽略不必要的模板更新。
- componentUpdated()：指令所在组件的 VNode 及其子 VNode 全部更新后调用。
- unbind()：只调用一次，指令与元素解绑时调用。

代码示例如下。

```
<style>
    [v-cloak]{
        display:none;
    }
    .box{width:100px;height:100px;background-color:#0000FF}
</style>

<div id="app" v-cloak></div>
<script src="https://cdn.jsdelivr.net/npm/vue/dist/vue.js"></script>
<script>
    let App={
        directives:{
            //局部注册自定义指令position
            position:{
                //只调用一次，指令第一次绑定到元素时调用
                bind(el){
                    el.style.position = "absolute";
                    el.style.top="50px";
                    el.style.left="100px";
                }
            }
        },
        template:`
        <div>
            <div class="box" v-position></div>
        </div>
        `
    };
    new Vue({
        el:"#app",
        template:`
            <App></App>
        `,
        components:{
            App
        }
    })
</script>
```

上面代码在浏览器中显示的效果如图5.1所示。

图 5.1　使用 bind() 钩子函数绑定 position 自定义指令

2. 钩子函数参数

自定义指令钩子函数会被传入以下参数。

- el：指令所绑定的元素，可以用来直接操作 DOM元素。
- binding：一个对象，包含以下属性。
  - name：指令名，不包括v-前缀。
  - value：指令的绑定值，如在v-my-directive="1 + 1"中，绑定值为 2。
  - oldValue：指令绑定的前一个值，仅在update()和componentUpdated()钩子函数中可以使用。无论值是否改变都可以使用。
  - expression：字符串形式的指令表达式，如在v-my-directive="1 + 1"中，表达式为"1 + 1"。
  - arg：传给指令的参数，可选，如在v-my-directive:foo中，参数为foo。
  - modifiers：一个包含修饰符的对象，如在v-my-directive.foo.bar中，修饰符对象为 { foo: true, bar: true }。
  - vnode：Vue 编译生成的虚拟节点。可以通过VNode API了解更多详情。
  - oldVnode：上一个虚拟节点，仅在update()和componentUpdated()钩子函数中可以使用。

除了 el，其他参数都应该是只读的，切勿进行修改。

代码示例如下。

```
<div id="app" v-cloak></div>
<script src="https://cdn.jsdelivr.net/npm/vue/dist/vue.js"></script>
<script>
    Vue.directive('demo', {
        bind: function (el, binding, vnode) {
            var s = JSON.stringify
            el.innerHTML =
                'name: '       + s(binding.name) + '<br>' +
                'value: '      + s(binding.value) + '<br>' +
                'expression: ' + s(binding.expression) + '<br>' +
                'argument: '   + s(binding.argument) + '<br>' +
                'modifiers: '  + s(binding.modifiers) + '<br>' +
                'vnode keys: ' + Object.keys(vnode).join(', ')
        }
    })
    let App={
        data(){
            return {
                message:"自定义指令的value"
            }
        },
      template:`
        <div>
            <div class="box" v-demo:foo.a.b="message"></div>
        </div>
        `
    };
    new Vue({
        el:"#app",
```

```
    template:`
        <App></App>
    `,
    components:{
        App
    }
    })
</script>
```

上面的代码将bind()钩子函数所有参数信息取出来并拼接成字符，赋给class的值为box的div元素innerHTML属性，运行结果如下。

```
name: "demo"
value: "自定义指令的value"
expression: "message"
argument: "foo"
modifiers: {"a":true,"b":true}
vnode keys: tag, data, children, text, elm, ns, context, fnContext, fnOptions, fnScopeId,
key, componentOptions, componentInstance, parent, raw, isStatic, isRootInsert, isComment,
isCloned, isOnce, asyncFactory, asyncMeta, isAsyncPlaceholder
```

5.2.3 函数简写

扫一扫，看视频

如果自定义指令钩子函数bind()和update()行为一致，且只需用到这两个钩子函数，那么可以在注册时传递一个函数作为参数，代码示例如下。

```
<div id="app" v-cloak></div>
<script src="https://cdn.jsdelivr.net/npm/vue/dist/vue.js"></script>
<script>
    //函数简写，第二个参数是函数
    Vue.directive("position",function(el){
        el.style.position = "absolute";
        el.style.top="50px";
        el.style.left="100px";
    });
    let App={
        template:`
            <div>
                <div class="box" v-position></div>
            </div>
        `
    };
    new Vue({
        el:"#app",
        template:`
            <App></App>
        `,
        components:{
            App
        }
    })
</script>
```

5.2.4 动态指令参数

指令参数可以是动态的。例如，在 v-mydirective:[argument]="value" 中，argument 参数可以根据组件实例数据进行更新，使自定义指令可以在应用中被灵活使用。代码示例如下。

```
<style>
    [v-cloak]{
        display:none;
    }
    .box{width:100px;height:100px;background-color:#0000FF}
</style>

<div id="app" v-cloak></div>
<script src="https://cdn.jsdelivr.net/npm/vue/dist/vue.js"></script>
<script>
    //app组件
    let App={
        directives:{
            position:(el,binding)=>{
                console.log(binding);//结果:{"name":"position","rawName":"v-posi-
//tion:left","value":200,"expression":"200","arg":"left","
//modifiers":{},"def":{}}, {"name":"position","rawName":"v-position:top","value":100,"
//expression":"100","arg":"top","modifiers":{},"def":{}}
                el.style.position = "absolute";
                //动态参数, binding.arg值为left,top, binding.value值为200,100
                el.style[binding.arg]=binding.value+"px";
            }
        },
        template:`
        <div>
            <div class="box" v-position:left="200" v-position:top="100"></div>
        </div>
        `
    };
    new Vue({
        el:"#app",
        template:`
            <App></App>
        `,
        components:{
            App
        }
    })
</script>
```

注意上面代码中加粗的部分，app组件内部div元素添加自定义指令v-position，参数分别为left和top，其值分别为200和100，用局部自定义指令position()方法的第二个参数接收，并设置div元素的style样式。在浏览器中显示的效果如图5.2所示。

图 5.2 动态指令参数案例效果

5.2.5 对象字面量

如果指令需要多个值，可以传入 JavaScript 对象字面量。指令函数能够接收所有合法的 JavaScript 表达式。代码示例如下。

扫一扫，看视频

```
<div id="app" v-cloak></div>
<script src="https://cdn.jsdelivr.net/npm/vue/dist/vue.js"></script>
<script>
    Vue.directive('demo', function(el,binding){
        console.log(binding.value.color);          //结果:white
        console.log(binding.value.text);           //结果:hello!
    });
    //A组件
    let Acomponent={
        template:`
            <div><input type="text" v-demo="{ color: 'white', text: 'hello!' }"></div>
        `,
    };
    new Vue({
        el:"#app",
        template:`
            <div>
                <Acomponent></Acomponent>
            </div>
        `,
        components:{
            Acomponent
        }
    });
</script>
```

5.3 过滤器

过滤器其实就是一个函数，分为全局过滤器和局部过滤器。过滤器的主要作用是对数据进行处理，返回处理过的数据。从Vue 2.0开始不再支持内置的过滤器，如果要使用过滤器，需要自己编写。

5.3.1　全局过滤器

扫一扫，看视频

　　全局过滤器使用Vue.filter()方法注册，该方法接收两个参数，第一个参数是过滤器的ID（名字），第二个参数是一个函数，过滤器要实现的功能在这个函数中定义。代码示例如下。

```
<div id="app" v-cloak></div>
<script src="https://cdn.jsdelivr.net/npm/vue/dist/vue.js"></script>
<script>
    //注册全局过滤器，实现颠倒元素顺序的功能
    Vue.filter('reverse', function(value){
        if(!value)return;
        return value.toString().split("").reverse().join("");
    });
    //A组件
    let Acomponent={
        data(){
            return {
                num:123456
            }
        },
        template:`
            <div>
                <span>{{num|reverse}}</span>
            </div>
        `,
    };
    new Vue({
        el:"#app",
        template:`
            <div>
                <Acomponent></Acomponent>
            </div>
        `,
        components:{
            Acomponent
        }
    });
</script>
```

　　看上面代码中加粗的部分，自定义一个全局过滤器reverse，在视图中使用管道符（|）添加到表达式尾部，即{{num|reverse}}。显示的结果为654321。

5.3.2　局部过滤器

　　局部过滤器只能在组件内部使用，代码示例如下。

```
<div id="app" v-cloak></div>
<script src="https://cdn.jsdelivr.net/npm/vue/dist/vue.js"></script>
<script>
```

```
    //A组件
    let Acomponent={
        data(){
            return {
                num:123456
            }
        },
        template:`
            <div>
                <span>{{num|reverse}}</span>
            </div>
        `,
        filters:{
            //注册局部过滤器，实现颠倒元素顺序的功能
            reverse(value){
                if(!value)return;
                return value.toString().split("").reverse().join("");
            }
        }
    };
    new Vue({
        el:"#app",
        template:`
            <div>
                <Acomponent></Acomponent>
            </div>
        `,
        components:{
            Acomponent
        }
    });
</script>
```

> **注意：**
> 当全局过滤器与局部过滤器重名时，会采用局部过滤器。显示的结果为654321。

5.3.3 过滤器参数

过滤器本质就是JavaScript函数，因此可以接收参数，代码示例如下。

```
<div id="app" v-cloak></div>
<script src="https://cdn.jsdelivr.net/npm/vue/dist/vue.js"></script>
<script>
    //注册全局过滤器，接收参数
    Vue.filter('format', function(value,val1,val2){
        if(!value)return;
        return value.toString()+val1+val2;
    });
    //A组件
    let Acomponent={
        data(){
```

```
        return {
            title:"标题:"
        }
    },
    template:`
        <div>
            <span>{{title|format('Vue','很强大！')}}</span>
        </div>
        `,
};
new Vue({
    el:"#app",
    template:`
        <div>
            <Acomponent></Acomponent>
        </div>
        `,
    components:{
        Acomponent
    }
});
</script>
```

注意上面代码中加粗的部分，format()过滤器的第一个参数的值为title属性值"标题:"，第二个参数的值为"Vue"，第三个参数的值为"很强大！"，最终显示的结果为"标题:Vue很强大！"。

5.3.4　过滤器串联

多个过滤器可以通过管道符（|）串联起来，类似于方法链的调用形式，代码示例如下。

```
<div id="app" v-cloak></div>
<script src="https://cdn.jsdelivr.net/npm/vue/dist/vue.js"></script>
<script>
    //注册全局过滤器，接收参数
    Vue.filter('format', function(value,val1,val2){
        if(!value)return;
        return value.toString()+val1+val2;
    });
    //注册全局过滤器，实现颠倒元素顺序的功能
    Vue.filter('reverse', function(value){
        if(!value)return;
        return value.toString().split("").reverse().join("");
    });
    //A组件
    let Acomponent={
        data(){
            return {
                title:"标题:"
            }
        },
```

```
    template:`
        <div>
            <span>{{title|format('Vue','很强大！')|reverse}}</span>
        </div>
    `,
    };
    new Vue({
        el:"#app",
        template:`
            <div>
                <Acomponent></Acomponent>
            </div>
        `,
        components:{
            Acomponent
        }
    });
</script>
```

看上面代码中加粗的部分，定义了两个全局过滤器format()和reverse()在视图中使用。注意定义的顺序，先执行format()过滤器，再执行reverse()过滤器，显示的结果为"！大强很euV：题标"。

5.4　小结

本章主要讲解了混入、directive自定义指令和过滤器。其中，混入提供了一种非常灵活的方式（Vue中的mixins:属性）分发 Vue 组件中的可复用性功能，介绍了混入的使用、选项合并和全局混入；关于directive自定义指令，介绍了注册自定义指令、钩子函数及其参数、函数简写、动态指令参数和对象字面量，Vue允许开发人员根据实际情况自定义指令，它的价值体现在开发人员在某些场景下需要对普通DOM元素进行操作时；关于过渡器，介绍了全局过滤器和局部过滤器以及过滤器参数和串联，过滤数据是日常开发中必然会用到的，常见的场景如当我们从后端请求到数据列表时，需要对其中符合条件的数据进行筛选。以上这些功能在实际开发中增强了代码的复用性和可维护性。使用的流程需要熟记，面试时可能会问到。

第 6 章

vue-cli 的安装与配置

在开发大型项目时，需要考虑项目构建、项目结构、部署、热加载、单元测试、代码压缩、优化等与核心业务逻辑无关的事情，这时需要使用vue-cli搭建一个项目的框架，并进行一些项目依赖的初始配置。

6.1　安装 vue-cli

　　vue-cli（Vue脚手架）当前版本是4.x，在安装vue-cli之前需要安装node.js软件包，可以进入node.js官网（https://nodejs.org/）选择LTS版本（长期支持的版本）下载并安装。安装完成后就可以使用NPM，NPM是一个node.js软件包管理和分发工具，安装vue-cli需要使用NPM。

6.1.1　安装

扫一扫，看视频

　　如果已经全局安装了旧版本的 vue-cli（1.x或2.x），需要先卸载。如果是Windows操作系统，请打开cmd命令提示符窗口；如果是Mac操作系统，请打开终端。输入命令如下。

```
npm uninstall vue-cli -g
```

可以使用以下命令安装vue-cli 4.x。

```
npm install -g @vue/cli
```

安装完成后，可以使用以下命令检测版本是否正确，并验证vue-cli是否安装成功。

```
vue --version
```

如果安装成功，会显示以下结果。

```
@vue/cli 4.5.4
```

　　NPM是node.js软件包管理器，我们所需的资源，如vue-cli，都是从网络下载到本地的。NPM的默认镜像地址是https://registry.npmjs.org/，这是国外镜像地址，可能会出现丢包的问题。如果安装失败，可以使用国内镜像地址，最常用的就是淘宝镜像地址https://registry.npm.taobao.org/，打开命令提示符窗口或终端，输入以下命令进行安装。

```
npm install -g cnpm --registry=https://registry.npm.taobao.org
```

　　这样就可以使用国内镜像地址安装vue-cli了，打开命令提示符窗口或终端，输入以下命令并执行。

```
cnpm install -g @vue/cli
```

6.1.2　创建项目

扫一扫，看视频

　　安装完成vue-cli，接下来就是创建项目。创建项目有两种方式，第一种是通过vue create（项目名称）命令创建；第二种是通过vue ui命令启动图形界面创建，推荐使用第一种。

1. 使用 vue create 命令创建项目

　　选择好项目存放的目录，Windows操作系统会打开命令提示符，Mac操作系统会打开终端，输入vue create vuedemo，开始创建一个名为vuedemo的项目，注意项目名称中不能有大写字母，如图6.1所示。

```
Vue CLI v4.5.4
? Please pick a preset: (Use arrow keys)
> Default ([Vue 2] babel, eslint)
  Default (Vue 3 Preview) ([Vue 3] babel, eslint)
  Manually select features
```

图 6.1　开始创建项目

有3个选项，第一个选项默认安装Vue 2版本，适合快速创建项目；第二个选项默认安装Vue 3演示版本；第三个选项手动进行配置并安装，适合有经验的开发者。这里用↓方向键选择第三个选项，然后按Enter键，出现以下配置选项，如图6.2所示。

```
Vue CLI v4.5.4
? Please pick a preset: Manually select features
? Check the features needed for your project: (Press <space> to select, <a> to t
oggle all, <i> to invert selection)
>◉ Choose Vue version
 ◉ Babel
 ○ TypeScript
 ○ Progressive Web App (PWA) Support
 ○ Router
 ○ Vuex
 ○ CSS Pre-processors
 ◉ Linter / Formatter
 ○ Unit Testing
 ○ E2E Testing
```

图 6.2　手动配置选项

如图6.2所示，这些选项的说明如下。

- Choose Vue version：选择配置的Vue版本。
- Babel：ES 6语法转码器，用于将ES 6代码转成ES 5代码。
- TypeScript：TypeScript是JavaScript的超集，主要提供了类型系统和对ES 6的支持，TypeScript是由微软开发的开源编程语言，它可以编译成纯JavaScript，编译出来的JavaScript可以运行在任何浏览器上。
- Progressive Web App (PWA) Support：支持渐进式Web应用程序。
- Router：vue-router路由。
- Vuex：状态管理。
- CSSPre-processors：CSS预处理器，解析less和sass。
- Linter/Formatter：代码风格检查和格式校验，如ESlint。
- Unit Testing：单元测试。
- E2E Testing：End to End测试。

默认选择的是Choose Vue version、Babel和Linter/Formatter选项，如果想选择其他选项，如Router和Vuex，可以按空格键（Space）选中，接下来按Enter键进入下一步配置，如图6.3所示。

```
Vue CLI v4.5.4
? Please pick a preset: Manually select features
? Check the features needed for your project: Choose Vue version, Babel, Linter
? Choose a version of Vue.js that you want to start the project with (Use arrow
keys)
> 2.x
  3.x (Preview)
```

图 6.3　选择 Vue 版本

选择2.x，进入下一步配置，如图6.4所示。

```
Vue CLI v4.5.4
? Please pick a preset: Manually select features
? Check the features needed for your project: Choose Vue version, Babel, Linter
? Choose a version of Vue.js that you want to start the project with 2.x
? Pick a linter / formatter config: (Use arrow keys)
> ESLint with error prevention only
  ESLint + Airbnb config
  ESLint + Standard config
  ESLint + Prettier
```

图 6.4　ESlint 配置

第一个选项是指ESlint仅用于预防错误，后3个选项是选择ESlint和哪一个代码规范一起使用，根据个人的喜好或公司的要求选择即可。这里选择第一个，选择后进入何时检测代码选项，如图6.5所示。

```
Vue CLI v4.5.4
? Please pick a preset: Manually select features
? Check the features needed for your project: Choose Vue version, Babel, Linter
? Choose a version of Vue.js that you want to start the project with 2.x
? Pick a linter / formatter config: Basic
? Pick additional lint features: (Press <space> to select, <a> to toggle all, <i
> to invert selection)
>◉ Lint on save
 ○ Lint and fix on commit
```

图 6.5　选择何时检测代码

这里选择第一个：保存时检测。接下来进入配置信息存放在哪里的选项，如图6.6所示。

```
Vue CLI v4.5.4
? Please pick a preset: Manually select features
? Check the features needed for your project: Choose Vue version, Babel, Linter
? Choose a version of Vue.js that you want to start the project with 2.x
? Pick a linter / formatter config: Basic
? Pick additional lint features: Lint on save
? Where do you prefer placing config for Babel, ESLint, etc.? (Use arrow keys)
> In dedicated config files
  In package.json
```

图 6.6　选择配置信息存放在哪里

第一个选项是指在专门的配置文件中存放配置信息，第二个选项是指把配置信息放到package.json文件中。这里选择第二个选项，接下来提示是否保存本次配置，输入y，再按Enter键确认。然后给本次配置取个名字，如图6.7所示。

```
Vue CLI v4.5.4
? Please pick a preset: Manually select features
? Check the features needed for your project: Choose Vue version, Babel, Linter
? Choose a version of Vue.js that you want to start the project with 2.x
? Pick a linter / formatter config: Basic
? Pick additional lint features: Lint on save
? Where do you prefer placing config for Babel, ESLint, etc.? In package.json
? Save this as a preset for future projects? Yes
? Save preset as:
```

图 6.7　输入本次配置的名字

名字随便取，当然也可以不写。按Enter键开始创建vue-cli的页面项目，期间会根据配置自动下载需要的包，耐心等待，项目创建完成后会看到如图6.8所示的页面。

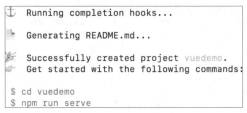

图 6.8　项目创建成功

根据图6.8的提示依次输入cd vuedemo（进入vuedemo文件夹）和npm run serve（运行项目）。运行结果如图6.9所示。

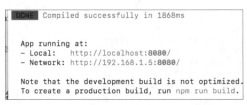

图 6.9　使用 npm run serve 运行项目

打开浏览器，输入http://localhost:8080或http://192.168.1.5:8080，即可看到这个vue-cli项目的默认页面，如图6.10所示。

图 6.10　vue-cli 项目的默认页面

http://192.168.1.5:8080是Network局域网内网地址，如果计算机和手机在同一个局域网下，在手机的浏览器地址栏中输入Network显示的地址，也可以访问该项目。在做移动端开发时可以用Network地址做真机测试。如果想要终止项目运行，在命令提示符窗口中按Ctrl+C组合键即可。

2. 使用 vue ui 图形界面创建项目

在命令提示符窗口中输入vue ui，会在浏览器中打开Vue创建项目的图形界面，如图6.11所示。

图 6.11　使用图形界面创建项目

单击"创建"按钮，按照提示操作即可完成项目的创建。

6.1.3　项目结构

扫一扫，看视频

通过vue-cli生成的项目目录结构以及各文件夹和文件的用途说明如下所示。

```
|--node_modules              //项目依赖的模块
|--public                    //该目录下的文件不会被webpack编译压缩处理，存放静
                             //态资源文件、第三方非模块化JS文件等
|   |-favicon.ico            //图标文件
|   |-index.html             //项目主页面
|--src                       //项目代码主目录
|   |--assets                //存放项目中的静态资源，如JS、CSS、图片等
|   |--logo.png              //logo图片
|   |--components            //编写的组件放到这个目录下
|   |--HelloWorld.vue        //vue-cli创建的HelloWorld组件
|   |--App.vue               //项目的根组件
|   |--main.js               //程序入口JS文件，加载各种公共组件和所需的插件
|--babel.config.js           //Babel使用的配置文件
|--package.json              //NPM的配置文件，里面配置了脚本和项目依赖库
```

接下来看一下关键文件的代码。

App.vue文件的代码示例如下。

```
<template>
    <div id="app">
        <img alt="Vue logo" src="./assets/logo.png">
        <HelloWorld msg="Welcome to Your Vue.js App"/>
    </div>
</template>


<script>
import HelloWorld from './components/HelloWorld.vue'
```

```
export default {
    name: 'App',
    components: {
        HelloWorld
    }
}
</script>

<style>
#app {
    font-family: Avenir, Helvetica, Arial, sans-serif;
    -webkit-font-smoothing: antialiased;
    -moz-osx-font-smoothing: grayscale;
    text-align: center;
    color: #2c3e50;
    margin-top: 60px;
}
</style>
```

App.vue是单文件的组件，在这个文件中包含了JS代码、模板代码和CSS样式。在组件中引入了HelloWorld组件，然后在<template>元素中使用它。在<script>元素内部使用ES 6模块化的export语句将App组件作为模块的默认值导出。<template><script><style>元素的位置是可以随意改变的，也可以写成<style><script><template>，代码示例如下。

```
<style>
    #app {
        font-family: Avenir, Helvetica, Arial, sans-serif;
        -webkit-font-smoothing: antialiased;
        -moz-osx-font-smoothing: grayscale;
        text-align: center;
        color: #2c3e50;
        margin-top: 60px;
    }
</style>

<script>
import HelloWorld from './components/HelloWorld.vue'

export default {
    name: 'App',
    components: {
        HelloWorld
    }
}
</script>

<template>
    <div id="app">
        <img alt="Vue logo" src="./assets/logo.png">
        <HelloWorld msg="Welcome to Your Vue.js App"/>
    </div>
</template>
```

App组件是项目的根组件，在main.js文件中导入并渲染。接下来看一下main.js文件代码。

```
import Vue from 'vue'
import App from './App.vue'

Vue.config.productionTip = false

new Vue({
    render: h => h(App),
}).$mount('#app')
```

在main.js文件中，使用ES 6模块化的import语法导入Vue模块和App组件，之前我们在HTML文件中通过<script>元素导入了Vue的JS文件，后面在基于vue-cli创建的项目中都是使用模块化的方式导入。

Vue.config.productionTip用于配置是否在项目启动时生成提示信息，false表示不生成。

接下来创建Vue实例，使用render()函数渲染App组件，render()函数也称为渲染函数；使用createElement创建一个虚拟DOM，简称vnode，上面代码中的h就是createElement，然后使用diff算法、patch()函数生成真实DOM，并使用实例方法$mount()将实例挂载到public/index.html文件中ID属性为app的HTML元素上，这里Vue实例的创建和挂载方式与之前不同。接下来看一下public/index.html文件中的代码。

```
<!DOCTYPE html>
<html lang="en">
    <head>
        <meta charset="utf-8">
        <meta http-equiv="X-UA-Compatible" content="IE=edge">
        <meta name="viewport" content="width=device-width,initial-scale=1.0">
        <link rel="icon" href="<%= BASE_URL %>favicon.ico">
        <title><%= htmlWebpackPlugin.options.title %></title>
    </head>
    <body>
        <noscript>
                <strong>We're sorry but <%= htmlWebpackPlugin.options.title %> doesn't
work properly without JavaScript enabled. Please enable it to continue.</strong>
        </noscript>
        <div id="app"></div>
        <!-- built files will be auto injected -->
    </body>
</html>
```

从上面代码可以看出，有一个id值为"app"的<div>元素，组件实例会动态挂载到该元素上，在这种挂载方式下，就不需要v-cloak了。

6.1.4　安装 serve

之前我们使用npm run serve运行的项目为开发者模式，只能在开发时使用，如果开发完成后正式上线，需要将发布版本的代码上传到服务器，输入以下命令构建发布版本。

扫一扫，看视频

```
npm run build
```

构建完成后显示的结果如图6.12所示。

```
DONE  Compiled successfully in 1428ms                        20:25:12

 File                                    Size              Gzipped

 dist/js/chunk-vendors.468a5298.js       89.18 KiB         31.94 KiB
 dist/js/app.b5f53f60.js                 4.64 KiB          1.66 KiB
 dist/css/app.fb0c6e1c.css               0.33 KiB          0.23 KiB

 Images and other types of assets omitted.

DONE  Build complete. The dist directory is ready to be deployed.
      Check out deployment instructions at https://cli.vuejs.org/guide/deployme
nt.html
```

图 6.12   构建完成发布版本显示的结果

这时会在项目的根目录下生成一个名为dist文件夹，将该文件夹下所有的代码上传到服务器即可，一般服务器是由apache或nginx软件搭建的，但是前端人员如何测试运行发布版本呢？

可以使用serve运行发布版本，首先安装serve，打开命令提示符窗口或终端输入以下命令。

```
npm install -g serve
```

-g代表全局安装，只需安装一次即可，不用每次建立新的项目都安装一遍。运行发布版本有两种方式。第一种运行方式的命令如下。

```
serve -s dist
```

第二种运行方式的命令如下。

```
cd dist
serve
```

进入dist文件夹，直接运行serve即可。运行成功后显示的结果如图6.13所示。

```
 Serving!

 - Local:            http://localhost:5000
 - On Your Network:  http://192.168.1.5:5000

 Copied local address to clipboard!
```

图 6.13   使用 serve 运行

在浏览器地址栏中输入http://localhost:5000即可显示发布版本的默认页面。

6.1.5   package.json 简介

package.json是一个JSON格式的NPM配置文件，定义了这个项目所需的各种模块，以及项目的配置信息，如名称、版本、许可证等元数据。npm install命令根据这个配置文件，自动下载所需的模块，将package.json文件中的模块安装到node_modules文件夹下，也就是配置项目所需的运行环境和开发环境。 打开package.json文件，其中的代码如下。

```
{
    "name": "vuedemo",                                      //项目名称
    "version": "0.1.0",                                     //版本号
    "private": true,                                        //是否私有项目
    "scripts": {                                            //执行脚本, 用npm执行
        "serve": "vue-cli-service serve",                   //执行npm run serve, 运行开发环境
        "build": "vue-cli-service build",                   //执行npm run build, 生成发布版本
        "lint": "vue-cli-service lint"                      //执行npm run lint, 运行ESLint
    },
    "dependencies": {                                       //配置项依赖模块列表
        "core-js": "^3.6.5",
        "vue": "^2.6.11"
    },
    "devDependencies": {                                    //这里的依赖用于开发环境, 不发布到生产环境
        "@vue/cli-plugin-babel": "~4.5.0",
        "@vue/cli-plugin-eslint": "~4.5.0",
        "@vue/cli-service": "~4.5.0",
        "babel-eslint": "^10.1.0",
        "eslint": "^6.7.2",
        "eslint-plugin-vue": "^6.2.2",
        "vue-template-compiler": "^2.6.11"
    },
    "eslintConfig": {                                       //ESLint配置项
        "root": true,
        "env": {
            "node": true
        },
        "extends": [
            "plugin:vue/essential",
            "eslint:recommended"
        ],
        "parserOptions": {
            "parser": "babel-eslint"
        },
        "rules": {}
    },
    "browserslist": [                                       //自动添加CSS 3兼容性扩展, 如-webkit-
        "> 1%",
        "last 2 versions",
        "not dead"
    ]
}
```

　　注意scripts属性值是可以自定义的，如将serve改成dev，那么在运行项目时，在命令提示符窗口中输入npm run dev命令即可，代替了之前的npm run serve命令。eslintConfig选项，因为在安装ESLint时选择存放在package.json文件中，所以package.json文件中会有ESLint的配置信息。
　　如果我们需要安装依赖模块，并在生产环境下使用依赖模块，可以输入以下命令。

```
npm install element-ui --save
//等同于
npm install element-ui -S
```

上面的命令是安装第三方UI组件库Element UI，加上--save(-S)参数，安装后会在package.json文件的dependencies选项中写入依赖项。

如果在开发环境下使用依赖模块，可以输入以下命令。

```
npm install eslint --save-dev
//等同于
npm install eslint -D
```

上面的命令是安装ESLint代码检测，加上--save-dev(-D)参数，安装后会在package.json文件中的devDependencies选项中写入依赖项。

通过npm install命令安装的依赖文件默认存储到node_modules文件夹中，如果该文件夹中的文件丢失，则项目不能运行。

在备份代码或使用git/svn提交到服务器时，一般不会提交node_modules文件夹，因此在下载了代码后，项目不能运行，需要安装所有依赖，安装依赖的命令如下。

```
npm install
//等同于
cnpm install
```

由于网络的原因，npm install命令有可能安装失败或丢包，可以使用cnpm命令安装依赖。

6.2 配置 vue-cli

安装完vue-cli，接下来需要配置vue-cli，vue-cli底层是使用webpack构建工具搭建的。在实际开发中，需要根据不同的业务需求配置webpack。根据配置，我们可以自定义入口JS文件、项目部署的基础路径、静态资源存储的地方、多页面配置、proxy代理解决跨域问题、使用第三方插件、开启sourceMap在生成环境中支持代码调试等。

6.2.1 配置 .env 文件用于区分生产环境和测试环境

扫一扫，看视频

vue-cli项目有3个模式：①development（开发环境）模式，用于 vue-cli-service serve；②production（生产环境）模式，用于 vue-cli-service build 和 vue-cli-service test:e2e；③test（测试环境）模式，用于vue-cli-service test:unit。

一个模式可以包含多个环境变量。也就是说，每个模式都会将NODE_ENV的值设置为模式的名称，如在development模式下NODE_ENV的值会被设置为 development；在production模式下NODE_ENV的值会被设置为production。

我们可以通过为 .env 文件增加后缀设置某个模式下特有的环境变量。例如，在项目根目录下，如果创建一个名为 .env.development 的文件，那么在这个文件中声明过的环境变量就只会在development模式下被载入；如果创建一个名为.env.production的文件，那么这个文件中声明过的环境变量就只会在production模式下被载入。如果这个环境变量想同时在所有模式下被载入，可以声明在.env文件中，具体操作步骤如下。

我们先配置通用模式的环境变量，在项目根目录下创建.env文件，文件内容如下。

```
VUE_APP_DOMAIN=http://www.lucklnk.com
VUE_APP_TITLE=程序思维
```

注意变量声明的命名规范，只有以VUE_APP_开头的变量才会被webpack.DefinePlugin静态嵌入客户端的包中。

> **注意：**
> 如果配置时项目正在运行，配置完成后需要结束项目，再次运行项目，配置才能生效。

在App.vue文件中使用，代码如下。

```
<template>
    <div>
        默认页面
    </div>
</template>

<script>
export default {
    name: 'App',
    created(){
        console.log(process.env.VUE_APP_DOMAIN);       //结果:http://www.lucklnk.com
        console.log(process.env.VUE_APP_TITLE);         //结果: 程序思维
    }
}
</script>

<style>
</style>
```

看一下上面代码，在构建过程中，process.env.VUE_APP_TITLE将会被相应的值取代。

接下来配置只能在development模式下使用的环境变量，在项目根目录下创建.env.development文件，文件内容如下。

```
VUE_APP_API=http://dev.lucklnk.com
```

在App.vue文件中使用，代码如下。

```
<template>
    <div>
        默认页面
    </div>
</template>

<script>
export default {
    name: 'App',
    created(){
        //如果是在development模式下，显示结果为http://dev.lucklnk.com
        console.log(process.env.VUE_APP_API);
    }
}
</script>

<style>
</style>
```

使用npm run serve命令运行项目，VUE_APP_API的值为http://dev.lucklnk.com。

接下来配置只能在production模式下使用的环境变量，在项目根目录下创建.env.production文件，文件内容如下。

```
VUE_APP_API=http://www.lucklnk.com
```

在App.vue文件中使用，代码如下。

```
<template>
    <div>
        默认页面
    </div>
</template>

<script>
export default {
    name: 'App',
    created(){
        //如果是在development模式下，显示结果为http://dev.lucklnk.com;
        //如果是在production模式下，显示结果为http://www.lucklnk.com
        console.log(process.env.VUE_APP_API);
    }
}
</script>

<style>
</style>
```

使用npm run build命令打包生产环境代码，存储到dist文件夹中；使用serve -s dist命令运行项目，VUE_APP_API的值为http://www.lucklnk.com。

6.2.2　多环境配置

扫一扫，看视频

在实际开发中不可能只有开发环境和生产环境，根据业务需求，还需要自定义环境，如测试环境、预览环境等。接下来自定义一个测试环境，首先在根目录创建.env.test（test名称随便写）文件，文件内容如下。

```
VUE_APP_API=http://test.lucklnk.com
```

接下来在package.json文件中新增如下代码。

```
{
    "scripts": {
        ...
        "build:test": "vue-cli-service build --mode test"
    },
}
```

自定义build:test（test名称随便写）属性，属性值vue-cli-service build --mode test表示执行.env.test文件中的环境变量并打包生成文件。注意--mode参数后面的test名称必须和.env.test文件后缀名称相同。

在App.vue文件中使用，代码如下。

```
<template>
    <div>
        默认页面
    </div>
</template>

<script>
export default {
    name: 'App',
    created(){
        //如果是在test模式下，显示结果为http://test.lucklnk.com
        console.log(process.env.VUE_APP_API);
    }
}
</script>

<style>
</style>
```

使用npm run build命令打包测试环境代码，存储到dist文件夹中；使用serve -s dist命令运行项目，VUE_APP_API的值为http://test.lucklnk.com。

6.2.3　vue.config.js 文件的配置

扫一扫，看视频

vue-cli 3 以后的版本一些服务配置都迁移到CLI Service，对于一些基础配置和扩展配置，需要在根目录下新建vue.config.js文件进行配置。vue.config.js文件内容如下。

```
module.exports={
    publicPath:'/',          //配置项目路径
    outputDir:'dist',        //构建输出目录，默认目录为dist
    assetsDir:"assets",      //静态资源目录(JS,CSS,image)，默认为src/assets
    lintOnSave:false,        //是否开启Eslint检测，false为开启，有效值:true || false
    productionSourceMap: true,
                             //生产环境下开启SourceMap用于代码的调试，true为开启，false为关闭
    devServer:{
        open:true,           //是否运行项目并自动打开默认浏览器
        host:"0.0.0.0",      //主机，0.0.0.0支持局域网地址，可以用真机测试
        port:8080,           //端口
        https:false,         //是否启动HTTPS
        //配置跨域代理HTTP、HTTPS
        proxy:{
            "/api":{
                target:"http://vueshop.glbuys.com/api",//接口地址
                changeOrigin:true,
                //开启代理，如果设置为true，那么本地会虚拟一个服务端接收请求并代理发送该请求
                pathRewrite:{
                    //地址重定向，相当于/api，等同于http://vueshop.glbuys.com/api
                    '^/api':""
                }
            }
        }
    }
```

```
    },
    configureWebpack:{
        devtool: 'source-map'                  //配置开发者环境的SourceMap用于代码调试
    }
};
```

　　publicPath可以配置项目路径，在实际开发中会根据业务需求经常改动。例如，项目部署在一个域名的根路径上，如http://www.lucklnk.com/，这时publicPath的值为/；如果项目部署在一个子路径上，如http://www.lucklnk.com/vue/，这时publicPath的值为/vue/，必须这样配置才能确保build之后的文件在生产环境下正常运行。

　　proxy配置代理，主要解决ajax跨域请求数据的问题，会在9.2.5小节详细讲解。

6.3　插件

　　插件通常用来为 Vue 添加全局功能，插件的功能范围没有严格的限制。在实际开发中经常用来封装组件，如我们自己开发了alert或toast组件，需要在很多页面中导入并且通过components注册组件。但是像这样使用率很高的组件，我们希望全局注册后直接就可以在相应页面使用，因此需要将它们封装成插件，像著名的第三方UI组件库Element-Ui、Vant都是使用插件的形式开发的。

6.3.1　插件的使用

扫一扫, 看视频

　　在学习组件时，开发过button组件，接下来我们在vue-cli创建的项目中写一个button组件。首先在src/components文件夹中创建my-button文件夹，在my-button文件夹中创建button.vue文件，文件内容如下。

```
<template>
    <button class="btn"><slot>按钮</slot></button>
</template>

<script>
    export default {
        name: "my-button"
    }
</script>

<style scoped>
    .btn{
        border:0 none;
        outline: none;
        background-color:#FF0000;
        border-radius: 3px;
        color:#FFFFFF;
        font-size:14px;
        padding:3px 15px;
    }
</style>
```

　　注意上面代码中加粗的部分，在<style>元素上添加scoped属性，scoped的作用是让CSS样式只作用于当前的组件，也就是说，该样式只适用于当前组件元素。通过scoped属性，可以使组件之间的样式不互相污染，相当于实现了样式的模块化。

　　在src/App.vue文件中使用button组件，代码示例如下。

```
<template>
    <div>
        <my-button type="submit">提交</my-button>
    </div>
</template>

<script>
    import MyButton from "./components/my-button/button";
    export default {
        name: 'App',
        components:{
            MyButton
        }
    }
</script>

<style>
</style>
```

　　使用import语法导入button组件，看一下from后面的组件路径./components/my-button/button相当于./components/my-button/button.vue，在vue-cli创建的项目中可以省略文件的扩展名。

> **注意：**
> 扩展名为.vue和.js的文件都可以省略不写，如果.vue和.js文件同时在一个文件夹下，import的导入优先级是.js > .vue。

　　接下来看一下使用插件封装组件后如何使用该组件，在src/components/my-button文件夹中创建index.js文件，文件内容如下。

```
import MyButton from './button';
export default {
    install(Vue){
        Vue.component("my-button",MyButton);
    }
}
```

　　注意上面代码中加粗的部分，将写好的button组件导入，命名为MyButton，使用export default默认导出install()方法，该方法接收的参数为Vue对象，使用Vue.component()方法创建名为my-button的全局注册组件。

　　在src/App.vue文件中使用，代码示例如下。

```
<template>
    <div>
        <my-button type="submit">提交</my-button>
```

```
    </div>
</template>

<script>
    import Vue from "vue";
    import MyButton from "./components/my-button";
    Vue.use(MyButton);
    export default {
        name: 'App'
    }
</script>

<style>
</style>
```

看上面代码中加粗的部分，先导入Vue，再导入button组件，from后面的组件路径./components/my-button相当于./components/my-button/index.js。在vue-cli创建的项目，导入路径没有写指定的文件，默认会自动匹配文件夹中的index.js文件，如果文件夹中同时存在index.js文件和index.vue文件，import导入的优先级为index.js>index.vue。接下来使用Vue.use()方法调用MyButton组件，在视图中<my-button>元素就是Vue.component("my-button")定义的名称。

6.3.2 开发 toast 插件

扫一扫，看视频

　　toast轻提示在页面中间弹出黑色半透明提示，用于消息通知、加载提示、操作结果提示等场景。toast插件展现效果如图6.14所示。

图 6.14   toast 插件

在src/components文件夹中创建my-toast文件夹，在my-toast文件夹中创建toast.vue文件和index.js文件。toast.vue文件内容如下。

```
<template>
    <div class="toast-wrap">
        {{message}}
    </div>
</template>

<script>
```

```
    export default {
        name: "my-toast",
        data(){
            return {
                message:""
            }
        }
    }
</script>

<style scoped>
    .toast-wrap{background-color:rgba(0,0,0,0.8);padding:8px 15px;font-size:14px;
     color:#FFFFFF;text-align: center;position: fixed;z-index:99;left:50%;top:50%;tra-
     nsform: translate(-50%,-50%);border-radius: 5px;}
</style>
```

message属性值为用户输入的内容，index.js文件内容如下。

```
import MyToast from "./toast";//❶
export default {
    install(Vue) {//❷
        //注册组件到Vue，赋值给变量VueComp
        let VueComp=Vue.extend(MyToast);

        //是否存在toast，防止toast在未销毁前连续单击按钮生成多个toast
        let isToast=false;

        //使用Vue原型定义一个$toast()方法
        Vue.prototype.$toast=function(opts){//❸
            //如果toast不存在，开始创建toast
            if(!isToast){
                //将isToast设置为true，在toast未销毁前不执行下面的程序
                isToast=true;
                //实例化VueComp，使用$mount()方法将实例挂载到新创建的div元素上，赋值给变量vm
                let vm=new VueComp().$mount(document.createElement("div"));
                //将新创建的div元素添加到<body>元素内部
                document.body.appendChild(vm.$el);
                //如果存在opts.message属性，赋值为opts.message的值，否则赋值为空，
                //并传递给MyToast组件内部data()方法返回的message属性
                vm.message=opts.message || "";
                //销毁toast的时间，如果存在opts.duration属性，赋值为opts.duration的值，
                //否则赋值为2000ms
                let duration=opts.duration || 2000;
                setTimeout(()=>{
                    //销毁toast
                    document.body.removeChild(vm.$el);
                    //toast销毁后将isToast设置为false
                    isToast=false;
                    //如果onClose()方法存在
                    if(opts.onClose){
                        //调用onClose()方法
                        opts.onClose();
                    }
```

```
            },duration);
        }
    }
}
```

上面的代码实现了将toast组件元素添加到<body>元素内部，将new VueComp()方法返回的实例赋值给变量vm并向toast组件内部传值，然后销毁toast组件元素的过程。接下来看一下代码说明。

❶ 导入MyToast组件；❷ 使用export default导出对象类型的值，在该对象内创建install()方法，从该方法的参数可以获取到Vue实例，在install()方法内部将MyToast组件注册到Vue内部并赋值给变量VueComp，创建isToast变量，默认值为false，其作用是判断是否存在toast，防止toast在未销毁前连续单击按钮生成多个toast；❸ 使用Vue原型定义一个$toast()方法，在该方法内部实现toast组件的创建和销毁，请仔细阅读代码及注释。

在App.vue文件中使用，代码示例如下。

```
<template>
    <div>
        <button type="button" @click="submit()">提交</button>
    </div>
</template>

<script>
    import Vue from "vue";
    import MyToast from "./components/my-toast";
    Vue.use(MyToast);
    export default {
        name: 'App',
        methods:{
            submit(){
                this.$toast({
                    message:"请输入姓名",
                    duration:3000,
                    onClose:()=>{
                        console.log("已关闭");
                    }
                });
            }
        }
    }
</script>

<style>
</style>
```

看上面代码中加粗的部分，使用起来很简单，导入toast插件，Vue.use文件使用toast插件，单击"提交"按钮，触发submit()方法，在该方法内部调用Vue原型方法$toast()，$toast()方法已在src/components/my-toast/index.js文件夹内部声明，并将参数传递给src/components/my-toast/index.js文件夹内部声明的Vue.prototype.$toast()方法。

最终显示的效果如图6.15和图6.16所示。

图 6.15 toast 未销毁前   图 6.16 toast 已销毁并调用 onClose() 方法

到这里，toast插件全部开发完成，开发插件的流程要记下来，面试时有可能会问到。

6.3.3 开发 alert 和 confirm 插件

alert和confirm插件会弹出模态框，常用于消息提示、消息确认，或者在当前页面内完成特定的交互操作。其实alert和confirm可以合并成一个插件使用，只需配置一下参数即可。confirm效果如图6.17所示；alert效果如图6.18所示。

扫一扫，看视频

图 6.17 confirm 效果   图 6.18 alert 效果

在src/components文件夹中创建my-confirm文件夹，在my-confirm文件夹中创建confirm.vue文件和confirm.js文件，confirm.vue文件内容如下。

```html
<template>
    <div class="mask" v-if="isShow">
        <div class="confirm-main">
            <div class="confirm-msg">
                {{msg}}
            </div>
            <div :class="{'confirm-handle':true,center:btns.length==1}">
                <div class="btn" v-for="(item,index) in btns" :key="index" @click=
                "handleClick(index)">{{item.text}}</div>
            </div>
        </div>
    </div>
</template>

<script>
export default {
    name: "confirm",
    data(){
        return {
            msg:"",
            btns:[],
            isShow:true
        }
    },
    methods:{
        handleClick(index){
            //如果onPress)()方法存在
            if (this.btns[index].onPress){
                //执行onPress()方法
                this.btns[index].onPress();
            }
            //将class="mask"的div元素销毁
            this.isShow=false
        }
    }
}
</script>

<style scoped>
    .mask{width:100%;height:100%;position: fixed;z-index:99;left:0px;top:0px;backgr-
    ound-color:rgba(0,0,0,0.6)}
    .confirm-main{width:400px;height:200px;background-color:#FFFFFF;border-
    radius: 4px;position: absolute;z-index:1;left:50%;top:50%;transform:
    translate(-50%,-50%)}
    .confirm-main .confirm-msg{font-size:16px;text-align: center; margin-top:
    50px;}
    .confirm-main .confirm-handle{width:100%;margin-top:40px;display: flex; justify-
    content: space-between;padding:0px 40px;box-sizing: border-box;}
    .confirm-main .confirm-handle.center{justify-content: center;}
    .confirm-main .confirm-handle.center .btn{width:80%;background-color:
    #F22E2B;text-align:center;color:#FFFFFF;border-radius: 50px;}
    .confirm-main .confirm-handle .btn{font-size:16px;cursor:pointer;background-
    color:#EFEFEF;padding:8px 15px;border-radius: 5px;}
</style>
```

data()函数返回的msg属性值为用户输入的内容，btns属性值为按钮文本的名称和回调函数，当单击btns按钮时触发handleClick()方法，可以执行btns对应的回调函数，index.js文件内容如下。

```
//导入confirm.vue
import Confirm from './confirm';
export default {
    install(Vue) {
        //注册组件到Vue，赋值给变量VueComp
        let VueComp=Vue.extend(Confirm);
        //使用Vue原型定义一个$confirm()方法，第一个参数msg的值为App.vue文件中this.$confirm()
        //方法的第一个实参,第二个参数arr的值为this.$confirm()方法的第二个实参
        Vue.prototype.$confirm=function (msg,arr) {
            //实例化VueComp，使用$mount()方法将实例挂载到新创建的div元素上，赋值给变量vm
            let vm=new VueComp().$mount(document.createElement("div"));
            //将新创建的div元素添加到<body>元素内部
            document.body.appendChild(vm.$el);
            //将msg参数的值传给Confirm组件data()方法返回的msg属性
            vm.msg=msg;
            //如果arr存在并且长度大于0
            if (arr && arr.length>0){
                //将arr参数的值传给Confirm组件data()方法返回的btns属性
                vm.btns = arr;
            }
        }
    }
}
```

上面的代码注释很清晰，思路和开发toast插件一样，请仔细阅读代码及注释信息。在App.vue文件中使用，代码示例如下。

```
<template>
    <div>
        <button type="button" @click="del()">删除</button>
        <button type="button" @click="add()">添加</button>
    </div>
</template>

<script>
    import Vue from "vue";
    import MyConfirm from './components/my-confirm';
    Vue.use(MyConfirm);
    export default {
        name: 'App',
        methods:{
            del(){
                //confirm提示
                this.$confirm("确认要删除吗？ ",[
                    {
                        text:"取消",
                        onPress:()=>{
                        console.log("取消")
                    }
```

```
            },
            {
                text:"确认",
                onPress:()=>{
                    console.log("确认");

                }
            }
        ])
    },
    add(){
        //alert提示
        this.$confirm("添加成功",[
            {
                text:"确认"
            }
        ])
    }
  }
 }
</script>

<style>
</style>
```

使用方式和toast插件一样，单击"删除"按钮，在浏览器中显示的效果如图6.17所示；单击"添加"按钮，在浏览器中显示的效果如图6.18所示。

6.3.4   开发网店首页轮播图效果插件

轮播图效果是最常见也是最实用的，先看一下最终显示的效果，如图6.19所示。

扫一扫，看视频

图 6.19   轮播图效果

接下来看一下使用Vue插件的方式如何开发轮播图，在src/components文件夹中建立my-banner文件夹，在my-banner文件夹中建立banner.vue文件和index.js文件。
banner.vue文件内容如下。

```
<template>
```

```html
    <div class="banner-main" @mouseover="stop()" @mouseout="play()">
        <transition-group name="banner">
            <div class="banner-slide" v-for="(item, index) in data" :key="index" v-
            show="item.checked"><img :src="item.image" alt=""></div>
        </transition-group>
        <div class="spot-wrap">
            <div :class="{spot:true, active:item.checked}" @click="changeImage(index)" v-
            for="(item,index) in data" :key="index"></div>
        </div>
    </div>
</template>

<script>
    export default {
        name: "my-banner",
        props:{
            images:{
                type:Array,
                required:true
            }
        },
        data(){
            return {
                data:[]
            }
        },
        created(){
            this.index=0;//图片的全局索引
            this.timer=null;
            //播放轮播图
            this.play();
        },
        //页面离开时清除定时器
        destroyed(){
            this.stop();
        },
        methods:{
            //切换图片显示
            changeImage(index){
                this.index=index;
                if (this.data.length>0){
                    for (let i=0;i<this.data.length;i++){
                        if (this.data[i].checked){
                            this.data[i].checked=false;//隐藏图片
                            break;
                        }
                    }
                    this.data[this.index].checked=true;          //显示图片
                    //使用$set()方法解决分页器样式在视图中不改变的问题
                    this.$set(this.data,this.index, this.data[this.index]);
                }
            },
```

```
            //停止动画
            stop(){
                clearInterval(this.timer);
            },
            //动画播放
            play(){
                this.timer = setInterval(()=>{
                    //没有播放到最后一张图片，继续往下播放，如果播放到最后一张图片，将索引设
                    //置为0，播放第一张图片
                    if (this.index<this.data.length-1){
                        this.index++;
                    }else{
                        this.index=0;
                    }
                    //切换图片
                    this.changeImage(this.index);
                },3000)
            }
        },
        watch:{
            //监听images的变化，解决setTimeout或ajax延迟获取数据的问题
            images:{
                handler(val) {
                    this.data = [...val];//使用浅复制解决引用类型的问题
                    if (val && this.data.length > 0) {
                        for (let i = 0; i < this.data.length; i++) {
                            if (i ===0){
                                this.data[i].checked=true;
                            } else {
                                this.data[i].checked = false;
                            }
                        }
                    }
                }
            }
        }
    }
</script>

<style scoped>
    .banner-main{width:100%;height:100%;position:relative;z-index:1;}
    .banner-main .banner-slide{width:100%;height:100%;position: absolute; z-
     index:1; left:0px;top:0px;}
    .banner-main .banner-slide img{width:100%;height:100%;}
    .banner-main .spot-wrap{width:auto;height:auto;position: absolute;z-index:2;left:
     50%;bottom:8%;transform: translateX(-50%);display: flex;justify-content: center}
    .banner-main .spot-wrap .spot{width:25px;height:8px;background-color:rgba(0,0,
     0,0.6);margin:0px 3px;cursor:pointer}
    .banner-main .spot-wrap .spot.active{background- color:rgba(255,255,255,0.6);}

    .banner-enter-active,.banner-leave-active{transition:all 1s;}
    .banner-enter{opacity:0}
```

```
      .banner-enter-to{opacity:1}
      .banner-leave{opacity:1}
      .banner-leave-to{opacity:0}
</style>
```

banner组件代码不是很复杂，注释很清晰，请仔细阅读。需要注意，在实际项目中图片是从服务端异步请求获取的，所以需要使用watch侦听器监听images的变化，解决从服务端异步请求获取数据延迟的问题。index.js文件内容如下。

```
import Banner from './banner';
export default {
    install(Vue){
        Vue.component("my-banner",Banner);
    }
}
```

index.js文件中的代码很简单，注册了一个名为my-banner的全局组件。

在App.vue文件中使用，代码示例如下。

```
<template>
    <div>
        <div class="banner-wrap">
            <my-banner :images="banners"></my-banner>
        </div>
    </div>
</template>

<script>
    import Vue from "vue";
    import MyBanner from './components/my-banner';
    Vue.use(MyBanner);
    export default {
        name: 'App',
        data(){
            return {
                banners:[]
            }
        },
        created(){
        //使用setTimeout()方法模拟ajax从后端接口传过来的数据
            setTimeout(()=>{
                this.banners=[
                    {
                        image:require("./assets/images/banner1.jpg")
                    },
                    {
                        image:require("./assets/images/banner2.jpg")
                    },
                    {
                        image:require("./assets/images/banner3.jpg")
                    }
                ]
```

```
            },300)
        },
    }
</script>

<style>
    .banner-wrap{width:700px;height:350px;}
</style>
```

看上面代码中加粗的部分，在实际开发中，setTimeout会被替换成ajax，轮播的图片是通过ajax调用后端接口得到的，由于ajax是异步的，同步执行会优先于异步执行，所以<my-banner>元素会先执行，而这时banners的值为[]，导致图片无法渲染到视图中。需要在banner.vue文件中使用watch侦听器，解决无法即时获取异步数据的问题。最终显示的结果如图6.19所示。

6.4　小结

本章主要讲解了vue-cli的安装与配置、通过vue-cli创建项目、搭建项目结构和package.json文件；同时介绍了如何配置vue-cli，如配置.env文件用于区分生产环境和测试环境，配置vue.config.js文件。我们还重点讲解了在vue-cli搭建的项目中如何使用组件和插件，插件主要用于开发UI库，非常重要，需要多加练习，开发插件的流程和watch侦听器解决异步数据的问题要记下来，面试时有可能会问到。本章的实战性比较强，尤其是插件的开发，介绍了如何开发toast插件、alert和confirm插件、网店首页轮播图插件，需要配合视频多加练习。

第 7 章

Vue 全家桶之 router

Vue是单页面应用，Vue Router是Vue官方的路由管理器。它与 Vue.js文件的核心深度集成，让构建单页面应用变得简单。在传统Web应用程序中，跳转页面都是向服务器发起请求，服务器处理请求后向浏览器推送页面。在单页面应用中，视图（组件模板）都是在同一页面中渲染，页面之间的跳转都是由浏览器完成。

学习技巧：本章内容建议结合视频教程学习。

7.1　路由的安装与配置

扫一扫，看视频

使用 Vue.js文件和Vue Router 创建单页面应用是非常简单的。使用 Vue.js 文件已经可以通过组合组件组成应用程序，当要把 Vue Router 添加进来时，需要做的是将组件（ components ）映射到路由（ router ），然后告诉 Vue Router 在哪里渲染它们。接下来先安装路由。

7.1.1　安装路由

Vue Router需要单独下载安装。有两种方式，第一种方式是使用CDN引入或把JS文件下载下来使用。

```
<script src="https://unpkg.com/vue-router/dist/vue-router.js"></script>
```

第二种方式是使用NPM安装，执行以下命令安装。

```
npm install vue-router --save
```

在实际开发中路由都是在vue-cli搭建的项目中使用的，我们使用NPM安装。首先打开cmd命令提示符窗口，进入之前的项目文件夹中，输入命令npm install vue-router --save。

7.1.2　配置路由

安装完成后，开始配置路由，让它可以在Vue中使用。首先更改App.vue文件中的代码，更改后的代码如下。

```
<template>
    <div>
        <router-view></router-view>
    </div>
</template>

<script>
    export default {
        name: 'App'
    }
</script>

<style>
</style>
```

注意上面代码中加粗的部分，<router-view>元素表示组件渲染的位置，可以理解为一个占位符，配置好路由后组件会在该位置渲染。

接下来创建一个要被渲染的组件，在src文件夹中创建pages文件夹，在pages文件夹中创建main文件夹，在main文件夹中创建index.vue文件，文件内容如下。

```
<template>
    <div>我是主页面</div>
</template>
```

```
<script>
    export default {
        name: "main-index"
    }
</script>

<style scoped>
</style>
```

在src文件夹中创建router.js文件，文件内容如下。

```
import Vue from 'vue';
//导入路由
import Router from 'vue-router';
//引入Main组件
import Main from "./pages/main";

//使用路由插件
Vue.use(Router);

//实例化路由
let router=new Router({
    mode:"hash",                        //1.hash(哈希):URL有#号;2.history(历史):URL没有#号
    base:process.env.BASE_URL,          //自动获取根目录路径
    routes:[
        {
            path:"/",
            //路径配置,"/"代表首页,浏览器的地址为http://localhost:8080/,可以访问Main组件
            name:"main",                //路由名称
            component:Main              //相对应的组件
        }
    ]
});
//导出路由
export default router;
```

注意上面代码中加粗的部分，导入Main组件，赋值给Router实例routes选项属性component，将组件与路由关联。mode是路由模式，有两种模式，①hash:URL有#号；②history:URL没有#号，这两种模式的区别将在7.5节讲解。base的值为process.env.BASE_URL，process.env.BASE_URL的值为vue.config.js文件中publicPath属性的值。配置好路由后，需要将路由配置与Vue关联，在src/main.js文件中编写，代码示例如下。

```
import Vue from 'vue'
import App from './App.vue'
//导入配置好的路由
import router from "./router";

Vue.config.productionTip = false

new Vue({
```

```
    router,          //简写模式，相当于router:router, 将路由配置作为选项传递给Vue
    render: h => {return h(App)},
}).$mount('#app')
```

在浏览器中显示的效果如图7.1所示。

图 7.1   hash 模式路由

图7.1中的URL地址后面有一个#，代表hash模式路由配置成功。

7.2   路由跳转与参数

路由分为静态路由与动态路由，静态路由是普通的页面跳转，而动态路由可以在URL后面加入参数并接收参数，可以开发复杂的项目。

7.2.1   router-link 组件

使用router-link组件进行页面跳转，通过传入to属性指定链接，<router-link>元素默认会被渲染成一个 <a>标签，在src/pages/main/index.vue文件中编写如下代码。

```
<template>
    <div>
        <div class="nav">
            <div class="menu"><router-link to="/news">新闻</router-link></div>
            <div class="menu"><router-link to="/goods">商品</router-link></div>
        </div>
    </div>
</template>

<script>
    export default {
        name: "main-index"
    }
</script>

<style scoped>
    .nav{display:flex;}
    .nav .menu{margin:0px 10px;}
</style>
```

最终显示的效果如图7.2所示。

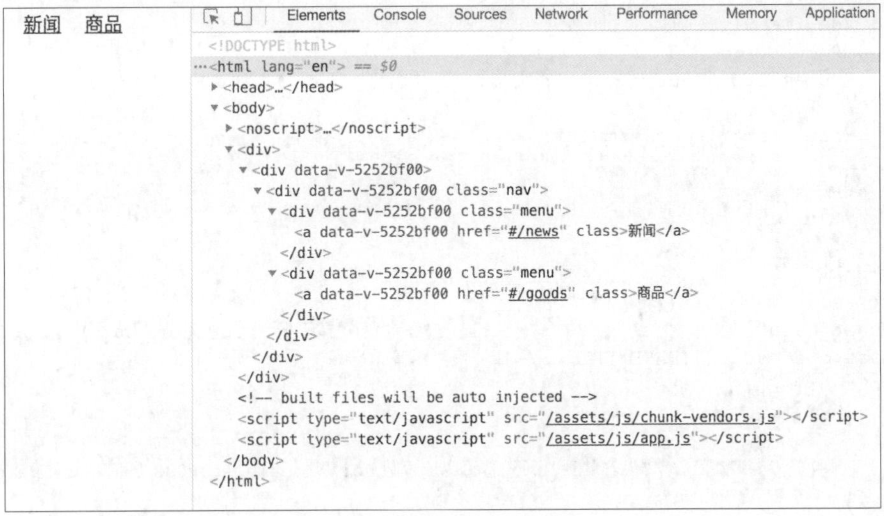

图 7.2　router-link 组件显示的效果

从图7.2可以看出，router-link渲染成<a>标签，to属性渲染成href属性。

在src/pages文件夹中创建news文件夹，在news文件夹中创建index.vue文件，文件内容如下。

```
<template>
    <div>新闻页面</div>
</template>

<script>
    export default {
        name: "news"
    }
</script>

<style scoped>
</style>
```

在src/pages文件夹中创建goods文件夹，在goods文件夹中创建index.vue文件，文件内容如下。

```
<template>
    <div>商品页面</div>
</template>

<script>
    export default {
        name: "goods"
    }
</script>

<style scoped>
</style>
```

接下来配置路由，编写src/router.js文件，文件内容如下。

```
import Vue from 'vue';
//导入路由
import Router from 'vue-router';
//引入Main组件
import Main from "./pages/main";

//使用路由插件
Vue.use(Router);

//实例化路由
let router=new Router({
    mode:"hash",                  //1.hash(哈希):URL有#号;2.history(历史):URL没有#号
    base:process.env.BASE_URL,    //自动获取根目录路径
    routes:[
        {
            path:"/",
            //路径配置，"/"代表首页，浏览器的地址为http://localhost:8080/，可以访问Main组件
            name:"main",          //路由名称
            component:Main        //相对应的组件
        },
        {
            path:"/news",          //这里就是路径名称，要与<router-link>组件to属性的值一样
            name:"news",           //路由名称
            component:()=>import("./pages/news") //路由懒加载解决首次加载慢的问题，性能优化
        },
        {
            path:"/goods",
            name:"goods",
            component:()=>import("./pages/goods")
        }
    ]
});
//导出路由
export default router;
```

注意上面代码中加粗的部分，与之前的导入组件方式不同，使用函数导入可以实现路由懒加载，路由懒加载可以解决单页面应用首次加载慢的问题，当打包构建应用时，JavaScript包会变得非常大，影响页面加载。如果能把不同路由对应的组件分割成不同的代码块，当路由被访问时才加载对应组件，这样就更加高效了。结合 Vue 的异步组件和Webpack的代码分割功能，轻松实现路由组件的懒加载。在以后的开发中，路由配置中导入组件都要使用路由懒加载的方式。

7.2.2　动态路由匹配

扫一扫，看视频

在实际开发中需要把某种模式匹配到的所有路由，全都映射到同一个组件，比如有一个User组件，对于所有ID不相同的用户，都要使用这个组件渲染。那么，我们可以在 vue-router的路由路径中使用动态路径参数（dynamic segment）达到这个效果，src/pages/main/index.vue文件中的代码如下。

```
<template>
    <div>
```

```
        <div class="nav">
            <div class="menu"><router-link to="/news">新闻</router-link></div>
            <div class="menu"><router-link to="/goods">商品</router-link></div>
            <div class="menu"><router-link to="/user/1">张三</router-link></div>
            <div class="menu"><router-link to="/user/2">李四</router-link></div>
        </div>
    </div>
</template>

<script>
    export default {
        name: "main-index"
    }
</script>

<style scoped>
    .nav{display:flex;}
    .nav .menu{margin:0px 10px;}
</style>
```

看上面代码中加粗的部分，/user/1 和/user/2，1 和2 都是动态参数，分别代表会员张三的ID为1，会员李四的ID为2，我们要将参数通过动态路由传递给user组件。接下来创建user组件，在src/pages文件夹中创建user文件夹，在该文件夹中创建index.vue文件，文件内容如下。

```
<template>
    <div>用户的ID:{{$route.params.id}}</div>
</template>

<script>
    export default {
        name: "user",
        created(){
            //使用JS获取URL地址的参数
            console.log("用户的ID:"+this.$route.params.id);
        }
    }
</script>

<style scoped>
</style>
```

在模板视图中使用$route.params.id获取URL地址的参数，$route.params是Vue内部属性必须这样写，而这个ID是从哪里来的呢？我们看一下路由配置，打开src/router.js文件，文件内容如下。

```
import Vue from 'vue';
//导入路由
import Router from 'vue-router';
//引入Main组件
import Main from "./pages/main";

//使用路由插件
Vue.use(Router);
```

```
//实例化路由
let router=new Router({
    mode:"hash",                    //1.hash(哈希):URL有#号;2.history(历史):URL没有#号
    base:process.env.BASE_URL,      //自动获取根目录路径
    routes:[
        {
            path:"/",
            //路径配置,"/"代表首页,浏览器的地址为http://localhost:8080/,可以访问Main组件
            name:"main",            //路由名称
            component:Main          //相对应的组件
        },
        {
            path:"/news",           //这里就是路径名称,要与<router-link>组件to属性的值一样
            name:"news",            //路由名称
            component:()=>import("./pages/news")  //路由懒加载解决首次加载慢的问题,性能优化
        },
        {
            path:"/goods",
            name:"goods",
            component:()=>import("./pages/goods")
        },
        {
            path:"/user/:id",
            name:"user",
            component:()=>import("./pages/user")
        }
    ]
});
//导出路由
export default router;
```

注意上面代码中加粗的部分,:id就是src/pages/user/index.vue文件中$route.params.id的id,这样在user组件中就可以动态获取URL地址的参数。例如,再加一个参数。动态获取会员昵称和ID,src/pages/main/index.vue文件中的代码如下。

```
<template>
    <div>
        <div class="nav">
            <div class="menu"><router-link to="/news">新闻</router-link></div>
            <div class="menu"><router-link to="/goods">商品</router-link></div>
            <div class="menu"><router-link to="/user/1/张三">张三</router-link></div>
            <div class="menu"><router-link to="/user/2/李四">李四</router-link></div>
        </div>
    </div>
</template>

<script>
    export default {
        name: "main-index"
    }
</script>
```

```
<style scoped>
    .nav{display:flex;}
    .nav .menu{margin:0px 10px;}
</style>
```

看上面的代码，在"1"参数后面多了一个"张三"参数。接下来配置路由，打开src/router.js文件，文件内容如下。

```
import Vue from 'vue';
//导入路由
import Router from 'vue-router';
//引入Main组件
import Main from "./pages/main";

//使用路由插件
Vue.use(Router);

//实例化路由
let router=new Router({
    mode:"hash",                //1.hash(哈希):URL有#号;2.history(历史):URL没有#号
    base:process.env.BASE_URL,  //自动获取根目录路径
    routes:[
        {
            path:"/",
            //路径配置，"/"代表首页，浏览器的地址为http://localhost:8080/，可以访问Main组件
            name:"main",            //路由名称
            component:Main          //相对应的组件
        },
        {
            path:"/news",           //这里就是路径名称，要与<router-link>组件to属性的值一样
            name:"news",            //路由名称
            component:()=>import("./pages/news") //路由懒加载解决首次加载慢的问题，性能优化
        },
        {
            path:"/goods",
            name:"goods",
            component:()=>import("./pages/goods")
        },
        {
            path:"/user/:id/:nickname",
            name:"user",
            component:()=>import("./pages/user")
        }
    ]
});
//导出路由
export default router;
```

看上面代码中加粗的部分，在:id后面多了/:nickname。src/pages/user/index.vue文件中的代码如下。

```
<template>
    <div>用户的ID:{{$route.params.id}}, 用户昵称:{{$route.params.nickname}}</div>
</template>
```

```
<script>
    export default {
        name: "user",
        created(){
            //使用JS获取URL地址的参数
            console.log("用户的ID:"+this.$route.params.id+", 用户昵称:"+this. $route.
            params.nickname);
        }
    }
</script>

<style scoped>
</style>
```

在模板视图中使用$route.params.nickname接收动态参数，在created()钩子函数中使用this.$route.params.nickname接收动态参数。最终在浏览器中显示的效果如图7.3所示。

图 7.3   动态路由显示的效果

以上方法获取动态参数有一些弊端，如果参数不固定，如/user/1 或 /user/1/张三，这两个参数同时存在，而路由配置中配置了/user/:id/:nickname，那么/user/1 是匹配不到的，这样很不灵活。我们通常使用后面加参数的方式如/user?id=1，/user?id=1&nickname=张三，解决参数不固定的问题。src/pages/main/index.vue文件中的代码如下。

```
<template>
    <div>
        <div class="nav">
            <div class="menu"><router-link to="/news">新闻</router-link></div>
            <div class="menu"><router-link to="/goods">商品</router-link></div>
            <div class="menu"><router-link to="/user?id=1">张三</router-link></div>
            <div class="menu"><router-link to="/user?id=2&nickname=李四">李四</router-
            link></div>
        </div>
    </div>
</template>

<script>
    export default {
        name: "main-index"
    }
```

```
</script>

<style scoped>
    .nav{display:flex;}
    .nav .menu{margin:0px 10px;}
</style>
```

src/router.js文件中的代码如下。

```
import Vue from 'vue';
//导入路由
import Router from 'vue-router';
//引入Main组件
import Main from "./pages/main";

//使用路由插件
Vue.use(Router);

//实例化路由
let router=new Router({
    mode:"hash",                //1.hash(哈希):URL有#号;2.history(历史):URL没有#号
    base:process.env.BASE_URL,  //自动获取根目录路径
    routes:[
        {
            path:"/",
            //路径配置,"/"代表首页,浏览器的地址为http://localhost:8080/,可以访问Main组件
            name:"main",            //路由名称
            component:Main          //相对应的组件
        },
        {
            path:"/news",           //这里就是路径名称,要与<router-link>组件to属性的值一样
            name:"news",            //路由名称
            component:()=>import("./pages/news")  //路由懒加载解决首屏加载慢的问题,性能优化
        },
        {
            path:"/goods",
            name:"goods",
            component:()=>import("./pages/goods")
        },
        {
            path:"/user",
            name:"user",
            component:()=>import("./pages/user")
        }
    ]
});
//导出路由
export default router;
```

注意上面代码中加粗的部分，去掉了/:id/:nickname，和之前静态写法是一样的，没有什么变化。src/pages/user/index.vue文件中代码如下。

```
<template>
    <div>用户的ID:{{route.query.id}}, 用户昵称:{{$route.query.nickname?$route.query.nickname:
    "没有nickname参数"}}</div>
</template>

<script>
    export default {
        name: "user",
        created(){
            //使用JS获取URL地址的参数
            console.log("用户的ID:"+this.$route.query.id+", 用户昵称:"+(this.$route.
            query.nickname?this.$route.query.nickname:'没有nickname参数'));
        }
    }
</script>

<style scoped>
</style>
```

注意上面代码中加粗的部分，params换成了query，使用query可以接收问号后面的参数，在实际开发中推荐使用这种方式。

单击"张三"，显示的效果如图7.4所示。

图7.4 单击"张三"显示的效果

运行项目，在浏览器地址栏中输入http://localhost:8080/#/，在显示的页面中单击"李四"，显示的效果如图7.5所示。

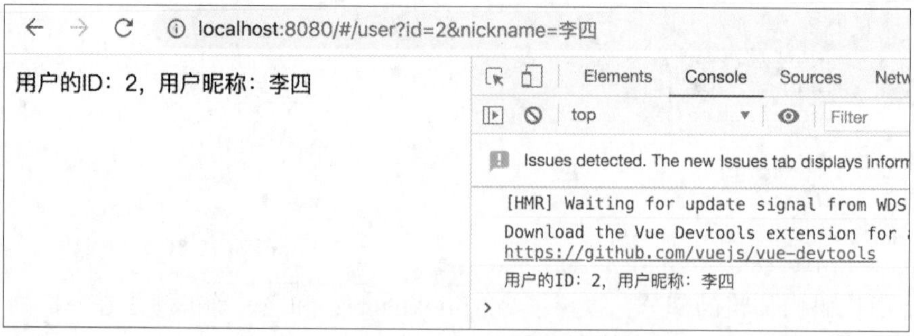

图7.5 单击"李四"显示的效果

7.2.3 编程式导航

扫一扫，看视频

除了使用 `<router-link>` 创建 `<a>` 标签定义导航链接，还可以借助 router 的实例方法，通过编写代码实现。

语法形式如下。

```
声明式:<router-link :to="...">
编程式:router.push(...)
```

1.router.push

该方法的参数可以是一个字符串路径，或者一个描述地址的对象。它支持以下几种方式使用。

1）字符串

语法示例如下。

```
router.push('home')
```

src/pages/main/index.vue文件中的代码如下。

```
<template>
    <div>
        <div class="nav">
            <div class="menu"><router-link to="/news">新闻</router-link></div>
            <div class="menu"><router-link to="/goods">商品</router-link></div>
            <div class="menu"><router-link to="/user?id=1">张三</router-link></div>
            <div class="menu"><router-link to="/user?id=2&nickname=李 四">李 四</
             router-link></div>
            <div class="menu" @click="pushPage('/category?cid=1')">女装</div>
        </div>
    </div>
</template>

<script>
    export default {
        name: "main-index",
        methods:{
            pushPage(url){
                this.$router.push(url);
            }
        }
    }
</script>

<style scoped>
    .nav{display:flex;}
    .nav .menu{margin:0px 10px;}
</style>
```

注意代码中加粗的部分，使用@click事件，调用pushPage()方法，将参数url传递给this.$router.push()方法，url的值为跳转的路径。

接下来在src/pages文件夹中创建category文件夹，在该文件夹中创建index.vue文件，文件内容如下。

```
<template>
    <div>分类的ID:{{$route.query.cid}}，分类的名称:{{$route.query.title}}</div>
</template>

<script>
    export default {
        name: "category",
        created(){
            console.log("分类的ID:"+this.$route.query.cid+"，分类的名称:"+this. $route.
            query.title);
        }
    }
</script>

<style scoped>
</style>
```

使用$route.query接收传过来的参数。接下来配置路由，src/router.js文件中的代码如下。

```
import Vue from 'vue';
//导入路由
import Router from 'vue-router';
//引入Main组件
import Main from "./pages/main";

//使用路由插件
Vue.use(Router);

//实例化路由
let router=new Router({
    mode:"hash",              //1.hash(哈希):URL有#号;2.history(历史):URL没有#号
    base:process.env.BASE_URL,    //自动获取根目录路径
    routes:[
        ...
        {
            path:"/category",
            name:"category",
            component:()=>import("./pages/category")
        }
    ]
});
//导出路由
export default router;
```

运行项目，在浏览器地址栏中输入http://localhost:8080/#/，在显示的页面中单击"女装"，显示的效果如图7.6所示。

图 7.6　使用 router.push 字符串的方式跳转

2）对象

语法示例如下。

```
router.push({ path: 'home' })
```

src/pages/main/index.vue文件中的代码如下。

```
<template>
    <div>
        <div class="nav">
            <div class="menu"><router-link to="/news">新闻</router-link></div>
            <div class="menu"><router-link to="/goods">商品</router-link></div>
            <div class="menu"><router-link to="/user?id=1">张三</router-link></div>
            <div class="menu"><router-link to="/user?id=2&nickname=李四">李四</router
            -link></div>
            <div class="menu" @click="pushPage('/category?cid=1&title=女装')">女装</div>
        </div>
    </div>
</template>

<script>
    export default {
        name: "main-index",
        methods:{
            pushPage(url){
                this.$router.push({path:url});
            }
        }
    }
</script>

<style scoped>
    .nav{display:flex;}
    .nav .menu{margin:0px 10px;}
</style>
```

可以看到，上面代码中this.$router.push()方法传入对象类型的参数一样可以跳转。最终显示的效果如图7.6所示。

3）命名的路由

语法示例如下。

```
router.push({ name: 'user', params: { userId: '123' }})
```

src/pages/main/index.vue文件中的代码如下。

```
<template>
    <div>
        <div class="nav">
            ...
            <div class="menu" @click="pushNamePage('category',{cid:2,title:'男  装
            '})">男装</div>
        </div>
    </div>
</template>

<script>
    export default {
        name: "main-index",
        methods:{
            ...
            pushNamePage(name,params){
                this.$router.push({name:name,params:params});
            }
        }
    }
</script>

<style scoped>
    .nav{display:flex;}
    .nav .menu{margin:0px 10px;}
</style>
```

注意上面代码中加粗的部分，this.$router.push()方法的参数对象属性name的值是路由配置文件src/router.js中 {path:"/category",name:"category",component:()=>import("./pages/category")}代码中的对象属性name的值category。params表示要传递的参数值为对象类型。

src/pages/category/index.vue文件中的代码如下。

```
<template>
    <div>分类的ID:{{$router.params.cid}}，分类的名称{{$router.params.title}}</div>
</template>

<script>
    export default {
        name: "category",
        created(){
            console.log("分类的ID:"+this.$router.params.cid+"，分类的名称:"+this.$router.
            params.title);
        }
    }
</script>

<style scoped>
</style>
```

注意上面代码中加粗的部分，使用params属性接收。运行项目，在浏览器地址栏中输入http://localhost:8080/#/，在渲染的页面中单击"男装"，最终显示的效果如图7.7所示。

图 7.7　命名路由获取参数

注意，图7.7中浏览器地址栏中的URL地址并没有"?cid=2&title=男装"参数，却可以接收到参数，这种命名路由的传输方式是隐式传参，URL地址上不会显示参数，比较安全。但是有一个问题，当刷新页面时，参数会丢失，如图7.8所示。

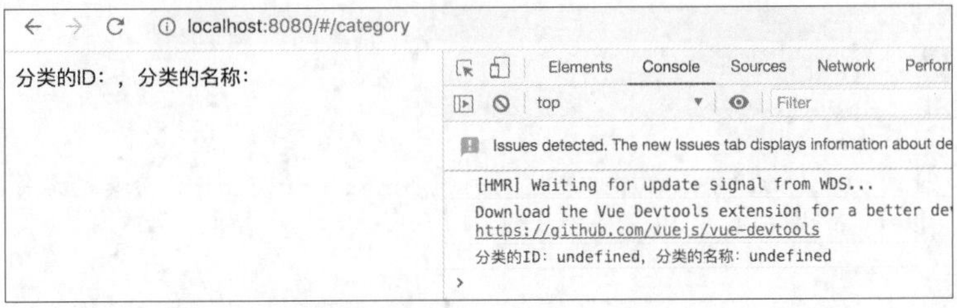

图 7.8　命名路由刷新页面参数丢失

4）带查询参数

语法示例如下。

```
router.push({ path: 'register', query: { plan: 'private' }})
```

src/pages/main/index.vue文件中的代码如下。

```
<template>
    <div>
        <div class="nav">
            ...
            <div class="menu" @click="pushQuery('/category',{cid:3,title:'数码'})"> 数码
            </div>
        </div>
    </div>
</template>

<script>
    export default {
        name: "main-index",
        methods:{
```

```
        ...
        pushQuery(url,params){
            this.$router.push({path:url,query:params});
        },
    }
  }
</script>

<style scoped>
    .nav{display:flex;}
    .nav .menu{margin:0px 10px;}
</style>
```

注意上面代码中加粗的部分，this.$router.push()方法参数值对象path属性的值是跳转的地址，query属性的值是对象类型的参数。

src/pages/category/index.vue文件中的代码如下。

```
<template>
    <div>分类的ID:{{$router.query.cid}}，分类的名称:{{$router.query.title}}</div>
</template>

<script>
    export default {
        name: "category",
        created(){
            console.log("分类的ID:"+this.$router.query.cid+"，分类的名称:"+this.$router.
            query.title);
        }
    }
</script>

<style scoped>
</style>
```

使用query接收参数，运行项目，在浏览器地址栏中输入http://localhost:8080/#/，在显示的页面中单击"数码"，最终显示的效果如图7.9所示。

图7.9 带查询参数跳转显示的效果

以上几种方式，在实际开发中方式(1)、方式(2)、方式(4)用得最多。

使用编程式router.push()方法或声明式<router-link>，没有replace属性时支持返回，与window.history对象的forward()、back()和go()方法对应的router实例的方法如下。

```
router.forward();        //加载历史列表中的下一个URL（前进）
router.back();           //加载历史列表中的前一个URL（后退），等同于router.go(-1)
router.go(n);            //加载历史列表中的某个具体的页面
```

实例演示，src/pages/news/index.vue文件中的代码如下。

```
<template>
    <div><button type="button" @click="$router.back()">返回</button><button
     type="button" @click="back()">在JS中使用返回</button>新闻页面</div>
</template>

<script>
    export default {
        name: "news",
        methods:{
            back(){
                this.$router.back();
            }
        }
    }
</script>

<style scoped>

</style>
```

注意上面代码中加粗的部分，在模板视图中使用$router.back()方法返回上一页，在JS中使用this.$router.back()方法返回上一页。

2. router.replace

router.replace与router.push很像，唯一的不同就是，它不会向history中添加新记录，使用方式和router.push一样，这里不再赘述，在7.2.6小节将详细讲解。

语法形式如下。

```
声明式:<router-link :to="..." replace>
编程式:router.replace(...)
```

7.2.4　命名视图

有时想同时（同级）展示多个视图，而不是嵌套展示，如创建一个布局，有header（页头）、main（主内容）、footer（页脚）3个视图，这时命名视图就派上用场了。可以在界面中拥有多个单独命名的视图，而不是只有一个单独的视图。如果 router-view 没有设置名字，那么默认为 default。

扫一扫，看视频

编辑src/App.vue文件，代码示例如下。

```
<template>
    <div>
        <!--页头-->
        <router-view name="header"></router-view>
        <!--主内容-->
        <router-view></router-view>
```

```
        <!--页脚-->
        <router-view name="footer"></router-view>
    </div>
</template>

<script>
    export default {
        name: 'App'
    }
</script>

<style>
</style>
```

定义3个<router-view>视图组件，第一个name属性值为header，第二个没有name属性，默认值为default，第三个name属性值为footer。

接下来在src/router.js文件中配置，代码示例如下。

```
import Vue from 'vue';
//导入路由
import Router from 'vue-router';

//使用路由插件
Vue.use(Router);

//实例化路由
let router=new Router({
    mode:"hash",                //1.hash(哈希):URL有#号;2.history(历史):URL没有#号
    base:process.env.BASE_URL,  //自动获取根目录路径
    routes:[
        {
            path:"/",
            components:{
                header:()=>import("./pages/main/header"),
                default:()=>import("./pages/main/default"),
                footer:()=>import("./pages/main/footer")
            }
        }
    ]
});
//导出路由
export default router;
```

注意上面代码中加粗的部分，之前使用component属性挂载组件，现在改成了components属性。components属性的值，header属性对应src/App.vue文件中name="header"的路由视图组件；default属性对应src/App.vue文件中没有属性name的路由视图组件；footer属性对应src/App.vue文件中name="footer"的路由视图组件。由此可以看出，components属性的值命名要和路由视图组件name属性值相同。

接下来在src/pages/main文件夹中分别创建header.vue、index.vue和footer.vue文件。header.vue文件的内容如下。

```
<template>
    <div class="header">页头</div>
</template>

<script>
    export default {
        name: "header-comp"
    }
</script>

<style scoped>
    .header{width:100%;height:50px;background-color:#42b983; font-size:1
    6px;color:#FFFFFF;text-align:center;line-height:50px;}
</style>
```

index.vue文件的内容如下。

```
<template>
    <div class="main">
        主内容
    </div>
</template>

<script>
    export default {
        name: "main-comp"
    }
</script>

<style scoped>
    .main{width:100%;height:500px;background-color:#0000FF;font-size:16px;
    color:#FFFFFF;text-align: center;line-height:500px;}
</style>
```

footer.vue文件的内容如下。

```
<template>
    <div class="footer">页脚</div>
</template>

<script>
    export default {
        name: "footer-comp"
    }
</script>

<style scoped>
    .footer{width:100%;height:50px;background-color:#000000;font-size:16px;
    color:#FFFFFF;text-align:center;line-height:50px;}
</style>
```

运行项目，在浏览器中显示的效果如图7.10所示。

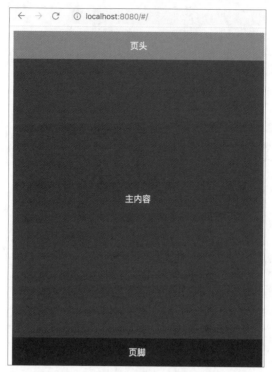

图 7.10　命名视图显示的效果

扫一扫，看视频

7.2.5　重定向和别名

重定向也是通过 routes 配置完成，下面的例子是从 /a 重定向到 /b。

```
const router = new VueRouter({
    routes: [
        { path: '/a', redirect: '/b' }
    ]
})
```

看一下上面代码中加粗的部分，使用redirect属性实现重定向。

重定向的目标可以是一个命名的路由，代码示例如下。

```
const router = new VueRouter({
    routes: [
        { path: '/a', redirect: { name: 'foo' }}
    ]
})
```

重定向的目标也可以是一个方法，动态返回重定向目标，代码示例如下。

```
const router = new VueRouter({
    routes: [
        { path: '/a', redirect: to => {
```

```
            // 方法接收目标路由作为参数
            // return 重定向的字符串路径/路径对象
        }}
    ]
})
```

在实战中的重定向演示，编辑src/App.vue文件的代码示例如下。

```
<template>
    <div>
        <router-view></router-view>
    </div>
</template>

<script>
    export default {
        name: 'App'
    }
</script>

<style>
</style>
```

src/router.js文件的代码示例如下。

```
import Vue from 'vue';
//导入路由
import Router from 'vue-router';

//使用路由插件
Vue.use(Router);

//实例化路由
let router=new Router({
    mode:"hash",                    //1.hash(哈希):URL有#号;2.history(历史):URL没有#号
    base:process.env.BASE_URL,      //自动获取根目录路径
    routes:[
        {
            path:"/",
            name:"main",
            component:()=>import("./pages/main/index"),
            redirect:"/goods"       //重定向到/goods页面
        },
        {
            path:"/goods",
            name:"goods",
            component:()=>import("./pages/goods/index")
        }
    ]
});
//导出路由
export default router;
```

注意上面代码中加粗的部分，当访问主页面/时，会重定向到/goods页面。

当然，路由也支持别名，别名的意思是/goods的别名是/products。意味着当用户访问/products页面时，URL会保持为/products，但是路由匹配则为/goods，就像用户访问/goods页面一样。src/router.js文件的代码示例如下。

```
import Vue from 'vue';
//导入路由
import Router from 'vue-router';

//使用路由插件
Vue.use(Router);

//实例化路由
let router=new Router({
    mode:"hash",                        //1.hash(哈希):URL有#号;2.history(历史):URL没有#号
    base:process.env.BASE_URL,          //自动获取根目录路径
    routes:[
        {
            path:"/",
            name:"main",
            component:()=>import("./pages/main/index"),
            redirect:"/products"        //重定向到/goods页面
        },
        {
            path:"/goods",
            name:"goods",
            component:()=>import("./pages/goods/index"),
            alias:"/products"           //将/goods起一个别名，为/products
        }
    ]
});
//导出路由
export default router;
```

注意上面代码中加粗的部分，使用alias属性定义别名，访问/products在页面中等同于访问/goods页面。

7.2.6　路由嵌套（主子路由）

扫一扫，看视频

在实际开发中，一个UI通常由多层嵌套的组件组成，如后台管理系统、移动端首页、商品分类页面等很多场景都需要使用路由嵌套。接下来看一下路由嵌套如何使用。src/App.vue文件的代码示例如下。

```
<template>
    <div>
        <router-view></router-view>
    </div>
</template>

<script>
    export default {
        name: 'App'
```

```
        }
    </script>

    <style>
    </style>
```

src/pages/main/index.vue文件的代码示例如下。

```
<template>
    <div class="page">
        <div class="nav">
            <div class="menu" @click="goPage('/home')">首页</div>
            <div class="menu" @click="goPage('/cart')">购物车</div>
            <div class="menu" @click="goPage('/my')">我的</div>
        </div>
        <div>
            <router-view></router-view>
        </div>
    </div>
</template>

<script>
    export default {
        name: "main-comp",
        methods:{
            goPage(url){
                //跳转子路由，建议使用replace
                this.$router.replace(url);
            }
        }
    }
</script>

<style scoped>
    .page{width:100%;height:auto;}
    .page .nav{width:100%;display:flex;}
    .page .nav .menu{margin:0px 10px;}
</style>
```

　　注意上面代码中加粗的部分，子路由的组件会在<router-view>位置渲染，子路由的跳转方式建议使用replace()方法，不需要向history中添加新记录，这样可以解决一些用户体验的问题，具体解决什么问题，请扫描二维码观看视频学习。

　　src/router.js文件的代码示例如下。

```
import Vue from 'vue';
//导入路由
import Router from 'vue-router';

//使用路由插件
Vue.use(Router);

//实例化路由
```

```
let router=new Router({
    mode:"hash",                //1.hash(哈希):URL有#号;2.history(历史):URL没有#号
    base:process.env.BASE_URL,  //自动获取根目录路径
    routes:[
        {
            path:"/",
            name:"main",
            component:()=>import("./pages/main/index"),
            //创建子路由
            children:[
                {
                    path:"home",
                    name:"home",
                    component:()=>import("./pages/main/home")
                },
                {
                    path:"cart",
                    name:"cart",
                    component:()=>import("./pages/main/cart")
                },
                {
                    path:"my",
                    name:"my",
                    component:()=>import("./pages/main/my")
                }
            ]
        }
    ]
});
//导出路由
export default router;
```

注意上面代码中加粗的部分，要在src/pages/main/index.vue文件中<router-view>位置显示组件，需要在routes选项的配置中添加children选项。children选项只是路由配置对象的另一个数组，可以根据业务需求继续嵌套路由。在children选项中path属性的值可以不加/，/代表根目录，如果不加/，会自动从父路由配置中拼接path属性的值，即/home、/cart、/my。

在src/pages/main文件夹中创建home.vue、cart.vue和my.vue文件。

home.vue文件的代码示例如下。

```
<template>
    <div class="page">首页</div>
</template>

<script>
    export default {
        name: "home"
    }
</script>

<style scoped>
```

```
    .page{width:100%;height:95vh;background-color:#000000;font-size:16px; color: #FFFFFF;
    text-align:center;line-height:50px;}
</style>
```

cart.vue文件的代码示例如下。

```
<template>
    <div class="page">购物车</div>
</template>

<script>
    export default {
        name: "cart"
    }
</script>

<style scoped>
    .page{width:100%;height:95vh;background-color:#42b983; font-size: 16px;color:
    #FFFFFF;text-align:center;}
</style>
```

my.vue文件的代码示例如下。

```
<template>
    <div class="page">我的</div>
</template>

<script>
    export default {
        name: "my"
    }
</script>

<style scoped>
    .page{width:100%;height:95vh;background-color:#F22E2B; font-size:
    16px;color:#FFFFFF;text-align:center;}
</style>
```

运行项目，在浏览器地址栏中输入http://localhost:8080/#/，显示的效果如图7.11所示。

图 7.11　路由嵌套默认页面

单击"首页"，显示的效果如图7.12所示。

注意图7.12显示的效果，依然保留首页、购物车、我的，并不是跳转到一个全新的页面。注意URL地址的变化，从最初的http://localhost:8080/#/变为http://localhost:8080/#/home，这时相对于子路由path属性值为home的组件被显示出来。

单击"购物车"，显示的效果如图7.13所示。

图7.12 路由嵌套的"首页"页面

图7.13 路由嵌套的"购物车"页面

单击"我的"，显示的效果如图7.14所示。

图7.14 路由嵌套的"我的"页面

再看图7.11显示的效果，默认并没有显示首页，需要单击"首页"才会显示出来，这并不是我们想要的结果。应该在访问http://localhost:8080/#/这个地址时自动跳转到http://localhost:8080/#/home页面，可以使用重定向解决这个问题。

src/router.js文件的代码示例如下。

```
import Vue from 'vue';
//导入路由
import Router from 'vue-router';

//使用路由插件
Vue.use(Router);
```

```
//实例化路由
let router=new Router({
    mode:"hash",                    //1.hash(哈希):URL有#号;2.history(历史):URL没有#号
    base:process.env.BASE_URL,      //自动获取根目录路径
    routes:[
        {
            path:"/",
            name:"main",
            component:()=>import("./pages/main/index"),
            redirect:"/home",
            //创建子路由
            children:[
                {
                    path:"home",
                    name:"home",
                    compoent:()=>import("./pages/main/home")
                },
                {
                    path:"cart",
                    name:"cart",
                    component:()=>import("./pages/main/cart")
                },
                {
                    path:"my",
                    name:"my",
                    component:()=>import("./pages/main/my")
                }
            ]
        }
    ]
});
//导出路由
export default router;
```

注意上面代码中加粗的部分，使用redirect属性设置访问时自动跳转的path。这时再访问 http://localhost:8080/#/显示的效果如图7.12所示。

7.3 导航守卫

导航守卫也被称为路由导航和路由的钩子函数，主要用于通过跳转或取消的方式守卫导航。有多种方法植入路由导航过程中：全局的、单个路由独享的或组件级的。

7.3.1 beforeEach 全局前置守卫

使用router.beforeEach注册一个全局前置守卫，语法形式如下。

```
const router = new VueRouter({ ... })
router.beforeEach((to, from, next) => {
    // ...
})
```

当一个导航被触发时，全局前置守卫按照创建顺序调用。守卫是异步解析执行，此时导航在所有守卫决定完之前一直处于等待中。

每个守卫方法接收3个参数。

- to: Route对象，即将要进入的目标路由对象。
- from: Route对象，当前导航正要离开的路由。
- next: Function，一定要调用该方法来决定这个钩子函数。执行效果依赖 next ()方法的调用参数。

  ◆ next()：进行管道中的下一个钩子函数。如果钩子函数全部执行完了，则导航的状态就是 confirmed（确认的）。

  ◆ next(false)：中断当前的导航。如果浏览器的 URL 改变了（可能是用户手动或浏览器后退按钮），那么 URL 地址会重置到 from 路由对应的地址。

  ◆ next('/') 或 next({ path: '/' })：跳转到一个不同的地址。当前的导航被中断，然后进行一个新的导航。可以向 next ()方法传递任意位置对象，且允许设置诸如 replace: true、name: 'home' 之类的选项以及任何用于 router-link 的 to prop 或 router.push 中的选项。

  ◆ next(error)：（2.4.0+）如果传入 next ()方法的参数是一个 Error 实例，则导航会被终止且该错误会被传递给 router.onError() 函数注册过的回调。

接下来使用beforeEach实现一个会员登录验证的功能，会员只有登录后才能进入"个人中心"页面。

src/pages/main/index.vue文件的代码示例如下。

```
<template>
    <div class="page">
        <button type="button" @click="pushPage('/login')">会员登录</button>
        <button type="button" @click="pushPage('/ucenter')">个人中心</button>
    </div>
</template>

<script>
    export default {
        name: "main-comp",
        methods:{
            pushPage(url){
                this.$router.push(url);
            }
        }
    }
</script>

<style scoped>
</style>
```

src/pages/login/index.vue文件的代码示例如下。

```
<template>
    <div>
        <div>用户名:<input type="text" v-model="username" placeholder="请输入用户名" /></div>
```

```
            <div>密码:<input type="text" v-model="password" placeholder="请输入密码" /></div>
            <div><button type="button" @click="submit()">登录</button></div>
        </div>
    </template>

    <script>
        export default {
            name: "login",
            data(){
                return {
                    username:"",
                    password:""
                }
            },
            methods:{
                submit(){
                    //使用trim()方法去除两端空格, 判断input的值是否为空
                    if(this.username.trim()==""){
                        alert("请输入用户名");
                        return;
                    }
                    if(this.password.trim()==""){
                        alert("请输入密码");
                        return;
                    }
                    //将用户名存储为本地缓存
                    localStorage["username"]=this.username;
                    //本地缓存isLogin作为登录状态的标识, true为已登录, false为未登录
                    localStorage["isLogin"]=true;
                    //登录成功跳转到根页面
                    this.$router.replace("/");
                }
            }
        }
    </script>

    <style scoped>
    </style>
```

代码中有详细的注释, 这里就不再赘述了。

src/pages/ucenter/index.vue文件的代码示例如下。

```
    <template>
        <div>
            欢迎{{username}}回来! <br/><button type="button" @click="outLogin">安全退出</button>
        </div>
    </template>

    <script>
        export default {
            name: "ucenter",
```

```
        data(){
            return {
                username:localStorage["username"]
            }
        },
        methods:{
            //退出会员
            outLogin(){
                //清除缓存
                localStorage.clear();
                //跳转到登录页面
                this.$router.replace("/login");
            }
        }
    }
</script>

<style scoped>
</style>
```

src/router.js文件的代码示例如下。

```
import Vue from 'vue';
//导入路由
import Router from 'vue-router';

//使用路由插件
Vue.use(Router);

//实例化路由
let router=new Router({
    mode:"hash",                    //1.hash(哈希):URL有#号;2.history(历史):URL没有#号
    base:process.env.BASE_URL,      //自动获取根目录路径
    routes:[
        {
            path:"/",
            name:"main",
            component:()=>import("./pages/main/index")
        },
        {
            path:"/login",
            name:"login",
            component:()=>import("./pages/login/index")
        },
        {
            path:"/ucenter",
            name:"ucenter",
            component:()=>import("./pages/ucenter/index"),
            //在meta选项中添加自定义属性, auth值为true, 表示这个页面需要会员登录后才可以访问
            meta:{auth:true}
        }
    ]
```

```
    });
    //注册全局前置守卫
    router.beforeEach((to,from,next)=>{
        //如果当前页面存在meta.auth属性值为true，表示这个页面需要会员验证
        if(to.meta.auth){
            //localStorage["isLogin"]的值为true，表示会员已经登录
            if(localStorage["isLogin"]){
                //进入当前页面
                next();
            }else{            //如果会员未登录，直接跳转到登录页面
                next("/login");
            }
        }else{//如果没有meta.auth或meta.auth值为false，表示这个页面不需要会员验证
            //直接进入当前页面
            next();
        }
    });
    //导出路由
    export default router;
```

上面代码中有详细的注释，这里不再赘述。

接下来运行项目，在浏览器地址栏中输入http://localhost:8080/#/，最终显示的效果如图7.15所示。

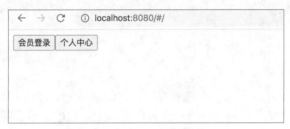

图 7.15　项目默认页面

单击"个人中心"按钮，由于没有登录会员，会直接跳转到会员登录页面。这时控制台会出现报错信息，但是不影响使用，报错信息为Uncaught (in promise) Error: Redirected when going from "/" to "/ucenter" via a navigation guard.。这是重复的重定向引起的错误，从错误提示中可以看出，在/这个页面跳转到/ucenter页面时报错，路由配置中path属性值/对应的是src/pages/main/index.vue文件，打开该文件，将代码this.$router.push(url)修改为this.$router.push(url).catch(()=>{})。

如果在路由配置中使用了beforeEach全局前置守卫，需要调用catch()方法抛出错误异常，解决控制台报出Uncaught (in promise) Error: Redirected when going from "/" to "/ucenter" via a navigation guard. 这样的错误提示问题。

还有一种解决方案，就是更换vue-router版本，推荐使用3.0.3版本，后面在开发实战项目时使用的就是3.0.3版本。

（1）卸载当前的vue-router版本，在命令提示符窗口中输入以下命令。

```
npm uninstall vue-router
```

（2）安装vue-router 3.0.3版本，在命令提示符窗口中输入以下命令。

```
npm install vue-router@3.0.3 -S
```

安装完成后，更改src/pages/main/index.vue文件的代码。

```
this.$router.push(url).catch(()=>{})
```

将其修改为

```
this.$router.push(url)
```

vue-router 3.0.3版本不支持catch()方法。

7.3.2　beforeEnter 路由独享守卫

路由独享守卫也被称为路由内的守卫，是在routes配置的路由对象中直接定义的beforeEnter守卫，语法形式如下。

```
const router = new VueRouter({
    routes: [
        {
            path: '/foo',
            component: Foo,
            beforeEnter: (to, from, next) => {
                // ...
            }
        }
    ]
})
```

beforeEnter路由独享守卫只在该组件上生效，在调用beforeEach全局前置守卫之后，进入路由组件之前调用。接下来把使用beforeEach全局前置守卫实现的会员登录验证功能，使用路由独享守卫实现一遍。src/router.js文件的代码示例如下。

```
import Vue from 'vue';
//导入路由
import Router from 'vue-router';

//使用路由插件
Vue.use(Router);

//实例化路由
let router=new Router({
    mode:"hash",                //1.hash(哈希):URL有#号;2.history(历史):URL没有#号
    base:process.env.BASE_URL,  //自动获取根目录路径
    routes:[
        {
            path:"/",
            name:"main",
            component:()=>import("./pages/main/index")
        },
        {
            path:"/login",
```

```
            name:"login",
            component:()=>import("./pages/login/index")
        },
        {

            path:"/ucenter",
            name:"ucenter",
            component:()=>import("./pages/ucenter/index"),
            //使用路由独享守卫代替全局前置守卫实现会员登录验证功能
            beforeEnter:(to,from,next)=>{
                //localStorage["isLogin"]的值为true, 表示会员已经登录
                if(localStorage["isLogin"]){
                    //进入该页面
                    next();
                }else{              //如果会员未登录, 直接跳转到登录页面
                    next("/login");
                }
            }
        }
    ]
});
```

```
//导出路由
export default router;
```

上面代码中有详细的注释，使用beforeEnter路由独享守卫代替了beforeEach全局前置守卫，实现了会员登录验证功能。

7.3.3 组件内的守卫

路由组件内可以直接定义以下路由导航守卫。

扫一扫，看视频

- beforeRouteEnter。
- beforeRouteUpdate（2.2 版本新增）。
- beforeRouteLeave。

1. beforeRouteEnter

beforeRouteEnter守卫不能访问this，因为守卫在导航确认前被调用，这时新进入的组件还没有被创建。不过它的next()方法支持回调，在导航被确认时执行回调，并且会把组件实例作为回调方法的参数。代码示例如下。

```
beforeRouteEnter (to, from, next) {
    next(vm => {
        // 通过 vm 访问组件实例
    })
}
```

将之前开发的会员登录验证功能使用beforeRouteEnter守卫实现一遍。src/router.js文件的代码示例如下。

```
import Vue from 'vue';
//导入路由
```

```
import Router from 'vue-router';

//使用路由插件
Vue.use(Router);

//实例化路由
let router=new Router({
    mode:"hash",                    //1.hash(哈希):URL有#号;2.history(历史):URL没有#号
    base:process.env.BASE_URL,    //自动获取根目录路径
    routes:[
        {
            path:"/main",
            name:"main",
            component:()=>import("./pages/main/index")
        },
        {
            path:"/login",
            name:"login",
            component:()=>import("./pages/login/index")
        },
        {
            path:"/ucenter",
            name:"ucenter",
            component:()=>import("./pages/ucenter/index")
        }
    ]
});

//导出路由
export default router;
```

将之前的beforeEnter路由独享守卫删除。src/pages/ucenter/index.vue文件的代码示例如下。

```
<template>
    <div>
        欢迎{{username}}回来! {{message}}<br/><button type="button" @click="outLogin"> 安全退
        出</button>
    </div>
</template>

<script>
    export default {
        name: "ucenter",
        data(){
            return {
                username:localStorage["username"],
                message:""
            }
        },
        methods:{
            //退出会员
            outLogin(){
                //清除缓存
```

```
            localStorage.clear();
            //跳转到登录页面
            this.$router.replace("/login");
        }
    },
    //组件内的守卫
    beforeRouteEnter(to,from,next){
        //如果会员已登录,可以进入该页面
        if(localStorage["isLogin"]){
            next();
            //使用next()方法支持的回调函数,调用组件实例
            next(vm=>{
                vm.message="我是beforeRouteEnter的组件实例";
            })
        }else{                          //否则,跳转到登录页面
            next("/login")
        }
    }
}
</script>

<style scoped>
</style>
```

上面的代码注释很清晰,运行项目,在浏览器地址栏中输入http://localhost:8080/#/,在显示的页面中单击"会员登录"按钮,随便输入用户名和密码登录后,返回到主页面,单击"个人中心"按钮,最终显示的效果如图7.16所示。

图 7.16 beforeRouteEnter 守卫的演示效果

2.beforeRouteUpdate

beforeRouteUpdate守卫在当前路由改变,但是在该组件被复用时调用。举例来说,对于一个带有动态参数的路径 /foo/:id,在 /foo/1 和 /foo/2 之间跳转时,由于会显示同样的 foo 组件,因此组件实例会被复用。而这个钩子函数就会在这种情况下被调用,这时可以访问组件实例this。在实际开发中可以实现切换导航改变当前样式的功能。src/App.vue文件的代码示例如下。

扫一扫,看视频

```
<template>
    <div>
        <router-view></router-view>
    </div>
</template>
```

```
<script>
    export default {
        name: 'App'
    }
</script>

<style>
    html,body{margin:0px;padding:0px;}
</style>
```

src/pages/main/index.vue文件的代码示例如下。

```
<template>
    <div class="page">
        <div class="nav">
            <div :class="{item:true,active:isHomeActive}" @click=" replacePage ('/
            home')">首页</div>
            <div :class="{item:true,active:isCartActive}" @click=" replacePage ('/
            cart')">购物车</div>
            <div :class="{item:true,active:isMyActive}" @click="replacePage('/
            my')">我的</div>
        </div>
        <div>
            <router-view></router-view>
        </div>
    </div>
</template>

<script>
    export default {
        name: "main-comp",
        data(){
            return {
                //当前首页页面的导航样式
                isHomeActive:true,
                //当前购物车页面的导航样式
                isCartActive:false,
                //当前我的页面的导航样式
                isMyActive:false
            }
        },
        methods:{
            replacePage(url){
                this.$router.replace(url);
            },
            //改变导航样式的方法
            changeRouteStyle(path){
                //获取当前页面的路径
                switch (path) {
                    //如果当前页面的路径是/home，执行以下程序
                    case "/home":
                        this.isHomeActive=true;
                        this.isCartActive=false;
```

```
                    this.isMyActive=false;
                    break;
                //如果当前页面的路径是/cart，执行以下程序
                case "/cart":
                    this.isHomeActive=false;
                    this.isCartActive=true;
                    this.isMyActive=false;
                    break;
                //如果当前页面的路径是/my，执行以下程序
                case "/my":
                    this.isHomeActive=false;
                    this.isCartActive=false;
                    this.isMyActive=true;
                    break;
                default://以上都不是，执行以下程序
                    this.isHomeActive=true;
                    this.isCartActive=false;
                    this.isMyActive=false;
                    break;

            }
        }
    },
    created(){
        //获取当前路由path
        let curRoutePath=this.$router.path;
        //刷新页面改变当前页面的导航样式
        this.changeRouteStyle(curRoutePath);
    },
    beforeRouteUpdate(to,from,next){
        this.changeRouteStyle(to.path);
        next();
    }
}
</script>

<style scoped>
    .nav{width:100%;height:40px;background-color:#EFEFEF;display: flex;}
    .nav .item{width:80px;height:100%;font-size:14px;text-align: center;line-
    height: 40px;}
    .nav .item.active{background-color:#F22E2B;color:#FFFFFF;}
</style>
```

上面代码中的注释很清晰，使用beforeRouteUpdate守卫可以实现切换导航改变当前样式的功能。
src/router.js文件的代码示例如下。

```
import Vue from 'vue';
//导入路由
import Router from 'vue-router';

//使用路由插件
Vue.use(Router);

//实例化路由
```

```
let router=new Router({
    mode:"hash",                    //1.hash(哈希):URL有#号;2.history(历史):URL没有#号
    base:process.env.BASE_URL,      //自动获取根目录路径
    routes:[
        {
            path:"/main",
            name:"main",
            component:()=>import("./pages/main/main"),
            redirect:"/home",
            children:[
                {
                    path:"/home",
                    name:"home",
                    component:()=>import("./pages/main/home")
                },                    {
                {
                    path:"/cart",
                    name:"cart",
                    component:()=>import("./pages/main/cart")
                },
                {

                    path:"/my",
                    name:"my",
                    component:()=>import("./pages/main/my")
                }
            ]
        }
    ]
});

//导出路由
export default router;
```

　　pages/main/home、pages/main/cart、pages/main/my组件已经在7.2.6小节中创建了。运行项目，最终在浏览器中显示的效果如图7.17～图7.19所示。

图 7.17　当前路径为 /home 的页面

图 7.18　当前路径为 /cart 的页面

图 7.19　当前路径为 /my 的页面

3. beforeRouteLeave

beforeRouteLeave守卫通常用于禁止用户在还未保存修改前突然离开，或者必须单击一个广告弹窗才能离开。接下来实现一个单击广告弹窗后才能离开当前页面的效果。

扫一扫，看视频

src/pages/home/index.vue文件的代码示例如下。

```html
<template>
    <div class="page">
        <div :class="{box:true, active:isActive}" @click="isActive=true">{{isActive?
        '已点击':'请点击广告'}}</div>
    </div>
</template>

<script>
    export default {
        name: "home",
        data(){
            return {
                isActive:false
            }
        },
        //组件内的离开守卫
        beforeRouteLeave(to,from,next){
            if(this.isActive){          //如果点击了广告，可以离开这个页面
                next();
            }else{                      //否则不能离开这个页面
                alert("请点击广告");
                next(false);
            }
        }
    }
</script>
<style scoped>
    .page{width:100%;height:95vh;background-color:#000000;}
```

```
    .box{width:100px;height:100px;background-color:#FFFFFF;font-size:16px; color:
    #000000;text-align: center;line-height:100px;position: absolute;z-index:10; left:10%;
    top:10%;cursor: pointer}
    .box.active{background-color:#42b983;color:#FFFFFF}
</style>
```

运行项目，在浏览器显示的页面中单击"购物车"或"我的"，显示的效果如图 7.20 所示。

图 7.20　单击"购物车"或"我的"显示的效果

可以看到不能跳转页面，而是弹出了一个提示框，接下来单击"请点击广告"，显示的效果如图 7.21 所示。

图 7.21　单击"请点击广告"显示的效果

接下来再单击"购物车"或"我的"，就可以跳转了，如图 7.22 所示。

图 7.22　单击"购物车"跳转的页面

完整的导航解析流程如下。

（1）导航被触发。

（2）在失活的组件中调用 beforeRouteLeave 守卫。

（3）调用全局的 beforeEach 守卫。

（4）在重用的组件中调用 beforeRouteUpdate 守卫（2.2+）。

（5）在路由配置中调用 beforeEnter 守卫。

（6）解析异步路由组件。

（7）在被激活的组件中调用 beforeRouteEnter 守卫。

（8）调用全局的 beforeResolve 守卫（2.5+）。

（9）导航被确认。

（10）调用全局的 afterEach ()钩子函数。

（11）触发 DOM 更新。

（12）调用 beforeRouteEnter 守卫中传给 next ()方法的回调函数，创建好的组件实例会作为回调函数的参数传入。

7.4　history 模式

vue-router默认是hash模式，hash模式的特点就是在URL中使用#标识要跳转目标的路径，当URL改变时，页面不会重新加载。如果你觉得这样的URL很难看，可以使用history模式，这种模式充分利用history.pushState API完成 URL跳转而无须重新加载页面。

扫一扫，看视频

7.4.1　配置 history 路由模式

当使用history模式时，URL就像正常的网址，如 http://www.lucklnk.com/course，也很好看。src/router.js文件的代码示例如下。

```
import Vue from 'vue';
//导入路由
import Router from 'vue-router';

//使用路由插件
Vue.use(Router);

//实例化路由
let router=new Router({
    mode:"history",              //1.hash(哈希):URL有#号;2.history(历史):URL没有#号
    base:process.env.BASE_URL,   //自动获取根目录路径
    routes:[
        {
            path:"/main",
            name:"main",
            component:()=>import("./pages/main/index"),
            redirect:"/home",
            children:[
                {
```

```
                path:"/home",
                name:"home",
                component:()=>import("./pages/main/home")
            },
            {

                path:"/cart",
                name:"cart",
                component:()=>import("./pages/main/cart")
            },
            {

                path:"/my",
                name:"my",
                component:()=>import("./pages/main/my")
            }
        ]
    }
  ]
});

//导出路由
export default router;
```

注意上面代码中加粗的部分，mode的值为history，在浏览器中显示的效果如图7.23所示。

图 7.23　history 模式运行的项目

可以看到图7.23中的浏览器地址栏中的地址已经没有#号了，和正常的URL是一样的。

7.4.2　解决 history 模式在生产环境中的 404 报错问题

使用history模式，在生产环境中访问的URL是一个带有一级或多级目录的地址，如http://localhost/home，/home就是一级目录，刷新页面时会出现404错误，因为真实的项目中并没有home这个文件夹。我们来测试一下，首先使用npm run build命令打包，再使用以下命令运行生产环境项目。

```
cd dist
serve
```

项目运行后在浏览器中刷新页面，这时会返回404，如图7.24所示。

图 7.24　history 模式下刷新页面返回 404

解决这个问题，需要后端配置，我们的正式项目一般都在apache或nginx环境中运行。

1. 配置 apache

在项目根目录下创建.htaccess文件，文件内容如下。

```
<IfModule mod_rewrite.c>
Options Indexes FollowSymLinks ExecCGI
RewriteEngine On
RewriteBase  /
RewriteRule ^index\.html$ - [L]
RewriteCond %{REQUEST_FILENAME} !-f
RewriteCond %{REQUEST_FILENAME} !-d
RewriteRule . /index.html [L]
</IfModule>
```

上面的代码实现了，如果刷新页面返回404，将重定向到index.html文件。使用方法是将.htaccess文件复制到dist文件夹下，上传到服务器即可生效。

2. 配置 nginx

在nginx.conf文件中配置。

```
location / {
    try_files $uri $uri/ /index.html;
}
```

和apache一样，如果刷新页面返回404，将重定向到index.html文件。

在工作中，apache环境比较简单，不需要后端人员配合，使用.htaccess文件就可以配置apache；但是nginx不一样，前端是没有权限配置nginx的，需要后端人员或运维人员配合，只需将上面的解决方案告诉后端人员或运维人员让其配置即可。

> **注意：**
> 配置重定向之后，服务器就不再返回404错误页面，因为所有路径都会返回 index.html文件。为了避免这种情况，应该在Vue路由配置应用中覆盖所有的路由情况，然后再给出一个404页面。

在src/pages文件夹中创建error文件夹，在该文件夹中创建404.vue文件，文件内容如下。

```
<template>
    <div>自定义的404错误页面</div>
</template>

<script>
    export default {
        name: "404"
    }
</script>

<style scoped>
</style>
```

在src/router.js文件中添加以下代码。

```
import Vue from 'vue';
//导入路由
import Router from 'vue-router';

//使用路由插件
Vue.use(Router);

//实例化路由
let router=new Router({
    mode:"history",            //1.hash(哈希):URL有#号;2.history(历史):URL没有#号
    base:process.env.BASE_URL, //自动获取根目录路径
    routes:[
        {
            //表示匹配所有地址，返回404错误页面
            path:"*",
            component:()=>import("./pages/error/404")
        },
        ...
    ]
});

//导出路由
export default router;
```

path的值为"*"，表示匹配所有地址，当访问的URL地址并不存在路由配置选项时，会自动跳转到自己定义的404错误页面。

7.5　小结

本章详细讲解了Vue官方提供的路由管理器的使用，包括动态路由、动态参数、路由嵌套、

命名路由和命名视图。其中，要记住push与replace的区别、接收参数的几种方式（用得最多的是query接收参数）、路由的hash模式与history模式的区别、如何在history模式中解决404报错问题。导航守卫使用流程也要熟记，这些守卫中最重要的是beforeEach全局前置守卫，面试时有可能会问到。传统的页面应用是用一些超链接实现页面切换和跳转的，vue-router适用于构建单页面应用，在vue-router单页面应用中，则是路径之间的切换，也就是组件的切换。本章强烈建议结合视频学习，再多加练习，便于更好地理解。

第 8 章

Postman 软件的使用

我们在实际开发中拿到后端给的API文档，不要直接使用ajax对接，要先测试一下接口是否有问题，确定接口没有问题后再开始对接。可以使用Postman软件测试接口。

8.1　Postman 简介与安装

Postman软件是工作中前端或后端测试API的必备工具之一，支持Mac操作系统、Windows操作系统、Linux操作系统，安装简单。

8.1.1　Postman 简介

Postman是一款强大的网页调试工具客户端，Postman为用户提供强大的 Web API & HTTP 请求调试功能。Postman能够发送任何类型的HTTP请求，包括GET、POST、PUT、DELETE等请求类型，Postman适用于不同的操作系统，是一款非常实用的调试工具。

8.1.2　Postman 的安装

Postman官方下载地址为https://www.postman.com/downloads/，如图8.1所示。

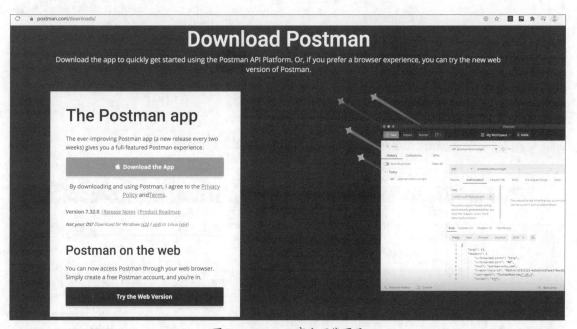

图 8.1　Postman 官方下载页面

下载完成后进行安装，安装很简单，Windows操作系统按照提示安装即可，这里用Mac操作系统的安装做演示。

（1）解压Postman-osx-7.32.0.zip，解压后得到Postman.app文件。

（2）将Postman.app文件剪切到桌面，双击运行，显示如图8.2所示的界面。

图 8.2　Mac 操作系统运行 Postman 界面

扫一扫，看视频

8.2　使用 Postman

Postman使用起来很简单，其界面说明如图8.3所示。

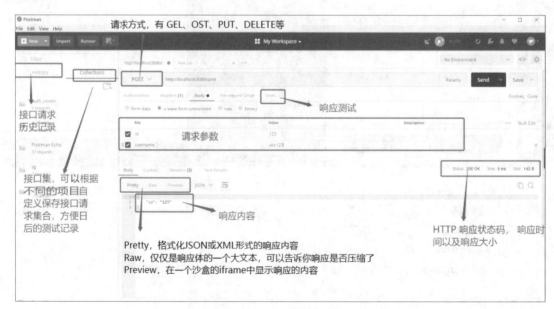

图 8.3　Postman 界面说明

8.2.1　Postman 发送 GET 请求

先看一下后端给的GET类型的接口地址http://vueshop.glbuys.com/api/home/index/slide?token＝1ec949a15fb709370f。

接下来使用Postman测试一下接口是否可用。

（1）单击加号按钮，添加选项卡，如图8.4所示。

图 8.4　添加选项卡

（2）请求类型选择GET，在输入框中输入接口地址，如图8.5所示。

图 8.5　设置 GET 请求

单击Send按钮发送请求，显示的结果如图8.6所示。

这个接口返回的是JSON类型的数据，所以我们选择JSON格式显示接口返回的结果，这样看上去更直观，现在可以确定接口没有问题。

图 8.6   GET 请求返回的结果

8.2.2   Postman 发送 POST 请求

接下来测试一下POST类型的接口。接口地址为https://diancan.glbuys.com/api/v1/goods/classify，参数为branch_shop_id，值为333071944。

用Postman测试此接口是否可用，如图8.7所示。

图 8.7   POST 请求返回的结果

POST请求需要选择Body，content-type选择x-www-form-urlencoded，这个content-type根据后端接口类型定义，这里后端接口的content-type为x-www-form-urlencoded。

8.3 小结

前后端分离开发越来越流行，而前后端分离开发的优点之一就是前端和后端开发人员可以分开调试程序，完成基本的单元测试，加快开发效率。本章主要介绍Postman软件的基本使用方法，对于前端开发人员，Postman可以自定义URL、请求的类型（GET、POST等），可以加入Head头信息和HTTP Body信息等，帮助前端人员获取数据，检测后端接口是否有问题。在实际开发中如果对接接口时出现问题，首先要使用Postman测试后端接口，确定没有问题，再找程序中的问题，使用排除法可以更高效地解决问题。本章实操性强，建议结合视频学习，效果会更好！

第9章

Vue 全家桶之 axios

在实际开发中，页面的动态数据是从服务端获取的，Vue官方推荐使用axios完成ajax请求。

学习技巧：本章知识点建议结合视频学习，接口文档可以关注"html5 程序思维"公众号，然后发送Vue23，即可获取下载地址进行下载。

9.1 axios 简介

axios是一个基于promise的HTTP库，可以用于浏览器和node.js文件中，常用于Vue、React等前端框架，底层是使用promise封装的ajax，可以解决异步调用出现回调地狱的问题，可以编写出可读性好、维护性强的代码。

9.1.1 axios 的特性

axios的特性如下。

- 从浏览器中创建 XMLHttpRequests。
- 从 node.js 文件中创建 HTTP 请求。
- 支持 promise API。
- 拦截请求和响应。
- 转换请求数据和响应数据。
- 取消请求。
- 自动转换 JSON 数据。
- 客户端支持防御 XSRF。

axios支持的浏览器如图9.1所示。

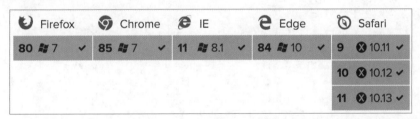

图 9.1　axios 支持的浏览器

9.1.2 axios 的安装

可以使用CDN方式安装，代码如下。

```
<script src="https://unpkg.com/axios/dist/axios.min.js"></script>
```

如果使用模块化开发，可以使用NPM安装，执行以下命令安装axios。

```
npm install axios -S
```

9.2 axios 请求数据和上传文件

axios支持多种请求类型，如GET、POST、DELETE、PUT等，也支持文件上传并获取上传进度值，通过上传进度值可以实现进度条功能。

9.2.1　基本用法

扫一扫，看视频

axios可以分为局部使用和全局使用，我们先看一下这两种用法。

1. 局部使用

src/pages/main/home.vue文件的代码示例如下。

```
<template>
    <div class="page">
        axios
    </div>
</template>

<script>
    //导入axios
    import Axios from "axios";
    export default {
        name: "home",
        created(){
            //请求地址
            let url="http://vueshop.glbuys.com/api/home/category/menu? token=
            1ec949a15fb709370f";
            //使用GET请求
            Axios.get(url).then(res=>{
                //返回结果
                console.log(res);
            }).catch(err=>{
                console.log(err);
            })
        }
    }
</script>

<style scoped>
    .page{width:100%;height:95vh;}
</style>
```

看上面代码中加粗的部分，axios使用起来很简单，get()方法接收一个服务端URL作为参数，当服务器返回成功时调用then()方法中的回调，该回调方法中的参数可以获取到服务器返回的结果。在浏览器中显示的效果如图9.2所示。

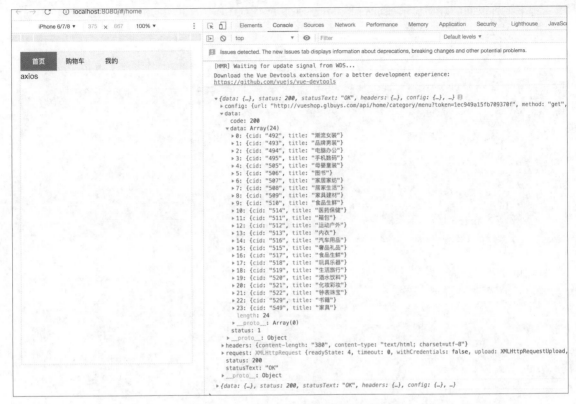

图 9.2　axios 的 GET 请求服务器返回的结果

返回的response是JSON格式的数据，response对象的完整属性如下。

```
{
    //data: 服务器返回的响应数据
    data:{},

    //status: 服务器响应的HTTP状态码
    status:200,

    //statusText: 服务器响应的HTTP状态描述
    statusText:'OK',

    //headers: 服务器响应的消息报头
    headers:{},

    //config: 为请求提供的配置信息
    config:{},

    //request: 生成此响应的请求
    request:{}
}
```

接下来将返回的数据显示到页面上，代码如下。

```html
<template>
    <div class="page">
        <ul>
            <li v-for="item in dataList" :key="item.cid">
                {{item.title}}
            </li>
        </ul>
    </div>
</template>

<script>
    //导入axios
    import Axios from "axios";

    export default {
        name: "home",
        data(){
            return {
                dataList:[]
            }
        },
        created(){                    //请求地址
            let url="http://vueshop.glbuys.com/api/home/category/menu?token=
            1ec949a15fb709370f";
            //使用GET请求
            Axios.get(url).then(res=>{
                //将返回的数据，赋值给dataList
                this.dataList=res.data.data;
            }).catch(err=>{
                console.log(err);
            })
        }
    }
</script>

<style scoped>
    .page{width:100%;height:95vh;}
</style>
```

从图9.2返回的数据结构看出最外层的data是axios的专有属性，data内部的data是服务端结果返回的属性，我们要想获取服务端接口data属性值，可以使用res.data.data获取。在浏览器中显示的效果如图9.3所示。

图 9.3　axios 的 GET 请求数据显示到浏览器中的效果

2. 全局使用

src/main.js文件的代码示例如下。

```
import Vue from 'vue'
import App from './App.vue'
import router from "./router";
//导入axios
import Axios from "axios";

//将Axios挂载到Vue原型自定义属性$axios上
Vue.prototype.$axios=Axios;

Vue.config.productionTip = false;

new Vue({
    router,
    render: h => {return h(App)},
}).$mount('#app')
```

注意上面代码中加粗的部分，全局使用axios只需将axios挂载到Vue原型上。

src/pages/main/home.vue文件修改后的代码示例如下。

```
<template>
```

```
        <div class="page">
            <ul>
                <li v-for="item in dataList" :key="item.cid">
                    {{item.title}}
                </li>
            </ul>
        </div>
    </template>

    <script>
        export default {
            name: "home",
            data(){
                return {
                    dataList:[]
                }
            },
            created(){
                //请求地址
                let url="http://vueshop.glbuys.com/api/home/category/menu?token=
                1ec949a15fb709370f";
                //使用GET请求
                this.$axios.get(url).then(res=>{
                    //将返回的数据，赋值给dataList
                    this.dataList=res.data.data;
                }).catch(err=>{
                    console.log(err);
                })
            }
        }
    </script>

    <style scoped>
        .page{width:100%;height:95vh;}
    </style>
```

注意代码中加粗的部分，将之前的Axios修改为this.$axios，将之前的import Axios from "axios";删除，这样就可以使用全局的axios。

接下来使用POST请求获取服务端数据，src/pages/main/home.vue文件的代码示例如下。

```
    <template>
        <div class="page">
            axios
        </div>
    </template>

    <script>
        export default {
            name: "home",
            data(){
                return {
```

```
        }
    },
    created(){
        //请求地址
        let url="http:/vueshop.glbuys.com/api/home/user/pwdlogin?token=1ec949a15fb709370f";
        //使用POST请求
        this.$axios.post(url,{cellphone:"13876543210",password:"123456"}).then
        (res=>{
            console.log(res);
        })
    }
}
</script>

<style scoped>
    .page{width:100%;height:95vh;}
</style>
```

POST请求是在请求体（body）中发送数据的，因此axios的post()方法有两个参数，第一个是URL地址，第二个是一个对象，该对象的属性就是要发送的数据。

注意在实际开发中服务端接口的content-type类型一般分为两种。第一种为Application/json(raw)，第二种为x-www-form-urlencoded。axios默认为raw类型，而我们的接口使用的是x-www-form-urlencoded，所以需要将axios发送的数据转换成x-www-form-urlencoded。

在src/pages/main/home.vue文件中修改代码方法如下。

1. 使用URLSearchParams

```
<template>
    <div class="page">
        axios
    </div>
</template>

<script>
    export default {
        name: "home",
        data(){
            return {

            }
        },
        created(){
            //请求地址
            let url="http://vueshop.glbuys.com/api/home/user/pwdlogin?token=1ec949a15fb
            709370f";

            //实例化URLSearchParams
            let params=new URLSearchParams();
            params.append("cellphone","13876543210");
            params.append("password","123456");
            //使用POST请求
            this.$axios.post(url,params).then(res=>{
```

```
                    console.log(res);
                })
            }
        }
</script>

<style scoped>
    .page{width:100%;height:95vh;}
</style>
```

注意代码中加粗的部分，实例化URLSearchParams赋值给变量params，使用append()方法插入参数。append()方法有两个参数，第一个参数是插入参数的键名，第二个参数是插入参数的值。最终将params变量作为axios的post()方法的第二个参数传入。

URLSearchParams存在兼容性问题，如图9.4所示。

Feature	Chrome	Firefox (Gecko)	Internet Explorer	Opera	Safari (WebKit)
基本支持	49.0	(Yes)	未实现	(Yes)	?
Feature	Android	Android Webview	Firefox Mobile (Gecko)	IE Mobile	Opera Mobile	Safari Mobile	Chrome for Android
基本支持	未实现	49.0	(Yes)	未实现	(Yes)	?	49.0

图 9.4　URLSearchParams 兼容性图示

可见URLSearchParams不支持IE浏览器，如果想要支持IE浏览器，需要使用url-search-params-polyfill插件解决问题。

安装url-search-params-polyfill，输入并执行以下命令。

```
npm install --save url-search-params-polyfill -S
```

安装完成后，src/main.js文件的代码示例如下。

```
import "url-search-params-polyfill";//让JS兼容URLSearchParams
import Vue from 'vue'
import App from './App.vue'
import router from "./router";
//导入axios
import Axios from "axios";

//将Axios挂载到Vue原型自定义属性$axios上
Vue.prototype.$axios=Axios;

Vue.config.productionTip = false;

new Vue({
    router,
    render: h => {return h(App)},
}).$mount('#app')
```

注意上面代码中加粗的部分，在第一行添加以下代码即可。

```
import "url-search-params-polyfill"
```

2. 使用qs

首先使用以下命令安装qs。

```
npm install qs -S
```

src/pages/main/home.vue文件的代码示例如下。

```html
<template>
    <div class="page">
        axios
    </div>
</template>

<script>
    //导入qs
    import qs from "qs";
    export default {
        name: "home",
        data(){
            return {

            }
        },
        created(){
            //请求地址
            let url="http://vueshop.glbuys.com/api/home/user/pwdlogin?token=1ec949a1
5fb709370f";

            //使用qs.stringify()方法将JSON对象类型的数据转换成x-www-form-urlencoded类型
            let params=qs.stringify({cellphone:"13876543210",password:"123456"});
            //使用POST请求
            this.$axios.post(url,params).then(res=>{
                console.log(res);
            })
        }
    }
</script>

<style scoped>
    .page{width:100%;height:95vh;}
</style>
```

注意代码中加粗的部分，先导入qs，然后使用qs.stringify()方法将JOST对象类型的数据{cellphone:"13876543210",password:"123456"}转换成x-www-form-urlencoded类型的数据cellphone=13876543210&password=123456，将转换后的数据传递给axios的post()方法，完成请求。

9.2.2 axios 请求配置

axios库为请求提供了配置选项，只有 URL 是必需的。如果没有指定 method，请求将默认使用get()方法。使用请求配置便于封装axios，先看一下完整选项说明。

扫一扫，看视频

```
{
```

```
    // url是用于请求的服务器 URL
    url: '/user',

    // method是创建请求时使用的方法
    method: 'get',                    // default

    // baseURL将自动加在url前面，除非url是一个绝对 URL
    // 它可以通过设置一个baseURL便于为 axios实例的方法传递相对URL
    baseURL: 'https://some-domain.com/api/',

    // transformRequest允许在向服务器发送前，修改请求数据
    // 只适用于这些请求方法：PUT、POST 和 PATCH
    // 后面数组中的函数必须返回一个字符串，ArrayBuffer或Stream
    transformRequest: [function (data, headers) {
        // 对data进行任意转换处理
        return data;
    }],

    // transformResponse在传递给then/catch前，允许修改响应数据
    transformResponse: [function (data) {
        // 对data进行任意转换处理
        return data;
    }],

    // headers是即将被发送的自定义请求头
    headers: {'X-Requested-With': 'XMLHttpRequest'},

    // params是即将与请求一起发送的URL参数
    // 必须是一个无格式对象(plain object)或URLSearchParams对象
    params: {
        ID: 12345
    },

    // paramsSerializer 是一个负责params序列化的函数
    paramsSerializer: function(params) {
        return Qs.stringify(params, {arrayFormat: 'brackets'})
    },

    // data是作为请求主体被发送的数据
    // 只适用于这些请求方法：PUT、POST和PATCH
    // 在没有设置transformRequest时，必须是以下类型之一：
    // - string、plain object、ArrayBuffer、ArrayBufferView、URLSearchParams
    // - 浏览器专属:FormData、File、Blob
    // - Node专属:Stream
    data: {
        firstName: 'Fred'
    },

    // timeout 指定请求超时的毫秒数(0表示无超时时间)
    // 如果请求花费了超过timeout的时间，请求将被中断
    timeout: 1000,

    // withCredentials表示跨域请求时是否需要使用凭证
```

```
withCredentials: false,                                    // default

// adapter允许自定义处理请求，以使测试更轻松
// 返回一个promise并应用一个有效的响应(查阅 [response docs](#response-api))
adapter: function (config) {

},

// auth表示应该使用HTTP基础验证，并提供凭据
// 这将设置一个Authorization头，覆写掉现有的任意使用headers设置的自定义
// Authorization头
auth: {
    username: 'janedoe',
    password: 's00pers3cret'
},

// responseType表示服务器响应的数据类型，可以是arraybuffer、blob、document、
// json、text、stream
responseType: 'json',                                      // default
responseEncoding: 'utf8',                                  // default

// xsrfCookieName是用作XSRF-TOKEN的值的cookie的名称
xsrfCookieName: 'XSRF-TOKEN',                              // default

xsrfHeaderName: 'X-XSRF-TOKEN',                            // default

// onUploadProgress允许为上传处理进度事件
onUploadProgress: function (progressEvent) {
},

// onDownloadProgress允许为下载处理进度事件
onDownloadProgress: function (progressEvent) {
    // 对原生进度事件的处理
},

// maxContentLength定义允许的响应内容的最大尺寸
maxContentLength: 2000,

// validateStatus定义对于给定的HTTP响应状态码是resolve或reject promise。如果
// validateStatus返回true，或者设置为null或undefined，promise将被resolve;
// 否则，promise将被reject
validateStatus: function (status) {
    return status >= 200 && status < 300;                 // default
},

// maxRedirects定义在node.js中follow的最大重定向数目
// 如果设置为0，将不会跟随任何重定向
maxRedirects: 5,                                          // default

socketPath: null,                                        // default

// httpAgent和httpsAgent分别在node.js文件中用于定义在执行HTTP和HTTPS时
// 使用的自定义代理。允许像这样配置选项:
// keepAlive 默认没有启用
```

```
    httpAgent: new http.Agent({ keepAlive: true }),
    httpsAgent: new https.Agent({ keepAlive: true }),

    // proxy 定义代理服务器的主机名称和端口
    // auth 表示 HTTP 基础验证应当用于连接代理，并提供凭据
    // 这将会设置一个 Proxy-Authorization 头，覆写掉已有的通过使用header设置的自定义
    // Proxy-Authorization头
    proxy: {
        host: '127.0.0.1',
        port: 9000,
        auth: {
            username: 'mikeymike',
            password: 'rapunz3l'
        }
    },

    // cancelToken指定用于取消请求的cancel token
    cancelToken: new CancelToken(function (cancel) {
    })
}
```

接下来使用请求配置的方式实现GET请求，src/pages/main/home.vue文件的代码修改如下。

```
created(){
    //请求地址
    let url="http://vueshop.glbuys.com/api/home/category/menu?token=
1ec949a15fb709370f";
    //使用请求配置的方式实现GET请求
    this.$axios({
        url:url,
        method:"get"
    }).then(res=>{
        console.log(res);
    })
}
```

注意上面代码中加粗的部分，我们使用全局方式调用axios()方法，参数为对象类型，url属性的请求地址为必填项，method属性是请求类型，如果没有method属性，默认为GET请求。

我们再使用请求配置的方式实现POST请求，src/pages/main/home.vue文件的代码修改如下。

```
created(){
    //请求地址
    let url="http://vueshop.glbuys.com/api/home/user/pwdlogin?token=1ec949a15fb709370f";
    let data=qs.stringify({cellphone:"13876543210",password:"123456"});
    //使用请求配置的方式实现POST请求
    this.$axios({
        url:url,
        method:"post",
        data:data
    }).then(res=>{
        console.log(res);
    })
}
```

注意上面代码中加粗的部分，method属性的值为post，data属性的值为qs转换后的值。如果后端content-type类型为application/json，直接将json对象赋值给data属性即可，不需要使用qs转换。

9.2.3 axios 创建实例

可以使用axios.create()方法创建一个axios实例，之后使用该实例向服务端发起请求，就不用每次请求时重复设置配置选项了，相当于全局配置。语法形式如下。

```
const instance = axios.create({
    baseURL: 'https://some-domain.com/api/',
    timeout: 1000,
    headers: {'X-Custom-Header': 'foobar'}
});
```

我们看一下在实际开发中的代码示例，src/main.js文件的代码如下。

```
import "url-search-params-polyfill";        //让IE兼容new URLSearchParams()
import Vue from 'vue'
import App from './App.vue'
import router from "./router";
//导入axios
import Axios from "axios";

//将Axios挂载到Vue原型自定义属性$axios上
Vue.prototype.$axios=Axios.create({
    //设置一个baseURL便于为axios实例的方法传递相对 URL
    baseURL:"http://vueshop.glbuys.com/api"
});

Vue.config.productionTip = false;

new Vue({
    router,
    render: h => {return h(App)},
}).$mount('#app')
```

注意上面代码中加粗的部分，将Axios.create()方法赋值给全局变量$axios，src/pages/main/home.vue文件的代码如下。

```
<template>
    <div class="page">
        axios
    </div>
</template>

<script>
    import qs from 'qs';
    export default {
        name: "home",
        data(){
            return {
```

```
        }
    },
    created(){
        //请求地址，由于在main.js文件中的Axios.create()方法内部设置了baseURL属性，
        //会将baseURL的值自动拼接过来，此时的URL相当于http://vueshop.glbuys.com/
        //api/home/user/pwdlogin?token=1ec949a15fb709370f
        let url="/home/user/pwdlogin?token=1ec949a15fb709370f";
        let data=qs.stringify({cellphone:"13876543210",password:"123456"});
        //POST请求
        this.$axios({
            url:url,
            method:"post",
            data:data
        }).then(res=>{
            console.log(res);
        })

        let url2="/home/category/menu?token=1ec949a15fb709370f";
        //GET请求
        this.$axios({
            url:url2,
            method:"get"
        }).then(res=>{
            console.log(res);
        })
    }
}
</script>

<style scoped>
    .page{width:100%;height:95vh;}
</style>
```

注意代码中加粗的部分，请求地址不再需要http://vueshop.glbuys.com/api，直接写路径和参数即可。在实际开发中，http://vueshop.glbuys.com/api这样的根地址有可能是变化的，如测试时地址为http://test.glbuys.com/api，正式上线时地址需要更换为http://vueshop.glbuys.com/api，使用创建实例的方式只需更改baseURL属性的值即可。

9.2.4　axios 拦截器

扫一扫，看视频

　　在实际开发中，有时需要统一处理HTTP的请求和响应，因此会在请求或响应被the或 catch处理前拦截它们。例如，会员登录安全验证，使用拦截器可以很轻松地实现。先看一下拦截器的语法形式，代码示例如下。

```
// 添加请求拦截器
axios.interceptors.request.use(function (config) {
    // 在发送请求之前做些什么
    return config;
}, function (error) {
```

```
        // 对请求错误做些什么
        return Promise.reject(error);
});


// 添加响应拦截器
axios.interceptors.response.use(function (response) {
        // 对响应数据做些什么
        return response;
}, function (error) {
        // 对响应错误做些什么
        return Promise.reject(error);
});
```

如果想在稍后移除拦截器，代码如下。

```
const myInterceptor = axios.interceptors.request.use(function () {/*...*/});
axios.interceptors.request.eject(myInterceptor);
```

可以为自定义 axios 实例添加拦截器，代码如下。

```
const instance = axios.create();
instance.interceptors.request.use(function () {/*...*/});
```

在实际开发中，axios一般都是全局使用且重用性非常高，在编程中只要符合全局、重用这两个条件，都是要进行封装的，使用拦截器进行封装是最好的选择之一。接下来使用拦截器封装request()函数，以便在开发项目中使用。首先在src/assets/js文件夹中创建utils文件夹，并在utils文件夹中创建http.js文件，文件内容如下。

```
import axios from 'axios';
import qs from "qs";
//第一个参数：配置选项；第二个参数：路由
export function request(config={},router){
    let service=axios.create({
        baseURL:"http://vueshop.glbuys.com/api"
    });
    //请求拦截器
    service.interceptors.request.use(function (config) {
        //使用toLocaleLowerCase()方法将config.method的值转换成小写，可以实现接收的值不区分大小写
        if (config.method.toLocaleLowerCase()==='post'){//如果是POST请求
            //使用qs将{cellphone:'1387654321',password:'123456'}转换成cellphone=13
            //87654321&password=123456格式
            config.data = qs.stringify(config.data);
        }
        return config;
    }, function (error) {
        return Promise.reject(error);
    });
    //响应拦截器
    service.interceptors.response.use(function (response) {
        //如果请求的地址是登录验证接口
        if (response.config.url===response.config.baseURL+"/home/user/
        safe?token=1ec949a15fb709370f"){
            //如果验证不成功
            if (response.data.code!==200){
```

```
                     //跳转到登录页面
                     if(router){
                         router.replace("/login")
                     }
                 }
             }
             return response;
         }, function (error) {
             return Promise.reject(error);
         });

         return service.request(config).then(res=>res.data)
    }
```

上面的代码使用创建实例配合拦截器的方式实现axios的封装，封装后如何使用呢？
src/main.js文件的代码示例如下。

```
import "url-search-params-polyfill";//让IS兼容new URLSearchParams()方法
import Vue from 'vue'
import App from './App.vue'
import router from "./router";
//导入request()方法
import {request} from "./assets/js/utils/http";

//将request()方法挂载到Vue原型自定义属性$request上
Vue.prototype.$request=request;

Vue.config.productionTip = false;

new Vue({
    router,
    render: h => {return h(App)},
}).$mount('#app')
```

将request()函数挂载到Vue原型自定义属性$request上，这样就可以全局使用。
src/pages/main/home.vue文件的内容如下。

```
<template>
    <div class="page">
        axios
    </div>
</template>

<script>
    export default {
        name: "home",
        data(){
            return {

            }
        },
        created(){
            //请求地址，由于在main.js文件中的Axios.create()方法内部设置了baseURL属性，
```

```
//会将baseURL的值自动拼接过来，此时的URL相当于:http://vueshop.glbuys.
//com/api/home/user/pwdlogin?token=1ec949a15fb709370f
let url="/home/user/pwdlogin?token=1ec949a15fb709370f";
let data={cellphone:"13876543210",password:"123456"};
//POST请求
this.$request({
    url:url,
    method:"post",
    data:data
}).then(res=>{
    console.log(res);
})

let url2="/home/category/menu?token=1ec949a15fb709370f";
//GET请求
this.$request({
    url:url2,
    method:"get"
}).then(res=>{
    console.log(res);
})

//登录验证接口
let url3="/home/user/safe?token=1ec949a15fb709370f";
this.$request({
    url:url3,
    method:"post",
    data:{uid:"123",auth_token:"38eaaer3"}
},this.$router)                     //将路由传参给$request()函数内部
    }
    }
</script>

<style scoped>
    .page{width:100%;height:95vh;}
</style>
```

注意上面代码中加粗的部分，使用封装的request()函数实现请求数据。登录验证接口会在 src/assets/js/utils/http.js文件的service.interceptors.response.use()方法中进行验证判断。

9.2.5　带进度条上传文件

使用axios可以实现文件上传功能，并且可以获取上传进度，实现带进度条的文件上传功能。

src/pages/main/home.vue文件的内容如下。

扫一扫，看视频

```
<template>
    <div class="page">
        <input type="file" ref="imgFile" @change="updateFile" /><br/>
        <div class="prog-wrap">
```

```
            <div :class="{text:true}">上传进度:{{progVal}}%</div>
            <div class="proging" :style="{width:progVal+'%'}"></div>
        </div>
        图片预览:<img :src="showImage" alt="" class="image" />
    </div>
</template>

<script>
    import Axios from "axios";
    export default {
        name: "home",
        data(){
            return {
                showImage:"",
                progVal:0
            }
        },
        methods:{
            updateFile(e){
                //使用files[0]获取文件
                let file=e.target.files[0];
                //实例化FormData对象
                let formData=new FormData();
                //后端接口请求的数据属性为headfile，值为二进制文件file
                formData.append("headfile",file);

                let config={
                    //监听上传进度
                    onUploadProgress: (progressEvent)=> {
                        //计算上传进度的百分比
                        let percentCompleted = Math.round( (progressEvent.loaded *
                        100) / progressEvent.total );
                        //将进度百分比赋值给progVal，在视图class="proging"上显示进度样式
                        this.progVal=percentCompleted;
                    }
                }

                let url="http://vueshop.glbuys.com/api/user/myinfo/formdatahead?toke
                n=1ec949a15fb709370f";
                Axios.post(url,formData,config).then(res=>{
                    //如果上传成功
                    if(res.data.code==200){
                        //将图片地址赋值给showImage实现上传图片后，即时预览
                        this.showImage="http://vueshop.glbuys.com/userfiles/
                        head/"+res.data.data.msbox;
                    }
                });

            }
        }
    }
</script>
```

```
<style scoped>
    .page{width:100%;height:95vh;}
    .image{width:100px;height:100px;}
    .prog-wrap{width:300px;height:40px;border:1px solid #EFEFEF;position:
    relative;font-size:14px;}
    .prog-wrap .text{position: absolute;left:50%;top:50%;transform:
    translate(-50%,-50%)}
    .prog-wrap .proging{width:100%;height:100%;background-color:#42b983}
</style>
```

实现文件上传，使用files[0]属性获取文件，使用FormData()方法将form表单元素的name与value进行组合，实现表单数据的序列化，可以实现异步文件上传。

在实际开发中，这样实现文件上传是很麻烦的，只要符合全局、重用这两个条件就要封装，在9.2.4小节，封装了request()方法，现在我们扩展让它支持文件上传功能，src/assets/js/utils/http.js文件修改后的代码如下。

```
import axios from 'axios';
import qs from "qs";
//第一个参数：配置选项，第二个参数：路由
export function request(config={},router){
    let service=axios.create({
        baseURL:"http://vueshop.glbuys.com/api"
    });
    //拦截器
    service.interceptors.request.use(function (config) {
        //使用toLocaleLowerCase()方法将config.method的值转换成小写，可以实现接收的值不区分大小写
        if (config.method.toLocaleLowerCase()==='post'){//如果是POST请求
            //使用qs将{cellphone:'1387654321',password:'123456'}转换成cellphone=13
            //87654321&password=123456格式
            config.data = qs.stringify(config.data);
        }else if (config.method.toLocaleLowerCase()==='file'){
        //如果接收的method的值为file
        //将method的值设置成POST类型
        config.method="post";
        if (config.data && config.data instanceof Object){//如果接收的data值为对象
            //实例化FormData对象
            let params=new FormData();
            for (let key in config.data){
                params.append(key, config.data[key]);
            }
            config.data=params;
        }
        }
        return config;
    }, function (error) {
        return Promise.reject(error);
    });
    //响应之后
    service.interceptors.response.use(function (response) {
        //如果请求的地址是登录验证接口
```

```
        if (response.config.url===response.config.baseURL+"/home/user/safe?
    token=1ec949a15fb709370f"){
            //如果验证不成功
            if (response.config.data.code!==200){
                //跳转到登录页面
                if(router){
                    router.replace("/login")
                }
            }
        }
        return response;
    }, function (error) {
        return Promise.reject(error);
    });

    return service.request(config).then(res=>res.data)
}
```

上面代码中加粗的部分实现了文件上传功能，那么如何使用呢？ src/pages/main/home.vue
文件的代码示例如下。

```
<template>
    <div class="page">
        <input type="file" ref="imgFile" @change="updateFile" /><br/>
        <div class="prog-wrap">
            <div :class="{text:true}">上传进度:{{progVal}}%</div>
            <div class="proging" :style="{width:progVal+'%'}"></div>
        </div>
        图片预览:<img :src="showImage" alt="" class="image" />
    </div>
</template>

<script>
    //导入request()方法
    import {request} from "../../assets/js/utils/http";
    export default {
        name: "home",
        data(){
            return {
                showImage:"",
                progVal:0
            }
        },
        methods:{
            updateFile(e){
                //使用files[0]获取文件
                let file=e.target.files[0];

                let config={
                    //监听上传进度
                    onUploadProgress: (progressEvent)=> {
                        //计算上传进度百分比
```

```
                           let percentCompleted = Math.round( (progressEvent.loaded *
                           100) / progressEvent.total );
                           //将进度百分比赋值给progVal,在视图class="proging"上显示进度样式
                           this.progVal=percentCompleted;
                        }
                    }

                    let url="http://vueshop.glbuys.com/api/user/myinfo/formdatahead?toke
                    n=1ec949a15fb709370f";
                    request({
                        url:url,
                        method:"file",
                        data:{headfile:file},
                        ...config
                    }).then(res=>{
                        //如果上传成功
                        if(res.code==200){
                            //将图片地址赋值给showImage实现图片上传后,即时预览
                            this.showImage="http://vueshop.gbuys.com/userfiles/
                            head/"+res.data.msbox;
                        }
                    });

                }
            }
        }
</script>

<style scoped>
    .page{width:100%;height:95vh;}
    .image{width:100px;height:100px;}
    .prog-wrap{width:300px;height:40px;border:1px solid #EFEFEF;position: relative;
    font-size:14px;}
    .prog-wrap .text{position: absolute;left:50%;top:50%;transform: translate
    (-50%,-50%)}
    .prog-wrap .proging{width:100%;height:100%;background-color:#42b983}
</style>
```

注意上面代码中加粗的部分,method属性的值file是自己定义的,不是axios的内部值,这样可以执行src/assets/js/utils/http.js文件中的if (config.method.toLocaleLowerCase()==='file')内部代码块,实现文件上传功能。

9.2.6 解决跨域问题

在实际开发中,后端给的接口为了安全性一般都存在跨域问题,使用ajax获取服务端数据必须符合同源策略,否则就是跨域,会出现以下报错信息,如图9.5所示。

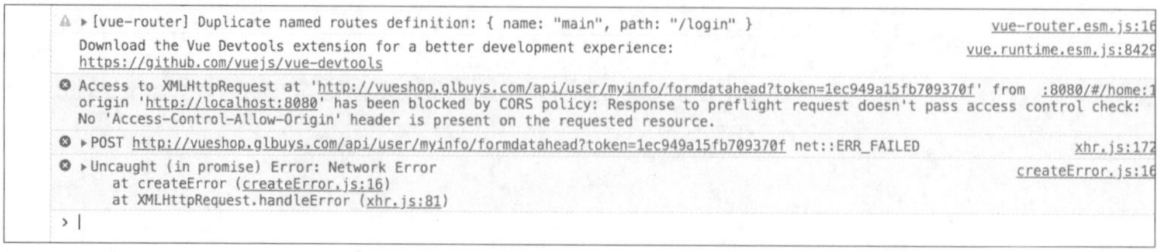

图 9.5　跨域问题

终极解决方案是需要让后端开启支持跨域功能，但是在开发过程中后端一般不会开启支持跨域功能，需要前端解决，在6.2.3小节vue.config.js文件中已经配置了proxy代理，代码片段如下。

```
//配置跨域代理HTTP,HTTPS
proxy:{
    "/api":{
        target:"http://vueshop.glbuys.com/api",           //接口地址
        changeOrigin:true,
        //开启代理，如果设置为true，那么本地会虚拟一个服务端接收你的请求并代替你发送该请求
        pathRewrite:{//地址重定向，相当于/api等于http://vueshop.glbuys.com/api
        '^/api':""
    }
}
```

接下来在src/pages/main/home.vue文件中使用，代码如下。

```
<template>
    <div class="page">
        axios
    </div>
</template>

<script>
    import Axios from "axios";
    export default {
        name: "home",
        created(){
            let url="/api/home/category/menu?token=1ec949a15fb709370f";
            //GET请求
            Axios({
                url:url,
                method:"get"
            }).then(res=>{
                console.log(res);
            })

        }
    }
</script>

<style scoped>
    .page{width:100%;height:95vh;}
</style>
```

　　注意代码中加粗的部分，将之前的http://vueshop.glbuys.com/api改成/api，这个/api相当于vue.config.js文件中proxy属性值/api属性。这样在开发环境中实现了跨域请求。注意，如果运行npm run build命令之后运行项目还是会出现跨域问题，正式环境中前端是无法解决的，需要后端来处理，但是在正式环境中会将运行build命令之后的dist文件夹中的文件上传到服务器，通过域名访问。域名和接口地址在同一个域名下符合同源策略，所以不会出现跨域问题。

> **总结：**
> 前端解决跨域问题，只需在开发环境下解决即可，目的就是获取接口数据，在正式环境中前端不需要考虑跨域问题，如果出现跨域问题，让后端解决即可。

9.2.7　封装 axios

　　在9.2.4小节中我们使用"拦截器"配合"创建实例"的方式实现了axios的封装，接下来使用请求配置进行封装，在src/assets/js/utils文件夹中创建request.js文件，文件代码如下。

```
import axios from 'axios';//❶
//自定义request()方法,
// 第一个参数:请求地址
// 第二个参数:请求方法,默认为GET
// 第三个参数:请求的数据
// 第四个参数:请求配置
export function request(url,method="get",data={},config={}) {//❷
    //返回axiosRequest()函数
    return axiosRequest(url, method, data,config);
}
function axiosRequest(url,method,data,config){//❸
    //如果是POST请求
    if (method.toLocaleLowerCase()==="post"){
        //使用URLSearchParams将JSON对象类型的数据转换成x-www-form-urlencoded类型
        let params=new URLSearchParams();
        if (data instanceof Object){
            for (let key in data){
                params.append(key,data[key]);
            }
            data = params;
        }
    }else if (method.toLocaleLowerCase()==="file"){      //如果是文件类型
        method="post";
        //使用FormData序列化,实现文件上传
        let params=new FormData();
        if (data instanceof Object){
            for (let key in data){
                params.append(key,data[key]);
            }
            data = params;
        }
    }
```

```
    let axiosConfig={//❹
        method:method.toLocaleLowerCase(),
        url:url,
        data:data
    };
    if (config instanceof Object){//❺
        //拼接请求配置数据
        for (let key in config){
            axiosConfig[key]=config[key];
        }
    }
    //最终返回结果
    return axios(axiosConfig).then(res=>res.data);//❻
}
```

❶导入axios。

❷创建request()函数，并使用export关键字导出，这样以后使用该函数时就可以使用import关键字导入了。request()函数有4个参数：第一个参数为请求地址；第二个参数为请求方法，默认为GET；第三个参数为请求的数据；第四个参数为请求配置，在该函数内部返回axiosRequest()函数，并将request()函数的参数传递进去。

❸创建axiosRequest()函数，该函数的参数与request()函数的参数相同，在该函数内部进行axios的封装。首先判断请求类型，如果是POST类型，使用URLSearchParams将JSON对象类型的数据转换成x-www-form-urlencoded类型的数据，并赋值给变量param，使用append()方法插入新的搜索参数，最后将param变量赋值给data参数。如果是文件（file）类型，首先将method参数的值设置为POST类型，因为method参数的值默认为GET类型，而文件上传需要使用POST类型；接下来创建FormData实例，并赋值给param变量，使用append()方法添加指定的键值对；最后将param变量赋值给data参数。

❹创建axiosConfig变量，其值为对象类型的配置选项，method属性值为请求类型，使用toLocaleLowerCase()方法将值转换成小写，这样就不用区分大小写了，url属性值为请求的地址，data属性值为请求的数据。

❺如果config参数为object类型，使用for循环拼接请求配置数据。

❻返回axios()函数并将axiosConfig变量作为参数传递进去。

> **注意：**
> 如果后端接口为application/json(raw)格式，不需要使用URLSearchParams进行JSON对象的格式转换。

在src/pages/main/home.vue文件中使用，代码示例如下。

```
<template>
    <div class="page">
        axios
    </div>
</template>

<script>
```

```
    //导入request
    import {request} from "../../assets/js/utils/request";
    export default {
        name: "home",
        created(){
            let url="/api/home/category/menu?token=1ec949a15fb709370f";
            //GET请求
            request(url,"get").then(res=>{
                console.log(res);
            });
        }
    }
</script>

<style scoped>
    .page{width:100%;height:95vh;}
</style>
```

在浏览器中显示的效果如图9.6所示。

```
https://github.com/vuejs/vue-devtools
▼{status: 1, code: 200, data: Array(24)} 🔋
    code: 200
  ▼data: Array(24)
    ▶ 0: {cid: "492", title: "潮流女装"}
    ▶ 1: {cid: "493", title: "品牌男装"}
    ▶ 2: {cid: "494", title: "电脑办公"}
    ▶ 3: {cid: "495", title: "手机数码"}
    ▶ 4: {cid: "505", title: "母婴童装"}
    ▶ 5: {cid: "506", title: "图书"}
    ▶ 6: {cid: "507", title: "家居家纺"}
    ▶ 7: {cid: "508", title: "居家生活"}
    ▶ 8: {cid: "509", title: "家具建材"}
    ▶ 9: {cid: "510", title: "食品生鲜"}
    ▶ 10: {cid: "514", title: "医药保健"}
    ▶ 11: {cid: "511", title: "箱包"}
    ▶ 12: {cid: "512", title: "运动户外"}
    ▶ 13: {cid: "513", title: "内衣"}
    ▶ 14: {cid: "516", title: "汽车用品"}
    ▶ 15: {cid: "515", title: "奢品礼品"}
    ▶ 16: {cid: "517", title: "食品生鲜"}
    ▶ 17: {cid: "518", title: "玩具乐器"}
    ▶ 18: {cid: "519", title: "生活旅行"}
    ▶ 19: {cid: "520", title: "酒水饮料"}
    ▶ 20: {cid: "521", title: "化妆彩妆"}
    ▶ 21: {cid: "522", title: "钟表珠宝"}
    ▶ 22: {cid: "529", title: "书籍"}
    ▶ 23: {cid: "549", title: "家具"}
      length: 24
    ▶ __proto__: Array(0)
    status: 1
  ▶ __proto__: Object
>
```

图9.6　使用请求配置封装axios使用request()方法显示的数据

9.3　小结

本章讲解了与服务端通信的axios的使用，包括axios创建实例、axios请求配置、axios拦截器的使用、封装axios，还讲了POST请求content-type类型application/json(raw)与x-www-formurlencoded请求数据的区别；还有实战"带进度条上传文件"、解决跨域问题等。axios不是一种新的技术，本质上也是对原生XHR的封装，只不过它是promise实现的版本，符合最新的ES规范。要记住"axios是一个基于promise的HTTP库，可以用于浏览器和node.js文件中"这句话，这是axios与普通的ajax最大的区别，面试时有可能会问到。本章实战性很强，建议结合视频学习，加以练习，以便更好地理解。

第 10 章

使用 Fetch 与服务端通信

　　Vue官方推荐使用axios请求数据，而React官方推荐使用Fetch请求数据，本书主要学习Vue，为什么还要学习Fetch呢？因为在工作中有可能会让你使用Fetch请求数据，本章介绍使用Fetch与服务端通信的相关内容，为以后学习React奠定基础。

10.1   Fetch 简介与基本用法

10多年来，XMLHttpRequest 对象一直被 ajax 操作接收，但是我们知道，XMLHttpRequest 对象的 API 设计并不完美，输入、输出状态都在同一个接口管理，容易写出非常混乱的代码。Fetch API应运而生，提供了一种新规范，用于取代不完美的 XMLHttpRequest 对象。

Fetch API 主要有两个特点：一是接口合理化，ajax 是将所有不同性质的接口都放在 XHR 对象上，而Fetch是将它们分散在几个不同的对象上，设计更加合理；二是Fetch操作返回 promise 对象，避免了嵌套的回调函数。

10.1.1   Fetch 简介

Fetch是一种HTTP数据请求的方式，是XMLHttpRequest对象的一种替代方案。Fetch不是ajax的进一步封装，而是原生JavaScript。Fetch函数就是原生JavaScript，没有使用XMLHttpRequest对象。面试时如果问你会不会ajax 2.0，指的就是Fetch。

Fetch和ajax 的主要区别如下。

（1）语法简洁，更加语义化。

（2）基于标准 promise 实现，支持 async/await。

（3）fetch()函数返回的promise不会拒绝HTTP的错误状态，即使响应是一个HTTP 404 或 500。

（4）在默认情况下Fetch不会接收或发送Cookies。

Fetch支持的浏览器如图10.1所示。

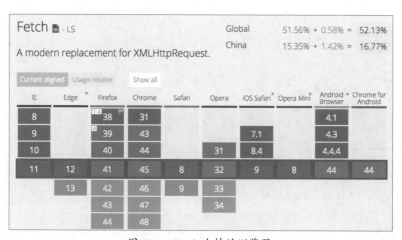

图 10.1   Fetch 支持的浏览器

10.1.2   基本用法

Fetch的第一个参数是URL，第二个参数是可选参数，可以控制不同配置的初始化对象。Fetch基本语法如下。

```
let url="/api/home/category/menu?token=1ec949a15fb709370f";
fetch(url,{method:"get"}).then(res=>{
    return res.json();
}).then(res=>{
    console.log(res);
})
//相当于
//使用箭头函数的简写返回res.json()函数
fetch(url).then(res=>res.json()).then(res=>{
    console.log(res);
})
```

注意上面代码中加粗的部分，Fetch的使用方式与axios很像，唯一不同的是在第一个then()方法内部要返回res.json()函数，接下来使用链式操作再调用一个then()方法获取请求的结果。

10.1.3　解决 Fetch 不兼容 IE 的问题

从图10.1中可以看到Fetch的兼容性很差，大部分浏览器都不支持，但是可以使用whatwg-fetch插件完美兼容IE 8+。

使用以下命令安装whatwg-fetch。

```
npm install whatwg-fetch -S
```

在src/pages/main/home.vue文件中使用，代码示例如下。

```
<template>
    <div class="page">
        fetch
    </div>
</template>

<script>
    //导入whatwg-fetch插件，兼容IE 8+浏览器
    import "whatwg-fetch"
    export default {
        name: "home",
        created(){
            let url="/api/home/category/menu?token=1ec949a15fb709370f";
            //如果浏览器不支持原生Fetch，会自动调用whatwg-fetch中的fetch()方法
            fetch(url).then(res=>res.json()).then(res=>{
                console.log(res);
            })
        }
    }
</script>

<style scoped>
    .page{width:100%;height:95vh;}
</style>
```

注意上面代码中加粗的部分，只需导入whatwg-fetch插件即可。whatwg-fetch内部的实现原理就是判断到不兼容Fetch的浏览器，使用promise封装的原生ajax实现请求。

10.2   Fetch 请求数据和上传文件

Fetch也支持常用的请求类型，如GET、POST、PUT、DELETE等，也支持上传文件。

10.2.1   Fetch 的 GET 请求

扫一扫，看视频

Fetch实现GET请求很简单，代码示例如下。

```
fetch(url,{
    method:"get"
}).then(res=>res.json()).then(res=>{
    console.log(res);
})
//相当于
fetch(url).then(res=>res.json()).then(res=>{
    console.log(res);
})
```

如果没有第二个参数，默认是GET请求，第一个then()方法返回res.json()函数，再调用then()方法获取请求的数据，这种语法形式不要忘记，如果没有返回，res.json()函数是无法获取到请求数据的，这点要注意。

接下来，看一下在实际开发中如何使用，src/pages/main/home.vue文件的代码示例如下。

```
<template>
    <div class="page">
        <ul>
            <li v-for="item in classifys" :key="item.cid">{{item.title}}</li>
        </ul>
    </div>
</template>

<script>
    //导入whatwg-fetch插件，兼容IE 8+浏览器
    import "whatwg-fetch";
    export default {
        name: "home",
        data(){
            return {
                classifys:[]
            }
        },
        created(){
            let url="/api/home/category/menu?token=1ec949a15fb709370f";
            //这里使用的Fetch并非原生JS的Fetch，而是whatwg-fetch插件中的fetch()方法
            fetch(url,{
                method:"get"
            }).then(res=>res.json()).then(res=>{
                //如果请求成功
                if(res.code==200){
```

```
                    this.classifys=res.data;
                }

            })
        }
    }
</script>

<style scoped>
    .page{width:100%;height:95vh;}
</style>
```

Fetch的GET请求在浏览器中显示的效果如图10.2所示。

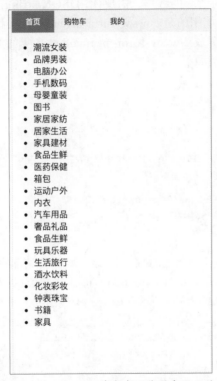

图 10.2　Fetch 的 GET 请求在浏览器中显示的效果

10.2.2　Fetch 的 POST 请求

Fetch的POST请求和axios一样，content-type类型分为两种，第一种是application/json(raw)；第二种是x-www-form-urlencoded。Fetch默认为raw类型，raw类型请求代码示例如下。

```
let url="/api/home/user/pwdlogin?token=1ec949a15fb709370f";
//POST请求
fetch(url,{
    method:"post",
```

```
    //设置请求头为application/json，代表raw类型
    headers: {
        'Content-Type': 'application/json'
    },
    //使用JSON.stringify()方法将对象转成字符串格式
    body:JSON.stringify({cellphone:"13876543210",password:"123456"})
}).then(res=>res.json()).then(res=>{
    console.log(res);
})
```

　　注意上面代码中加粗的部分，Fetch的POST请求在第二个参数对象类型的值中必须设置属性headers请求头，headers的值Content-Type属性的值为application/json，并且在fetch()方法的第二个参数中设置body属性值为请求的数据，需要使用JSON.stringify()方法将对象转换成字符串格式发送给后端。我们的接口使用的是x-www-form-urlencoded类型，所以以上方式请求不成功。接下来将application/json转换成x-www-form-urlencoded类型的数据发送给后端，src/pages/main/home.vue文件的代码示例如下。

```
let url="/api/home/user/pwdlogin?token=1ec949a15fb709370f";
fetch(url,{
    method:"post",
    //设置请求头为application/x-www-form-urlencoded类型
    headers: {
        'Content-Type': 'application/x-www-form-urlencoded'
    },
    //将body的值改成get参数形式
    body:"cellphone=13876543210&password=123456"
}).then(res=>res.json()).then(res=>{
    console.log(res);
})
```

　　使用x-www-form-urlencoded类型的数据提交，需要将请求头headers中Content-Type属性的值设置为application/x-www-form-urlencoded，将body的值设置成get参数的形式，这样就可以获取到请求的数据了。Fetch的POST请求在浏览器中显示的效果如图10.3所示。

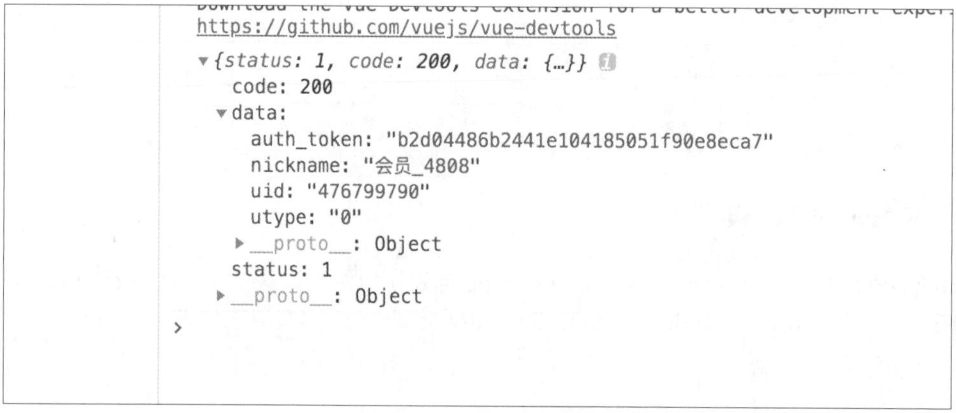

图 10.3　Fetch 的 POST 请求在浏览器中显示的效果

10.2.3　上传文件

Fetch也可以实现上传文件功能，实现方式和axios类似，src/pages/main/home.vue文件的代码示例如下。

```html
<template>
    <div class="page">
        <input type="file" ref="imgFile" @change="updateFile" /><br/>
        图片预览:<img :src="showImage" alt="" class="image" />
    </div>
</template>

<script>
    //导入whatwg-fetch插件，兼容IE 8+浏览器
    import "whatwg-fetch";
    export default {
        name: "home",
        data(){
            return {
                showImage:''
            }
        },
        methods:{
            //文件上传
            updateFile(e){
                //使用files[0]获取文件
                let file=e.target.files[0];
                let url="/api/user/myinfo/formdatahead?token=1ec949a15fb709370f";
                //新建一个FormData对象
                var formData = new FormData();
                //headfile为后端请求数据的属性名
                formData.append("headfile",file);
                fetch(url,{
                    method:"post",
                    body:formData
                }).then(res=>res.json()).then(res=>{
                    //如果请求成功
                    if(res.code==200){
                        //将图片地址赋值给showImage实现上传图片后，即时预览
                        this.showImage="http://vueshop.glbuys.com/userfiles/head/"+
                        res.data.msbox;
                    }
                })
            }
        }
    }
</script>

<style scoped>
    .page{width:100%;height:95vh;}
</style>
```

　　和axios上传文件一样，实现上传文件功能需使用files[0]属性获取文件，使用FormData将form表单元素的name与value进行组合，实现表单数据的序列化，可以实现异步文件上传。注意上传文件时不要设置请求头。Fetch目前没有实现获取上传进度的功能，所以不能实现显示上传进度条的功能，如果非要实现推荐使用axios。

10.2.4　封装 Fetch

扫一扫，看视频

　　和axios一样，在实际开发中使用Fetch也是需要封装的，其封装思路和axios类似，src/assets/js/utils/request.js文件的代码示例如下。

```
//导入whatwg-fetch插件让Fetch兼容IE
import 'whatwg-fetch';//❶
//自定义request()方法
// 第一个参数：请求的地址
// 第二个参数：请求方法，默认为GET
// 第三个参数：请求的数据
export function request(url,method="get",data={}) {//❷
    //返回fetchRequest()方法
    return fetchRequest(url, method,data);
}

function fetchRequest(url,method,data) {//❸
    let fetchConfig={};
    //如果是POST请求
    if (method.toLocaleLowerCase()==='post'){
        //如果接收的数据是对象类型
        if (data instanceof Object){
            let body="";
            //将对象类型的数据拼接成get参数形式
            for (let key in data){
                body+="&"+key+"="+encodeURIComponent(data[key]);
            }
            //使用splice去掉&
            data = body.slice(1);
        }
        //将数据赋值给body属性
        fetchConfig['body']=data;
        //设置headers请求头
        fetchConfig["headers"]={
            'Content-Type':"application/x-www-form-urlencoded"
        };
    }else if (method.toLocaleLowerCase()==='file'){      //如果是文件类型
        method = "post";
        if (data instanceof Object){
            //使用FormData序列化，实现文件上传
            let param=new FormData();
            for (let key in data){
                param.append(key, data[key]);
            }
            data = param;
```

```
        }
        fetchConfig['body']=data;
    }
    fetchConfig['method']=method.toLocaleLowerCase();
    return fetch(url,fetchConfig).then(res=>res.json());//❹
}
```

使用方式和9.2.7小节axios封装的request()函数一样，接下来看一下代码说明。

❶导入whatwg-fetch插件，让Fetch兼容IE浏览器。

❷创建request()函数，并使用export关键字导出，这样以后使用该函数时就可以用import关键字导入了。request()函数有3个参数：第一个参数为请求的地址；第二个参数为请求方法，默认为GET；第三个参数为请求的数据，在该函数内部返回fetchRequest()函数，并将request()函数的参数传递进去。

❸创建fetchRequest()函数，该函数的参数与request()函数的参数相同，在该函数内部进行Fetch的封装。首先判断请求类型，如果是POST类型，将对象类型的数据拼接成get参数形式，将拼接好的字符串赋值给变量body，使用splice去掉&再赋值给data参数，在fetchConfig对象中添加body属性，其值为data参数。接下来设置headers请求头信息，在fetchConfig对象中添加headers属性，其值为一个对象类型的值，在该对象中添加Content-Type属性，值为application/x-www-form-urlencoded，这样就完成了POST请求。如果是文件（file）类型，首先将method参数的值设置为POST类型，因为method参数的值默认为GET类型，而文件上传需要使用POST类型。接下来创建FormData实例，并赋值给param变量，再将param变量赋值给data参数。最后将data参数赋值给fetchConfig对象中的body属性，这样就完成了文件上传。

❹返回fetch()函数，第一个参数传入请求地址URL，第二个参数传入请求配置fetchConfig。

src/pages/main/home.vue文件的代码示例如下。

```
<template>
    <div class="page">
        <input type="file" ref="imgFile" @change="updateFile" /><br/>
        图片预览:<img :src="showImage" alt="" class="image" />
    </div>
</template>

<script>
    //导入request
    import {request} from "../../assets/js/utils/request";
    export default {
        name: "home",
        data(){
            return {
                showImage:''
            }
        },
        created(){
            //GET请求
            request("/api/home/category/menu?token=1ec949a15fb709370f","get").
            then(res=>{
                console.log(res);
```

```
        })

        //POST请求
        request("/api/home/user/pwdlogin?token=1ec949a15fb709370f","post",{cellpho
        ne:"13876543210",password:"123456"}).then(res=>{
            console.log(res);
        });

    },
    methods:{
        //文件上传
        updateFile(e){
            //使用files[0]获取文件
            let file=e.target.files[0];
            let url="/api/user/myinfo/formdatahead?token=1ec949a15fb709370f";
            //文件上传第二个参数为file
            request(url,"file",{"headfile":file}).then(res=>{
                //如果请求成功
                if(res.code==200){
                    //将图片地址赋值给showImage实现上传图片后，即时预览
                    this.showImage="http://vueshop.glbuys.com/userfiles/
                    head/"+res.data.msbox;
                }
            })
        }
    }
}
</script>

<style scoped>
    .page{width:100%;height:95vh;}
</style>
```

上面的代码分别实现了GET请求、POST请求和文件上传，封装后使用起来非常方便，注意，文件上传request()函数的第二个参数file是自定义的类型，并非Fetch自带的类型，目的是执行request.js文件中的if(method.toLocaleLowerCase()==='file')内部代码块，实现文件上传功能。

10.3　小结

本章主要讲解了Fetch的使用、解决Fetch不兼容IE的问题、Fetch的GET和POST请求、用Fetch上传文件、封装Fetch，还讲解了与原生ajax的区别。Fetch是 XMLHttpRequest 的升级版，用于在 JavaScript 脚本中发出 HTTP 请求。对于Vue开发者，Fetch并非学习的重点，如果想扩展学习React，那么Fetch就是学习的重点。学好Fetch，面试时被问到ajax 2.0或Fetch时可以对答如流，通过面试；在工作中如果有特殊需求要使用Fetch请求数据，也能应变自如。本章建议结合视频学习，效果会更好。

第 11 章

Vue 全家桶之 Vuex

我们在3.2节学习了组件之间的通信，然而在实际开发中经常会遇到组件访问同一数据的情况，而且需要根据数据的变化作出响应，而这些组件之间并不是父子组件这种简单的关系，在这种情况下，就需要一种全局的状态管理方案。在Vue中，官方推荐使用Vuex。

11.1　Vuex 简介与安装

Vuex是一个专为Vue.js应用程序开发的状态管理模式。它采用集中式存储管理应用的所有组件状态，并以相应的规则保证状态以一种可预测的方式发生变化。

11.1.1　Vuex 简介

Vuex在项目实际应用场景中使用非常广泛，如实现购物车、会员登录验证等功能，开发大型项目需要用Vuex进行数据流的管理。

Vuex采用集中式存储管理应用的所有组件状态。这里的关键在于集中式存储管理。这意味着本来需要共享状态的更新需要组件之间的通信，而有了Vuex，组件就都和仓库（store）通信了。这也是为什么官网会再次提到Vuex构建大型应用的价值，如果你需要开发大型的单页应用，推荐使用HTML5特有的属性localStroage和sessionStroage进行数据之间的传递。

什么是"状态管理模式"？看一个简单的 Vue 计数示例，代码如下。

```
new Vue({
    // state
    data () {
        return {
            count: 0
        }
    },
    // view
    template: `
        <div>{{ count }}</div>
    `,
    // actions
    methods: {
        increment () {
            this.count++
        }
    }
})
```

状态管理应用包含以下几部分。

- state：驱动应用的数据源。
- view：以声明的方式将 state 映射到view。
- actions：响应在 view 上的用户输入导致的状态变化。

以下是一个"单向数据流"理念的简单示意图，如图11.1所示。

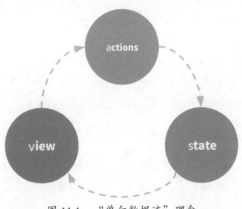

图 11.1 "单向数据流"理念

但是,当我们的应用遇到"多个组件共享状态"时,单向数据流的简洁性很容易被破坏。

(1)多个视图依赖于同一状态。

(2)来自不同视图的行为需要变更为同一状态。

对于问题(1),传参的方法对于多层嵌套的组件将会非常烦琐,并且对于兄弟组件之间的状态传递无能为力。对于问题(2),我们经常会采用父子组件直接引用或通过事件变更和同步状态的多份复制。以上的这些模式非常脆弱,通常会导致代码无法维护。

因此,我们可以把组件的共享状态抽取出来,以一个全局单例模式管理。在这种模式下,组件树构成了一个巨大的"视图",不管在树的哪个位置,任何组件都能获取状态或触发行为。

通过定义和隔离状态管理中的各种概念并通过强制规则维持视图与状态间的独立性,我们的代码将会变得更加结构化且易维护。

Vuex的工作原理如图11.2所示。

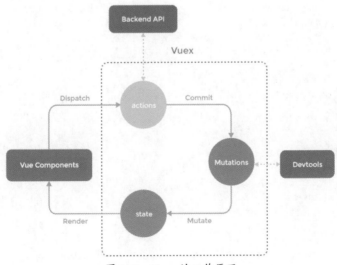

图 11.2 Vuex 的工作原理

11.1.2　Vuex 的安装

可以使用CDN方法安装，代码示例如下。

```
<!--引用最新版本-->
<script src="https://unpkg.com/vuex"></script>
<!--引用指定版本-->
<script src="https://unpkg.com/vuex@2.0.0"></script>
```

如果使用模块化开发，则使用NPM方法安装，输入并执行以下命令。

```
npm install vuex -S
```

11.2　Vuex 的使用

每个 Vuex 应用的核心都是 store（仓库）。store就是一个容器，它包含着应用中大部分的状态（state）。Vuex 和单纯的全局对象有以下不同。

（1）Vuex 的状态存储是响应式的。当 Vue 组件从 store 中读取状态时，如果store中的状态发生了变化，那么相应的组件也会得到高效更新。

（2）Vuex不能直接改变 store 中的状态。改变 store 中的状态的唯一途径就是显式地提交（commit）mutation。这样使我们可以方便地跟踪每个状态的变化，从而让我们能够实现一些工具，帮助我们更好地了解应用。

11.2.1　Vuex 的配置

在vue-cli项目中使用Vuex，src/main.js文件的代码示例如下。

```
import "url-search-params-polyfill";        //让IE兼容new URLSearchParams()
import Vue from 'vue'
import App from './App.vue'
import router from "./router";

//导入Vuex
import Vuex from "vuex";
//安装插件
Vue.use(Vuex);

//实例化Vuex并调用Store()方法
let store=new Vuex.Store({});

Vue.config.productionTip = false;

new Vue({
    router,
        store,                              //注册store
    render: h => {return h(App)},
}).$mount('#app')
```

注意上面代码中加粗的部分，先导入Vuex，然后使用Vue.use()方法安装Vuex插件。

11.2.2　state

Vuex使用单一状态树，一个对象就包含了全部的应用层级状态，作为唯一的数据源而存在。这也意味着，每个应用将仅包含一个store实例。store可以理解为保存应用程序状态的容器。

我们先看一下Vuex是如何使用的，src/main.js文件的代码示例如下。

```
import "url-search-params-polyfill";          //让IE兼容new URLSearchParams()
import Vue from 'vue'
import App from './App.vue'
import router from "./router";

//导入Vuex
import Vuex from "vuex";
//安装插件
Vue.use(Vuex);

Vue.config.productionTip = false;

//实例化Vuex并调用Store()方法
let store=new Vuex.Store({
    //状态数据放在state选项中
    state:{
        count:0
    }
});

new Vue({
    router,
    store,                                      //注册store
    render: h => {return h(App)},
}).$mount('#app')
```

注意上面代码中加粗的部分，实例化Vuex并调用Store()方法，赋值给变量store。在Vue根实例中使用store选项注册store实例，该store实例会从根组件"注入"每个子组件中。在src/pages/main/home.vue文件中访问store，代码示例如下。

```
<template>
    <div class="page">
        <!--在视图中访问store实例中state选项的count属性值-->
        计数器:{{$store.state.count}}
    </div>
</template>

<script>
    export default {
        name: "home",
        created(){
```

```
            //在JS中访问store实例中state选项的count属性值
            console.log(this.$store.state.count);
        }
    }
</script>

<style scoped>
    .page{width:100%;height:95vh;}
</style>
```

在视图中使用$store.state.count获取store实例中state选项的count属性值，在JS中使用this.$store.state.count获取store实例中state选项的count属性值。

当一个组件需要获取多个状态时，将这些状态都声明为计算属性会有些冗余。为了解决这个问题，可以使用 mapState ()辅助函数帮助我们生成计算属性。

src/pages/main/home.vue文件的代码示例如下。

```
<template>
    <div class="page">
        <!--在视图中访问store实例中state选项的count属性值-->
        计数器:{{count}}
    </div>
</template>

<script>
    //导入mapState
    import {mapState} from "vuex";
    export default {
        name: "home",
        data(){
            return {
                amount:100
            }
        },
computed:{
            //使用扩展运算符提取mapState()函数返回的对象属性
            ...mapState({
                //方式1:箭头函数可使代码更简练
                count:state=>state.count,
                //方式2:字符串参数count等同于 state => state.count
                count:"count",
                //方式3:为了能够使用this获取局部状态，可以使用常规函数
                count(state){
                    return state.count+this.amount
                }
            })
            //方式4:使用数组的方式获取state中存放的数据
            //...mapState(["count"])
        }
    }
</script>
```

```
<style scoped>
    .page{width:100%;height:95vh;}
</style>
```

使用...mapState()函数获取store实例中的数据有4种方式。

（1）使用箭头函数。

（2）字符串方式。

（3）为了能够使用this，必须使用常规函数。

（4）数组方式。

在实际开发中，使用mapState()函数获取store实例中的数据，推荐第一种方式。

11.2.3 getter

有时我们需要从store实例的state选项中派生出一些状态，如对列表进行过滤并计

数，src/main.js文件的代码示例如下。

```
import "url-search-params-polyfill";
import Vue from 'vue'
import App from './App.vue'
import router from "./router";

import Vuex from "vuex";

Vue.use(Vuex);

Vue.config.productionTip = false;

let store=new Vuex.Store({
    state:{
        users:[
            {id:1,name:"张三",age:18},
            {id:2,name:"李四",age:20},
            {id:3,name:"王五",age:22},
            {id:4,name:"赵六",age:25}
        ]
    },
    getters:{
        /*
        第一个参数：本模块中的state
        第二个参数：其他getter
        第三个参数：所有模块的state
        */
        getUsers(state,getters,rootState){
            //筛选age大于18的数据
```

```
            let users=state.users.filter((res)=>{
                return res.age>18
            })
            return users;
        }
    }
});

new Vue({
    router,
    store,
    render: h => {return h(App)},
}).$mount('#app')
```

通过让getter返回一个函数,实现给getter传参。在对store实例中的数组进行查询时非常有用。注意,getter在通过方法访问时,每次都会进行调用,而不会缓存结果。在做筛选或计算价格时非常好用,如计算购物车中的商品总价。

src/pages/main/home.vue文件的代码示例如下。

```
<template>
    <div class="page">
        <ul>
            <li v-for="item in $store.getters.getUsers" :key="item.id">
                {{item.name}}--{{item.age}}
            </li>
        </ul>
    </div>
</template>

<script>
    export default {
        name: "home",
        created() {
            //在JS中访问getter
            console.log(this.$store.getters.getUsers)
        }
    }
</script>

<style scoped>
    .page{width:100%;height:95vh;}
</style>
```

在视图中使用$store.getters访问getter,在JS中使用this.$store.getters访问getter。在浏览器中显示的效果如图11.3所示。

图 11.3 使用 getter 渲染数据

在实际开发中，我们通常会使用mapGetters()辅助函数访问getter，src/pages/main/home.vue文件的代码示例如下。

```
<template>
    <div class="page">
        <ul>
            <li v-for="item in getUsers" :key="item.id">
                {{item.name}}--{{item.age}}
            </li>
        </ul>
    </div>
</template>

<script>
    import {mapGetters} from "vuex";
    export default {
        name: "home",
        computed:{
            //使用扩展运算符提取mapGetters()函数返回的对象属性
            //方式1：字符串数组方式
            ...mapGetters(["getUsers"]),
            //方式2：对象方式
            ...mapGetters({
                getUsers:"getUsers"
            })
```

```
        }
    }
</script>

<style scoped>
    .page{width:100%;height:95vh;}
</style>
```

mapGetters()函数支持两种映射形式，第一种是字符串数组形式，第二种是对象形式，推荐使用第二种。

11.2.4   mutation

扫一扫，看视频

在11.2.2小节中我们定义了count状态，如果想要改变count的值，唯一方法是提交 mutation。Vuex中的 mutation 类似于事件——对每个mutation都有一个字符串的事件类型（type）和一个回调函数（handler）。这个回调函数就是我们实际进行状态更改的地方，并且它会接收state作为第一个参数。src/main.js文件的代码如下。

```
import "url-search-params-polyfill";              //让IE兼容new URLSearchParams()
import Vue from 'vue'
import App from './App.vue'
import router from "./router";

//导入Vuex
import Vuex from "vuex";
//安装插件
Vue.use(Vuex);

Vue.config.productionTip = false;

//实例化Vuex并调用Store()方法
let store=new Vuex.Store({
    //状态数据放在state选项中
    state:{
        count:0
    },
    mutations:{
        //自定义inc()方法
        inc(state){
            state.count++;
        }
    }
});

new Vue({
    router,
    store,          //注册store
    render: h => {return h(App)},
}).$mount('#app')
```

在mutations属性中自定义inc()方法，第一个参数为state。在src/pages/main/home.vue文件中调用inc()方法，代码示例如下。

```
<template>
    <div class="page">
```

```
            <!--在视图中访问store实例中state选项的count属性值-->
            计数器:{{$store.state.count}} <button type="button" @click="increment">+</button>
        </div>
    </template>

    <script>
        export default {
            name: "home",
            methods:{
                increment(){
                    //使用commit调用store实例mutations属性中的inc()方法
                    this.$store.commit("inc");
                }
            }
        }
    </script>

    <style scoped>
        .page{width:100%;height:95vh;}
    </style>
```

通过this.$store.commit()方法调用store实例mutations属性中的inc()方法。可以向store.commit()方法传入额外的参数,即mutation的载荷(payload)。

将src/main.js文件中的代码修改如下。

```
//实例化Vuex并调用Store()方法
let store=new Vuex.Store({
    //状态数据放在state选项中
    state:{
        count:0
    },
    mutations:{
        //自定义inc()方法
        inc(state,payload){
            state.count+ = payload.amount;
        }
    }
});
```

在大多数情况下,载荷应该是一个对象,这样可以包含多个字段并且记录的mutation会更易读。将src/pages/main/home.vue文件中的代码修改如下。

```
export default {
    name: "home",
    methods:{
        increment(){
            //使用commit调用store实例mutations属性中的inc()方法
            this.$store.commit("inc",{amount:10});
        }
    }
}
```

在this.$store.commit()方法中传入第二个参数,值为{amount:10}。在src/main.js文件中使用payload.amount接收。

也可以使用对象风格的方式提交，将src/pages/main/home.vue文件中的代码修改如下。

```
export default {
    name: "home",
    methods:{
        increment(){
            //使用commit调用store实例mutations属性中的inc()方法
            this.$store.commit({
                type:"inc",
                amount:10
            });
        }
    }
}
```

通过这种方式提交直接使用包含type属性的对象，整个对象都作为载荷传给 mutation 函数，因此handler保持不变。

1. 使用常量替代 mutation 事件类型

使用常量替代 mutation 事件类型在各种Flux实现中都是很常见的模式。这样可以使 linter 之类的工具发挥作用，同时把这些常量放在单独的文件中可以让代码合作者对整个应用包含的 mutation一目了然。

首先在src文件夹中创建store文件夹，在该文件夹中创建mutation-types.js文件，代码示例如下。

```
export const INC="inc";
```

导出一个名为INC的常量，值为"inc"，src/main.js文件的代码如下。

```
import "url-search-params-polyfill";//让IE兼容new URLSearchParams()
import Vue from 'vue'
import App from './App.vue'
import router from "./router";

//导入Vuex
import Vuex from "vuex";
//导入INC常量
import {INC} from "./store/mutation-types";
//安装插件
Vue.use(Vuex);

Vue.config.productionTip = false;

//实例化Vuex并调用Store()方法
let store=new Vuex.Store({
    //状态数据放在state选项中
    state:{
        count:0
    },
    mutations:{
        //使用ES 6风格的计算属性命名功能使用一个常量作为函数名
        [INC](state,payload){
            state.count+=payload.amount;
        }
```

```
    }
});

new Vue({
    router,
    store,//注册store
    render: h => {return h(App)},
}).$mount('#app')
```

在需要多人协作的大型项目中，这会很有用。但是如果你不喜欢，完全可以不这样做。在多人协作的大型项目中，如果看到这种风格的代码，只要能看懂会用就行了。

2.mapMutaions() 辅助函数

在实际开发中，大多数都使用辅助函数的方式提交mutation。src/pages/main/home.vue文件的代码示例如下。

```
<template>
    <div class="page">
        <!--在视图中访问store实例中state选项的count属性值-->
        计数器:{{count}} <button type="button" @click="increment">+</button>
    </div>
</template>

<script>
    import {mapState,mapMutations} from "vuex";
    export default {
        name: "home",
        methods:{
            //使用ES 6扩展运算符提取mapMutations()函数返回的对象属性
            //方式1:使用对象方式,将this.inc()映射为this.$store.commit("inc")
            ...mapMutations({
                inc:"inc"
            }),
            //方式2:使用字符串数组方式,将this.inc()映射为this.$store.commit("inc")
            ...mapMutations(["inc"]),
            increment(){
                //这里的inc()方法就是上面...mapMutations(["inc"])中的inc
                this.inc({amount:10});
            }
        },
        computed:{
            ...mapState({
                count:state=>state.count
            })
        }
    }
</script>

<style scoped>
    .page{width:100%;height:95vh;}
</style>
```

上面代码中的注释很清晰，这里就不再赘述，在实际开发中推荐使用方式1。

> **注意：**
> 一条重要的原则就是mutation必须是同步函数，不能存在异步函数调用，如以下代码。
> ```
> let store=new Vuex.Store({
>     //状态数据放在state选项中
>     state:{
>         count:0
>     },
>     mutations:{
>         inc(state,payload){
>             //异步函数
>             setTimeout(()=>{
>                 state.count+=payload.amount;
>             },600)
>         }
>     }
> });
> ```

上面的代码使用setTimeout()函数做了异步调用，在代码执行上不会有任何问题，只是在调试上变得困难。例如，我们正在调试一个应用并观察 devtools 中的 mutation 日志，每条 mutation 被记录，devtools都需要捕捉到前一状态和后一状态的快照。然而，在上面的例子中，mutation 中的异步函数中的回调使这不可能完成，因为当 mutation 被触发时，回调函数还没有被调用，devtools不知道回调函数实际上什么时候被调用，实际上任何在回调函数中进行的状态改变都是不可追踪的。当然这个只是官方的建议，如果在开发中必须在mutation中使用异步函数，在执行上也不会有任何问题。除非必要，一般不要在mutation中使用异步函数。

devtools是一款基于Chrome浏览器的插件，用于调试Vue应用，可以去百度搜索vue-devtools进行下载安装，使用非常简单，这里就不再作详细的介绍，因为在开发中没有必要用vue-devtools进行调试。

11.2.5　action

扫一扫，看视频

action类似于 mutation，不同之处在于action提交的是 mutation，而不是直接变更状态，action可以包含任意的异步操作。

src/main.js文件的代码示例如下。

```
import "url-search-params-polyfill";//让IE兼容new URLSearchParams()
import Vue from 'vue'
import App from './App.vue'
import router from "./router";

//导入Vuex
import Vuex from "vuex";

//安装插件
Vue.use(Vuex);

Vue.config.productionTip = false;

//实例化Vuex并调用Store()方法
```

```
let store=new Vuex.Store({
    //状态数据放在state选项中
    state:{
        count:0
    },
    mutations:{
        inc(state){
            state.count++;
        }
    },
    actions:{
        asyncInc(context){
            //使用commit提交mutation
            context.commit("inc");
        }
    }
});

new Vue({
    router,
    store,//注册store
    render: h => {return h(App)},
}).$mount('#app')
```

action函数接收与store实例具有相同方法和属性的 context 对象，因此可以调用context.commit()函数提交 mutation，或者通过 context.state ()函数和 context.getters() 函数获取state和getters。注意context并不是store实例本身。

如果在action中多次调用commit()方法，可以使用ES 6的解构语法简化代码，将src/main.js文件中的代码修改如下。

```
actions:{
    asyncInc({commit}){
        //使用commit提交mutation
        commit("inc");
    }
}
```

action通过store.dispatch ()方法触发，src/pages/main/home.vue文件的代码示例如下。

```
<template>
    <div class="page">
        <!--在视图中访问store实例中state选项的count属性值-->
        计数器:{{count}} <button type="button" @click="increment">+</button>
    </div>
</template>

<script>
    import {mapState} from "vuex";
    export default {
        name: "home",
        methods:{
            increment(){
                //使用dispatch()方法触发
```

```
                this.$store.dispatch("asyncInc");
            }
        },
        computed:{
            ...mapState({
                count:state=>state.count
            })
        }
    }
</script>

<style scoped>
    .page{width:100%;height:95vh;}
</style>
```

看上去多此一举，我们直接分发 mutation 岂不更方便？实际上并非如此，还记得 mutation 必须同步执行的这个限制吗？ action 就不受约束，可以在 action 内部执行异步操作，将src/main.js文件中的代码修改如下。

```
actions:{
    asyncInc({commit}){
        //异步调用
        setTimeout(()=>{
            //使用commit提交mutation
            commit("inc");
        },600);
    }
}
```

同样地，action也支持以载荷形式和对象形式进行分发。src/pages/main/home.vue文件的代码示例如下。

```
<template>
    <div class="page">
        <!--在视图中访问store实例中state选项的count属性值-->
        计数器:{{count}} <button type="button" @click="increment">+</button>
    </div>
</template>

<script>
    import {mapState} from "vuex";
    export default {
        name: "home",
        methods:{
            increment(){
                //以载荷形式分发
                this.$store.dispatch("asyncInc",{amount:10});

                //以对象形式分发
                this.$store.dispatch({
                    type:"asyncInc",
                    amount:10
                });
            }
```

```
        },
        computed:{
            ...mapState({
                count:state=>state.count
            })
        }
    }
</script>

<style scoped>
    .page{width:100%;height:95vh;}
</style>
```

src/main.js文件的代码示例如下。

```
import "url-search-params-polyfill";//让IE兼容new URLSearchParams()
import Vue from 'vue'
import App from './App.vue'
import router from "./router";

//导入Vuex
import Vuex from "vuex";

//安装插件
Vue.use(Vuex);

Vue.config.productionTip = false;

//实例化Vuex并调用Store()方法
let store=new Vuex.Store({
    //状态数据放在state选项中
    state:{
        count:0
    },
    mutations:{
        inc(state,payload){
            //接收action分发的payload
            state.count+=payload.amount;
        }
    },
    actions:{
        asyncInc({commit},payload){
            //用接收的payload组装新的对象形式的值{amount:payload.amount}，使用
            //commit提交给mutation
            commit("inc",{amount:payload.amount})
        }
    }
});

new Vue({
    router,
    store,//注册store
    render: h => {return h(App)},
}).$mount('#app')
```

在实际开发中，action一般都存放ajax异步请求的数据，再将异步请求的数据提交到mutation，实现异步数据流的操作，再显示到视图上。这是开发大型项目的流程，在后面的实战项目中会充分体验这样做的优点。

同样，action和mutation一样也有辅助函数，使用方法也一样。在实际开发中，我们使用辅助函数进行分发。src/pages/main/home.vue文件的代码示例如下。

```
<template>
    <div class="page">
        <div class="page">
            <!--在视图中访问store实例中state选项的count属性值-->
            计数器:{{count}} <button type="button" @click="increment">+</button>
        </div>
    </div>
</template>

<script>
    import {mapState,mapActions} from "vuex";
    export default {
        name: "home",
        methods:{
            //使用ES 6扩展运算符提取mapActions()函数返回的对象属性
            //方式1:使用对象方式，将this.asyncInc()映射为this.$store.dispatch("asyncInc")
            ...mapActions({
                asyncInc:"asyncInc"
            }),
            //方式2:使用字符串数组方式，将this.asyncInc()映射为this.$store.dispatch("asyncInc")
            ...mapActions(["asyncInc"]),
            increment(){
                //这里的asyncInc()方法就是上面...mapActions(["asyncInc"])中的inc
                this.asyncInc({amount:10})
            }
        },
        computed:{
            ...mapState({
                count:state=>state.count
            })
        }
    }
</script>

<style scoped>
    .page{width:100%;height:95vh;}
</style>
```

mapActions()辅助函数有两种方式进行分发，和mapMutations()辅助函数一样，第一种是使用对象的方式，第二种是使用字符串数组的方式，推荐使用第一种。

11.2.6 module 模块化

由于使用单一状态树，应用的所有状态会集中到一个比较大的对象。当应用变得非常复杂时，store对象就有可能变得相当庞大。

　　为了解决上述问题，Vuex允许将 store 分割成模块（module）。每个模块拥有自己的state、mutation、action、getter，甚至是嵌套子模块，从上至下进行同样方式的分割，代码示例如下。

```
const moduleA = {
    state: { ... },
    mutations: { ... },
    actions: { ... },
    getters: { ... }
}

const moduleB = {
    state: { ... },
    mutations: { ... },
    actions: { ... }
}

const store = new Vuex.Store({
    modules: {
        a: moduleA,
        b: moduleB
    }
})

store.state.a // -> moduleA 的状态
store.state.b // -> moduleB 的状态
```

我们再看一下实际应用中的代码示例，src/main.js文件的代码示例如下。

```
import "url-search-params-polyfill";    //让IE兼容new URLSearchParams()
import Vue from 'vue'
import App from './App.vue'
import router from "./router";

//导入Vuex
import Vuex from "vuex";

//安装插件
Vue.use(Vuex);

Vue.config.productionTip = false;

//定义counter模块
let counter={
    state:{
        total:0
    },
    mutations:{
        inc(state,payload){
            state.total+=payload.amount;
        }
    }
};
//定义cart模块
let cart={
```

```
        state:{
            total:0
        },
        mutations:{
            inc(state,payload){
                state.total+=payload.amount;
            }
        }
    }
let store=new Vuex.Store({
    modules:{
        counter,          //模块名为counter
        cart              //模块名为cart
    }
});

new Vue({
    router,
    store,          //注册store
    render: h => {return h(App)},
}).$mount('#app')
```

上面代码中定义了两个模块，一个是counter模块，另一个是cart模块，并将这两个模块赋值到store实例的modules属性中，这样代码看起来非常清晰，两个模块各自工作互不打扰。

src/pages/main/home.vue文件的代码示例如下。

```
<template>
    <div class="page">
        <div class="page">
            <!--在视图中访问counter模块中state选项的total属性值-->
            计  数  器:{{counterTotal}} <button type="button" @click="incCount">+</button> <br/>
            <!--在视图中访问cart模块中state选项的total属性值-->
            购物车商品总价:{{cartTotal}} <button type="button" @click="incCart"> +</button><br/>

        </div>
    </div>
</template>

<script>
    import {mapState,mapMutations} from "vuex";
    export default {
        name: "home",
        methods:{
            ...mapMutations({
                counterInc:"inc",          //映射counter模块mutations内部inc()方法
                cartInc:"inc"              //映射cart模块mutations内部inc()方法
            }),
            //增加计数器
            incCount(){
                //触发mapMutations()函数内部counterInc属性
                this.counterInc({amount:10})
```

```
            },
            //增加购物车商品总价
            incCart(){
                //触发mapMutations()函数内部cartInc属性
                this.cartInc({amount:20});
            }
        },
        computed:{
            ...mapState({
                //获取counter模块下state选项内部的total属性值
                counterTotal:state=>state.counter.total,
                //获取cart模块下state选项内部的total属性值
                cartTotal:state=>state.cart.total
            })
        }
    }
</script>

<style scoped>
    .page{width:100%;height:95vh;}
</style>
```

　　注意这里会出现命名上的冲突，...mapMutations()函数内部counterInc属性和cartInc属性的值都是inc，当单击计数器+按钮时会同时触发counter模块和cart模块中mutations内部的inc()方法。这不是我们想要的结果，这个问题需要使用命名空间解决。

　　默认情况下，模块内部的action、mutation和getter注册在全局命名空间，这样使多个模块能够对同一mutation或action作出响应。如果希望模块具有更高的封装度和复用性，可以通过添加namespaced:true的方式使其成为带有命名空间的模块。当模块被注册后，它的所有getter、action和mutation都会自动根据模块注册的路径调整命名。

　　将src/main.js文件的代码修改如下。

```
//定义counter模块
let counter={
    namespaced:true,              //开启支持命名空间
    state:{
        total:0
    },
    mutations:{
        inc(state,payload){
            state.total+=payload.amount;
        }
    }
};
//定义cart模块
let cart={
    namespaced:true,              //开启支持命名空间
    state:{
        total:0
    },
    mutations:{
        inc(state,payload){
```

```
                    state.total+=payload.amount;
                }
            }
        }
    let store=new Vuex.Store({
        modules:{
            counter,                    //模块名为counter
            cart                        //模块名为cart
        }
    });
```

只需在自定义模块中添加namespaced:true，这样就支持命名空间了，接下来在src/pages/
main/home.vue文件中使用，代码修改如下。

```
...mapMutations({
    counterInc:"counter/inc",    //映射counter模块mutations内部inc()方法
    cartInc:"cart/inc"           //映射cart模块mutations内部inc()方法
}),
```

注意上面代码中加粗的部分，用斜杠做分隔符，斜杠左边是模块名称，右边是mutations内
部的方法，这样就解决了命名冲突的问题。action和mutation使用方式一样，这里就不再做演示，
后面在实战项目中会经常用到。

11.2.7　使用 Vuex 实现会员注册与登录功能

扫一扫，看视频

我们用Vuex配合axios实现会员注册与登录功能，这里的axios采用9.2.7小节中封
装的request()方法请求数据，在9.2.6小节中我们配置了代理解决跨域问题，这里不再
介绍配置的方法，直接使用。

src/pages/main/home.vue文件的代码示例如下。

```
<template>
    <div class="page">
        <button type="button" @click="pushPage('/reg')">注册</button>
        <button type="button" @click="pushPage('/login')">登录</button>
        <button type="button" @click="pushPage('/ucenter')">个人中心</button>
    </div>
</template>

<script>
    export default {
        name: "home",
        methods:{
            pushPage(url){
                this.$router.push(url);
            }
        }
    }
</script>

<style scoped>
    .page{width:100%;height:95vh;}
</style>
```

　　上面代码定义了3个按钮，单击按钮分别跳转至注册页面、登录页面和个人中心页面。接下来配置路由，在src/router.js文件中添加以下代码。

```
let router=new Router({
    mode:"hash",                      //1.hash(哈希):URL有#号;2.history(历史):URL没有#号
    base:process.env.BASE_URL,        //自动获取根目录路径
    routes:[
        ...
        {
            path:"/login",
            name:"login",
            component:()=>import("./pages/login/index"),
        },
        {
            path:"/ucenter",
            name:"ucenter",
            component:()=>import("./pages/ucenter/index"),
        },
        {
            path:"/reg",
            name:"reg",
            component:()=>import("./pages/reg/index"),
        }
    ]
});
```

　　在路由配置中添加login、ucenter、reg组件，接下来根据import()方法传入的路径分别创建文件。在pages文件夹中分别创建login、ucenter、reg文件夹，在login、ucenter、reg文件夹中分别创建index.vue文件。

　　接下来Vuex将按功能模块分割文件，这样方便维护，在src文件夹中创建store文件夹，在store文件夹中创建modules文件夹，在modules文件夹中创建user文件夹和index.js文件，在user文件夹中创建index.js文件，Vuex目录结构如图11.4所示。

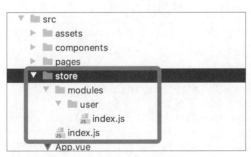

图11.4　Vuex目录结构

src/main.js文件的代码示例如下。

```
import "url-search-params-polyfill";          //让IE兼容new URLSearchParams()
import Vue from 'vue'
import App from './App.vue'
import router from "./router";
```

```
//导入Vuex的store实例
import store from "./store";
//导入request
import {request} from "./assets/js/utils/request";

//将request()方法挂载到Vue原型上，这样可以全局使用
Vue.prototype.$request=request;

Vue.config.productionTip = false;

new Vue({
    router,
    store,          //注册store
    render: h => {return h(App)},
}).$mount('#app')
```

main.js文件中不再写任何Vuex的逻辑代码，代码写在src/store/index.js文件中。

```
import Vue from "vue";
import Vuex from "vuex";
//导入自定义模块user
import user from "./modules/user";

Vue.use(Vuex);

let store=new Vuex.Store({
    modules:{
        user
    }
});

export default store;
```

src/store/index.js文件相当于一个Vuex模块化的总入口，将所有子模块导入进行合并。
src/store/modules/user/index.js文件的代码示例如下。

```
export default {
    namespaced:true,
    state:{
        //会员的id
        uid:localStorage["uid"]?localStorage["uid"]:"",
        //登录状态，true为已登录，false为未登录
        isLogin:localStorage["isLogin"]?Boolean(localStorage["isLogin"]):false,
        //昵称
        nickname:localStorage["nickname"]?localStorage["nickname"]:""
    },
    mutations:{
        //设置会员信息
        ["SET_USER"](state,payload){
            state.uid=payload.uid;
            state.isLogin=true;
            state.nickname=payload.nickname;
            //将Vuex中的数据保存到本地缓存，因为Vuex的数据不能持久保存，刷新页面会丢失数据
```

```
                localStorage["uid"]=state.uid;
                localStorage["isLogin"]=state.isLogin;
                localStorage["nickname"]=state.nickname;
        },
        //退出登录
        ["OUT_LOGIN"](state){
            //数据初始化
            state.uid="";
            state.isLogin=false;
            state.nickname="";
            //清除缓存
            localStorage.removeItem("uid");
            localStorage.removeItem("isLogin");
            localStorage.removeItem("nickname");
        }
    }
}
```

　　这里的代码主要用于保存用户信息登录状态，需要注意的是，Vuex保存的数据并不是持久性存储，刷新页面数据会丢失，需要用本地存储localStorage或sessionStorage，配合解决Vuex不能持久性存储的问题。这个解决方法需要记住，面试时有可能会问到。

　　注册页面，src/pages/reg/index.vue文件的代码示例如下。

```
<template>
    <div>
        手机号:<input type="text" placeholder="请输入手机号" v-model="cellphone" /><br/>
        密码:<input type="text" placeholder="请输入密码" v-model="password" /><br/>
        <button type="button" @click="submit()">注册</button>
    </div>
</template>

<script>
    import {mapMutations} from "vuex";
    export default {
        name: "reg",
        data(){
            return {
                cellphone:"",
                password:""
            }
        },
        methods:{
            ...mapMutations({
                SET_USER:"user/SET_USER"
            }),
            submit(){
                //去除头尾空格判断是否为空
                if(this.cellphone.trim()==""){
                    alert("请输入手机号");
```

```
                return;
            }
            //简易版正则表达式验证手机号格式
            if(!this.cellphone.match(/^1[0-9][0-9]\d{8}$/)){
                alert("手机号格式不正确");
                return;
            }
            if(this.password.trim()==""){
                alert("请输入密码");
                return;
            }
            this.$request("/api/home/user/reg?token=1ec949a15fb709370f","post",{cell
            phone:this.cellphone,password:this.password}).then(res=>{
                //如果注册成功
                if(res.code==200){
                    //将返回的数据，保存到Vuex，这样可以实现注册后自动登录功能
                    this.SET_USER({uid:res.data.uid,nickname:res.data.nickname});
                    //注册成功后返回上一级页面
                    this.$router.go(-1);
                }else{//否则打印错误提示
                    alert(res.data);
                }
            })
        }
    }
}
</script>

<style scoped>
</style>
```

先验证手机号和密码是否填写了，使用正则表达式验证手机号格式，如果验证成功，使用request()方法请求服务端进行会员注册，注册成功后将返回的uid（会员的唯一凭证）和nickname（会员的昵称）保存到Vuex中，并返回上一级页面，最终完成会员注册。

个人中心页面，src/pages/ucenter/index.vue文件的代码示例如下。

```
<template>
    <div>
        欢迎{{nickname}}回来! <br/><button type="button" @click="outLogin()">安全退出
        </button>
    </div>
</template>

<script>
    import {mapState,mapMutations} from "vuex";
    export default {
        name: "ucenter",
        computed:{
            ...mapState({
                nickname:state=>state.user.nickname
            })
        },
```

```
        methods:{
            ...mapMutations({
                //退出登录
                OUT_LOGIN:"user/OUT_LOGIN"
            }),
            //退出登录
            outLogin(){
                this.OUT_LOGIN();
                //跳转到登录页面
                this.$router.replace("/login");
            }
        }
    }
</script>

<style scoped>
</style>
```

这里的代码很简单，读取Vuex中的数据nickname，显示到视图上，单击"安全退出"按钮，调用Vuex的mutations中的OUT_LOGIN()方法并跳转到登录页面。

登录页面，src/pages/login/index.vue文件的代码示例如下。

```
<template>
    <div>
        <div>手机号:<input type="text" v-model="cellphone" placeholder="请输入手机号"
         /></div>
        <div>密码:<input type="text" v-model="password" placeholder="请输入密码" /></div>
        <div><button type="button" @click="submit()">登录</button></div>
    </div>
</template>

<script>
    import {mapMutations} from "vuex";
    export default {
        name: "login",
        data(){
            return {
                cellphone:"",
                password:""
            }
        },
        methods:{
            ...mapMutations({
                SET_USER:"user/SET_USER"
            }),
            submit(){
                //使用trim()方法去除两端空格，判断input的值是否为空
                if(this.cellphone.trim()==""){
                    alert("请输入手机号");
                    return;
                }
                //简易版正则表达式验证手机号格式
```

```
                    if(!this.cellphone.match(/^1[0-9][0-9]\d{8}$/)){
                        alert("手机号格式不正确");
                        return;
                    }
                    if(this.password.trim()==""){
                        alert("请输入密码");
                        return;
                    }
                    //使用request()方法请求服务端会员登录接口
                        this.$request("/api/home/user/pwdlogin?token=1ec949a15fb709370f",
    "post",{cellphone:this.cellphone,password:this.password}).then(res=>{
                            //如果登录验证成功
                            if(res.code==200){
                                //将登录的信息保存到Vuex
                                this.SET_USER({uid:res.data.uid,nickname:res.data.nickname});
                                //登录成功后返回上一级页面
                                this.$router.go(-1);
                            }else {                        //没有验证成功
                                alert(res.data);           //打印未验证成功的报错信息
                            }
                        });
                }
            }
    </script>

    <style scoped>
    </style>
```

会员登录的思路与注册类似，代码注释很清晰，这里就不再讲解。

接下来还需要使用beforeEach全局前置守卫进行路由拦截。将src/router.js文件的代码修改如下。

```
import Vue from 'vue';
//导入路由
import Router from 'vue-router';
//导入store实例，可以调用Vuex中的属性
import store from "./store";
//使用路由插件
Vue.use(Router);

let router=new Router({
    mode:"hash",                //1.hash(哈希):URL有#号;2.history(历史):URL没有#号
    base:process.env.BASE_URL,  //自动获取根目录路径
    routes:[
        ...
        {
            path:"/ucenter",
            name:"ucenter",
            component:()=>import("./pages/ucenter/index"),
            meta:{auth:true}      //添加auth:true,表示该组件需要会员验证
        },
        ...
```

```
    ]
});

//注册全局前置守卫
router.beforeEach((to,from,next)=>{
    //如果当前页面存在meta.auth属性, 值为true, 表示这个页面需要会员验证
    if(to.meta.auth){
        //Vuex中的isLogin的值为true, 表示会员已经登录
        if(store.state.user.isLogin){
            //进入该页面
            next();
        }else{                          //如果会员未登录, 直接跳转到登录页面
            next("/login");
        }
    }else{//如果没有meta.auth或meta.auth的值为false, 表示这个页面不需要会员验证
        //直接进入该页面
        next();
    }
});
//导出路由
export default router;
```

使用全局前置守卫完成路由拦截, 在会员没有登录的情况下不允许进入个人中心页面, 一个简单的会员注册与登录功能开发就完成了。

11.3　小结

本章讲解了Vuex状态管理的安装与使用, 包括state、getter、mutation、action的使用, 辅助函数的使用, 模块化的封装与重用, 使用Vuex实现会员注册与登录功能等。Vuex是在Vue项目开发时使用的状态管理工具, 为被多个组件频繁使用的值提供了一个统一管理的工具。在具有Vuex的Vue项目中, 我们只需把这些值定义在Vuex中, 即可在整个Vue项目的组件中使用, 实现了多组件数据共享并且可以响应式地更新数据。但Vuex中的数据是不能持久保存的, 需要用localStorage或sessionStorage辅助解决持久保存数据的问题。本章内容建议结合视频学习, 加深理解!

第12章

第三方插件和 UI 库的使用

Vue的强大除了框架本身，还有第三方开源的JS插件和UI库的支持，这样可以大量节省开发项目的成本。目前最流行的前端插件有Swiper轮播图、better-scroll移动端滚动、Vue-i18n多语言国际化等插件；最常用的PC端UI库有Element UI，移动端UI库有Mint UI、cube-ui、Vant等。这些第三方插件和UI库在工作中会频繁使用，我们要学会熟练使用它们。

学习技巧：一定要学会看第三方插件或UI库的官方文档。

12.1 常用插件与异步队列

Swiper轮播图、better-scroll移动端滚动、Vue-i18n多语言国际化这些常用插件如何对接到Vue中使用，如何看懂官方文档，这些是我们学习的重点。学会使用这些插件，再使用其他插件的思路和方法都是一样的，要学会一通百通。在学习使用插件之前，先要了解一下nextTick异步更新队列，这样可以解决在使用插件时遇到的一些问题。

12.1.1 nextTick 异步更新队列

Vue是异步执行DOM更新的，为了数据变化之后等待Vue完成更新DOM，可以在数据变化之后立即使用Vue.nextTick()方法在当前的回调函数中获取最新的DOM，如果在组件内部可以使用$nextTick()方法。

扫一扫，看视频

下面看一段代码，src/pages/main/home.vue文件的代码示例如下。

```
<template>
    <div class="page">
        <p ref="msg">{{name}}</p>
        <button type="button" @click="setName">修改名字</button>
    </div>
</template>

<script>
    export default {
        name: "home",
        data(){
            return {
                name:"张三"
            }
        },
        methods:{
            setName(){
                this.name="李四";
                console.log(this.$refs["msg"].innerHTML);        //结果: 张三
            }
        }
    }
</script>

<style scoped>
    .page{width:100%;height:95vh;}
</style>
```

单击"修改名字"按钮，修改组件name属性的值为"李四"。按理说，<p>元素的内容应该是"李四"，可是在控制台窗口中输出的结果为"张三"，如图12.1所示。

图 12.1　<p> 元素的内容

这是因为Vue执行DOM更新是异步的，只要观察到数据变化，Vue 将开启一个队列，并缓冲在同一事件循环中发生的所有数据改变。如果同一个观察者被多次触发，只会被推入队列中一次。这种在缓冲时去除重复数据对于避免不必要的计算和 DOM 操作非常重要。然后，在下一个事件循环tick中，Vue刷新队列并执行实际的工作。Vue在内部尝试对异步队列使用原生的Promise.then、MutationObserver和setImmediate，如果执行环境不支持，会采用 setTimeout(fn,0)代替。其实就是做了异步延迟执行队列。

接下来我们使用nextTick解决数据变化之后无法获取最新DOM的问题，修改src/pages/main/home.vue文件的代码示例如下。

```
methods:{
    setName(){
        this.name="李四";
        this.$nextTick(()=>{
            console.log("<p>元素的内容:"+this.$refs["msg"].innerHTML);//结果: 李四
        });
    }
}
```

在浏览器中显示的效果如图12.2所示。

图 12.2　使用 nextTick 异步更新 DOM

可见，单击"修改名字"按钮，当数据变化时立即执行DOM更新。

之前我们学过在created生命周期中不能获取DOM，要想获取DOM，必须在mounted生命周期中获取，如果想要在created生命周期中获取DOM，可以使用nextTick()方法。

src/pages/main/home.vue文件的代码示例如下。

```
<template>
    <div class="page">
        <p ref="msg">{{name}}</p>
    </div>
</template>

<script>
    export default {
```

```
        name: "home",
        data(){
            return {
                name:"张三"
            }
        },
        created(){
            this.$nextTick(()=>{
                console.log("<p>元素的内容:"+this.$refs["msg"].innerHTML);
                //结果:张三
            });
        }
    }
</script>

<style scoped>
    .page{width:100%;height:95vh;}
</style>
```

在created生命周期中使用this.$nextTick()方法获取DOM。

12.1.2　Swiper 滑动特效插件

扫一扫，看视频

Swiper是纯JavaScript开发的滑动特效插件，面向手机、平板电脑等移动终端。Swiper能实现触屏焦点图、触屏Tab切换、触屏多图切换等常用效果。Swiper开源、免费、稳定、使用简单、功能强大，是架构移动终端网站的重要选择，也支持PC端，在这里我们使用稳定的3.4.2版本。

使用Swiper有两种方式。

1.CDN 引入

```
//引入压缩版CSS样式
<link rel="stylesheet" href="https://cdnjs.cloudflare.com/ajax/libs/Swiper/3.4.2/
 css/swiper.min.css">
//引入压缩版swiper.js
<script src="https://cdnjs.cloudflare.com/ajax/libs/Swiper/3.4.2/js/swiper.min.
 js"></script>
```

2. 模块化

下载Swiper，由于Swiper支持CommonJS规范，所以可以用import关键字导入，支持模块化。

这里我们下载3.4.2版本，下载地址为https://3.swiper.com.cn/download/index.html，下载页面如图12.3所示。

单击"swiper-3.4.2完整压缩包"进行下载，下载完成后解压，双击进入Swiper-3.4.2文件夹，文件夹下的目录结构如图12.4所示。

demos文件夹中有各种案例演示文件，双击其中的文件，可以在浏览器上进行预览；dist文件夹就是Swiper源文件，双击进入dist文件夹，可以看到css文件夹和js文件夹，进入css文件夹，将swiper.css文件复制到Vue项目src/assets/js/swiper文件夹中，如果没有swiper文件夹，自行创建。回到Swiper-3.4.2/dist文件夹，进入js文件夹，将swiper.js文件复制到Vue项目src/assets/js/swiper文件夹中。

图 12.3　Swiper 3.4.2 下载页面

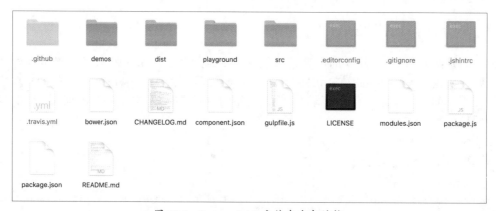

图 12.4　Swiper-3.4.2 文件夹内部结构

接下来就是在Vue中使用Swiper。src/pages/main/home.vue文件的代码示例如下。

```html
<template>
    <div class="page">
        <div class="swiper-container" ref="my-swiper">
            <div class="swiper-wrapper">
                <div class="swiper-slide" v-for="(item,index) in images" :key="index">
                    <img :src="item.image" alt="">
                </div>
            </div>
            <!--分页器-->
            <div class="swiper-pagination" ref="my-pagination"></div>
        </div>
    </div>
</template>
```

```
<script>
    //导入swiper.js
    import Swiper from "../../assets/js/swiper/swiper.js";
    export default {
        name: "home",
        data(){
            return {
                images:[
                    {image:"//vueshop.glbuys.com/uploadfiles/1484285302.jpg"},
                    {image:"//vueshop.glbuys.com/uploadfiles/1484285334.jpg"},
                    {image:"//vueshop.glbuys.com/uploadfiles/1524206455.jpg"}
                ]
            }
        },
        mounted(){
            /*
            实例化Swiper
            第一个参数：必选，HTML元素或string类型，Swiper容器的CSS选择器，如.swiper-
            container，在Vue中可以使用this.$refs获取HTML元素
            第二个参数：可选，参见配置选项
            */
            new Swiper(this.$refs['my-swiper'], {
                //每隔3s自动滑动
                autoplay: 3000,
                //用户操作Swiper之后(操作包括触碰、拖动、单击pagination等)，是否禁止autoplay,
                //默认为true，停止;如果设置为false，用户操作Swiper之后自动切换不会停止，每次都会
                //重新启动autoplay
                autoplayDisableOnInteraction : false,
                //分页器容器的CSS选择器或HTML标签，在Vue中可以使用this.$refs获取HTML元素
                pagination : this.$refs["my-pagination"],
                //此参数设置为true时，单击分页器的指示点，分页器会控制Swiper切换
                paginationClickable :true
            })
        }
    }
</script>

<style scoped>
    /*导入swiper.css*/
    @import "../../assets/js/swiper/swiper.css";
    .page{width:100%;height:95vh;}
    .swiper-container{width:100%;height:200px;}
    .swiper-container img{width:100%;height:100%}
</style>
```

上面代码中注释很清晰，需要注意的是，由于Swiper实例第一个参数是DOM元素，所以要写在mounted生命周期中。在浏览器中显示的效果如图12.5所示。

　　Swiper API文档地址为https://3.swiper.com.cn/api/index.html，在使用第三方插件或UI库时一定要学会看官方文档。这里有个小技巧，Swiper-3.4.2文件夹中的demos文件夹中是代码示例，可以通过编辑器打开，边读代码边学习官方API文档。

图 12.5　Swiper 效果图

在实际开发中，Swiper的图片都是从服务端获取的，接下来我们从服务端获取图片对接到Swiper中。依然使用之前封装好的axios，使用request()方法请求数据，请求数据要在显示DOM之前请求，这样做用户体验比较好，所以请求数据通常都放在created生命周期中。src/pages/main/home.vue文件的代码示例如下。

```html
<template>
    <div class="page">
        <div class="swiper-container" ref="my-swiper">
            <div class="swiper-wrapper">
                <div class="swiper-slide" v-for="(item,index) in images" :key="index">
                    <img :src="item.image" alt="">
                </div>
            </div>
            <!--分页器-->
            <div class="swiper-pagination" ref="my-pagination"></div>
        </div>
    </div>
</template>

<script>
    //导入swiper.js
    import Swiper from "../../assets/js/swiper/swiper.js";
    export default {
        name: "home",
        data(){
            return {
                images:[]
            }
        },
        created(){
            this.$request("/api/home/index/slide?token=1ec949a15fb709370f").then(res=>{
                //如果请求成功
                if(res.code==200){
                    this.images=res.data;
```

```
                        //使用nextTick()方法延迟加载DOM
                        this.$nextTick(()=>{
                            //实例化Swiper
                            new Swiper(this.$refs['my-swiper'], {
                                autoplay: 3000,
                                autoplayDisableOnInteraction : false,
                                pagination : this.$refs["my-pagination"],
                                paginationClickable :true
                            })
                        });
                    }
                });
            }
        }
</script>

<style scoped>
    /*导入swiper.css*/
    @import "../../assets/js/swiper/swiper.css";
    .page{width:100%;height:95vh;}
    .swiper-container{width:100%;height:200px;}
    .swiper-container img{width:100%;height:100%}
</style>
```

在created生命周期中是不能获取DOM的，将Swiper实例化放到nextTick异步队列回调函数中获取DOM实现轮播图效果。

12.1.3　better-scroll 实现下拉刷新和上拉加载

better-scroll是一款重点解决移动端（已支持PC端）各种滚动场景需求的插件。它的核心是借鉴iscroll实现，它的API设计基本兼容iscroll，在iscroll的基础上又扩展了一些特性并进行了性能优化。 better-scroll是使用纯JavaScript实现的，这意味着它是无依赖的。

扫一扫，看视频

better-scroll官网为https://better-scroll.github.io/docs-v1/doc/zh-hans/。

特点如下。

- 基于原生 JS 实现，不依赖任何框架，完美运用于 Vue、React 等 MVVM 框架。
- 提供插件机制，便于对基础滚动进行功能扩展，目前支持上拉加载、下拉刷新、Picker、鼠标滚轮放大缩小、移动缩放、轮播图等功能。

安装better-scroll有两种方式。
1.CDN 引入

```
<script src="https://unpkg.com/@better-scroll/core@latest/dist/core.js"></script>
```

```
<!--压缩版-->
<script src="https://unpkg.com/@better-scroll/core@latest/dist/core.min.js"></script>
```

2.NPM 安装

在命令提示符窗口中输入以下命令并执行。

```
npm install better-scroll -S
```

安装完成后，实现一个内容溢出纵向滚动效果。在src/pages/main/home.vue文件中使用，代码示例如下。

```html
<template>
    <div class="page" ref="page">
        <div class="wrap">
            <ul>
                <li>标题</li>
                <li>标题</li>
                <li>标题</li>
                <li>标题</li>
                <li>标题</li>
                <li>标题</li>
                <li>标题</li>
                <li>标题</li>
                <li>标题</li>
                <li>标题</li>
                <li>标题</li>
                <li>标题</li>
                <li>标题</li>
                <li>标题</li>
                <li>标题</li>
                <li>标题</li>
                <li>标题</li>
                <li>标题</li>
                <li>标题</li>
                <li>标题</li>
                <li>标题</li>
                <li>标题</li>
                <li>标题</li>
                <li>标题</li>
                <li>标题</li>
                <li>标题</li>
                <li>标题</li>
                <li>标题</li>
                <li>标题</li>
                <li>标题</li>
                <li>标题</li>
                <li>标题</li>
                <li>标题</li>
                <li>标题</li>
                <li>标题</li>
                <li>标题</li>
                <li>标题</li>
                <li>标题</li>
                <li>标题</li>
                <li>标题</li>
                <li>标题</li>
```

```
            <li>标题</li>
            <li>标题</li>
            <li>标题</li>
            <li>标题</li>
            <li>标题</li>
            <li>标题</li>
            <li>标题</li>
            <li>标题</li>
            <li>标题</li>
            <li>标题</li>
            <li>标题</li>
            <li>标题</li>
            <li>标题</li>
        </ul>
    </div>
  </div>
</template>

<script>
    //导入better-scroll，并命名为BScroll
    import BScroll from 'better-scroll';
    export default {
    name: "home",
        mounted() {
            //实例化better-scroll
            //第一个参数：必选，HTML元素或string类型，在Vue中可以使用this.$refs获取HTML元素
            //第二个参数：可选，配置项
            this.bScroll=new BScroll(this.$refs['page'],{
                scrollY:true              //允许纵向滚动
            })
        }
    }
</script>

<style scoped>
    .page{width:100%;height:94vh;overflow:hidden;}
    .page .wrap{width:100%;height:auto;}
    .page .wrap li{width:100%;height:40px;font-size:14px;}
</style>
```

　　better-scroll使用起来很简单，需要注意的是，CSS样式和div层级要掌握好，将ref="page"的div元素传入实例化BScroll的第一个参数，该div的CSS样式必须设置一个固定的高，并且添加overflow:hidden。当内部元素溢出该div元素时，实现滚动效果。

　　接下来实现一个横向滚动效果，src/pages/main/home.vue文件的代码示例如下。

```
<template>
    <div class="page" ref="page">
        <div class="wrap">
            <ul>
                <li>标题</li>
                <li>标题</li>
```

```
            <li>标题</li>
            <li>标题</li>
            <li>标题</li>
            <li>标题</li>
            <li>标题</li>
            <li>标题</li>
            <li>标题</li>
            <li>标题</li>
            <li>标题</li>
            <li>标题</li>
            <li>标题</li>
            <li>标题</li>
            <li>标题</li>
            <li>标题</li>
            <li>标题</li>
            <li>标题</li>
            <li>标题</li>
            <li>标题</li>
            <li>标题</li>
            <li>标题</li>
            <li>标题</li>
            <li>标题</li>
            <li>标题</li>
            <li>标题</li>
            <li>标题</li>
            <li>标题</li>
            <li>标题</li>
            <li>标题</li>
            <li>标题</li>
            <li>标题</li>
            <li>标题</li>
            <li>标题</li>
            <li>标题</li>
            <li>标题</li>
            <li>标题</li>
            <li>标题</li>
            <li>标题</li>
            <li>标题</li>
            <li>标题</li>
            <li>标题</li>
            <li>标题</li>
            <li>标题</li>
            <li>标题</li>
            <li>标题</li>
            <li>标题</li>
            <li>标题</li>
            <li>标题</li>
            <li>标题</li>
```

```
                </ul>
            </div>
        </div>
    </template>

    <script>
        import BScroll from 'better-scroll';
        export default {
            name: "home",
            mounted() {
                //实例化better-scroll
                //第一个参数：必选，HTML元素或string类型，在Vue中可以使用this.$refs获取HTML元素
                //第二个参数：可选，配置项
                this.bScroll=new BScroll(this.$refs['page'],{
                    scrollX:true           //允许横向滚动
                })
            }
        }
    </script>

    <style scoped>
        .page{width:100%;height:94vh;overflow:hidden;}
        .page .wrap{width:auto;height:auto;display: table}
        .page .wrap ul{white-space: nowrap;}
        .page .wrap li{width:100px;height:40px;font-size:14px;display:inline-block}
    </style>
```

　　横向滚动对于CSS样式的要求比较苛刻，首先要确保li不换行，给li元素添加CSS属性display，值为inline-block；给ul元素添加CSS属性white-space，值为 nowrap，这样li元素就不会换行了。接下来需要给class="wrap"的div元素添加CSS属性display，值为table，这样就能实现横向滚动了。

1. 实现下拉刷新数据功能

　　better-scroll可以很容易地实现移动端常见的下拉刷新数据功能。src/pages/main/home.vue文件的代码示例如下。

```
    <template>
        <div class="page" ref="page">
            <div class="wrap">
                <ul>
                    <li>标题</li>
                    <li>标题</li>
                    <li>标题</li>
                    <li>标题</li>
                    <li>标题</li>
                    <li>标题</li>
                    <li>标题</li>
                    <li>标题</li>
                    <li>标题</li>
                    <li>标题</li>
                    <li>标题</li>
```

```
                        <li>标题</li>
                        <li>标题</li>
                        <li>标题</li>
                        <li>标题</li>
                        <li>标题</li>
                        <li>标题</li>
                        <li>标题</li>
                        <li>标题</li>
                        <li>标题</li>
                        <li>标题</li>
                        <li>标题</li>
                        <li>标题</li>
                        <li>标题</li>
                        <li>标题</li>
                        <li>标题</li>
                        <li>标题</li>
                        <li>标题</li>
                        <li>标题</li>
                        <li>标题</li>
                        <li>标题</li>
                        <li>标题</li>
                        <li>标题</li>
                        <li>标题</li>
                        <li>标题</li>
                        <li>标题</li>
                        <li>标题</li>
                        <li>标题</li>
                        <li>标题</li>
                        <li>标题</li>
                        <li>标题</li>
                        <li>标题</li>
                        <li>标题</li>
                        <li>标题</li>
                        <li>标题</li>
                        <li>标题</li>
                        <li>标题</li>
                        <li>标题</li>
                        <li>标题</li>
                        <li>标题</li>
                        <li>标题</li>
                        <li>标题</li>
                        <li>标题</li>
                        <li>标题</li>
                    </ul>
                </div>
            </div>
        </template>

        <script>
            import BScroll from 'better-scroll';
            export default {
                name: "home",
```

```
    mounted() {
        this.bScroll=new BScroll(this.$refs['page'],{
            scrollY:true,              //允许纵向滚动
            //pullDownRefresh用于实现下拉刷新功能，默认为false。当设置为true或是一个Object
            //时，可以开启下拉刷新
            pullDownRefresh:{
                threshold:100,         //配置顶部下拉的距离
                stop:0 //回弹停留的距离
            }
        });

        //当配置了pullDownRefresh，可以使用on()方法监听下拉刷新，业务逻辑可以写在on()方法第
        //二个参数回调函数中
        this.bScroll.on("pullingDown",()=>{
            console.log("下拉刷新");
            //当下拉刷新数据加载完毕后，需要执行finishPullDown()方法
            this.bScroll.finishPullDown();
        })
    }
}
</script>

<style scoped>
    .page{width:100%;height:94vh;overflow:hidden;}
    .page .wrap{width:auto;height:auto;}
    .page .wrap li{width:100px;height:40px;font-size:14px;}
</style>
```

　　下拉刷新实现起来也很简单，先在实例化BScroll的配置项中添加pullDownRefresh属性，然后使用on()方法监听pullingDown，在回调函数中写业务逻辑，通常在回调函数中执行服务端请求。数据请求完成后，调用finishPullDown()方法。

2. 实现上拉加载数据功能

　　上拉加载和下拉刷新使用的方法差不多，src/pages/main/home.vue文件的代码示例如下。

```
<template>
    <div class="page" ref="page">
        <div class="wrap">
            <ul>
                <li>标题</li>
                <li>标题</li>
                <li>标题</li>
                <li>标题</li>
                <li>标题</li>
                <li>标题</li>
                <li>标题</li>
                <li>标题</li>
                <li>标题</li>
                <li>标题</li>
                <li>标题</li>
                <li>标题</li>
                <li>标题</li>
                <li>标题</li>
```

```
                        <li>标题</li>
                        <li>标题</li>
                        <li>标题</li>
                        <li>标题</li>
                        <li>标题</li>
                        <li>标题</li>
                        <li>标题</li>
                        <li>标题</li>
                        <li>标题</li>
                        <li>标题</li>
                        <li>标题</li>
                        <li>标题</li>
                        <li>标题</li>
                        <li>标题</li>
                        <li>标题</li>
                        <li>标题</li>
                        <li>标题</li>
                        <li>标题</li>
                        <li>标题</li>
                        <li>标题</li>
                        <li>标题</li>
                        <li>标题</li>
                        <li>标题</li>
                        <li>标题</li>
                        <li>标题</li>
                        <li>标题</li>
                        <li>标题</li>
                        <li>标题</li>
                        <li>标题</li>
                        <li>标题</li>
                        <li>标题</li>
                        <li>标题</li>
                        <li>标题</li>
                        <li>标题</li>
                        <li>标题</li>
                        <li>标题</li>
                        <li>标题</li>
                        <li>标题</li>
                        <li>标题</li>
                        <li>标题</li>
                        <li>标题</li>
                    </ul>
                </div>
            </div>
        </template>

        <script>
            import BScroll from 'better-scroll';
            export default {
                name: "home",
                mounted() {
                    this.bScroll=new BScroll(this.$refs['page'],{
```

```
            scrollY:true,                     //允许纵向滚动
            //pullUpLoad用于实现上拉加载功能，默认为false。当设置为true或是一个
            //Object时，可以开启上拉加载
            pullUpLoad:{
                threshold:50              //配置底部距离决定开始加载的时机
            }
        });
        //配置了pullUpLoad后，可以使用on()方法监听上拉加载，业务逻辑可以写在on()方法第二个
        //参数回调函数中
        this.bScroll.on("pullingUp",()=>{
            console.log("上拉加载");
            //当上拉加载数据加载完毕后，需要执行finishPullUp()方法告诉better-scroll数据已加载
            this.bScroll.finishPullUp();
        })
    }
}
</script>

<style scoped>
    .page{width:100%;height:94vh;overflow:hidden;}
    .page .wrap{width:auto;height:auto;}
    .page .wrap li{width:100px;height:40px;font-size:14px;}
</style>
```

上拉加载数据的原理很简单，可以看一下better-scroll的底层源码，在better-scroll.js文件中大约第2976行。

```
pos.y <= this.scroll.maxScrollY + threshold
```

pos.y记录滚动的纵轴位置，maxScrollY是最大纵轴位置，threshold是底部距离，这样就可以判断出是否滚动到底部，如果到底部，则触发pullingUp事件。

在实际开发中，上拉加载和下拉刷新都是需要与服务端数据对接的，接下来我们使用服务端接口请求数据实现一个完整的上拉加载和下拉刷新功能。src/pages/main/home.vue文件的代码示例如下。

```
<template>
    <div class="page" ref="page">
        <div class="wrap">
            <ul>
                <li v-for="item in goods" :key="item.gid">{{item.title}}</li>
            </ul>
            <!--解决better-scroll滚动到最底部，无法显示最后一个元素的bug-->
            <div class="place"></div>
        </div>
    </div>
</template>

<script>
    import BScroll from 'better-scroll';
    export default {
        name: "home",
```

```
data(){
    return {
        goods:[]
    }
},
async created() {
    this.curPage=1;                                     //当前页码
    this.pageCount=0;                                   //总页码
    this.bScroll=null;
    //调用getData()方法，从服务端获取数据
    let res=await this.getData();
    //如果数据获取成功
    if(res.code==200){
        this.goods=res.data;
        this.pageCount=res.pageinfo.pagenum;    //设置总页码数

        this.$nextTick(()=>{
            this.bScroll=new BScroll(this.$refs['page'],{
                scrollY:true,                   //允许纵向滚动
                //pullDownRefresh用于实现下拉刷新数据功能，默认为false。当设置为
                //true或是一个Object时，可以开启下拉刷新
                pullDownRefresh:{
                    threshold:100,              //配置顶部下拉的距离
                    stop:0                      //回弹停留的距离
                },
                //pullUpLoad用于实现上拉加载数据功能，默认为false。当设置为true或是
                //一个Object时，可以开启上拉加载
                pullUpLoad:{
                    threshold:50 //配置底部距离决定开始加载的时机
                }
            });
            //当配置了pullDownRefresh，可以使用on()方法监听下拉刷新，业务逻辑可以写在
            //on()方法第二个参数回调函数中
            this.bScroll.on("pullingDown",async ()=>{
                console.log("下拉刷新");
                let res=await this.getData();
                //数据请求成功
                if(res.code==200){
                    //当下拉刷新数据加载完毕后，需要执行finishPullDown()方法
                    //告诉better-scroll数据已加载
                    this.bScroll.finishPullDown();
                }
            })

            //配置了pullUpLoad后，可以使用on()方法监听上拉加载，业务逻辑可以写在on()方法
            //第二个参数回调函数中
            this.bScroll.on("pullingUp",()=>{
                console.log("上拉加载");
                //执行下一页数据
                this.getNextPageData(()=>{
                    //当上拉加载数据加载完毕后，需要执行finishPullUp()方法告诉
                    //better-scroll数据已加载
```

```
                        this.bScroll.finishPullUp();
                });
            })
        });
    }
},
methods:{
    //从服务端获取数据
    getData(){
        return this.$request("/api/home/goods/search?kwords=&page=1&token=1ec
        949a15fb709370f").then(res=>{
            return res;
        });
    },
    //下一页数据
    getNextPageData(callback){
        //如果当前页码小于总页码
        if(this.curPage<this.pageCount){
            //当前页码加1，表示要向下一页获取数据
            this.curPage++;
            //获取下一页数据
            this.$request("/api/home/goods/search?kwords=&page="+this.curPag
            e+"&token=1ec949a15fb709370f").then(res=>{
                if(res.code===200){
                    //将获取的数据添加到this.goods中
                    this.goods.push(...res.data);
                    //重新计算better-scroll，当DOM结构发生变化时务必调用，
                    //确保滚动的效果正常
                    this.bScroll.refresh();
                    //自定义回调函数
                    if(callback){
                        callback();
                    }
                }
            })
        }
    }
}
}
</script>

<style scoped>
    ul,li{margin:0px;padding:0px;list-style: none;}
    .page{width:100%;height:90vh;overflow:hidden;}
    .page .wrap{width:auto;height:auto;margin-top:20px;}
    .page .wrap ul{margin-left:20px;}
    .page .wrap li{width:90%;height:70px;font-size:14px;overflow:hidden;white-
    space: nowrap;text-overflow: ellipsis}
    .place{width:100%;height:300px;}
</style>
```

使用服务端请求数据实现上拉加载和下拉刷新功能，需要注意异步执行顺序的问题。注意看一下上面代码中加粗的部分，我们需要先将数据显示到视图上，然后better-scroll计算出ref="page"的div元素的高，但数据是从服务端请求的，getData()是一个异步函数，所以better-scroll会先执行，这时数据还没有显示到视图上，better-scroll无法计算出准确数据，使用async和await将执行顺序变成同步执行，代码从上往下执行，这样better-scroll就可以计算出从服务端显示数据后ref="page"的div元素的高。

其实上拉加载数据就是配合后端接口做分页显示数据，监听每次滚动，到底部时页码加1，并将页码传递给后端接口的page参数中，获取新的数据。

12.1.4　Vue-i18n 多语言国际化

扫一扫，看视频

Vue-i18n 是 Vue.js 的国际化插件。它可以轻松地将一些本地化功能集成到 Vue.js 应用程序中，实现多国语言切换。

Vue-i18n官网为http://kazupon.github.io/vue-i18n。

安装Vue-i18n有以下两种方式。

1.CDN 引入

```
//引入Vue
<script src="https://unpkg.com/vue/dist/vue.js"></script>
//引入vue-i18n
<script src="https://unpkg.com/vue-i18n/dist/vue-i18n.js"></script>
```

2.NPM 安装

在命令提示符窗口中输入以下命令。

```
npm install vue-i18n -S
```

安装完成后，在src/main.js文件中配置，代码示例如下。

```
import "url-search-params-polyfill";//让IE兼容new URLSearchParams()
import Vue from 'vue'
import App from './App.vue'
import router from "./router";
//导入Vuex的store实例
import store from "./store";
//导入request
import {request} from "./assets/js/utils/request";
//导入i18n
import VueI18n from 'vue-i18n';
//使用VueI18n插件
Vue.use(VueI18n);

//将request()方法挂载到Vue原型上，这样可以全局使用
Vue.prototype.$request=request;

Vue.config.productionTip = false;

//实例化i18n
let i18n=new VueI18n({
```

```
    //默认使用的语言
    locale:"cn",
    //数据
    messages:{
        "cn":{
            text:"世界你好！"
        },
        "en":{
            text:"hello world!"
        }
    }
});

new Vue({
    router,
    store,                          //注册store
    i18n,                           //注册i18n
    render: h => {return h(App)},
}).$mount('#app')
```

看一下上面代码中加粗的部分，配置Vue-i18n很简单，i18n实例中属性locale的值为默认语言，对应的是message属性值中的根属性cn，接下来在src/pages/main/home.vue文件中获取message属性内部的text属性值，代码示例如下。

```
<template>
    <div class="page">
        <span>{{$t("text")}}</span>
        <button type="button" @click="changeLang()">{{$i18n.locale=='cn'?'英 文':'中
        文'}}</button>
    </div>
</template>

<script>
    export default {
        name: "home",
        methods: {
            changeLang(){
                //切换语言
                this.$i18n.locale=this.$i18n.locale==='cn'?"en":"cn";
            }
        }
    }
</script>

<style scoped>
    .page{width:100%;height:90vh;overflow:hidden;}
</style>
```

在视图中使用$t()方法，获取src/main.js文件中i18cn实例message属性内部的text属性值，在浏览器中显示的效果如图12.6所示。

图 12.6　i18n 显示的效果

单击"英文"按钮，可以将中文切换为英文，如图12.7所示。

图 12.7　i18n 语言切换

在changeLang()方法内部设置locale的值，值为cn表示中文，值为en表示英文。
i18n也支持具名格式，将src/main.js文件的代码修改如下。

```
//实例化i18n
let i18n=new VueI18n({
    //默认使用的语言
    locale:"cn",
    //数据
    messages:{
        "cn":{
            text:"{msg}世界！"
            },
        "en":{
            text:"{msg} world!"
        }
    }
});
```

注意上面代码中加粗的部分，大括号内部自定义一个变量，相当于一个占位符。在src/
pages/main/home.vue文件中使用$t("text",{msg:hello})，$t()方法的第二个参数对象属性msg就
是大括号内的msg，将{msg}替换成hello。代码示例如下。

```
<template>
    <div class="page">
        <span>{{$t("text",{msg:hello})}}</span>
        <button type="button" @click="changeLang()">{{$i18n.locale=='cn'?'英文':'中文
        '}}</button>
    </div>
</template>
```

```
<script>
    export default {
        name: "home",
        data(){
            return {
                hello:"你好"
            }
        },
        methods: {
            changeLang(){
                //切换语言
                this.$i18n.locale=this.$i18n.locale==='cn'?"en":"cn";
                this.hello=this.$i18n.locale=='cn'?'你好':'hello';
            }
        }
    }
</script>

<style scoped>
    .page{width:100%;height:90vh;overflow:hidden;}
</style>
```

上面代码在浏览器中显示的效果如图12.6和图12.7所示。

在实际开发中，i18n最大的作用是对静态数据（非ajax请求的数据）实现多语言切换，这样会出现大量的静态数据。为了更好地维护，这些数据不应写在src/main.js文件中，而应写在单独的文件中。在src/assets文件夹中创建locales文件夹，在locales文件夹中创建cn.js文件和en.js文件，cn.js文件的代码示例如下。

```
module.exports={
    username:"用户名",
    password:"密码",
    login:"登录",
    passMsg:"请输入密码",
    usernameMsg:"请输入用户名",
};
```

module.exports提供了暴露接口的方法，符合CommonJS规范，可以使用require和import导入。en.js文件的代码示例如下。

```
module.exports={
    username:"UserName",
    password:"Password",
    login:"Login",
    passMsg:"Please input a password",
    usernameMsg:"Please enter user name"
};
```

接下来将这两个文件导入src/main.js文件中，代码示例如下。

```
//实例化i18n
let i18n=new VueI18n({
    //默认使用的语言
    locale:"cn",
```

```
    //数据
    messages:{
        "cn":require("./assets/locales/cn"),
        "en":require("./assets/locales/en")
    }
});
```

使用require()方法导入cn.js文件和en.js文件，注意require()不是JS中的方法，而是node中的方法，只能在vue-cli搭建的项目中使用，因为vue-cli底层使用webpack搭建，而webpack是使用node编写的，能在Vue中使用require()方法是因为webpack配置。

在src/pages/main/home.vue文件中使用，代码示例如下。

```
<template>
    <div class="page">
        {{$t("username")}}:<input type="text" :placeholder="$t('usernameMsg')" v-
        model="username" /><br/>
        {{$t("password")}}:<input type="text" :placeholder="$t('passMsg')" v-
        model="password" /><br/>
        <button type="button" @click="changeLang">{{$i18n.locale=='cn'?'英　文':'中　文'}}</
        button>  <button type="button" @click="submit()">{{$t("login")}}</button>
    </div>
</template>

<script>
    export default {
        name: "home",
        data(){
            return {
                username:"",
                password:"",
            }
        },
        methods: {
            submit(){
                //验证用户名是否为空
                if(this.username.trim()==""){
                    alert(this.$t("usernameMsg"));
                    return;
                }
                //验证密码是否为空
                if(this.password.trim()==""){
                    alert(this.$t("passMsg"));
                    return;
                }
            },
            changeLang(){
                //切换语言
                this.$i18n.locale=this.$i18n.locale==='cn'?"en":"cn";
            }
        }
    }
</script>
```

```
<style scoped>
    .page{width:100%;height:90vh;overflow:hidden;}
</style>
```

上面代码实现了表单验证，并且支持中英文切换，在浏览器中显示的效果如图12.8所示。

图 12.8 中文版表单验证

单击"英文"按钮，切换成英文版表单验证，在浏览器中显示的效果如图12.9所示。

图 12.9 英文版表单验证

当我们切换到了英文，刷新页面时还是会还原为中文，这不是我们想要的。可以使用sessionStorage本地缓存解决这个问题，src/pages/main/home.vue文件的代码修改如下。

```
changeLang(){
    //切换语言
    this.$i18n.locale=this.$i18n.locale==='cn'?"en":"cn";
    //将切换的语言保存到sessionStorage['locale']中
    sessionStorage['locale']=this.$i18n.locale;
}
```

接下来，把sessionStorage['locale']赋值到src/main.js文件的i18n实例locale属性中，代码示例如下。

```
//实例化i18n
let i18n=new VueI18n({
    //默认使用的语言
    locale:sessionStorage['locale']?sessionStorage['locale']:"cn",
    //数据
    messages:{
        "cn":require("./assets/locales/cn"),
        "en":require("./assets/locales/en")
    }
});
```

12.2 常用 UI 库

在实际开发中，为了节省开发项目的时间，我们会借助第三方UI库实现各种效果，如toast、模态框、表单验证、表格、分页器等。

12.2.1 Element UI 开发 PC 端后台管理系统框架

Element UI是饿了么前端团队推出的一款基于Vue 2.0的PC端UI框架，手机端有对应框架Mint UI。

Element UI官网为https://element.eleme.cn/。

安装Element UI有以下两种方式。

1.CDN 引入

```
<!-- 引入样式 -->
<link rel="stylesheet" href="https://unpkg.com/element-ui/lib/theme-chalk/index.css">
<!-- 引入组件库 -->
<script src="https://unpkg.com/element-ui/lib/index.js"></script>
```

2. NPM 安装

在命令提示符窗口中输入以下命令。

```
npm install element-ui -S
```

安装完成后，引入Element UI，引入方式有以下两种。

1. 完整引入

src/main.js文件的代码示例如下。

```
import "url-search-params-polyfill";            //让IE兼容new URLSearchParams()
import Vue from 'vue'
import App from './App.vue'
import router from "./router";
//导入Vuex的store实例
import store from "./store";
//导入request
import {request} from "./assets/js/utils/request";

//导入ElementUI
import ElementUI from 'element-ui';

//导入element-ui的CSS样式
import 'element-ui/lib/theme-chalk/index.css';

//使用ElementUI
Vue.use(ElementUI);

//将request()方法挂载到Vue原型上，这样可以全局使用
Vue.prototype.$request=request;
```

```
Vue.config.productionTip = false;

new Vue({
    router,
    store,                               //注册store
    render: h => {return h(App)},
}).$mount('#app')
```

完整引入非常简单，但是官方不推荐这种方式，因为打包之后会增加项目体积，当用户访问网站时影响加载速度。

2. 按需引入

借助babel-plugin-component，我们可以只引入需要的组件，以达到减小项目体积的目的。首先，安装babel-plugin-component，在命令提示符窗口中输入以下命令。

```
npm install babel-plugin-component -D
```

接下来，修改babel.config.js文件的代码。

```
module.exports = {
    presets: [
        '@vue/cli-plugin-babel/preset'
    ],
    "plugins": [
        [
            "component",
            {
                "libraryName": "element-ui",
                "styleLibraryName": "theme-chalk"
            },
            "element-ui"
        ]
    ]
}
```

如果之前配置了完整引入，删除src/main.js文件中如下代码。

```
//导入ElementUI
import ElementUI from 'element-ui';

//导入element-ui的CSS样式
import 'element-ui/lib/theme-chalk/index.css';

//使用ElementUI
Vue.use(ElementUI);
```

将以上代码删除，按需引入不需要在src/main.js文件中引入，完成配置babel.config.js文件后必须重启服务，在命令提示符窗口中按Ctrl+C组合键结束服务，输入npm run serve命令开启服务。

Element UI组件有很多，在这里演示一些常用的组件。

1. Input 组件

Input组件的官方文档为https://element.eleme.cn/#/zh-CN/component/input。

将11.2.7小节中登录页面src/pages/login/index.vue文件中的代码修改如下。

```
<template>
    <div>
        <div>手机号:<el-input type="text" v-model="cellphone" placeholder="请输入手机号"
        /></div>
        <div>密码:<el-input type="text" v-model="password" placeholder="请输入密码"
        /></div>
        <div><button type="button" @click="submit()">登录</button></div>
    </div>
</template>

<script>
    import Vue from "vue";
    import {Input} from "element-ui";
    Vue.use(Input);
    export default {
        name: "login",
        data(){
            return {
                cellphone:"",
                password:""
            }
        },
        methods:{
            submit(){
                //使用trim()方法去除两端空格，判断input的值是否为空
                if(this.cellphone.trim()==""){
                    alert("请输入手机号");
                    return;
                }
                //简易版正则表达式验证手机号格式
                if(!this.cellphone.match(/^1[0-9][0-9]\d{8}$/)){
                    alert("手机号格式不正确");
                    return;
                }
                if(this.password.trim()==""){
                    alert("请输入密码");
                    return;
                }
            }
        }
    }
</script>

<style scoped>
</style>
```

　　注意上面代码中加粗的部分，按需引入Input组件，在视图中使用<el-input>标签，学习第三方UI库时一定要会看官方文档，其实Input组件有很多属性，具体详情参见官网文档，使用方法很简单，学过第3章应该都能看懂，这里就不一一演示。

2. Form 表单组件

　　Form表单组件的官方文档为https://element.eleme.cn/#/zh-CN/component/form。

将11.2.7小节中登录页面的验证功能修改为用Element UI的Form表单验证，将src/pages/
login/index.vue文件中的代码修改如下。

```
<template>
    <div>
        <!--
        model:表单数据对象
        rules:表单验证规则
        -->
        <el-form ref="login-form" :model="formData" :rules="rules">
        <div>
            <!--label:标签文本, prop:表单域model字段, 在使用validate()、resetFields()
            方法的情况下, 该属性是必填的-->
            <el-form-item label="手机号" prop="cellphone">
                <el-input type="text" v-model="formData.cellphone" placeholder="请输
                入手机号" />
            </el-form-item>
        </div>
        <div>
            <el-form-item label="密码" prop="password">
                <el-input type="text" v-model="formData.password" placeholder="请输入
                密码" />
            </el-form-item>
        </div>
            <button type="button" @click="submit()">登录</button>
        </el-form>
    </div>
</template>

<script>
    import Vue from "vue";
    import {Input,Form,FormItem} from "element-ui";
    Vue.use(Input);
    Vue.use(Form);
    Vue.use(FormItem);
    export default {
        name: "login",
        data(){
            return {
                //el-form表单数据源
                formData:{
                    cellphone:"",
                    password:""
                },
                //验证规则
                rules:{
                    //验证手机号字段
                    cellphone:[
                        {
                            //是否必填, true为必填, false为选填
                            required:true,
                            //提示内容
```

```
                            message:"请输入手机号",
                            //事件类型
                            trigger: 'blur'
                    },
                    {

                            //自定义规则, checkCellphone: 检测手机号是否合法
                            validator:this.checkCellphone,
                            trigger: 'blur'
                    }
                ],
                password:[
                    {
                            required:true,
                            message:"请输入密码",
                            trigger: 'blur'
                    },
                    {

                            min: 5,                 //最小字符数
                            max: 10,                //最大字符数
                            message: '密码长度在5到10个字符',
                            trigger: 'blur'
                    }
                ]
            }
        }
    },
    methods:{
        //检测手机号是否合法
        /*
        第一个参数: 校验规则的字段信息
        第二个参数:input的值
        第三个参数: 回调函数
        */
        checkCellphone(rule, value, callback){
            if(!value.match(/^1[0-9][0-9]\d{8}$/)){
                callback(new Error('手机号格式不正确'))
            }else{
                callback();
            }
        },
        submit(){
            //表单验证
            this.$refs["login-form"].validate((valid) => {
                if (valid) {
                    console.log("验证成功");
                } else {
                    console.log('验证失败');
                    return false;
                }
            });
        }
    }
```

```
    }
</script>

<style scoped>
</style>
```

　　表单验证是实现后台管理必要的功能，使用Element UI可以非常简单地实现校验功能，表单验证与校验提示必须配合Form组件和FormItem组件，Form组件用于表单验证，FormItem组件用于校验提示。使用this.$refs["login-form"].validate()方法的回调函数接收的参数，判断是否验证成功。上面代码中注释很清晰，这里不再详细叙述。在浏览器中显示的效果如图12.10和图12.11所示。

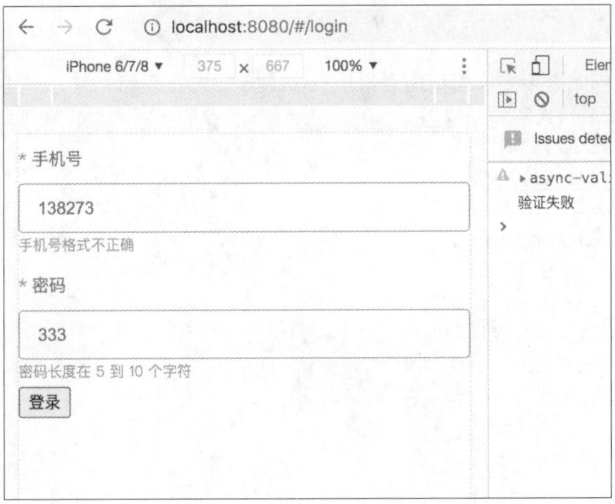

图 12.10　Element UI 的 Form 表单验证失败

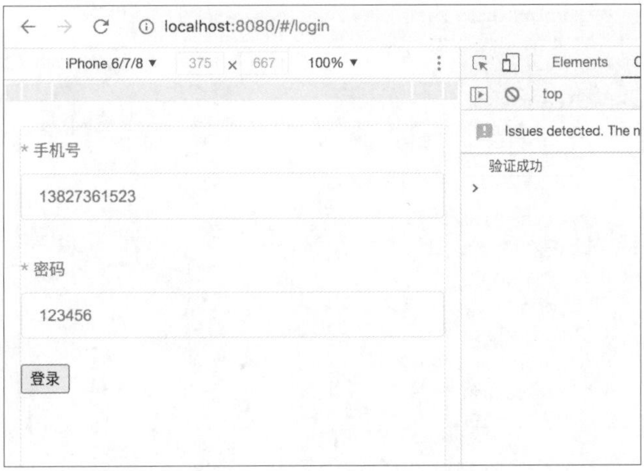

图 12.11　Element UI 的 Form 表单验证成功

3. Table 表格组件

Table表格组件的官方文档为https://element.eleme.cn/#/zh-CN/component/table。

表格是实现后台管理系统必备的标签，Element UI提供了强大的表格组件。
src/pages/table/index.vue文件的代码示例如下。

```html
<template>
    <div>
        <!--
        data:数据源
        border:是否带有纵向边框
        -->
        <el-table
                :data="tableData"
                border
                style="width: 100%">
            <!--
            fixed:列是否固定在左侧或右侧，true表示固定在左侧
            prop:对应列内容的字段名，tableData数据源的内部属性，也可以使用property属性
            label:显示的标题
            width:对应列的宽度
            -->
            <el-table-column
                    fixed
                    prop="date"
                    label="日期"
                    width="150">
            </el-table-column>
            <el-table-column
                    prop="name"
                    label="姓名"
                    width="120">
            </el-table-column>
            <el-table-column
                    prop="province"
                    label="省份"
                    width="120">
            </el-table-column>
            <el-table-column
                    prop="city"
                    label="市区"
                    width="120">
            </el-table-column>
            <el-table-column
                    prop="address"
                    label="地址"
                    width="300">
            </el-table-column>
            <el-table-column
                    prop="zip"
                    label="邮编"
                    width="120">
            </el-table-column>
            <el-table-column
                    fixed="right"
```

```
                label="操作"
                width="100">
        <!--
        使用作用域插槽获取某行的数据，这里的slot-scope相当于v-slot，slot-scope
        是旧版Vue的写法
        -->
        <template slot-scope="scope">
            <!--
            scope.row:获取某行数据
            scope.$index:数据的索引
            -->
            <el-button @click="handleClick(scope.row)" type="text"
             size="small">查看</el-button>
            <el-button type="text" size="small" @click="delRow
             (scope.$index)">删除</el-button>
        </template>
      </el-table-column>
    </el-table>
  </div>
</template>

<script>
    import Vue from "vue";
    import {Table,TableColumn,Button} from "element-ui";
    Vue.use(Table);
    Vue.use(TableColumn);
    Vue.use(Button);
    export default {
        name: "table-component",
        methods: {
            handleClick(row) {
                //获取当前行的数据
                console.log(row);
            },
            //删除某行
            delRow(index){
                this.tableData.splice(index,1);
            }
        },

        data() {
            return {
                tableData: [{
                    date: '2016-05-02',
                    name: '王小虎',
                    province: '上海',
                    city: '普陀区',
                    address: '上海市普陀区金沙江路1518弄',
                    zip: 200333
                }, {
                    date: '2016-05-04',
                    name: '王小虎',
```

```
                province: '上海',
                city: '普陀区',
                address: '上海市普陀区金沙江路1517弄',
              zip: 200333
            }, {
                date: '2016-05-01',
                name: '王小虎',
                province: '上海',
                city: '普陀区',
                address: '上海市普陀区金沙江路1519弄',
                zip: 200333
            }, {
                date: '2016-05-03',
                name: '王小虎',
                province: '上海',
                city: '普陀区',
                address: '上海市普陀区金沙江路 1516 弄',
                zip: 200333
            }]
        }
      }
    }
  </script>

  <style scoped>
  </style>
```

Element UI 表格很简单，只需将数据源传递给el-table组件中的data属性，再使用el-table-column组件设置好列，即可显示出一张很漂亮的表格。在浏览器中显示的效果如图12.12所示。

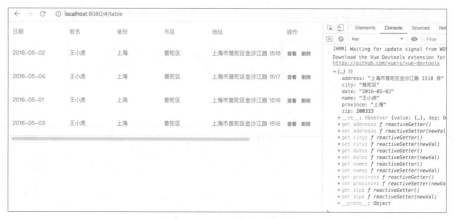

图 12.12   Element UI 表格

4.Pagination 分页组件

Pagination 分页组件的官方文档为https://element.eleme.cn/#/zh-CN/component/pagination。

使用表格获取数据列表，当数据量大，需要用分页显示数据时，可以为之前的表格组件增加分页功能。分页功能需要服务端请求数据做测试，我们用在9.2.7小节封装好的request()方法请求数据，src/pages/table/index.vue文件的代码示例如下。

```
<template>
    <div>
        <!--
        data:数据源
        border:是否带有纵向边框
        -->
        <el-table
                :data="tableData"
                border
                tooltip-effect="dark"
                style="width: 100%">
            <el-table-column
                    prop="title"
                    label="标题"
                    >
            </el-table-column>
            <el-table-column
                    prop="price"
                    label="价格"
                    >
            </el-table-column>
            <el-table-column
                    label="操作"
                    >
                <!--
                使用作用域插槽获取某行的数据，这里的slot-scope相当于v-slot, slot-scope
                是旧版Vue的写法
                -->
                <template slot-scope="scope">
                    <!--
                    scope.row:获取某行数据
                    scope.$index:数据的索引
                    -->
                    <el-button @click="handleClick(scope.row)" type="text"
                      size="small">查看</el-button>
                    <el-button type="text" size="small" @click="delRow(
                      scope.$index)">删除</el-button>
                </template>
            </el-table-column>
        </el-table>
        <div class="page-wrap">
            <!--
            background:是否为分页按钮添加背景色
            layout:组件布局，子组件名用逗号分隔
            page-count:总页数
            current-change:currentPage改变时会触发，获取当前页码
            -->
            <el-pagination
                    background
                    layout="prev, pager, next"
```

```
                    :page-count="pageCount"
                    @current-change="getCurPage"
                >
                </el-pagination>
            </div>
        </div>
    </template>

<script>
    import Vue from "vue";
    import {Table,TableColumn,Button,Pagination} from "element-ui";
    Vue.use(Table);
    Vue.use(TableColumn);
    Vue.use(Button);
    Vue.use(Pagination);
    export default {
        name: "table-component",
        data() {
            return {
                tableData: [],
                pageCount:0                  //总页数
            }
        },
        created() {
            this.curPage=1;                 //当前页码
            //获取数据
            this.getData();
        },
        methods: {
            handleClick(row) {
                //获取当前行的数据
                console.log(row);
            },
            //删除某行
            delRow(index){
                this.tableData.splice(index,1);
            },
            getData(){
                //将当前页码this.curPage赋值给page属性
              this.$request("/api/home/goods/search?kwords=&page="+this.curPage+"&to
              ken=1ec949a15fb709370f").then(res=>{
                    if(res.code==200){
                        this.tableData=res.data;
                        //设置总页数，必须是number类型
                        this.pageCount=parseInt(res.pageinfo.pagenum);
                    }
                });
            },
            //获取当前页码
            getCurPage(val){
                //改变当前页码
                this.curPage=val;
```

```
            //重新获取数据
            this.getData();
        }
    },
}
</script>

<style scoped>
    .page-wrap{width:100%;text-align: center;margin-top:20px;}
</style>
```

上面代码中注释很清晰，这里就不再叙述，在浏览器中显示的效果如图12.13所示。

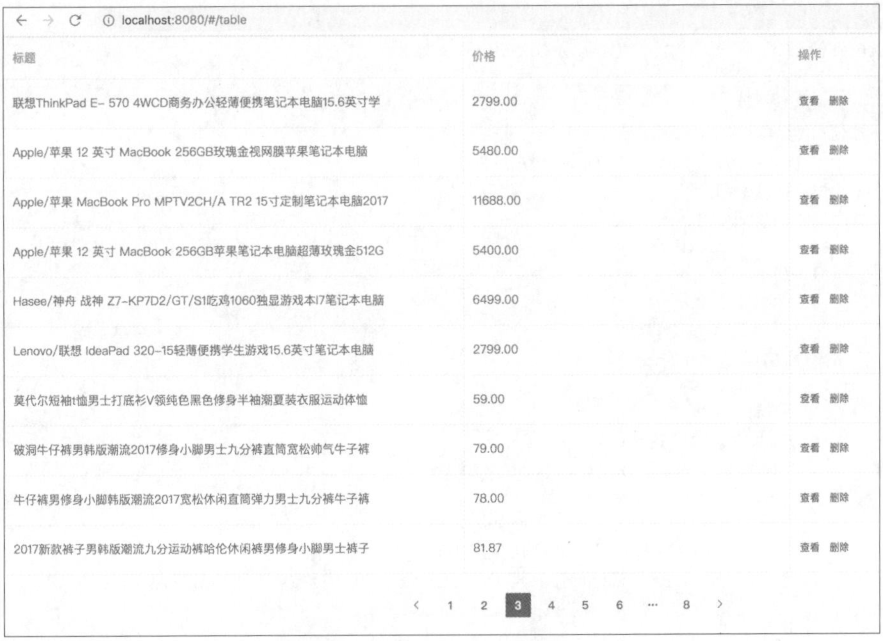

图 12.13　带有分页器的表格

5.Upload 文件上传组件

Upload文件上传组件的官方文档为https://element.eleme.cn/#/zh-CN/component/upload。Element UI的文件上传组件功能非常强大，支持单文件上传、批量上传、拖动上传等。

由于我们的后端接口只支持单文件上传，所以这里使用Upload文件上传组件实现单文件上传功能。src/pages/upload/index.vue文件的代码示例如下。

```
<template>
    <div>
        <!--
        action:必选参数，上传的地址
        name:上传的文件字段名
        show-file-list:是否显示已上传文件列表，true为显示，false为不显示
        on-success:文件上传成功时的钩子函数
```

```
            before-upload:上传文件之前的钩子函数，参数为上传的文件，若返回false或返回Promise且被
            reject，则停止上传
            -->
            <el-upload
                    class="avatar-uploader"
                    action="/api/user/myinfo/formdatahead?token=1ec949a15fb709370f"
                    name="headfile"
                    :show-file-list="false"
                    :on-success="handleAvatarSuccess"
                    :before-upload="beforeAvatarUpload">
                <img v-if="imageUrl" :src="imageUrl" class="avatar">
                <i v-else class="el-icon-plus avatar-uploader-icon"></i>
            </el-upload>
        </div>
</template>

<script>
    import Vue from "vue";
    import {Upload} from "element-ui";
    Vue.use(Upload);
    export default {
        name: "upload",
        data() {
            return {
                imageUrl: ''
            };
        },
        methods: {
            //上传成功的钩子函数
            handleAvatarSuccess(res, file) {
                if(res.code==200){
                    console.log("上传成功");
                    //将本地图片显示在视图上预览
                    this.imageUrl = URL.createObjectURL(file.raw);
                }
            },
            //上传之前的钩子函数
            beforeAvatarUpload(file) {
                //文件类型
                const isJPG = file.type === 'image/jpeg';
                //文件大小
                const isLt2M = file.size / 1024 / 1024 < 2;

                if (!isJPG) {
                    this.$message.error('上传头像图片只能是JPG格式!');
                }
                if (!isLt2M) {
                    this.$message.error('上传头像图片大小不能超过2MB!');
                }
                return isJPG && isLt2M;
            }
        }
    }
```

```
</script>

<style scoped>
    .avatar-uploader .el-upload {
        border: 1px dashed #d9d9d9;
        border-radius: 6px;
        cursor: pointer;
        position: relative;
        overflow: hidden;
    }
    .avatar-uploader .el-upload:hover {
        border-color: #409EFF;
    }
    .avatar-uploader-icon {
        font-size: 28px;
        color: #8c939d;
        width: 178px;
        height: 178px;
        line-height: 178px;
        text-align: center;
        border:1px solid #EFEFEF;
    }
    .avatar {
        width: 178px;
        height: 178px;
        display: block;
    }
</style>
```

Upload文件上传组件使用起来很简单，但是必须配合后端接口实现。el-upload元素的action属性是后端接口地址，name属性是字段名称，接口地址和字段名称需要在后端接口文档中获取。

12.2.2　移动端 UI 库之 Mint UI

Mint UI是由饿了么前端团队推出是一个基于 Vue.js 的移动端组件库。
Mint UI官方地址为http://mint-ui.github.io/#!/zh-cn。
Mint UI官方文档为http://mint-ui.github.io/docs/#/zh-cn2。
安装Mint UI有以下两种方式。

1.CDN 引入

```
<!-- 引入样式 -->
<link rel="stylesheet" href="https://unpkg.com/mint-ui/lib/style.css">
<!-- 引入组件库 -->
<script src="https://unpkg.com/mint-ui/lib/index.js"></script>
```

2. NPM 安装

在命令符提示窗口中输入以下命令。

```
npm install mint-ui -S
```

安装完成后，引入Mint UI，引入方式有以下两种。

1. 完整引入

src/main.js文件的代码示例如下。

```
import "url-search-params-polyfill";//让IE兼容new URLSearchParams()
import Vue from 'vue'
import App from './App.vue'
import router from "./router";
//导入Vuex的store实例
import store from "./store";
//引入request
import {request} from "./assets/js/utils/request";

//导入MintUI
import MintUI from "mint-ui";
//导入MintUI的CSS样式
import 'mint-ui/lib/style.css'
//使用MintUI
Vue.use(MintUI);

//将request()方法挂载到Vue原型上，这样可以全局使用
Vue.prototype.$request=request;

Vue.config.productionTip = false;

new Vue({
    router,
    store,                          //注册store
    render: h => {return h(App)},
}).$mount('#app')
```

和Element UI一样，不推荐使用完整引入。接下来我们用按需引入的方式引入。

2. 按需引入

借助babel-plugin-component，可以只引入需要的组件，以达到减小项目体积的目的。首先，安装babel-plugin-component，在命令提示符窗口中输入以下命令，如果在12.2.1小节安装过，可以跳过此步骤。

```
npm install babel-plugin-component -D
```

接下来，修改babel.config.js文件中的代码。

```
module.exports = {
    presets: [
        '@vue/cli-plugin-babel/preset'
    ],
    "plugins": [
        //配置element-ui按需引入
        [
            "component",
            {
                "libraryName": "element-ui",
                "styleLibraryName": "theme-chalk"
            },
```

```
        "element-ui"
    ],
    //配置mint-ui按需引入
    [
        "component",
        {
            "libraryName": "mint-ui",
            "style": true
        },
        "mint-ui"
    ]
    ]
}
```

如果之前配置了完整引入，删除src/main.js文件的如下代码。

```
//导入MintUI
import MintUI from "mint-ui";
//导入MintUI的CSS样式
import 'mint-ui/lib/style.css'
//使用MintUI
Vue.use(MintUI);
```

配置完成后，别忘了重启服务。

Mint UI组件有很多，在这里演示一些常用的组件。

1.Toast 轻提示组件

Toast轻提示组件的官方文档为http://mint-ui.github.io/docs/#/zh-cn2/toast。

在11.2.7小节开发过会员注册功能，我们现在使用Mint UI对会员注册页面进行修改，src/pages/reg/index.vue文件的代码示例如下。

```
<template>
    <div>
        手机号:<input type="text" placeholder="请输入手机号" v-model="cellphone" /><br/>
        密码:<input type="text" placeholder="请输入密码" v-model="password" /><br/>
        <button type="button" @click="submit()">注册</button>
    </div>
</template>

<script>
    import {mapMutations} from "vuex";
    //导入Toast组件
    import { Toast } from 'mint-ui';
    export default {
        name: "reg",
        data(){
            return {
                cellphone:"",
                password:""
            }
        },
        methods:{
            ...mapMutations({
```

```
                    SET_USER:"user/SET_USER"
            }),
            submit(){
                //去除头尾空格判断是否为空
                if(this.cellphone.trim()==""){
                    /*
                    message:文本内容
                    duration:持续时间(ms), 若为 -1 , 则不会自动关闭
                    */
                    Toast({
                        message: "请输入手机号",
                        duration: 2000
                    })
                    return;
                }
                //简易版正则表达式验证手机号格式
                if(!this.cellphone.match(/^1[0-9][0-9]\d{8}$/)){
                    Toast({
                        message: "手机号格式不正确",
                        duration: 2000
                    })
                    return;
                }
                if(this.password.trim()==""){
                    Toast({
                        message: "请输入密码",
                        duration: 2000
                    })
                    return;
                }
                this.$request("/api/home/user/reg?token=1ec949a15fb709370f","post",{c
                ellphone:this.cellphone,password:this.password}).then(res=>{
                    //如果注册成功
                    if(res.code==200){
                        //将返回的数据保存到Vuex, 这样可以实现注册后自动登录的功能
                        this.SET_USER({uid:res.data.uid,nickname:res.data.nickname});
                        //注册成功后返回上一级页面
                        this.$router.go(-1);
                    }else{//否则打印错误提示
                        Toast({
                            message: res.data,
                            duration: 2000
                        })
                    }
                })
            }
        }
    }
</script>

<style scoped>

</style>
```

Toast轻提示组件使用起来很简单，直接引用，无须使用Vue.use()方法安装。单击"注册"按钮，在浏览器中显示的效果如图12.14所示。

图 12.14　Toast 轻提示组件显示的效果

2. Switch 滑动开关组件

Switch滑动开关组件的官方文档为http://mint-ui.github.io/docs/#/zh-cn2/switch。

Switch滑动开关组件应用十分广泛，如设置明文密码和暗文密码。src/pages/reg/index.vue
文件的代码示例如下。

```
<template>
    <div>
        <div class="row">
            <div>手机号:</div>
            <div class="col">
                <input type="text" placeholder="请输入手机号" v-model="cellphone" />
            </div>
        </div>
        <div class="row">
            <div>密码:</div>
            <div class="col">
              <!--
```

```
                isOpen如果为true, 设置input元素type属性值为text; 否则为password
                -->
                <input :type="isOpen?'text':'password'" placeholder="请输入密码" v-
                model="password" /><mt-switch v-model="isOpen"></mt-switch>
            </div>
        </div>
        <button type="button" @click="submit()">注册</button>
    </div>
</template>

<script>
    import Vue from "vue";
    import {mapMutations} from "vuex";
    //导入Toast组件
    import { Toast,Switch} from 'mint-ui';
    //注册Switch组件
    Vue.component(Switch.name,Switch);
    export default {
        name: "reg",
        data(){
            return {
                cellphone:"",
                password:"",
                isOpen:false              //是否显示
            }
        },
        methods:{
            ...mapMutations({
                SET_USER:"user/SET_USER"
            }),
            submit(){
                //去除头尾空格判断是否为空
                if(this.cellphone.trim()==""){
                    /*
                    message:文本内容
                    duration:持续时间(ms), 若为-1, 则不会自动关闭
                    */
                    Toast({
                        message: "请输入手机号",
                        duration: 2000
                    })
                    return;
                }
                //简易版正则表达式验证手机号格式
                if(!this.cellphone.match(/^1[0-9][0-9]\d{8}$/)){
                    Toast({
                        message: "手机号格式不正确",
                        duration: 2000
                    })
                    return;
                }
                if(this.password.trim()==""){
                    Toast({
```

```
                            message: "请输入密码",
                            duration: 2000
                        })
                        return;
                    }
                    this.$request("/api/home/user/reg?token=1ec949a15fb709370f","post",{
        cellphone:this.cellphone,password:this.password}).then(res=>{
                        //如果注册成功
                        if(res.code==200){
                            //将返回的数据保存到Vuex，这样可以实现注册后自动登录的功能
                            this.SET_USER({uid:res.data.uid,nickname:res.data.nickname});
                            //注册成功后返回上一级页面
                            this.$router.go(-1);
                        }else{//否则打印错误提示
                            Toast({
                                message: res.data,
                                duration: 2000
                            })
                        }
                    })
                }
            }
        }
    </script>

    <style scoped>
        .row{width:auto;height:25px;display: flex;margin-bottom:10px;}
        .row .col{width:200px;height:100%;display: flex;}
        .row .col input{width:100%;height:100%;}
    </style>
```

注意上面代码中加粗的部分，Mint UI使用的是Vue.component注册组件的方式，并不是Vue.use()方法。在浏览器中显示的效果如图12.15所示。

图 12.15 Switch 滑动开关组件显示的效果

3. ActionSheet 操作表组件

ActionSheet操作表组件的官方文档为http://mint-ui.github.io/docs/#/zh-cn2/action-sheet。

ActionSheet操作表组件通常用于选择一个菜单项，如选择性别，或者在上传文件时选择相册还是拍照等应用场景。

src/pages/reg/index.vue文件中的代码示例如下。

```
<template>
    <div>
        <div class="row">
```

```
            <div>手机号:</div>
            <div class="col">
                <input type="text" placeholder="请输入手机号" v-model="cellphone" />
            </div>
        </div>
        <!--
        isOpen如果为true, 设置input元素type属性值为text; 否则为password
        -->
        <div class="row">
            <div>密码:</div>
            <div class="col">
                <input :type="isOpen?'text':'password'" placeholder="请输入密码" v-
                 model="password" />
                <mt-switch v-model="isOpen"></mt-switch>
            </div>
        </div>
        <div class="row">
            <div>性别:</div>
            <div class="col">
                <input type="text" readonly placeholder="请选择性别" @click= "sheetVisible
                 =true" :value="gender" />
            </div>
        </div>
        <button type="button" @click="submit()">注册</button>
        <!--
        actions:菜单项数组
        v-model:双向绑定, 通过sheetVisible显示或隐藏mt-actionsheet元素
        -->
        <mt-actionsheet
                :actions="actions"
                v-model="sheetVisible">
        </mt-actionsheet>
    </div>
</template>

<script>
    import Vue from "vue";
    //导入Toast组件
    import { Toast,Switch,Actionsheet} from 'mint-ui';
    //注册Switch组件
    Vue.component(Switch.name,Switch);
    //注册Actionsheet组件
    Vue.component(Actionsheet.name,Actionsheet);
    export default {
        name: "reg",
        data(){
            return {
                cellphone:"",
                password:"",
                isOpen:false,          //是否显示
                gender:"",             //性别的值
                sheetVisible:false,    //是否显示mt-actionsheet元素, true: 显示, false: 隐藏
```

```
                //mt-actionsheet的actions属性值
                actions:[
                        {
                            name:"男",
                            method:(val)=>{
                                // console.log(val);
                                this.gender=val.name;
                            }
                        },
                        {
                            name:"女",
                            method:(val)=>{
                                // console.log(val);
                                this.gender=val.name;
                            }
                        }
                ]
            }
        },
        methods:{
            submit(){
                //去除头尾空格判断是否为空
                if(this.cellphone.trim()==""){
                    /*
                    message:文本内容
                    duration:持续时间(ms), 若为-1, 则不会自动关闭
                    */
                    Toast({
                        message: "请输入手机号",
                        duration: 2000
                    })
                    return;
                }
                //简易版正则表达式验证手机号格式
                if(!this.cellphone.match(/^1[0-9][0-9]\d{8}$/)){
                    Toast({
                        message: "手机号格式不正确",
                        duration: 2000
                    })
                    return;
                }
                if(this.password.trim()==""){
                    Toast({
                        message: "请输入密码",
                        duration: 2000
                    })
                    return;
                }
            }
        }
    }
</script>

<style scoped>
```

```
    .row{width:auto;height:25px;display: flex;margin-bottom:10px;}
    .row .col{width:200px;height:100%;display: flex;}
    .row .col input{width:100%;height:100%;}
</style>
```

注意上面代码中加粗的部分，这些代码是使用ActionSheet操作表组件的关键，不要写错。代码中注释很清晰，不再详细叙述。单击"请选择性别"输入框时，在浏览器中显示的效果如图12.16所示。

图 12.16　ActionSheet 操作表组件显示的效果

12.2.3　移动端 UI 库之 cube-ui

扫一扫，看视频

cube-ui是由滴滴内部组件库精炼而来，基于Vue.js 实现的精致移动端组件库。cube-ui官方地址为https://didi.github.io/cube-ui。

安装cube-ui有以下两种方式。

1.CDN 引入

```
<!-- 引入组件库 -->
<script src="https://unpkg.com/cube-ui/lib/cube.min.js"></script>
<!-- 引入样式 -->
<link rel="stylesheet" href="https://unpkg.com/cube-ui/lib/cube.min.css">
```

2. NPM 安装

在命令符提示窗口中输入以下命令。

```
npm install cube-ui -S
```

安装完成后，需要进行webpack的配置。这一点与之前的UI库不太一样，比较烦琐，配置webpack的官方文档为https://didi.github.io/cube-ui/#/zh-CN/docs/quick-start。

选择"普通编译"模式，注意官方文档的配置方案是针对vue-cli小于3的版本，我们使用的是vue-cli 3以上版本，配置的内容是一样的，只是配置的文件位置不一样。首先安装webpack-transform-modules-plugin插件，在命令提示符窗口中输入以下命令。

```
npm install webpack-transform-modules-plugin -D
```

接下来，编辑vue.config.js文件，添加如下代码。

```
let TransformModulesPlugin = require('webpack-transform-modules-plugin')
module.exports={
    ...
    //配置webpack
    configureWebpack:{
        devtool: 'source-map',          //配置开发者环境的sourceMap，用于代码调试
        resolve: {
            alias: {
                'cube-ui': 'cube-ui/lib'
            }
        },
        plugins: [
            new TransformModulesPlugin()
        ]
    }
};
```

在6.2.2小节的配置基础上添加以上加粗的代码。

最后，编辑package.json文件，添加如下代码。

```
{
...
    "transformModules": {
        "cube-ui": {
            "transform": "cube-ui/lib/${member}",
            "kebabCase": true,
            "style": {
                "ignore": ["create-api", "better-scroll", "locale"]
            }
        }
    }
    ...
}
```

保存完毕后，别忘了重启服务。

接下来，介绍一些常用的组件。

1.Toast 轻提示组件

Toast轻提示组件的官方文档为https://didi.github.io/cube-ui/#/zh-CN/docs/toast。

接下来我们在src/pages/reg/index.vue文件中使用Toast轻提示组件，将之前的mint-ui替换成cube-ui，代码示例如下。

```
<template>
    <div>
        <div class="row">
```

```
                <div>手机号:</div>
                <div class="col">
                    <input type="text" placeholder="请输入手机号" v-model="cellphone" />
                </div>
            </div>
            <div class="row">
                <div>密码:</div>
                <div class="col">
                    <input type="password" placeholder="请输入密码" v-model="password" />
                </div>
            </div>
            <button type="button" @click="submit()">注册</button>
        </div>
    </template>

    <script>
        import Vue from "vue";
        //导入Toast组件
        import {Toast} from 'cube-ui';
        //使用插件
        Vue.use(Toast);
        export default {
            name: "reg",
            data(){
                return {
                    cellphone:"",
                    password:"",
                }
            },
            methods:{
                submit(){
                    //去除头尾空格，判断是否为空
                    if(this.cellphone.trim()==""){
                        /*
                        time:持续时间(ms)
                        txt:文本内容
                        type: 类型
                        */
                        this.$createToast({            //显示Toast轻提示
                            time: 2000,
                            txt: '请输入手机号',
                            type:"txt"
                        }).show();
                        return;
                    }
                    //简易版正则表达式验证手机号格式
                    if(!this.cellphone.match(/^1[0-9][0-9]\d{8}$/)){
                        this.$createToast({
                            time: 2000,
                            txt: '手机号格式不正确',
                            type:"txt"
                        }).show();
```

```
                return;
            }
            if(this.password.trim()==""){
                this.$createToast({
                    time: 2000,
                    txt: '请输入密码',
                    type:"txt"
                }).show();
                return;
            }
        }
    }
}
</script>

<style scoped>
    .row{width:auto;height:25px;display: flex;margin-bottom:10px;}
    .row .col{width:200px;height:100%;display: flex;}
    .row .col input{width:100%;height:100%;}
</style>
```

cube-ui的Toast轻提示组件使用起来稍微有些烦琐，要先导入Toast组件，使用Vue.use()方法启用插件，使用this.$createToast()方法创建Toast，接着使用show()方法显示Toast。

2. Switch 滑动开关组件

Switch滑动开关组件的官方文档为https://didi.github.io/cube-ui/#/zh-CN/docs/switch。
src/pages/reg/index.vue文件的代码示例如下。

```
<template>
    <div>
        <div class="row">
            <div>手机号:</div>
            <div class="col">
                <input type="text" placeholder="请输入手机号" v-model="cellphone" />
            </div>
        </div>
        <div class="row">
            <div>密码:</div>
            <div class="col">
                <!--
                isOpen如果为true，设置input元素type属性值为text；否则为password
                -->
                <input :type="isOpen?'text':'password'" placeholder="请输入密码" v-model=
                "password" />
                <cube-switch v-model="isOpen"></cube-switch>
            </div>
        </div>
        <button type="button" @click="submit()">注册</button>
    </div>
</template>

<script>
```

```
import Vue from "vue";
//导入Toast组件
import {Toast,Switch} from 'cube-ui';
//使用插件
Vue.use(Toast);
Vue.use(Switch);
export default {
    name: "reg",
    data(){
        return {
            cellphone:"",
            password:"",
            isOpen:false,
        }
    },
    methods:{
        submit(){
            //去除头尾空格，判断是否为空
            if(this.cellphone.trim()==""){
                /*
                time:持续时间(ms)
                txt:文本内容
                type: 类型
                */
                this.$createToast({  //显示Toast轻提示
                    time: 2000,
                    txt: '请输入手机号',
                    type:"txt"
                }).show();
                return;
            }
            //简易版正则表达式验证手机号格式
            if(!this.cellphone.match(/^1[0-9][0-9]\d{8}$/)){
                this.$createToast({
                    time: 2000,
                    txt: '手机号格式不正确',
                    type:"txt"
                }).show();
                return;
            }
            if(this.password.trim()==""){
                this.$createToast({
                    time: 2000,
                    txt: '请输入密码',
                    type:"txt"
                }).show();
                return;
            }
        }
    }
}
</script>
```

```
<style scoped>
    .row{width:auto;height:25px;display: flex;margin-bottom:10px;}
    .row .col{width:200px;height:100%;display: flex;}
    .row .col input{width:100%;height:100%;}
</style>
```

Switch滑动开关组件的使用方式和Mint UI一样，很简单。

3. ActionSheet 操作列表组件

ActionSheet操作列表组件的官方文档为https://didi.github.io/cube-ui/#/zh-CN/docs/action-sheet。src/pages/reg/index.vue文件的代码示例如下。

```
<template>
    <div>
        <div class="row">
            <div>手机号:</div>
            <div class="col">
                <input type="text" placeholder="请输入手机号" v-model="cellphone" />
            </div>
        </div>
        <div class="row">
            <div>密码:</div>
            <div class="col">
                <!--
                isOpen如果为true,设置input元素type属性值为text;否则为password
                -->
                <input :type="isOpen?'text':'password'" placeholder="请输入密码" v-
                 model="password" />
                <cube-switch v-model="isOpen"></cube-switch>
            </div>
        </div>
        <div class="row">
            <div>性别:</div>
            <div class="col">
                <input type="text" readonly placeholder="请 选 择 性 别" @click=
                "showActionSheet()" :value="gender" />
            </div>
        </div>
        <button type="button" @click="submit()">注册</button>
    </div>
</template>

<script>
    import Vue from "vue";
    //导入Toast组件
    import {Toast,Switch,ActionSheet} from 'cube-ui';
    //使用插件
    Vue.use(Toast);
    Vue.use(Switch);
    Vue.use(ActionSheet);
    export default {
        name: "reg",
```

```
data(){
    return {
        cellphone:"",
        password:"",
        isOpen:false,
        gender:""
    }
},
methods:{
    submit(){
        //去除头尾空格，判断是否为空
        if(this.cellphone.trim()==""){
            /*
            time:持续时间(ms)
            txt:文本内容
            type:类型
            */
            this.$createToast({  //显示Toast轻提示
                time: 2000,
                txt: '请输入手机号',
                type:"txt"
            }).show();
            return;
        }
        //简易版正则表达式验证手机号格式
        if(!this.cellphone.match(/^1[0-9][0-9]\d{8}$/)){
            this.$createToast({
                time: 2000,
                txt: '手机号格式不正确',
                type:"txt"
            }).show();
            return;
        }
        if(this.password.trim()==""){
            this.$createToast({
                time: 2000,
                txt: '请输入密码',
                type:"txt"
            }).show();
            return;
        }
    },
    //显示ActionSheet组件
    showActionSheet(){
        this.$createActionSheet({
            //组件的标题
            title: '请选择性别',
            //需要展示的数据列表
            data: [
                {
                    content: '男',
                },
                {
                    content: '女',
```

```
                    }
                ],
                //单击某项
                //item:某项的数据
                //index:索引
                onSelect: (item, index) => {
                    // console.log(item,index);
                    this.gender=item.content;
                    //将data数据内部的content属性值赋值给this.gender
                }
            }).show()            //使用show()方法显示组件
        }
    }
}
</script>

<style scoped>
    .row{width:auto;height:25px;display: flex;margin-bottom:10px;}
    .row .col{width:200px;height:100%;display: flex;}
    .row .col input{width:100%;height:100%;}
</style>
```

导入ActionSheet操作列表组件，调用Vue.use()方法使用组件，单击"请选择性别"输入框调用自定义方法showActionSheet()，在该方法内部调用cube-ui的this.$createActionSheet()方法，并传入配置参数，最后使用show()方法显示。在浏览器中显示的效果如图12.17所示。

图 12.17 ActionSheet 操作列表组件显示的效果

4. CascadePicker 级联选择器组件

CascadePicker级联选择器组件的官方文档为https://didi.github.io/cube-ui/#/zh-CN/docs/cascade-picker。

CascadePicker组件是级联选择器，用于实现多列选择之间的级联变化。最常用的就是实现选择省、市、区的功能。

我们使用CascadePicker级联选择器组件实现一个选择省、市、区的功能。首先需要省、市、区的数据源，数据源可通过本书前言中所述方式下载，下载后的数据源保存在cube-data/area.js文件中。将area.js文件复制到src/assets/data文件夹中，在src/pages/reg/index.vue文件中使用，代码示例如下。

```html
<template>
    <div>
        <div class="row">
            <div>手机号:</div>
            <div class="col">
                <input type="text" placeholder="请输入手机号" v-model="cellphone" />
            </div>
        </div>
        <div class="row">
            <div>密码:</div>
            <div class="col">
                <!--
                isOpen如果为true, 设置input元素type属性值为text; 否则为password
                -->
                <input :type="isOpen?'text':'password'" placeholder="请输入密码" v-model="password" />
                <cube-switch v-model="isOpen"></cube-switch>
            </div>
        </div>
        <div class="row">
            <div>性别:</div>
            <div class="col">
                <input type="text" readonly placeholder="请选择性别" @click="showActionSheet()" :value="gender" />
            </div>
        </div>
        <div class="row">
            <div>所在地区:</div>
            <div class="col">
                <input type="text" placeholder="请选择所在地区" readonly @click="showCascadePicker" :value="address" />
            </div>
        </div>
        <button type="button" @click="submit()">注册</button>
    </div>
</template>
```

```
<script>
    import Vue from "vue";
    //导入Toast组件
    import {Toast,Switch,ActionSheet,CascadePicker} from 'cube-ui';
    //导入省、市、区数据源
    import {provinceList, cityList, areaList} from "../../assets/data/area";
    //使用插件
    Vue.use(Toast);
    Vue.use(Switch);
    Vue.use(ActionSheet);
    Vue.use(CascadePicker);
    const addressData = provinceList;
    //重新组装数据，让数据符合CascadePicker所需的树形数据格式
    addressData.forEach(province => {
        province.children = cityList[province.value]
        province.children.forEach(city => {
            city.children = areaList[city.value]
        })
    });
    export default {
        name: "reg",
        data(){
            return {
                cellphone:"",
                password:"",
                isOpen:false,
                gender:"",
                address:""                      //地址
            }
        },
        methods:{
            submit(){
                //去除头尾空格，判断是否为空
                if(this.cellphone.trim()==""){
                    /*
                    time:持续时间(ms)
                    txt:文本内容
                    type:类型
```

```
                    */
            this.$createToast({               //显示Toast轻提示
                time: 2000,
                txt: '请输入手机号',
                type:"txt"
            }).show();
            return;
        }
        //简易版正则表达式验证手机号格式
        if(!this.cellphone.match(/^1[0-9][0-9]\d{8}$/)){
            this.$createToast({
                time: 2000,
                txt: '手机号格式不正确',
                type:"txt"
            }).show();
            return;
        }
        if(this.password.trim()==""){
            this.$createToast({
                time: 2000,
                txt: '请输入密码',
                type:"txt"
            }).show();
            return;
        }
    },
    //显示ActionSheet组件
    showActionSheet(){
        this.$createActionSheet({
            //组件的标题
            title: '请选择性别',
            //需要展示的数据列表
            data: [
                {
                    content: '男',
                },
                {
                    content: '女',
                }
```

```
            ],
            //单击某项
            //item:某项的数据
            //index:索引
            onSelect: (item, index) => {
                // console.log(item,index);
                this.gender=item.content;
                //将data数据内部的content属性值赋值给this.gender
            }
        }).show()            //使用show()方法显示组件
    },
    //显示CascadePicker组件
    showCascadePicker(){
        //调用CascadePicker组件
        this.$createCascadePicker({
            //标题
            title: '请选择所在地区',
            //级联选择器的树形数据, 用于初始化选项
            data: addressData,
            /*
            单击"确认"按钮触发此事件
            第一个参数:当前选中项每列的值, Array类型
            第二个参数:当前选中项每列的索引, Array类型
            第三个参数:当前选中项每列的文案, Array类型
            */
            onSelect: (selectedVal, selectedIndex, selectedText)=>{
                this.address=selectedText.join(" ");
                //将获取的内容拼接成字符串格式
                this.addressIndexs=selectedIndex;              //获取索引
            },
            //被选中的索引值, 拉起选择器后显示这个索引值对应的内容
            selectedIndex:this.addressIndexs
        }).show();
        }
    }
    }
</script>

<style scoped>
```

```
.row{width:auto;height:25px;display: flex;margin-bottom:10px;}
.row.col{width:200px;height:100%;display: flex;}
.row.col input{width:100%;height:100%;}
</style>
```

使用CascadePicker级联选择器组件，仔细读懂上面代码中加粗的部分，注释很清晰，这里不再赘述，在浏览器中显示的效果如图12.18所示。

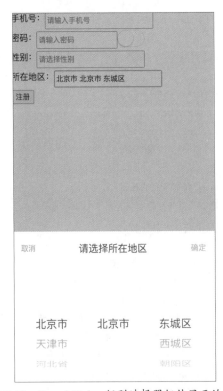

图 12.18   CascadePicker 级联选择器组件显示的效果

12.2.4   移动端 UI 库之 Vant

扫一扫，看视频

Vant是有赞开源的一套基于Vue 2.0的移动端组件库，官方地址为https://vant-contrib.gitee.io/vant/#/zh-CN/。

安装Vant有以下两种方式。

1. CDN 引入

```
<!-- 引入样式文件 -->
<link rel="stylesheet" href="https://cdn.jsdelivr.net/npm/vant@2.10/lib/index.css"/>
<!-- 引入Vue和Vant的JS文件 -->
<script src="https://cdn.jsdelivr.net/npm/vue@2.6/dist/vue.min.js"></script>
<script src="https://cdn.jsdelivr.net/npm/vant@2.10/lib/vant.min.js"></script>
```

2..NPM 安装

在命令符提示窗口中输入以下命令。

```
npm install vant -S
```

安装完成后，引入Vant，引入方式有以下3种。

1. 完整引入

Vant支持一次性引入所有组件，在src/main.js文件中引入，代码示例如下。

```
import "url-search-params-polyfill";          //让IE兼容new URLSearchParams()
import Vue from 'vue'
import App from './App.vue'
import router from "./router";
//导入Vuex的store实例
import store from "./store";
//导入request
import {request} from "./assets/js/utils/request";

//引入Vant
import Vant from 'vant';
//引入Vant的样式
import 'vant/lib/index.css';
//使用Vant
Vue.use(Vant);

//将request()方法挂载到Vue原型上，这样可以全局使用
Vue.prototype.$request=request;

Vue.config.productionTip = false;

new Vue({
    router,
    store,                                      //注册store
    render: h => {return h(App)},
}).$mount('#app')
```

引入所有组件会增加代码包体积，因此不推荐这种方式。

2. 手动按需引入组件

在不使用插件的情况下，可以手动引入所需的组件，代码示例如下。

```
<!--引入Button组件-->
import Button from 'vant/lib/button';
<!--引入Button样式-->
import 'vant/lib/button/style';
```

3. 自动按需引入组件 (推荐)

自动按需引入需要安装babel-plugin-import插件，babel-plugin-import是一款babel插件，它会在编译过程中将import的写法自动转换为按需引入的方式，在命令提示符窗口中输入以下命令。

```
npm i babel-plugin-import -D
```

i是install的缩写，安装完成后，在babel.config.js文件中配置，添加代码如下。

```
module.exports = {
    presets: [
        '@vue/cli-plugin-babel/preset'
    ],
    "plugins": [
        //配置Element UI按需引入
        ...
        //配置Mint UI按需引入
        ...
        //配置Vant UI按需引入
        [
            "import",
            {
                libraryName: 'vant',
                libraryDirectory: 'es',
                style: true
            },
            "vant"
        ]
    ]
}
```

配置完成后，别忘了重启服务。

接下来，在src/pages/reg/index.vue文件中演示一些常用的组件。

1.Toast 轻提示组件

Toast轻提示组件的官方文档为https://vant-contrib.gitee.io/vant/#/zh-CN/toast。

代码示例如下。

```
<template>
    <div>
        <div class="row">
            <div>手机号:</div>
            <div class="col">
                    <input type="text" placeholder="请输入手机号" v-model="cellphone" />
            </div>
        </div>
        <div class="row">
            <div>密码:</div>
            <div class="col">
                <input type="text" placeholder="请输入密码" v-model="password" />
            </div>
        </div>
        <button type="button" @click="submit()">注册</button>
    </div>
</template>

<script>
    import Vue from "vue";
    //导入组件
```

```
        import {Toast} from 'vant';
        //使用组件
        Vue.use(Toast);
        export default {
            name: "reg",
            data(){
                return {
                    cellphone:"",
                    password:""
                }
            },
            methods:{
                submit(){
                    //去除头尾空格，判断是否为空
                    if(this.cellphone.trim()==""){
                        /*
                        message:文本内容，支持通过\n换行
                        duration:展示时长(ms)，值为0时，Toast不会消失，默认为2000
                        */
                        Toast({
                            message:"请输入手机号",
                            duration:2000
                        })
                        return;
                    }
                    //简易版正则表达式验证手机号格式
                    if(!this.cellphone.match(/^1[0-9][0-9]\d{8}$/)){
                        Toast({
                            message:"手机号格式不正确",
                            duration:2000
                        })
                        return;
                    }
                    if(this.password.trim()==""){
                        Toast({
                            message:"请输入密码",
                            duration:2000
                        })
                        return;
                    }
                },

            }
        }
</script>

<style scoped>
    .row{width:auto;height:25px;display: flex;margin-bottom:10px;}
    .row .col{width:200px;height:100%;display: flex;}
    .row .col input{width:100%;height:100%;}
</style>
```

Toast使用起来很简单，比其他UI库都要方便。

2. Switch 滑动开关组件

Switch滑动开关组件的官方文档为https://vant-contrib.gitee.io/vant/#/zh-CN/switch。
代码示例如下。

```
<template>
    <div>
        <div class="row">
            <div>手机号:</div>
            <div class="col">
                <input type="text" placeholder="请输入手机号" v-model="cellphone" />
            </div>
        </div>
        <div class="row">
            <div>密码:</div>
            <div class="col">
                <input :type="isOpen?'text':'password'" placeholder="请输入密码" v-
                    model="password" />
                <!--
                active-color:打开时的背景颜色
                inactive-color:关闭时的背景颜色
                -->
                <van-switch v-model="isOpen" active-color="#07c160" inactive-
                    color="#EFEFEF" />
            </div>
        </div>
        <button type="button" @click="submit()">注册</button>
    </div>
</template>

<script>
    import Vue from "vue";
    //导入组件
    import {Toast,Switch} from 'vant';
    //使用组件
    Vue.use(Toast);
    Vue.use(Switch);
    export default {
        name: "reg",
        data(){
            return {
                cellphone:"",
                password:"",
```

```
                isOpen:false
            }
        },
        methods:{
            submit(){
                //去除头尾空格，判断是否为空
                if(this.cellphone.trim()==""){
                    /*
                    message:文本内容，支持通过\n换行
                    duration:展示时长(ms)，值为0时，Toast不会消失，默认为2000
                    */
                    Toast({
                        message:"请输入手机号",
                        duration:2000
                    })
                    return;
                }
                //简易版正则表达式验证手机号格式
                if(!this.cellphone.match(/^1[0-9][0-9]\d{8}$/)){
                    Toast({
                        message:"手机号格式不正确",
                        duration:2000
                    })
                    return;
                }
                if(this.password.trim()==""){
                    Toast({
                        message:"请输入密码",
                        duration:2000
                    })
                    return;
                }
            },

        }
    }
</script>

<style scoped>
    .row{width:auto;height:25px;display: flex;margin-bottom:10px;}
    .row .col{width:200px;height:100%;display: flex;}
    .row .col input{width:100%;height:100%;}
</style>
```

使用Switch滑动开关组件可以实现明文密码和暗文密码的切换。

3. Dialog 弹出框组件

Dialog弹出框组件的官方文档为https://vant-contrib.gitee.io/vant/#/zh-CN/dialog。

弹出框常用于消息提示、消息确认，或者在当前页面内完成特定的交互操作，在实际开发中经常会用到，如删除某条信息需要提示是否删除的弹窗。代码示例如下。

```
<template>
    <div>
        <div class="row">
            <div>手机号:</div>
            <div class="col">
                <input type="text" placeholder="请输入手机号" v-model="cellphone" />
            </div>
        </div>
        <div class="row">
            <div>密码:</div>
            <div class="col">
                <input :type="isOpen?'text':'password'" placeholder="请输入密码" v-
                 model="password" />
                <!--
                active-color:打开时的背景颜色
                inactive-color:关闭时的背景颜色
                -->
                <van-switch v-model="isOpen" active-color="#07c160" inactive-
                 color="#EFEFEF" />
            </div>
        </div>
        <button type="button" @click="submit()">注册</button>
        <button type="button" @click="del()">删除</button>
    </div>
</template>

<script>
    import Vue from "vue";
    //导入组件
    import {Toast,Switch,Dialog} from 'vant';
    //使用组件
    Vue.use(Toast);
    Vue.use(Switch);
    Vue.use(Dialog);
    export default {
        name: "reg",
        data(){
```

```
        return {
            cellphone:"",
            password:"",
            isOpen:false
        }
    },
    methods:{
        submit(){
            //去除头尾空格，判断是否为空
            if(this.cellphone.trim()==""){
                /*
                message:文本内容，支持通过\n换行
                duration:展示时长(ms)，值为0时，Toast不会消失，默认为2000
                */
                Toast({
                    message:"请输入手机号",
                    duration:2000
                })
                return;
            }
            //简易版正则表达式验证手机号格式
            if(!this.cellphone.match(/^1[0-9][0-9]\d{8}$/)){
                Toast({
                    message:"手机号格式不正确",
                    duration:2000
                })
                return;
            }
            if(this.password.trim()==""){
                Toast({
                    message:"请输入密码",
                    duration:2000
                })
                return;
            }
        },
        del(){
            //confirm弹窗
            Dialog.confirm({
                title: '',
                message: '确认要删除吗？',
                /*
                    beforeClose：关闭前的回调函数，
```

```
                                调用done()函数后关闭弹窗,
                                调用done(false)函数阻止弹窗关闭
                        */
                        beforeClose:(action, done)=>{
                            //如果单击"确认"按钮
                            if(action === 'confirm') {
                                console.log("确认删除");
                                done()
                            } else {
                                done();
                            }
                        }
                    });
                }
            }

        }
</script>

<style scoped>
    .row{width:auto;height:25px;display: flex;margin-bottom:10px;}
    .row .col{width:200px;height:100%;display: flex;}
    .row .col input{width:100%;height:100%;}
</style>
```

单击"删除"按钮,在浏览器中显示的效果如图12.19所示。

图 12.19   Dialog 弹出框组件显示的效果

4.Area 省、市、区选择组件

Area省、市、区选择组件的官方文档为https://vant-contrib.gitee.io/vant/#/zh-CN/area。

省、市、区三级联动选择，通常与Popup弹出层组件配合使用。

Popup弹出层组件的官方文档为https://vant-contrib.gitee.io/vant/#/zh-CN/popup。

首先需要下载省、市、区的数据源，下载地址为https://github.com/youzan/vant/blob/dev/src/area/demo/area.js。

下载完成后，将area.js文件复制到src/assets/data/vant-data文件夹中，在src/pages/reg/index.vue文件中使用，代码示例如下。

```
<template>
    <div>
        <div class="row">
            <div>手机号:</div>
            <div class="col">
                <input type="text" placeholder="请输入手机号" v-model="cellphone" />
            </div>
        </div>
        <div class="row">
            <div>密码:</div>
            <div class="col">
                <input :type="isOpen?'text':'password'" placeholder="请输入密码" v-
                model="password" />
                <!--
                active-color:打开时的背景颜色
                inactive-color:关闭时的背景颜色
                -->
                <van-switch v-model="isOpen" active-color="#07c160" inactive-
                color="#EFEFEF" />
            </div>
        </div>
        <div class="row">
            <div>所在地区:</div>
            <div class="col">
                <input type="text" placeholder="请选择地区" readonly @click
                ="isAreaList=true" :value="area" />
            </div>
        </div>
        <button type="button" @click="submit()">注册</button>
        <button type="button" @click="del()">删除</button>
        <!--
        van-popup
        v-model:控制弹出层是否展示
        -->
        <van-popup v-model="isAreaList">
            <!--
                van-area
                area-list:省、市、区数据源
                cancel:单击"取消"按钮
                confirm:单击右上方"确认"按钮
```

```
                -->
                <van-area :area-list="areaList" @cancel="isAreaList=false" @confirm="confirmArea" />
            </van-popup>
        </div>
    </template>

<script>
    import Vue from "vue";
    //导入组件
    import {Toast,Switch,Dialog,Area,Popup} from 'vant';
    //导入Vant的省、市、区数据源
    import AreaList from '../../assets/data/vant-data/area';
    //使用组件
    Vue.use(Toast);
    Vue.use(Switch);
    Vue.use(Dialog);
    Vue.use(Area);
    Vue.use(Popup);
    export default {
        name: "reg",
        data(){
            return {
                cellphone:"",
                password:"",
                isOpen:false,
                areaList:AreaList,              //省、市、区数据源
                isAreaList:false,               //是否显示弹出层
                area:""                         //选择后的地区
            }
        },
        methods:{
            submit(){
                //去除头尾空格，判断是否为空
                if(this.cellphone.trim()==""){
                    /*
                    message:文本内容，支持通过\n换行
                    duration:展示时长(ms)，值为0时，Toast不会消失，默认为2000
                    */
                    Toast({
                        message:"请输入手机号",
                        duration:2000
                    })
                    return;
                }
                //简易版正则表达式验证手机号格式
                if(!this.cellphone.match(/^1[0-9][0-9]\d{8}$/)){
                    Toast({
                        message:"手机号格式不正确",
                        duration:2000
                    })
                    return;
                }
```

```
                if(this.password.trim()==""){
                    Toast({
                        message:"请输入密码",
                        duration:2000
                    })
                    return;
                }
            },
            del(){
                //confirm弹窗
                Dialog.confirm({
                    title: '',
                    message: '确认要删除吗？',
                    /*
                        beforeClose: 关闭前的回调函数,
                        调用done()函数后关闭弹窗,
                        调用done(false)函数阻止弹窗关闭
                    */
                    beforeClose:(action, done)=>{
                        //如果单击"确认"按钮
                        if (action === 'confirm') {
                            console.log("确认删除");
                            done()
                        }else {
                            done();
                        }
                    }
                });
            },
            //单击右上方"确认"按钮执行的函数
            confirmArea(item){
                let areas=[];
                if(item && item.length>0){
                    //将选择的数据添加到areas数组
                    for(let i=0;i<item.length;i++){
                        areas.push(item[i].name)
                    }
                }
                this.area=areas.join(" ");        //将数组转换成字符串
                this.isAreaList=false;            //隐藏弹出层
            }
        }
    }
</script>

<style scoped>
    .row{width:auto;height:25px;display: flex;margin-bottom:10px;}
    .row .col{width:200px;height:100%;display: flex;}
    .row .col input{width:100%;height:100%;}
</style>
```

上面代码中加粗的部分是实现省、市、区选择功能的必要代码，注意在Vant实现Area省、市、区选择要配合Popup弹出层。在浏览器中显示的效果如图12.20所示。

图 12.20　Area 省、市、区选择组件显示的效果

12.3　小结

　　本章主要讲解了常用的nextTick异步更新队列、Swiper滑动特效插件、better-scroll实现下拉刷新和上拉加载、Vue-i18n多语言国际化、常用UI库等。PC端常用的UI库有Element和iView，我们学习的是Element-UI，其实学会了使用一个UI库，其他的应该就都会了，安装、配置、使用都大同小异，最重要的还是要学会看官方文档。移动端我们学习了Mint UI、cube-ui、Vant 三个UI库，其中Mint UI是饿了么团队开发的基于Vue的移动端UI框架；cube-ui是滴滴团队开发的基于Vue 实现的精致移动端组件库；Vant 是有赞前端团队基于有赞统一的规范实现的Vue组件库，在实际开发中，最好使用一种，推荐Vant。本章内容建议结合视频学习，效果会更好！

第 13 章

项目架构搭建

在开发项目之前先要搭建项目架构，这个工作就相当于盖房子之前要打好地基，地基打好了，房子才能盖得稳，可想而知这个工作是非常重要的。

13.1　搭建项目架构的基本步骤

扫一扫，看视频

　　　　搭建项目架构，是为了快速开发项目，一个好的项目架构可以有效节省开发时间。当开发新项目时，只需把搭建好的项目架构，使用npm install命令进行依赖安装，无须再次配置，安装完成后直接写代码即可。

13.1.1　初始化项目架构

　　本书的实战项目是一个移动端项目，我们就先以移动端项目为主搭建项目架构，项目架构如下。

```
|--node_modules                              //项目依赖的模块
|--public                                    //该目录下的文件不会被webpack编译压缩处理，用于存放静
                                             //态资源文件、第三方非模块化JS文件等。
|   |-favicon.ico                            //图标文件
|   |-index.html                             //项目主页面
|--src                                       //项目代码主目录
|   |--assets                                //存放项目中的静态资源，如JS、CSS、图片等
|        |--css                              //CSS样式存放目录
|        |--images                           //静态图片存放目录
|        |--js                               //存放JS文件目录
|             |--conf                        //存放JS配置文件的文件夹
|                   |--config.js             //全局配置文件
|             |--libs                        //第三方或自己封装的JS文件夹
|                   |--request.js            //自己封装的axios文件
|   |--components                            //编写的组件放到这个目录下
|     |--pages                               //页面目录，存放配置在路由中的组件
|          |--home                           //存放非会员相关的页面，不需要登录验证
|          |--user                           //存放会员相关的页面，需要登录验证后才能访问
|   |--store                                 //Vuex存放目录
|        |-modules                           //Vuex模块化目录
|        |-index.js                          //Vuex入口文件
|   |--App.vue                               //项目的根组件
|   |--main.js                               //程序入口JS文件，加载各种公共组件和所需的插件
|   |--router.js                             //路由配置文件
|--babel.config.js                           //Babel使用的配置文件
|--.env                                       //环境全局变量
|--.env.development                           //开发环境全局变量
|--.env.production                            //生产环境全局变量
|--package.json                               //NPM配置文件，里面配置了脚本和项目依赖库
|--vue.config.js                              //vue-cli配置文件
```

接下来看一下重要文件中的代码。

1.vue.config.js 文件

vue.config.js文件内容见6.2.2小节。

2. .env.development 文件

```
VUE_APP_API=/api
```

自定义全局变量VUE_APP_API值为/api，对应的是vue.config.js文件的配置代理proxy属性

值中的/api属性。我们在程序中直接使用process.env.VUE_APP_API获取值,这样可以自动根据不同环境取值。如果是通过npm run serve命令运行项目,表示开发环境process.env.VUE_APP_API的值为/api。

3. .env.production 文件

```
VUE_APP_API=http://vueshop.glbuys.com/api
```

自定义全局变量VUE_APP_API值为http://vueshop.glbuys.com/api,注意生产环境下是不支持代理的,必须是真实服务端地址,如果出现跨域问题,需要让后端解决,前端无法解决。我们在程序中直接使用process.env.VUE_APP_API获取值,这样可以自动根据不同环境取值。如果是npm run build命令打包生成文件后,使用serve命令运行项目,表示生成环境process.env.VUE_APP_API的值为http://vueshop.glbuys.com/api。

4. src/assets/js/conf/config.js 文件

```
let config={
    baseApi:process.env.VUE_APP_API
};
export default config;
```

以后可以将全局变量都放在config.js文件中。

5. src/assets/js/libs/request.js 文件

src/assets/js/libs/request.js文件是封装axios或Fetch用的,文件的代码见9.2.7小节。

6. src/main.js 文件

```
import 'babel-polyfill'//将ES 6转换成ES 5兼容IE
import 'url-search-params-polyfill';//让IE兼容URLSearchParams()
import Vue from 'vue'
import App from './App.vue'
import router from './router';
import store from './store';
import config from './assets/js/conf/config.js';
import {request} from './assets/js/libs/request.js';

//挂载到Vue原型上,可以全局使用
Vue.prototype.$config=config;
Vue.prototype.$request=request;


new Vue({
    router,
    store,
    render: h => h(App),
}).$mount('#app')
```

注意上面代码中加粗的部分,babel-polyfill插件用来将ES 6代码转换成ES 5兼容IE。如果是vue-cli 4以上版本,不用导入babel-polyfill插件即可兼容IE;如果是vue-cli 2或3版本,需要安装并导入babel-polyfill插件兼容IE,这里使用的是vue-cli 4,可以不用导入此插件。

13.1.2　初始化移动端项目

我们使用搭建好的架构，开发一个带有底部导航切换功能的移动端首页，案例演示效果如图13.1所示。

图 13.1　移动端首页

移动端项目需要根据不同的手机屏幕尺寸自动适配，尺寸单位不能是固定的，需要使用rem和百分比代替px。rem是相对于根元素<html>，这就意味着我们只需在根元素确定一个px字号，即可算出元素的宽和高。目前使用最多的是用flexible.js插件自动计算元素的宽和高。这个插件以设计稿为750像素为基准进行换算，如果设计稿为750像素，计算公式如下。

```
50px=750/750*50/100 //rem的值为0.5rem
```

如果设计稿为375像素，计算公式如下。

```
50px=750/375*50/100 //rem的值为1rem
```

flexible.js插件下载地址为http://www.lucklnk.com/download/details/aid/723156736。

下载完成后，将该文件复制到public/js/libs文件夹中，如果没有该文件夹，自行创建即可。然后在public/index.html文件中引入，代码示例如下。

```
<!DOCTYPE html>
<html lang="en">
    <head>
        <meta charset="utf-8">
```

```
        <meta http-equiv="X-UA-Compatible" content="IE=edge">
        <meta name="viewport" content="width=device-width,initial-scale=1.0,
         maximum-scale=1.0,user-scalable=no" />
        <meta name="format-detection" content="telephone=no,email=no,date=no,address=no" />
        <link rel="icon" href="<%= BASE_URL %>favicon.ico" />
        <script src="<%= BASE_URL %>js/libs/flexible.js"></script>
        <title>首页</title>
    </head>
    <body>
        <noscript>
            <strong>We're sorry but vuedemo doesn't work properly without JavaScript
                enabled. Please enable it to continue.</strong>
        </noscript>
        <div id="app"></div>
        <!-- built files will be auto injected -->
    </body>
</html>
```

注意代码中加粗的部分，这便是引入的代码。

App.vue文件的代码示例如下。

```
<template>
    <div>
        <keep-alive>
            <!--开启keep-alive-->
            <router-view v-if="$route.meta.keepAlive"></router-view>
        </keep-alive>
        <!--关闭keep-alive-->
        <router-view v-if="!$route.meta.keepAlive"></router-view>
    </div>
</template>

<script>
export default {
}
</script>

<style>
@import "./assets/css/common/common.css";
</style>
```

注意上面代码中加粗的部分，在<keep-alive>元素内路由中的组件会被缓存起来，keep-alive用于保存组件的显示状态。对于访问量大、数据无须实时更新的地方，使用keep-alive可以避免组件反复创建和显示，有效提升系统性能。我们在3.3.1小节中已经使用过keep-alive，在<router-view>元素上使用v-if="$route.meta.keepAlive"，表示在src/router.js文件中路由配置选项meta属性值内，存在keepAlive属性，并且值为ture时，对应的组件开启keep-alive缓存；在<keep-alive>元素同级下<router-view>元素上使用v-if="!$route.meta.keepAlive"，表示在src/router.js文件中路由配置选项meta属性值内，不存在keepAlive属性，并且值为false，对应的组件关闭keep-alive缓存，这样我们就可以自由地控制哪个组件需要缓存，哪个组件不需要缓存了。

接下来，需要引入全局ESS样式，这里的<style>不需要添加scoped属性，使用@import导入common.css文件。src/assets/css/common/common.css文件的代码示例如下。

```css
html,body{
    font-family: Arial;
    background-color:#f5f5f9;
    padding:0px;
    margin:0px;
    -webkit-font-smoothing: antialiased;          /*让字体更润滑*/
    -moz-osx-font-smoothing: grayscale;           /*让字体更润滑*/
    -webkit-tap-highlight-color:rgba(0,0,0,0);    /*禁止链接高亮*/
    -webkit-touch-callout:none;                   /*禁止链接长按弹出选项*/
}
ul,li{margin:0px;padding:0px;list-style: none;}
input,button{border:0 none;border-radius: 0px;outline: none;}
```

src/router.js文件的代码示例如下。

```js
import Vue from 'vue';
import Router from 'vue-router';

Vue.use(Router);

let router=new Router({
    mode:"hash",                    //1.hash(哈希):有#号;2.history(历史):没有#号
    base:process.env.BASE_URL,
    //记录滚动的位置解决白屏问题，必须配合keep-alive
    scrollBehavior(to,from,position){
        if(position){
            return position
        }else{
            return {x:0,y:0}
        }
    },
    routes:[
        {
            path:"/main",
            name:"main",
            component:()=>import("./pages/home/main/index"),
            redirect:"/index",
            children:[
                {
                    path:"/index",
                    name:"index",
                    component:()=>import("./pages/home/index/index"),
                    meta:{title:"首页",keepAlive:true}
                },
                {
                    path:"/cart",
                    name:"cart",
                    component:()=>import("./pages/home/cart/index"),
                    meta:{title:"购物车",keepAlive:false}
```

```
                },
                {
                    path:"/my",
                    name:"my",
                    component:()=>import("./pages/user/ucenter/index"),
                    meta:{title:"会员中心",keepAlive:false}
                }
            ]
        },
        {
            path:"/news",
            name:"news",
            component:()=>import("./pages/home/news/index"),
            meta:{title:"新闻",keepAlive:false}
        }
    ]
});

router.beforeEach((to,from,next)=>{
    if(to.meta.auth){
        if(Boolean(localStorage['isLogin'])){
            next();
        }else{
            next("/login");
        }
    }else {
        next();
    }
});

export default router;
```

　　由于Vue是单页面应用，只要是单页面应用，就存在当首页内容大于一屏时，滚动到第二屏，在第二屏单击"跳转页面"，如跳转到新闻页面，这时新闻页面的内容也大于一屏，在新闻页面滚动到第二屏单击"返回"按钮，返回首页，这时首页有时就会出现白屏的情况。当然，出现白屏有很多种情况，可以根据控制台的报错提示信息解决。如果是上述情况出现的白屏，不会有任何报错，可以在路由中配置scrollBehavior()函数解决，但必须配合keep-alive。也就是说，必须是keep-alive包裹的组件才能生效。savedPosition会在使用this.$router.go()或this.$router.back()方法时生效，scrollBehavior()函数的第三个参数position可以记录页面滚动的位置，当单击"返回"按钮返回首页时重新设置滚动的位置，即可解决白屏问题。

　　接下来，根据路由配置中component选项函数返回的import()方法导入的路径创建相关文件和文件夹，创建主路由组件src/pages/home/main/index.vue文件，文件的代码示例如下。

```
<template>
    <div>
        <router-view></router-view>
            <div class="bottom-wrap">
                <div class="bottom-nav">
                <ul :class="{active:homeActive}" @click="goPage('/index')">
```

```
                <li class="home"></li>
                <li>首页</li>
            </ul>
            <ul :class="{active:cartActive}" @click="goPage('/cart')">
                <li class="cart"></li>
                <li>购物车</li>
            </ul>
            <ul :class="{active:myActive}" @click="goPage('/my')">
                <li class="my"></li>
                <li>我的</li>
            </ul>
            </div>
            </div>

    </div>
</template>

<script>
    export default {
        data(){
            return {
                homeActive:false,               //底部导航首页样式
                cartActive:false,               //底部导航购物车样式
                myActive:false                  //底部导航我的样式
            }
        },
        methods:{
            goPage(url){
                //子路由跳转不需要进入历史记录，所以使用replace()方法进行路由跳转
                this.$router.replace(url);
            },
            //改变底部导航的样式函数
            changeNavStyle(name){
                //根据router.js文件中路由配置选项routes内部的name属性值判断跳转到的
                //当前页面，改变底部导航样式
                switch (name) {
                    case "index":
                            this.homeActive=true;
                            this.cartActive=false;
                            this.myActive=false;
                        break;
                    case "cart":
                            this.homeActive=false;
                            this.cartActive=true;
                            this.myActive=false;
                        break;
                    case "my":
                            this.homeActive=false;
                            this.cartActive=false;
                            this.myActive=true;
                        break;
```

```
                    default:
                        this.homeActive=true;
                        this.cartActive=false;
                        this.myActive=false;
                }
            }
        },
        created(){
            /*
                使用this.$route.name获取当前页面的路由名称，改变底部导航样式，解决刷新页面不改变
                样式的问题
            */
            this.changeNavStyle(this.$route.name);
        },
        //使用组件内的守卫监听路由的变化
        beforeRouteUpdate(to,from,next){
            //改变底部导航样式
            this.changeNavStyle(to.name);
            next();
        },
        //由于配置了keep-alive缓存，需要将动态改变的数据存放到activated()钩子函数中，消除
        //keep-alive数据缓存
        activated(){
            //动态设置页面的标题
            document.title=this.$route.meta.title;
            this.changeNavStyle(this.$route.name);
        }
    }
</script>

<style scoped>
    .bottom-wrap{width:100%;height:1.2rem;}
    .bottom-nav{width:100%;height:1.2rem;border-top:#EFEFEF 1px solid;background-
    color:#FFFFFF;position: fixed;bottom:0;left:0;z-index:10;display:flex;justify-
    content: space-between;align-items: center;padding-left:10%;padding-
    right:10%;box-sizing: border-box;}
    .bottom-nav ul{width:0.9rem;}
    .bottom-nav ul li:nth-child(1){width:0.6rem;height:0.6rem;margin:0 auto;}
    .bottom-nav ul li:nth-child(1) .home{background-image:url("../../../assets/
    images/common/home1.png");background-size:100%;background-position:
    center;background-repeat: no-repeat;}
    .bottom-nav ul li:nth-child(2){font-size:0.28rem;text-align:center;color:#000000;
    width:100%;}
    .bottom-nav ul.active li:nth-child(1) .home{background-image:url("../../../
    assets/images/common/home2.png");background-size:100%;background-position:
    center;background-repeat: no-repeat;}
    .bottom-nav ul.active li:nth-child(2){color:#eb1625}

    .bottom-nav ul li:nth-child(1) .cart{background-image:url("../../../assets/
    images/common/cart1.png");background-size:100%;background-position:
    center;background-repeat: no-repeat;}
```

```
    .bottom-nav ul.active li:nth-child(1).cart{background-image:url("../../../
    assets/images/common/cart2.png");background-size:100%;background-position:
    center;background-repeat: no-repeat;}

    .bottom-nav ul li:nth-child(1).my{background-image:url("../../../assets/images/
    common/my1.png");background-size:100%;background-position: center;background-
    repeat: no-repeat;}
    .bottom-nav ul.active li:nth-child(1).my{background-image:url("../../../
    assets/images/common/my2.png");background-size:100%;background-position:
    center;background-repeat: no-repeat;}
</style>
```

代码中注释很清晰，这里就不再赘述。<style>内部样式的背景图片可以在https://www.iconfont.cn/网站下载，下载后复制到background-image:url指定的路径中。

src/pages/home/index/index.vue文件的代码示例如下。

```
<template>
    <div class="page">
        首页<br>
        <button type="button" @click="goPage('/news')">新闻页面</button>
    </div>
</template>

<script>
    export default {
        methods:{
            goPage(url){
                this.$router.push(url);
            }
        },
        created(){
            console.log(this.$config.baseApi)
        }
    }
</script>

<style scoped>
    .page{width:100%;min-height:91vh;}
</style>
```

src/pages/home/cart/index.vue文件的代码示例如下。

```
<template>
    <div>购物车</div>
</template>

<script>
    export default {
        mounted(){
            //动态设置标题
            document.title=this.$route.meta.title
```

```
        }
    }
</script>

<style scoped>
</style>
```

src/pages/home/news/index.vue文件的代码示例如下。

```
<template>
    <div><button type="button" @click="goBack()">返回</button>新闻页面</div>
</template>

<script>
    export default {
        methods:{
            goBack(){
                this.$router.go(-1);
            }
        },
        mounted(){
            document.title=this.$route.meta.title
        }
    }
</script>

<style scoped></style>
```

src/pages/user/ucenter/index.vue文件的代码示例如下。

```
<template>
    <div>会员中心</div>
</template>

<script>
    export default {
        mounted(){
            document.title=this.$route.meta.title
        }
    }
</script>

<style scoped>
</style>
```

　　项目的初始化架构配置完成，在命令提示符窗口中输入npm run dev命令运行项目，这里使用npm run dev命令代替了npm run serve命令，可以看一下package.json文件中scripts的属性已更改。如果还是不明白，请看6.1.5小节，在浏览器中显示的首页效果如图13.1所示。单击底部导航"购物车"按钮，在浏览器中显示的效果如图13.2所示。

　　单击底部导航"我的"按钮，在浏览器中显示的效果如图13.3所示。

图 13.2　购物车页面　　　　　　　　　图 13.3　我的页面

13.2　后台管理系统项目架构模板

扫一扫，看视频

之前工作的学生向我反馈，到了公司用Vue开发后台管理系统，公司让他自己找模板，和后端做对接，其实网上有好多收费或免费的后台管理系统，下载之后发现免费的不知道怎么进行二次开发，代码读起来比较费劲，还有一些小bug不知道怎么改，收费的又不想自己花钱购买。这里介绍一套轻量级的后台管理系统模板，纯原生手动布局，只有前端代码，没有后端接口，代码量少，可以自己随意安装想要的第三方UI库、随意扩展，免去UI设计、架构搭建，拿到需求直接写代码。

13.2.1　后台管理系统的演示

按照本书前言中所述方式下载Vue后台管理系统，下载完毕后，找到名为vueadminframe的文件夹，进入文件夹，在命令提示符窗口中输入npm install命令进行依赖安装。安装完成后，输入npm run dev命令运行项目，在浏览器中显示的效果如图13.4所示。

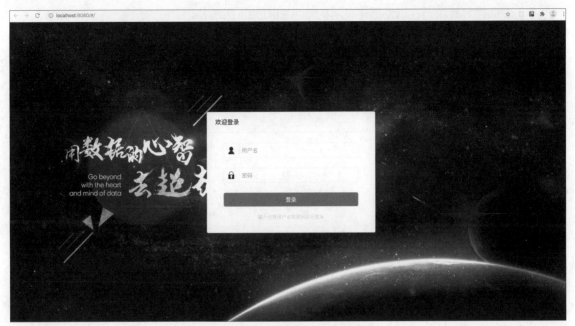

图 13.4 后台管理系统登录页面

输入任意用户名和密码，进入后的首页如图13.5所示。

图 13.5 后台管理首页

单击左侧栏目版块，在浏览器中显示的效果如图13.6所示。

图 13.6   单击左侧栏目版块的效果

左侧栏目是使用递归实现的无限层级，右侧展示的内容使用的是Element UI的Tree组件。如果不想用Element UI，也可以使用其他第三方UI库实现，如iView等。

后台管理的路由与开发前台项目不太一样，因为路由地址有可能是从服务端接口获取，所以需要使用添加动态路由的方式实现。

13.2.2   后台管理系统源码解析及二次开发

我们看一下后台管理系统的核心代码，src/pages/admin/index/index.vue文件的代码示例如下。

```
<template>
    <div>
        <div :class="{left:true,slide:!isLeftShow}">
            <div class="logo">后台管理</div>
            <div class="column-wrap">
                <!--
                左侧栏目组件
                routes:左侧栏目数据源，数据结构和路由配置一样
                goPage:单击左侧栏目跳转的页面
                getColumnName:记录单击哪个栏目并改变单击后的样式
                -->
                <LeftColumn :routes="routesData" @goPage="goPage($event)" @getColumn
                 Name="getColumnName($event)"></LeftColumn>
            </div>
        </div>
        <div :class="{main:true,full:!isLeftShow}">
            <div class="header">
                <div :class="{'slider-icon':true,rotate:!isLeftShow}" @click=
                 "changeLeft()">
                    <div class="line"></div>
                </div>
                <div class="nav-position">
```

```
                    首页 {{positionName}}
                </div>
                <div class="out-login" @click="outLogin()">安全退出</div>
            </div>
            <div class="nav" v-if="tags.length>1">
                <!--选项卡左移-->
                <div class="arrow" @click="moveLeft()">&lt;</div>
                <div class="tags" ref="tags">
                    <div class="tags-data" ref="tags-data" :style left:moveVal+'px'}">
                        <!--选项卡数据-->
                        <div v-for="(item,index) in tags" :key="index" :class=
                        "{item:true ,active:item.meta.isLnkActive}" @click=
                        "goTabgsPage(item.path,index)">{{item.name}}<div class=
                        "close" v-show="index>0" @click.stop=" closeTags (index)">
                        X</div></div>
                    </div>
                </div>
                <!--选项卡右移-->
                <div class="arrow" @click="moveRight()">&gt;</div>
            </div>
            <div style="width:100%;height:87vh;overflow:hidden;">
                <keep-alive>
                    <router-view v-if="$route.meta.keepAlive"></router-view>
                </keep-alive>
                <router-view v-if="!$route.meta.keepAlive"></router-view>
            </div>
        </div>
    </div>
</div>
</template>

<script>
    import {mapState} from "vuex";
    //导入左侧栏目组件
    import LeftColumn from '../../../components/leftcolumn';
    export default {
        data(){
            return {
                isLeftShow:true,              //是否显示左侧栏目，true为是，false为否
                positionName:"",             //位置名称
                //右侧上面选项卡
                tags:[
                    {
                        name:"首页",
                        path:"/admin/column",
                        meta:{
                            auth:true,            //是否需要会员认证
                            keepAlive:false,      //是否启用keepAlive
                            isLnkActive:true      //如果是当前页，改变字体颜色
                        }
                    }
                ],
                moveVal:0                    //记录选项卡移动的位置
```

```
            }
        },
        components:{
            LeftColumn                                  //左侧栏目组件
        },
        computed:{
            ...mapState({
                //左侧栏目数据源
                routesData:state=>state.routes.routesData
            })
        },
        created(){
            //刷新页面后，改变左侧栏目样式
            this.changeColumnPathStyle(this.$route.path);
        },
        methods:{
            goPage(data){
                if(data.meta.isLink){              //如果是外链
                    //跳转到新窗口
                    window.open(data.path,'_blank');
                }else {
                    this.$router.replace(data.path);
                    this.clearColumnStyle();
                    //改变左侧栏目样式
                    this.changeColumnPathStyle(data.path);
                }
            },
            getColumnName(name){
                this.changeColumnStyle(name)
            },
            //递归改变左侧栏目样式
            changeColumnPathStyle(path,parentData,data){
                data=data || this.routesData;
                if(data && data.length>0){
                    for(let i=0;i<data.length;i++){
                        //如果是当前页面
                        if(data[i].path==path){
                            //如果没有子数据
                            if(!data[i].children || data[i].children.length<=0){
                                this.positionName="";
                                //改变当前栏目样式
                                data[i].meta.isLnkActive=true;
                                if(parentData) {
                                    //改变父级数据样式
                                    parentData.meta.isActive=true;
                                    //拼接当前位置
                                    this.positionName +=" / "+ parentData.name + " /
                                    " + data[i].name;
                                }else{
                                    this.positionName=" / "+data[i].name;
                                }
                                //添加右侧上面选项卡的数据
```

```
                        this.addTags({
                            name:data[i].name,
                            path:data[i].path,
                            meta:{
                                isLnkActive:data[i].meta.isLnkActive
                            }
                        })
                    }
                    break;
                }
                //如果有子数据
                if(data[i].children && data[i].children.length>0){
                    //调用自己实现递归
                    this.changeColumnPathStyle(path,data[i],data[i].children);
                }
            }
        }

    },
    //添加tags数据
    addTags(data){
        let isSame=false;
        if(this.tags.length>0){
            //将选项卡的字体样式设置初始化
            for(let key in this.tags){
                if(this.tags[key].meta.isLnkActive){
                    this.tags[key].meta.isLnkActive=false;
                }
            }
            for(let key in this.tags){
                //选项卡中的path和源数据this.routesData内部的path做比较，如果相同
                if(this.tags[key].path===data.path){
                    isSame=true;                    //表示tags数组中存在着该path
                    this.tags[key].meta.isLnkActive=true;//改变tags字体样式
                    break;
                }
            }
        }
        if(!isSame){
        //如果不存在数据源this.routesData的数据，添加this.routesData内部的一行数据
            this.tags.push(data)
        }
    },
    //关闭右侧上面的选项卡
    closeTags(index){
        let prevPath=this.tags[index-1].path;   //获取上一个选项卡的path
        this.tags[index-1].meta.isLnkActive=true; //改变上一个选项卡的样式
        this.$set(this.tags,index-1,this.tags[index-1]);
        //解决视图更新不及时的问题
        this.clearColumnStyle();                  //清除左侧栏目样式
        this.changeColumnPathStyle(prevPath);
        //改变上一个选项卡对应的左侧栏目样式
```

```
                this.$router.replace(prevPath);                //跳转到上一个选项卡页面
                this.tags.splice(index,1);                     //删除当前选项卡
            },
            //单击选项卡切换页面
            goTabgsPage(path,index){
                this.clearColumnStyle();                       //清除左侧栏目样式
                this.changeColumnPathStyle(path);              //改变上一个选项卡对应的左侧栏目样式
                if(this.tags.length>0){
                    for(let key in this.tags){
                        if(this.tags[key].meta.isLnkActive){
                            this.tags[key].meta.isLnkActive=false;
                            break;
                        }
                    }
                }
                this.tags[index].meta.isLnkActive=true;
                this.$set(this.tags,index,this.tags[index]);
                this.$router.replace(path);
            },
            //递归清除左侧栏目单击后的样式
            clearColumnStyle(data){
                data=data || this.routesData;
                for(let i=0;i<data.length;i++){
                    if(data[i].meta.isLnkActive==true){
                        data[i].meta.isLnkActive=false;
                        break;
                    }
                    if(data[i].children && data[i].children.length>0){
                        this.clearColumnStyle(data[i].children);
                    }
                }
            },
            //单击左侧栏目改变样式
            changeColumnStyle(name,parentName,data){
                data=data || this.routesData;
                if(data.length>0){
                    this.clearColumnStyle();
                        for(let i=0;i<data.length;i++){
                            if(data[i].name==name){
                                data[i].meta.isActive=!data[i].meta.isActive;
                                break;
                            }
                            //如果有子数据
                            if(data[i].children && data[i].children.length>0){
                                //递归查找改变样式
                                this.changeColumnStyle(name,data[i].name, data[i].
                                children);
                            }
                        }
                }
            },
            //安全退出
```

```
            outLogin(){
                this.$store.commit("admin/OUT_LOGIN");
                this.$router.replace("/");
            },
            //隐藏或显示左侧栏目
            changeLeft(){
                this.isLeftShow=!this.isLeftShow;
            },
            //单击右侧上面选项卡右侧箭头调用的方法
            moveRight(){
                let tags=this.$refs['tags'];
                let tagsData=this.$refs['tags-data'];
                let offsetVal=Math.abs(parseInt(tagsData.style.left));
                if(tagsData.offsetWidth>tags.offsetWidth && offsetVal<tags.offsetWidth){
                    //选项卡右移
                    this.moveVal+=-300;
                }
            },
            //单击右侧上面选项卡左侧箭头调用的方法
            moveLeft(){
                let tagsData=this.$refs['tags-data'];
                let offsetVal=parseInt(tagsData.style.left);
                if(offsetVal<0){
                    //选项卡左移
                    this.moveVal-=-300;
                }
            }
        }
    }
</script>

<style scoped>
    .left{width:270px;min-height:100%;position: fixed;z-index: 1;left:0;
    top:0;background-color:#001529;overflow: auto;transition: width .3s;}
    .left.slide{width:0px;}
    .left .logo{width:60%;height:40px;margin:0 auto;background-color:#2d8cf0;
    margin-top:20px;border-radius: 5px;font-size:18px;color:#FFFFFF;line-
    height:40px;text-align:center;font-weight: bold;}
    .left .column-wrap{width:100%;}

    .main{width:auto;min-height:100vh;overflow-y: auto;margin-left:270px;}
    .main.full{width:100%;margin-left:0px;}
    .main .header{width:auto;height:60px;display:flex;align-items: center;padding-
    left:50px;position: relative;z-index:1;}
    .main .slider-icon{width:30px;height:auto;cursor:pointer;transition: transform
    1s;}
    .main .slider-icon.rotate{transform: rotate(90deg);}
    .main .slider-icon .line{width:100%;height:4px;background-color:#5C6B77;
    margin-bottom:5px;}
    .main .slider-icon:before{width:100%;height:4px;background-color:#5C6B77;content:''
    ;display:block;margin-bottom:5px;}
```

```
.main .slider-icon:after{width:100%;height:4px;background-color:#5C6B77;content:'';
display:block;}
.main .header .nav-position{margin-left:20px;font-size:16px;}
.main .out-login{width:auto;height:auto;position: absolute;right:40px;top:25px;
cursor: pointer}

.main .nav{width:100%;height:50px;background-color:#F0F0F0;display:flex;}
.main .nav .arrow{width:30px;height:100%;background-color:#FFFFFF;font-size:20px;
text-align:center;line-height:50px;cursor:pointer;}
.main .nav .tags{width:auto;height:100%;flex:1;position: relative;
z-index:1;overflow:hidden;}
.main .nav .tags .item{width:auto;height:auto;background-color:#FFFFFF;font-
size:16px;padding:8px 20px;margin-top:6px;margin-left:5px;margin-
right:5px;position:relative;z-index:1;cursor:pointer;}
.main .nav .tags .item.active{color:#2d8cf0}
.main .nav .tags .item .close{width:auto;height:auto;position: absolute; right:
5px;top:5px;z-index:1;font-size:12px;}
.main .nav .tags .tags-data{width:auto;height:100%;position: absolute;z-index:1;
left:0;top:0;display:-webkit-box;transition: left 1s;}
</style>
```

仔细阅读上面的代码，注释很清晰，后台管理系统功能的难点在于遇到无限层级嵌套，就要使用递归实现，所以要学好递归。

接下来，看一下左侧栏目的组件，src/components/leftcolumn/index.vue文件的代码示例如下。

```
<template>
    <div>
        <template v-for="(item,index) in routes">
            <div :style="level>0?'padding-left:'+level*60+'px':''" :class="{'column-
                name':true,active:item.meta.isActive,'lnk-active':item.meta.isLnkActive}"
                :key="index" @click="item.path?goPage({path:item.path,name:item.
                name,meta:{isLink:item.meta.isLink}}):getColumnName(item.name)">
                <span>{{item.name}}</span>
                <div class="icon arrow" v-if="item.children && item.children.
                    length>0"></div>
            </div>
            <div class="next-wrap" v-if="item.children && item.children.length>0">
                <!--如果routes数据中的children属性存在值，递归执行-->
                <left-column v-if="item.children && item.children.length>0" :routes="item.
                    children" :level="level+1" @goPage="goPage($event)" @getCo-
                    lumnName="getColumnName($event)"></left-column>
            </div>
        </template>
    </div>
</template>

<script>
    export default {
        name:"LeftColumn",
        props:{
            routes:{
                type:Array,
```

```
                required:true
            },
            level:{
                type:Number,
                default:0
            }
        },
        methods:{
            goPage(data){
                //向父组件传值
                this.$emit("goPage",data);
            },
            getColumnName(data){
                //向父组件传值
                this.$emit("getColumnName",data);
            }
        }
    }
</script>

<style scoped>
    .left .column-name{color:#AFB5BC;font-size:16px;width:auto;box-sizing: border-
    box;margin-top:10px;padding-left:30px;display:flex;justify-content: space-
    between;align-items: center;padding-right:30px;cursor: pointer;height:40px;white-
    space: nowrap;}
    .left .column-name.active{color:#FFFFFF;}
    .left .column-name.active .icon.arrow{background-image:url("../../assets/
    images/admin/index/up-arrow.png");background-size:100%;background-repeat: no-
    repeat;background-position: center;}
    .left .column-name .icon{width:20px;height:20px;}
    .left .column-name.lnk-active{background-color:#2d8cf0;width:100%;height:40px;
    color:#FFFFFF;box-sizing: border-box;}
    .left .icon.arrow{background-image:url("../../assets/images/admin/index/down-
    arrow.png");background-size:100%;background-repeat: no-repeat;background-
    position: center;}
    .left .next-wrap{width:auto;display:none;background-color:#000000;}
    .left .column-name.active+.next-wrap{display:block;}
</style>
```

这个组件就是递归组件，并不难理解，在3.3.3小节中已经学过了。

接下来，看一下左侧栏目的数据源，我们存放在Vuex中，src/store/modules/routes/index.js 文件的代码示例如下。

```
let modules={
    namespaced:true,
    state:{
        //左侧栏目的数据源
        routesData:[
            {
                name:"栏目管理",                    //路由名称
                path:"column",                      //路由中的path
                component:"admin/column/index",     //路由映射的组件
```

```
                    meta:{
                        auth:true,              //会员登录验证标识
                        keepAlive:false,        //是否开启keepAlive。true为开启，false为关闭
                        isActive:false,         //单击后的颜色
                        isLinkActive:false      //单击链接后的颜色
                    }
                },
                {
                    name:"会员管理",
                    meta:{
                        auth:true,
                        keepAlive:false,
                        isActive:false,
                        isLinkActive:false,
                    },
                    children:[
                        {
                            name:"查看会员",
                            path:"user",
                            component:"admin/column/index",
                            meta:{
                                auth:true,
                                keepAlive:false,
                                isActive:false,
                                isLinkActive:false
                            }
                        },
                        {
                            name:"添加会员",
                            path:"add_user",
                            component:"admin/user/add",
                            meta:{
                                auth:true,
                                keepAlive:false,
                                isActive:false,
                                isLinkActive:false
                            }
                        }
                    ]
                },
                {
                    name:"订单管理",
                    meta:{
                        auth:true,
                        keepAlive:false,
                        isActive:false,
                        isLinkActive:false
                    },
                    children:[
                        {
                            name:"查看订单",
                            path:"order",
```

```
                         component:"admin/order/index",
                         meta:{
                             auth:true,
                             keepAlive:false,
                             isActive:false,
                             isLinkActive:false
                         }
                     },
                 ]
             },
             {
                 name:"百度",
                 path:"http://www.baidu.com",
                 meta:{
                     isActive:false,
                     isLinkActive:false,
                     isLink:true,           //是否外链
                 }
             }
         ]
     }
};

export default modules;
```

从上面代码可以看到，此数据格式和路由配置的routes属性值很像。当然，在实际开发中，这个数据格式是从服务端获取，由于这里没有服务端接口，我们先写成静态数据。主要要记住这个数据格式，后端开发人员并不知道要组装成什么样的数据格式给前端，需要前端将这样的数据格式告诉给后端，让后端组装出数据后返回给前端。接下来，前端使用axios请求数据后，存放到Vuex中，再将这个数据动态添加到路由中，实现动态添加路由配置的功能。src/router.js文件的代码示例如下。

```
import Vue from 'vue';
import Router from 'vue-router';
import store from "./store";
Vue.use(Router);

let router=new Router({
    mode:"hash",                                //1.hash(哈希):有#号;2.history(历史):没有#号
    base:process.env.BASE_URL,
    //记录滚动的位置解决白屏问题，必须配合keep-alive
    scrollBehavior (to, from, savedPosition){
        if (savedPosition) {
            return savedPosition
        } else {
            return { x: 0, y: 0 }
        }
    },
    routes:[
        {
            path:"/",
```

```
                name:"main",
                component:()=>import("./pages/home/index/index")
            }
        ]
});

//将store内部的routes模块下的routesData数据源拼接成一维数组
let oneRoutes=[];
function setOneRoutes(data){
    if(data.length>0){
        for(let i=0;i<data.length;i++){
            //如果有component属性
            if(data[i].component){
                //将component属性的值转换成路由懒加载函数，重新赋值给component属性
                let tmpComponent=data[i].component;
                data[i].component=()=>import('./pages/${tmpComponent}');
                oneRoutes.push(data[i]);          //将路由数据存放到oneRoutes变量中
            }
            //如果存在子数据，递归进行子查询
            if(data[i].children && data[i].children.length>0){
                setOneRoutes(data[i].children)                  }
        }
    }
}

setOneRoutes(store.state.routes.routesData);

//使用addRoutes()方法，添加动态路由
router.addRoutes([
    {
        path:"/admin",
        name:"admin",
        component:()=>import("./pages/admin/index/index"),
        redirect:"/admin/column",
        meta:{auth:true},
        children:oneRoutes                    //将组装好的子路由配置数据赋值给children属性
    }
]);

router.beforeEach((to,from,next)=>{
    if(to.meta.auth){
        if(Boolean(localStorage['isLogin'])){
            next();
        }else{
            next("/");
        }
    }else {
        next();
    }
});

export default router;
```

　　注意上面代码中加粗的部分,使用setOneRoutes()函数将多层嵌套的数组,转换成一层数组存放到oneRoutes变量中,使用router.addRoutes()方法,实现动态添加路由传入的值是一个数组。这样就实现了Vuex中routesData数据发生变化的路由自动配置完成。后台管理系统核心的功能就是这些,其余的代码不难看懂,这里就不再讲解,下载源码后可以自己阅读,并进行二次开发。

13.3　小结

　　本章主要讲解了在开发项目之前先搭建项目架构,可以有效地提升开发效率,按照本书前言中所述方式获取下载地址,下载完成后得到两个文件夹,一个是vuefrontframe文件夹(移动端项目),另一个是vueadminframe文件夹(后台管理系统)。记住开发完项目后,提交git或将项目移交给其他人,无须包含node_modules文件夹,只要package.json文件存在,拿到项目后执行npm install命令安装依赖即可。前后端项目架构模板非常实用,在工作中开发项目时可以拿来即用,省时省力,深受广大使用者的喜欢!

第 14 章

企业级项目实战——仿京东电商

结合之前所学，本章开发一套仿京东电商的移动端项目。在开发项目中，会提高逻辑思维能力、解决问题的能力、自学能力，在以后的工作中会有很大的帮助。

14.1　扫码欣赏完整项目

此项目的演示地址为http://vueshop.glbuys.com/，也可以扫描二维码预览。

在开发过程中，有些功能需要在后台添加或修改数据进行测试，如订单状态、评价等功能。此项目的后台地址为http://vueshop.glbuys.com/hadmin.php，用户名为demo，密码为123456，进入后台可以根据开发中的需求自行更改数据。请不要添加不良信息、随意删除数据、进行非法手段攻击等，谢谢合作。

项目演示二维码

> **提示：**
> 由于项目代码量比较大，本书只会对项目的部分核心代码进行讲解，HTML和CSS样式部分将省略，如果想学习完整项目的开发，请结合视频资源学习，视频资源包含完整的项目开发流程、完整的项目源码、接口文档、图片资料。

14.2　首页

开发一个项目，首先要开发首页，首页对于一个项目来说非常重要，也是访问量最大的页面，要做好兼容性及性能优化，建议使用keep-alive做缓存。

首页接口在"接口文档"文件夹的首页.docx文件中。

14.2.1　底部导航

在移动端项目的首页都有一个底部导航，我们将13.1.2小节中搭建好的移动端项目架构vuefrontframe文件夹中的所有文件和文件夹复制到新建的vueshop3.0文件夹中，然后在命令提示符窗口中输入npm install命令，进行依赖安装。安装完成后输入npm run dev命令运行项目，就可以看到底部导航。

扫一扫，看视频

14.2.2　首页静态布局

可以参考http://vueshop.glbuys.com/页面进行布局。强烈推荐使用Chrome浏览器开发项目。输入网址，在Chrome浏览器中打开网站，由于是移动端项目，需要开启模拟手机端浏览器功能，如图14.1所示。

扫一扫，看视频

选择iPhone6/7/8模式开发项目，因为设计稿的尺寸大多数以iPhone6/7/8为标准。

先设置功能样式，src/assets/css/common/public.css文件的代码示例如下。

```
html,body{
    font-family: Arial;
    -webkit-font-smoothing: antialiased;        /*让字体更润滑*/
    -moz-osx-font-smoothing: grayscale;         /*让字体更润滑*/
    margin:0px;
    padding:0px;
    background-color:#EFEFEF;
    -webkit-tap-highlight-color:rgba(0,0,0,0);  /*禁止链接高亮*/
```

```
    -webkit-touch-callout:none;              /*禁止链接长按弹出选项*/
}
ul,li{margin:0px;padding:0px;list-style: none;}
input,button{border:0 none;border-radius: 0px;outline:none;}
.no-data{text-align: center;font-size:0.32rem;margin-top:0.3rem;}
```

图 14.1 将 Chrome 浏览器设置成手机端浏览器模式

接下来，在src/App.vue文件中导入公共样式，代码示例如下。

```
<style>
@import "./assets/css/common/public.css";
</style>
```

使用@import导入public.css文件公共样式。

接下来，我们需要制作一个加载指示器，当请求服务端数据网速比较慢时，出现一个加载指示器，请求完成后隐藏加载指示器。

在public/index.html文件中添加一个加载显示器，代码示例如下。

```
<!DOCTYPE html>
<html lang="en">
<head>
    <meta charset="utf-8" />
    <meta http-equiv="X-UA-Compatible" content="IE=edge,chrome=1" />
    <meta name="viewport" content="width=device-width,initial-scale=1.0, maximum-scale=1.0,user-
      scalable=no" />
    <meta name="format-detection" content="telephone=no,email=no,date=no,address=no" />
    <link rel="icon" href="<%= BASE_URL %>favicon.ico" />
    <title>商城</title>
    <style>
        .load{
            width:0.6rem;
            height:0.6rem;
            background-image:url("<%= BASE_URL %>images/load.gif");
```

```
                background-size:100%;
                position: fixed;
                z-index:10000;
                left:50%;
                top:50%;
                transform: translate(-50%,-50%);
                display:none;
            }
        </style>
</head>
<body>
<noscript>
    <strong>We're sorry but vuecli3 doesn't work properly without JavaScript enabled. Please
        enable it to continue.</strong>
</noscript>
<div id="app"></div>
<div class="load"></div>
<!-- built files will be auto injected -->
<script src="<%= BASE_URL %>js/libs/flexible.js"></script>
</body>
</html>
```

上面代码中加粗的部分便是加载指示器。接下来，修改9.2.7小节request.js文件中的代码如下。

```
import axios from 'axios';
//获取public/index.html文件中的class="load"的元素
let load=document.querySelector(".load");//❶
//自定义request()方法，
// 第一个参数：请求地址
// 第二个参数：请求方法，默认为GET
// 第三个参数：请求数据
// 第四个参数：请求配置
export function request(url,method="get",data={},config={}) {
    //显示加载指示器
    load.style.display="block";//❷
    //返回axiosRequest()方法
    return axiosRequest(url, method, data,config);
}
function axiosRequest(url,method,data,config){
    //如果是POST请求
    if (method.toLocaleLowerCase()==="post"){
        //使用URLSearchParams将JAON对象格式转换成x-www-form-urlencoded形式数据
        let params=new URLSearchParams();
        if (data instanceof Object){
            for (let key in data){
                params.append(key,data[key]);
            }
            data = params;
        }
    }else if (method.toLocaleLowerCase()==="file"){          //如果是文件类型
        method="post";
        //使用FormData序列化，实现文件上传
        let params=new FormData();
        if (data instanceof Object){
            for (let key in data){
                params.append(key,data[key]);
            }
```

```
                data = params;
            }
        }
        let axiosConfig={
            method:method.toLocaleLowerCase(),
            url:url,
            data:data
        };
        if (config instanceof Object){
            //拼接请求配置数据
            for (let key in config){
                axiosConfig[key]=config[key];
            }
        }
        //最终返回结果
        return axios(axiosConfig).then(res=>{
            //请求完成后隐藏加载指示器
            load.style.display="none";//❸
            return res.data
        });
    }
```

上面代码中加粗的部分便是对加载指示器的操作。

❶ 获取public/index.html文件中的class名为"load"的div元素。

❷ 在request()函数内显示加载指示器。

❸ 请求完成后隐藏加载指示器。

src/pages/home/index/index.vue文件的代码示例如下。

```html
<template>
    <div class="page">
        <div class="header scroll">
            <div class="classify-icon"></div>
            <div class="search-wrap">
                <div class="search-icon"></div>
                <div class="text">请输入宝贝名称</div>
            </div>
            <div class="login">登录</div>
        </div>
        <div class="banner-wrap">
            <img src="//vueshop.glbuys.com/uploadfiles/1484285302.jpg" alt="">
        </div>
        <div class="quick-nav">
            <ul class="item">
                <li><img src="//vueshop.glbuys.com/uploadfiles/1484287695.png" alt=""></li>
                <li>潮流女装</li>
            </ul>
            <ul class="item">
                <li><img src="//vueshop.glbuys.com/uploadfiles/1484287695.png" alt=""></li>
                <li>潮流女装</li>
            </ul>
            <ul class="item">
                <li><img src="//vueshop.glbuys.com/uploadfiles/1484287695.png" alt=""></li>
                <li>潮流女装</li>
            </ul>
            <ul class="item">
```

```
            <li><img src="//vueshop.glbuys.com/uploadfiles/1484287695.png" alt=""></li>
            <li>潮流女装</li>
        </ul>
    </div>
    <div class="goods-main">
        <div class="classify-name color-0">—— 潮流女装 ——</div>
        <div class="goods-row-1">
            <div class="goods-column">
                <div class="goods-title">高跟鞋女2018新款春季单鞋仙女甜美链子尖头防水台细跟女鞋一字带</div>
                <div class="goods-tip">精品折扣</div>
                <div class="goods-price bg-color-0">128元</div>
                <div class="goods-image">
                    <img src="//vueshop.glbuys.com/uploadfiles/1524556409.jpg" alt="">
                </div>
            </div>
            <div class="goods-column">
                <div class="goods-list">
                    <div class="goods-list-title">欧美尖头蝴蝶结拖鞋女夏外穿2018新款绸缎面细跟凉拖
                        半拖鞋穆勒鞋</div>
                    <div class="goods-list-tip">品质精挑</div>
                    <div class="goods-list-image">
                        <img src="//vueshop.glbuys.com/uploadfiles/1524556315.jpg" alt="">
                    </div>
                </div>
                <div class="goods-list">
                    <div class="goods-list-title">欧美尖头蝴蝶结拖鞋女夏外穿2018新款绸缎面细跟凉拖
                        半拖鞋穆勒鞋</div>
                    <div class="goods-list-tip">品质精挑</div>
                    <div class="goods-list-image">
                        <img src="//vueshop.glbuys.com/uploadfiles/1524556315.jpg" alt="">
                    </div>
                </div>
            </div>
        </div>
        <div class="goods-row-2">
            <div class="goods-list">
                <div class="goods-title">小白鞋女2018春夏季新款韩版百搭平底学生原宿ulzzang帆布鞋板
                    鞋</div>
                <div class="goods-image">
                    <img src="//vueshop.glbuys.com/uploadfiles/1524556119.jpg" alt="">
                </div>
                <div class="price">¥288</div>
                <div class="price line">¥384</div>
            </div>
            <div class="goods-list">
                <div class="goods-title">小白鞋女2018春夏季新款韩版百搭平底学生原宿ulzzang帆布鞋板
                    鞋</div>
                <div class="goods-image">
                    <img src="//vueshop.glbuys.com/uploadfiles/1524556119.jpg" alt="">
                </div>
                <div class="price">¥288</div>
                <div class="price line">¥384</div>
            </div>
            <div class="goods-list">
                <div class="goods-title">小白鞋女2018春夏季新款韩版百搭平底学生原宿ulzzang帆布鞋板鞋</div>
                <div class="goods-image">
```

```
                <img src="//vueshop.glbuys.com/uploadfiles/1524556119.jpg" alt="">
            </div>
            <div class="price">¥288</div>
            <div class="price line">¥384</div>
        </div>
        <div class="goods-list">
            <div class="goods-title">小白鞋女2018春夏季新款韩版百搭平底学生原宿ulzzang帆布鞋板
            鞋</div>
            <div class="goods-image">
                <img src="//vueshop.glbuys.com/uploadfiles/1524556119.jpg" alt="">
            </div>
            <div class="price">¥288</div>
            <div class="price line">¥384</div>
        </div>
    </div>
</div>
<div class="goods-main">
    <div class="classify-name color-1">—— 品牌男装 ——</div>
    <div class="goods-row-1">
        <div class="goods-column-2">
            <div class="goods-title">高跟鞋女2018新款春季单鞋仙女甜美链子尖头防水台细跟女鞋一字
            带</div>
            <div class="goods-tip">火爆开售</div>
            <div class="goods-image">
                <img src="//vueshop.glbuys.com/uploadfiles/1524556409.jpg" alt="">
            </div>
        </div>
        <div class="goods-column-2">
            <div class="goods-title">高跟鞋女2018新款春季单鞋仙女甜美链子尖头防水台细跟女鞋一字
            带</div>
            <div class="goods-tip">火爆开售</div>
            <div class="goods-image">
                <img src="//vueshop.glbuys.com/uploadfiles/1524556409.jpg" alt="">
            </div>
        </div>
    </div>
    <div class="goods-row-2">
        <div class="goods-list">
            <div class="goods-title">小白鞋女2018春夏季新款韩版百搭平底学生原宿ulzzang帆布鞋板
            鞋</div>
            <div class="goods-image">
                <img src="//vueshop.glbuys.com/uploadfiles/1524556119.jpg" alt="">
            </div>
            <div class="price">¥288</div>
            <div class="price line">¥384</div>
        </div>
        <div class="goods-list">
            <div class="goods-title">小白鞋女2018春夏季新款韩版百搭平底学生原宿ulzzang帆布鞋板
            鞋</div>
            <div class="goods-image">
                <img src="//vueshop.glbuys.com/uploadfiles/1524556119.jpg" alt="">
            </div>
            <div class="price">¥288</div>
            <div class="price line">¥384</div>
        </div>
        <div class="goods-list">
```

```
        <div class="goods-title">小白鞋女2018春夏季新款韩版百搭平底学生原宿ulzzang帆布鞋板
        鞋</div>
        <div class="goods-image">
            <img src="//vueshop.glbuys.com/uploadfiles/1524556119.jpg" alt="">
        </div>
        <div class="price">¥288</div>
        <div class="price line">¥384</div>
    </div>
    <div class="goods-list">
        <div class="goods-title">小白鞋女2018春夏季新款韩版百搭平底学生原宿ulzzang帆布鞋板
        鞋</div>
        <div class="goods-image">
            <img src="//vueshop.glbuys.com/uploadfiles/1524556119.jpg" alt="">
        </div>
        <div class="price">¥288</div>
        <div class="price line">¥384</div>
    </div>
    </div>
</div>
<div class="goods-main">
    <div class="classify-name color-2">—— 电脑办公 ——</div>
    <div class="goods-row-1">
        <div class="goods-column">
            <div class="goods-title">高跟鞋女2018新款春季单鞋仙女甜美链子尖头防水台细跟女鞋一字
            带</div>
            <div class="goods-tip">精品打折</div>
            <div class="goods-price bg-color-2">128元</div>
            <div class="goods-image">
                <img src="//vueshop.glbuys.com/uploadfiles/1524556409.jpg" alt="">
            </div>
        </div>
        <div class="goods-column">
            <div class="goods-list">
                <div class="goods-list-title">欧美尖头蝴蝶结拖鞋女夏外穿2018新款绸缎面细跟凉拖
                半拖鞋穆勒鞋</div>
                <div class="goods-list-tip">品质精挑</div>
                <div class="goods-list-image">
                    <img src="//vueshop.glbuys.com/uploadfiles/1524556315.jpg" alt="">
                </div>
            </div>
            <div class="goods-list">
                <div class="goods-list-title">欧美尖头蝴蝶结拖鞋女夏外穿2018新款绸缎面细跟凉拖
                半拖鞋穆勒鞋</div>
                <div class="goods-list-tip">品质精挑</div>
                <div class="goods-list-image">
                    <img src="//vueshop.glbuys.com/uploadfiles/ 1524556315.jpg" alt="">
                </div>
            </div>
        </div>
    </div>
    <div class="goods-row-2">
        <div class="goods-list">
            <div class="goods-title">小白鞋女2018春夏季新款韩版百搭平底学生原宿ulzzang帆布鞋板鞋</div>
            <div class="goods-image">
                <img src="//vueshop.glbuys.com/uploadfiles/1524556119.jpg" alt="">
            </div>
        </div>
```

```
                    <div class="price">¥288</div>
                    <div class="price line">¥384</div>
                </div>
                <div class="goods-list">
                    <div class="goods-title">小白鞋女2018春夏季新款韩版百搭平底学生原宿ulzzang帆布鞋板
                    鞋</div>
                    <div class="goods-image">
                        <img src="//vueshop.glbuys.com/uploadfiles/1524556119.jpg" alt="">
                    </div>
                    <div class="price">¥288</div>
                    <div class="price line">¥384</div>
                </div>
                <div class="goods-list">
                    <div class="goods-title">小白鞋女2018春夏季新款韩版百搭平底学生原宿ulzzang帆布鞋板鞋</div>
                    <div class="goods-image">
                        <img src="//vueshop.glbuys.com/uploadfiles/1524556119.jpg" alt="">
                    </div>
                    <div class="price">¥288</div>
                    <div class="price line">¥384</div>
                </div>
                <div class="goods-list">
                    <div class="goods-title">小白鞋女2018春夏季新款韩版百搭平底学生原宿ulzzang帆布鞋板
                    鞋</div>
                    <div class="goods-image">
                        <img src="//vueshop.glbuys.com/uploadfiles/1524556119.jpg" alt="">
                    </div>
                    <div class="price">¥288</div>
                    <div class="price line">¥384</div>
                </div>
            </div>
        </div>
        <div class="goods-recom-nav">
            <div class="line"></div>
            <div class="recom-wrap">
                <div class="icon"></div>
                <div class="text">为您推荐</div>
            </div>
            <div class="line"></div>
        </div>
        <div class="goods-recom">
            <div class="goods-list">
                <div class="goods-image">
                    <img src="//vueshop.glbuys.com/uploadfiles/1484283665.jpg" alt="">
                </div>
                <div class="goods-title">ONLY冬装新品雪纺拼接流苏腰带长款连衣裙女</div>
                <div class="goods-price">¥288</div>
            </div>
            <div class="goods-list">
                <div class="goods-image">
                    <img src="//vueshop.glbuys.com/uploadfiles/1484283665.jpg" alt="">
                </div>
                <div class="goods-title">ONLY冬装新品雪纺拼接流苏腰带长款连衣裙女</div>
                <div class="goods-price">¥288</div>
            </div>
            <div class="goods-list">
                <div class="goods-image">
```

```
                <img src="//vueshop.glbuys.com/uploadfiles/1484283665.jpg" alt="">
            </div>
            <div class="goods-title">ONLY冬装新品雪纺拼接流苏腰带长款连衣裙女</div>
            <div class="goods-price">¥288</div>
        </div>
        <div class="goods-list">
            <div class="goods-image">
                <img src="//vueshop.glbuys.com/uploadfiles/1484283665.jpg" alt="">
            </div>
            <div class="goods-title">ONLY冬装新品雪纺拼接流苏腰带长款连衣裙女</div>
            <div class="goods-price">¥288</div>
        </div>
        <div class="goods-list">
            <div class="goods-image">
                <img src="//vueshop.glbuys.com/uploadfiles/1484283665.jpg" alt="">
            </div>
            <div class="goods-title">ONLY冬装新品雪纺拼接流苏腰带长款连衣裙女</div>
            <div class="goods-price">¥288</div>
        </div>
        <div class="goods-list">
            <div class="goods-image">
                <img src="//vueshop.glbuys.com/uploadfiles/1484283665.jpg" alt="">
            </div>
            <div class="goods-title">ONLY冬装新品雪纺拼接流苏腰带长款连衣裙女</div>
            <div class="goods-price">¥288</div>
        </div>
      </div>
    </div>
</template>

<script>
    export default {
        name: "index",
        data(){
            return {

            }
        },
        created(){

        },
        methods:{

        }
    }
</script>

<style scoped>
    .page{width:100%;min-height:100%;}
    .header{width:100%;height:1rem;position: fixed;z-index:10;left:0px;top:0px;background:linear-
    gradient(rgba(1,1,1,.2),hsla(0,0%,100%,0));display:flex;justify-content: space-between;align-
    items: center;padding:0px 0.3rem;box-sizing: border-box;}
    .header.scroll{background:linear-gradient(#eb1625,hsla(0,0%,100%,0))}
    .header .classify-icon{width:0.6rem;height:0.6rem;background-image:url("../../../assets/images/
    common/class.png");background-size:100%;background-repeat: no-repeat;background-position:
    center;}
    .header .search-wrap{width:5.26rem;height:0.52rem;background-color:rgba(255,255,255,0.5);border-
    radius: 4px;display: flex;align-items: center;}
```

```css
.header .search-wrap .search-icon{width:0.44rem;height:0.44rem;background-
image:url("../../../assets/images/common/search.png");background-size:100%;background-
repeat: no-repeat;background-position:center;margin-left:0.2rem;margin-right:0.2rem;}
.header .search-wrap .text{font-size:0.32rem;color:#FFFFFF;}
.header .login{width:auto;height:0.44rem;font-size:0.32rem;color:#FFFFFF;}
.banner-wrap{width:100%;height:3.66rem;}
.banner-wrap img{width:100%;height:100%}

.quick-nav{width:100%;height:1.6rem;background-color:#FFFFFF;margin-top:0.2rem;display:
flex;align-items: center;justify-content: space-between;padding:0px 0.2rem;box-sizing:
border-box;}
.quick-nav .item{width:1.4rem;}
.quick-nav .item li:nth-child(1){width:0.8rem;height:0.8rem;margin:0 auto;}
.quick-nav .item li:nth-child(1) img{width:100%;height:100%;}
.quick-nav .item li:nth-child(2){font-size:0.28rem;color: #7b7f82; text-align:center;
margin-top:0.2rem;}

.goods-main{width:100%;height:7.36rem;background-color:#FFFFFF; margin-top: 0.2rem;}
.goods-main .classify-name{width:100%;height:0.64rem;border-bottom:1px solid
#EFEFEF;font-size:0.32rem;text-align:center;line-height:0.64rem;}
.goods-main .classify-name.color-0{color:#f73b61}
.goods-main .classify-name.color-1{color:#fe6719}
.goods-main .classify-name.color-2{color:#5fc600}
.goods-main .goods-row-1{width:100%;height:3.5rem;border-bottom:1px solid #EFEFEF;
display:flex;overflow: hidden;}
.goods-main .goods-row-1 .goods-column,.goods-main .goods-row-1 .goods-column-
2{width:50%;height:100%;border-right: 1px solid #EFEFEF;position: relative;}
.goods-main .goods-row-1 .goods-column .goods-title{width:95%;height:0.32rem;overflow:hidden;
position: absolute;left:0.2rem;top:0.2rem;font-size:0.28rem;font-weight: bold;}
.goods-main .goods-row-1 .goods-column .goods-tip{width:auto; height:auto; font-size:0.28rem;
color:#cb385d;position: absolute;left:0.2rem;top:0.6rem;}
.goods-main .goods-row-1 .goods-column .goods-price{width:auto;height:0.4rem;border-
radius: 10px;position: absolute;right:1rem;top:0.6rem;color:#FFFFFF;font-size:0.28rem;}
.goods-main .goods-row-1 .goods-column .goods-price.bg-color-0 {background-color:#f21d4f;}
.goods-main .goods-row-1 .goods-column .goods-price.bg-color-2{background-color:#5fc600}
.goods-main .goods-row-1 .goods-column .goods-image{width:3rem;height:2rem;position: absolu-
te;left:0.35rem;bottom:0.3rem;}
.goods-main .goods-row-1 .goods-column .goods-image img{width:100%; height:100%;}
.goods-main .goods-row-1 .goods-column .goods-list{width:100%; height:50%;border-bottom:1px
solid #EFEFEF;position: relative;}
.goods-main .goods-row-1 .goods-column .goods-list-title{width:2.04rem;height:0.32rem;overflow:
hidden;font-size:0.28rem;font-weight:bold;position: absolute;z-index:1;left:0.2rem;top:0.2rem;}
.goods-main .goods-row-1 .goods-column .goods-list-tip{width:auto; height:auto;font-size:
0.24rem;color:#7b7f82;position: absolute;left:0.2rem;top:0.6rem;}
.goods-main .goods-row-1 .goods-column .goods-list-image{width:1.2rem;height:1.2rem;position:
absolute;right:0.2rem;top:0.2rem;}
.goods-main .goods-row-1 .goods-column .goods-list-image img{width: 100%;height:100%;}

.goods-main .goods-row-1 .goods-column-2 .goods-title{width:95%;height:0.32rem;overflow:hidden;
font-size:0.28rem;font-weight: bold;text-align:center;margin:0 auto;margin-top:0.2rem;}
.goods-main .goods-row-1 .goods-column-2 .goods-tip{width:auto; height:auto;
font-size:0.28rem;color:#7b7f82;text-align:center;margin-top:0.1rem;}
.goods-main .goods-row-1 .goods-column-2 .goods-image{width:1.8rem;height:2rem;margin:0
auto;margin-top:0.1rem;}
.goods-main .goods-row-1 .goods-column-2 .goods-image img{width:100%; height:100%;}

.goods-main .goods-row-2{width:100%;height:3.2rem;overflow: hidden; display:flex;}
```

```
.goods-main .goods-row-2 .goods-list{width:25%;height:100%;border-right:#EFEFEF 1px solid;}
.goods-main .goods-row-2 .goods-title{width:100%;height:0.4rem;overflow:hidden;font
-size:0.28rem;font-weight:bold;text-align:center;margin-top:0.2rem;}
.goods-main .goods-row-2 .goods-image{width:1.5rem;height:1.5rem;margin:0
auto;margin-top:0.2rem;}
.goods-main .goods-row-2 .goods-image img{width:100%;height:100%;}
.goods-main .goods-row-2 .price{width:100%;height:auto;text-align: center;font-size:0.28rem;
color:#d32a4e;margin-top:0.1rem;}
.goods-main .goods-row-2 .price.line{color:#7b7f82;text-decoration: line-through;
margin-top:0px;}

.goods-recom-nav{width:100%;height:1rem;display: flex;justify-content: space-between;align-
items: center;}
.goods-recom-nav .line{width:35%;height:1px;background-color:#d4d4d4}
.goods-recom-nav .recom-wrap{width:1.8rem;height:0.44rem;display: flex;justify-
content:space-between;align-items: center;}
.goods-recom-nav .recom-wrap .icon{width:0.4rem;height:0.4rem;background-image:
url("../../../assets/images/home/index/recom.png");background-size:100%;background-
repeat: no-repeat;background-position: center;}
.goods-recom-nav .recom-wrap .text{width:auto; height:auto; font-size:0.32rem;
font-weight:bold;}
.goods-recom{width: 100%;display: flex;justify-content: space-between;padding:0px
0.2rem;box-sizing: border-box;flex-wrap:wrap;}
.goods-recom .goods-list{width:48%;height:4.5rem;background-color:#FFFFFF;
margin-top:0.2rem;}
.goods-recom .goods-list .goods-image{width:2.8rem;height:2.8rem;margin:0
auto;margin-top:0.2rem;}
.goods-recom .goods-list .goods-image img{width:100%;height:100%;}
.goods-recom .goods-list .goods-title{width:100%;height:0.8rem;overflow:hidden;font
-size:0.28rem;margin-top:0.1rem;}
.goods-recom .goods-list .goods-price{width:auto; height:auto;font-size:0.32rem;color:#d32a4
e;margin-top:0.1rem;}
</style>
```

在开发页面时第一步先做布局的工作并将兼容性做好，在浏览器中渲染的效果如图14.2所示。

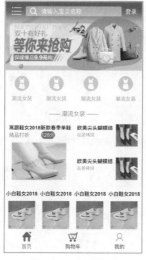

图14.2　首页布局

14.2.3　首页 JS 动态效果

扫一扫，看视频

接下来添加JS动态效果，首页有个轮播图效果，我们在12.1.2小节使用Swiper做过轮播图。将下载好的Swiper文件夹中的swiper.css文件复制到src/assets/css/common文件夹中，将swiper.js文件复制到src/assets/js/libs文件夹中。

在src/pages/home/index/index.vue文件中修改后的核心代码如下。

```html
<template>
    <div class="page">
        <!--动态切换class样式-->
        <div :class="{header:true,scroll:isScrollTop}">
            <div class="classify-icon"></div>
            <div class="search-wrap">
                <div class="search-icon"></div>
                <div class="text">请输入宝贝名称</div>
            </div>
            <div class="login">登录</div>
        </div>
        <div class="banner-wrap">
            <!--Swiper轮播图-->
            <div class="swiper-container" ref="swiper-container">
                <div class="swiper-wrapper">
                    <div class="swiper-slide"><img src="//vueshop.glbuys.com/
                    uploadfiles/1484285302.jpg" alt=""></div>
                    <div class="swiper-slide"><img src="//vueshop.glbuys.com/uploadfiles/
                    1484285334.jpg" alt=""></div>
                    <div class="swiper-slide"><img src="//vueshop.glbuys.com/uploadfiles/
                    1524206455.jpg" alt=""></div>
                </div>
                <div class="swiper-pagination" ref="swiper-pagination"></div>
            </div>
        </div>
        ...
    </div>
</template>

<script>
    //导入Swiper插件
    import Swiper from '../../../assets/js/libs/swiper';//❶
    export default {
        name: "index",
        data(){
            return {
                //是否添加视图中class="{header:true,scroll:isScrollTop}"的scroll样式
                isScrollTop:false
            }
        },
        created(){
            //页面滚动距顶部的标识，用于做性能优化
            this.isScroll=true;
            //监听页面滚动事件
            window.addEventListener("scroll",this.eventScrollTop)
        },
        mounted(){
```

```
                    //创建Swiper实例
                    new Swiper(this.$refs['swiper-container'], {//❷
                        autoplay: 3000,
                        pagination : this.$refs['swiper-pagination'],
                        paginationClickable :true,
                        autoplayDisableOnInteraction : false
                    })
                },
                methods:{
                    //监听scroll时间回调函数
                    eventScrollTop(){
                        //记录页面滚动的位置
                        let scrollTop=document.body.scrollTop || document.documentElement.scrollTop;
                        //如果页面滚动大于等于150px的距离
                        if(scrollTop>=150){
                            if(this.isScroll){
                                this.isScroll=false;
                                this.isScrollTop=true;          //将导航样式变为红色
                            }
                        }else{//如果小于150px的距离
                            if(!this.isScroll){
                                this.isScroll=true;
                                this.isScrollTop=false;         //将导航样式变为黑色
                            }

                        }
                    }
                },
                //当离开当前页面时
                destroyed(){
                    //删除scroll事件
                    window.removeEventListener("scroll",this.eventScrollTop);
                },
                //keep-alive进入时触发
                activated(){
                    this.isScroll=true;
                    window.addEventListener("scroll",this.eventScrollTop)
                },
                //keep-alive离开时触发
                deactivated(){
                    window.removeEventListener("scroll",this.eventScrollTop);
                }
            }
</script>

<style scoped>
    /*导入swiper.css*/
    @import "../../../assets/css/common/swiper.css";//❸
    ...
</style>
```

轮播图的使用步骤如下。

❶ 导入Swiper插件相关的JS文件。

❷ 导入Swiper相关的CSS样式。

❸ 创建Swiper实例。

需要注意由于Vue是单页面应用，不会在离开页面时自动卸载监听事件，在created()钩子函数内使用addEventListener()方法监听页面滚动事件，必须在destroyed()或beforeDestroy()钩子函数内使用removeEventListener()方法卸载页面滚动事件，这样可以卸载监听事件也可以解决内存泄漏的问题。如果使用了keep-alive，需要在deactivated()钩子函数内卸载监听事件。

在浏览器中显示的效果如图14.3所示。

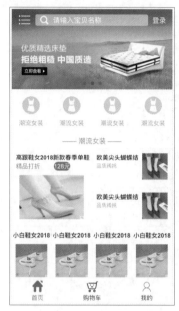

图 14.3   首页 JS 动态效果

14.2.4   异步数据流对接数据

布局和JS动态效果开发完成后，接下来就是从服务端请求数据并显示到页面上。对于开发大型项目而言，为了实现更多复杂的功能并易于后期维护，需要将请求的数据存放在Vuex中，再从Vuex中获取数据显示到视图上。

接下来，将在9.2.7小节中封装好axios的request.js文件复制到src/assets/js/utils文件夹中，由于首页有大量的图片影响请求速度，需要使用图片懒加载的技术解决。下载图片懒加载插件，这里选择echo.js文件，它支持原生H5、Vue、React。

echo.js文件下载地址为http://www.lucklnk.com/download/details/aid/987743869。

下载完成后找到echo.js文件复制到src/assets/js/libs文件夹中，在src/assets/js/utils文件夹中创建index.js文件，该文件中的代码如下。

```
//引入echo
import echo from '../libs/echo';

//定义懒加载函数
function lazyImg(){
    echo.init({
```

```
        offset : 100,                    //指定可视区域多少像素可以被加载
        throttle : 0                     //指定设置图片延迟加载的时间
    });
}

export default {
    lazyImg
}
```

utils/index.js文件可以看作一个工具文件，可以扩展很多自定义函数。

接下来，在src/main.js文件中导入utils/index.js文件并挂载到Vue原型上实现全局使用，代码示例如下。

```
import 'babel-polyfill'                       //将ES 6转换成ES 5兼容IE
import 'url-search-params-polyfill';          //让IE兼容URLSearchParams()
import Vue from 'vue'
import App from './App.vue'
import router from './router';
import store from './store';
import config from './assets/js/conf/config.js';
//引入utils
import utils from './assets/js/utils';

//挂载到Vue原型上，可以全局使用
Vue.prototype.$config=config;
//挂载到Vue原型上
Vue.prototype.$utils=utils;

new Vue({
    router,
    store,
    render: h => h(App),
}).$mount('#app')
```

接下来，需要请求服务端数据，打开"接口文档"中的首页.docx文件，可以看到首页数据请求接口，在src/assets/js/conf/config.js文件中配置接口信息，代码示例如下。

```
export default {
    //接口地址VUE_APP_API的值在.env.development和.env.production文件中
    baseApi:process.env.VUE_APP_API,
    token:process.env.VUE_APP_TOKEN //VUE_APP_TOKEN的值在.env文件中
}
```

接下来，看一下.env文件中的内容。

```
VUE_APP_TOKEN=1ec949a15fb709370f
```

这个token值在接口文档中获取，不要写错，不然无法获取数据。

在.env.production文件中的内容如下。

```
VUE_APP_API=http://vueshop.glbuys.com/api
```

这是生产环境下的接口地址。

在.env.development文件中的内容如下。

```
VUE_APP_API=/api
```

注意这里的/api是开发环境的代理接口地址，如果忘记如何配置请看6.2.2小节。

在项目中创建src/api/index/index.js文件，按照层级自行创建文件夹及文件，index.js文件的代码示例如下。

```
import config from "../../assets/js/conf/config";
import {request} from "../../assets/js/utils/request";

//首页快速导航
export function getNavsData() {
    return request(config.baseApi+"/home/index/nav?token="+config.token);
}

//首页轮播图
export function getSwiperData(){
    return request(config.baseApi+"/home/index/slide?token="+config.token);
}

//首页核心产品
export function getGoodsData(){
    return request(config.baseApi+"/home/index/goodsLevel?token="+config.token);
}

//首页推荐产品
export function getRecomGoodsData(){
    return request(config.baseApi+"/home/index/recom?token="+config.token);
}
```

这里的代码很简单，只需返回请求的接口，目的是在Vuex中使用。

接下来，将请求的数据传入Vuex中，src/store/modules/index/index.js文件的代码示例如下。

```
//引入服务端接口
import {getNavsData,getSwiperData,getGoodsData,getRecomGoodsData} from "../../../api/index";

export default {
    namespaced:true,
    state:{
        navs:[],                        //首页快速导航
        swipers:[],                     //首页轮播图
        goods:[],                       //首页核心产品
        recomGoods:[]                   //首页推荐产品
    },
    mutations:{
        //设置state对象中的navs
        ["SET_NAVS"](state,payload){
            state.navs=payload.navs;
        },
        //设置state对象中的swipers
        ["SET_SWIPER"](state,payload){
            state.swipers=payload.swipers;
        },
        //设置state对象中的goods
        ["SET_GOODS"](state,payload){
            state.goods=payload.goods;
        },
        //设置state对象中的recomGoods
        ["SET_RECOMGOODS"](state,payload){
```

```
                state.recomGoods=payload.recomGoods;
            }
        },
        actions:{
            //异步调用快速导航
            getNavs(conText,payload){
                getNavsData().then(res=>{
                    if (res.code===200){
                        conText.commit("SET_NAVS",{navs:res.data});
                        //如果存在success()回调函数
                        if(payload.success){
                            //执行回调函数
                            payload.success();
                        }
                    }
                })
            },
            //异步调用轮播图
            getSwiper(conText,payload){
                getSwiperData().then(res=>{
                    if(res.code===200){
                        conText.commit("SET_SWIPER",{swipers:res.data});
                        if(payload.success){
                            payload.success()
                        }
                    }
                })
            },
            //异步调用核心产品
            getGoods(conText,payload){
                getGoodsData().then(res=>{
                    if(res.code===200){
                        conText.commit("SET_GOODS",{goods:res.data});
                        if(payload.success){
                            payload.success()
                        }
                    }
                })
            },
            //异步调用推荐产品
            getRecomGoods(conText,payload){
                getRecomGoodsData().then(res=>{
                    if(res.code===200){
                        conText.commit("SET_RECOMGOODS",{recomGoods:res.data});
                        if(payload.success){
                            payload.success()
                        }
                    }
                })
            }
        }
    }
```

Vuex中的actions对象内部的方法是异步处理并获取服务端请求的数据，将获取的数据使用conText.commit()方法提交到mutations对象内部方法中改变state对象的属性值。

接下来，将src/store/modules/index/index.js文件导入store入口文件中，并注入Vuex实例选

项modules对象中，src/store/index.js文件的代码示例如下。

```
import Vue from 'vue';
import Vuex from 'vuex';
import index from "./modules/index";

Vue.use(Vuex);

let store=new Vuex.Store({
    modules:{
        index
    }
})
export default store;
```

接下来，就可以在首页显示数据了，src/pages/home/index/index.vue文件的代码示例如下。

```
<template>
    <div class="page">
        <div :class="{header:true,scroll:isScrollTop}">
            <div class="classify-icon"></div>
            <div class="search-wrap">
                <div class="search-icon"></div>
                <div class="text">请输入宝贝名称</div>
            </div>
            <div class="login">登录</div>
        </div>
        <div class="banner-wrap">
            <div class="swiper-container" ref="swiper-container">
                <div class="swiper-wrapper">
                    <div class="swiper-slide" v-for="(item,index) in swipers" :key="index"><img
                        :src="item.image" alt=""></div>
                </div>
                <div class="swiper-pagination" ref="swiper-pagination"></div>
            </div>
        </div>
        <div class="quick-nav">
            <ul class="item" v-for="(item,index) in navs" :key="index">
                <!--图片懒加载用法-->
                <li><img src="../../../assets/images/common/lazyImg.jpg" alt="" :data-
                 echo="item.image"></li>
                <li>{{item.title}}</li>
            </ul>
        </div>
        <template v-for="(item,index) in goods">
            <div class="goods-main" :key="index" v-if="(index+1)%2!==0">
                <div :class="'classify-name color-'+index">—— {{item.title}} ——</div>
                <div class="goods-row-1">
                    <div class="goods-column">
                        <div class="goods-title">{{item.items && item.items[0].title}}</div>
                        <div class="goods-tip">精品打折</div>
                        <div :class="'goods-price bg-color-'+index">{{item.items && item.
                         items[0].price}}元</div>
                        <div class="goods-image">
                            <img src="../../../assets/images/common/lazyImg.jpg" :data-echo= "item.
                             items && item.items[0].image" :alt="item.items && item.items[0].title">
                        </div>
```

```
            </div>
            <div class="goods-column">
                <div class="goods-list" v-for="(item2,index2) in item.items.slice(1,3)"
                    :key="index2">
                    <div class="goods-list-title">{{item2.title}}</div>
                    <div class="goods-list-tip">品质精挑</div>
                    <div class="goods-list-image">
                        <img src="../../../assets/images/common/lazyImg.jpg" :data-
                        echo="item2.image" :alt="item2.title">
                    </div>
                </div>
            </div>
        </div>
        <div class="goods-row-2">
            <div class="goods-list" v-for="(item2,index2) in item.items.slice(3,7)"
                :key="index2">
                <div class="goods-title">{{item2.title}}</div>
                <div class="goods-image">
                    <img src="../../../assets/images/common/lazyImg.jpg" :data-
                    echo="item2.image" alt="">
                </div>
                <div class="price">¥{{item2.price}}</div>
                <div class="price line">¥{{item2.price*2}}</div>
            </div>
        </div>
    </div>
    <div class="goods-main" v-else>
        <div class="classify-name color-1">—— {{item.title}} ——</div>
        <div class="goods-row-1">
            <div class="goods-column-2" v-for="(item2,index2) in item.items.slice(0,2)"
                :key="index2">
                <div class="goods-title">{{item2.title}}</div>
                <div class="goods-tip">火爆开售</div>
                <div class="goods-image">
                    <img src="../../../assets/images/common/lazyImg.jpg" :data-
                    echo="item2.image" alt="">
                </div>
            </div>
        </div>
        <div class="goods-row-2">
            <div class="goods-list" v-for="(item2,index2) in item.items.slice(2,6)"
                :key="index2">
                <div class="goods-title">{{item2.title}}</div>
                <div class="goods-image">
                    <img src="../../../assets/images/common/lazyImg.jpg" :data-
                    echo="item2.image" alt="">
                </div>
                <div class="price">¥{{item2.price}}</div>
                <div class="price line">¥{{item2.price*2}}</div>
            </div>
        </div>
    </div>
</template>
<div class="goods-recom-nav">
    <div class="line"></div>
    <div class="recom-wrap">
```

```
                        <div class="icon"></div>
                        <div class="text">为您推荐</div>
                    </div>
                    <div class="line"></div>
                </div>
                <div class="goods-recom">
                    <div class="goods-list" v-for="(item,index) in recomGoods" :key="index">
                        <div class="goods-image">
                            <img src="../../../assets/images/common/lazyImg.jpg" :data-echo="item.
                                image" :alt="item.title">
                        </div>
                        <div class="goods-title">{{item.title}}</div>
                        <div class="goods-price">¥{{item.price}}</div>
                    </div>
                </div>
            </div>
        </template>

    <script>
        import {mapActions,mapState} from 'vuex';
        import Swiper from '../../../assets/js/libs/swiper';
        export default {
            name: "index",
            data(){
                return {
                    isScrollTop:false
                }
            },
            created(){
                this.isScroll=true;
                window.addEventListener("scroll",this.eventScrollTop);
                this.getSwiper({success:()=>{
                        this.$nextTick(()=>{
                            //将Swiper放到这里解决在created生命周期中不能获取DOM的问题
                            new Swiper(this.$refs['swiper-container'], {
                                autoplay: 3000,
                                pagination : this.$refs['swiper-pagination'],
                                paginationClickable :true,
                                autoplayDisableOnInteraction : false
                            })
                        });
                    }});
                this.getNavs({success:()=>{
                        //图片懒加载必须等数据请求完成后调用，所以要放在success()函数中调用
                        this.$nextTick(()=> {
                            //调用懒加载方法，由于懒加载需要获取DOM，所以要放在$nextTick()回调函数中
                            this.$utils.lazyImg();
                        })
                    }});
                this.getGoods({success:()=>{
                        this.$nextTick(()=> {
                            this.$utils.lazyImg();
                        })
                    }});
                this.getRecomGoods({success:()=>{
                        this.$nextTick(()=> {
```

```
                    this.$utils.lazyImg();
                })
            }});
        },
        computed:{
            ...mapState({
                swipers:(state)=>state.index.swipers,
                navs:(state)=>state.index.navs,
                goods:(state)=>state.index.goods,
                recomGoods:(state)=>state.index.recomGoods
            })
        },
        methods:{
            ...mapActions({
                getSwiper:"index/getSwiper",
                getNavs:"index/getNavs",
                getGoods:"index/getGoods",
                getRecomGoods:"index/getRecomGoods"
            }),
            eventScrollTop(){
                let scrollTop=document.body.scrollTop || document.documentElement.scrollTop;
                if(scrollTop>=150){
                    if(this.isScroll){
                        this.isScroll=false;
                        this.isScrollTop=true;
                    }
                }else{
                    if(!this.isScroll){
                        this.isScroll=true;
                        this.isScrollTop=false;
                    }

                }
            }
        },

        destroyed(){
            window.removeEventListener("scroll",this.eventScrollTop);
        },
        //keep-alive进入时触发
        activated(){
            this.isScroll=true;
            window.addEventListener("scroll",this.eventScrollTop)
        },
        //keep-alive离开时触发
        deactivated(){
            window.removeEventListener("scroll",this.eventScrollTop);
        }
    }
</script>

<style scoped>
    //CSS样式省略
</style>
```

直接从Vuex中获取数据，并显示到视图中，这些都是前面学过的知识，注意上面代码中加粗的部分，图片懒加载的用法很简单，在<img>元素上添加data-echo属性值为真实图片地址，src属性是一张尺寸很小的图片，在JS中使用this.$utils.lazyImg()方法触发图片懒加载。如果要在数组中获取某一条数据，需要通过item.items && item.items[0].title这样的方式获取，先判断item.items中是否有数据，如果存在，执行item.items[0].title，这样可以防止控制台报出undefined的错误提示。其原因是服务端数据请求是异步的，如果网速慢该数组中并没有值，直接使用索引获取数据会报出undefined的错误。

在浏览器中显示的效果如图14.4所示。

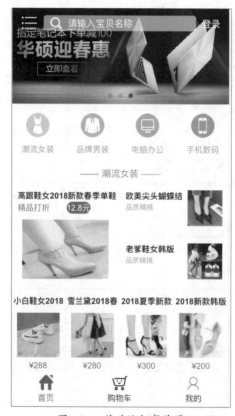

图 14.4 移动端电商首页

14.3　商品分类

商品分类是移动端电商最常见的页面，可以快速地找到自己想要的商品。在开发这个页面时会遇到路由参数改变地址不变以致数据不更新的问题、内容溢出滚动卡顿的问题、绑定事件离开页面时不能自动删除导致内存泄漏的问题等。

商品分类接口在"接口文档"文件夹中的分类.docx文件中。

商品分类页面最终效果如图14.5所示。

图 14.5　商品分类页面最终效果

14.3.1　解决内容溢出滚动卡顿的问题和解除事件

扫一扫，看视频

接下来，创建src/pages/home/goods/classify.vue文件和src/pages/home/goods/classify_item.vue文件，在src/router.js文件中配置路由，添加的代码如下。

```
import Vue from 'vue';
import Router from 'vue-router';

Vue.use(Router);

let router=new Router({
    ...
    routes:[
        ...
        {
            path:"/goods/classify",
            name:"goods-classify",
            component:()=>import("./pages/home/goods/classify"),
            redirect:"/goods/classify/item",        //页面重定向
            children:[
                {
                    path:"item",
                    name:"goods-classify-item",
```

```
                        component:()=>import("./pages/home/goods/classify_item"),
                        meta:{title:"商品分类"}
                    }
                ]
            },
        ]
    });
```

```
export default router;
```

解决内容溢出滚动卡顿的问题可以使用better-scroll或iScroll，之前在12.1.3小节中学习了better-scroll如何使用，我们知道better-scroll底层就是iScroll，在这里使用iScroll，使用哪个插件可以随意选择。

iScroll下载地址为http://www.lucklnk.com/download/details/aid/768876567。

下载完成后找到iscroll.js文件复制到src/assets/js/libs文件夹中。

src/pages/home/goods/classify.vue文件的代码示例如下。

```
<template>
    <div class="page">
        <div class='search-header'>
            <div class='back' @click="goBack()"></div>
            <div class='search'>请输入宝贝名称</div>
        </div>
        <div class='goods-main'>
            <div ref="scroll-classify" class='classify-wrap'>
                <div>
                    <div ref="item" class='classify-item active'>潮流女装</div>
                    <div ref="item" class='classify-item'>潮流女装</div>
                    <div ref="item" class='classify-item'>潮流女装</div>
                    <div ref="item" class='classify-item'>潮流女装</div>
                    <div ref="item" class='classify-item active'>潮流女装</div>
                    <div ref="item" class='classify-item'>潮流女装</div>
                    <div ref="item" class='classify-item'>潮流女装</div>
                    <div ref="item" class='classify-item'>潮流女装</div>
                    <div ref="item" class='classify-item'>潮流女装</div>
                    <div ref="item" class='classify-item active'>潮流女装</div>
                    <div ref="item" class='classify-item'>潮流女装</div>
                    <div ref="item" class='classify-item'>潮流女装</div>
                    <div ref="item" class='classify-item'>潮流女装</div>
                    <div ref="item" class='classify-item active'>潮流女装</div>
                    <div ref="item" class='classify-item'>潮流女装</div>
                    <div ref="item" class='classify-item'>潮流女装</div>
                    <div ref="item" class='classify-item'>潮流女装</div>
                    <div ref="item" class='classify-item'>潮流女装</div>
                    <div ref="item" class='classify-item active'>潮流女装</div>
                    <div ref="item" class='classify-item'>潮流女装</div>
                    <div ref="item" class='classify-item'>潮流女装</div>
                    <div ref="item" class='classify-item'>潮流女装</div>
                    <div ref="item" class='classify-item'>潮流女装</div>
                    <div ref="item" class='classify-item active'>潮流女装</div>
                    <div ref="item" class='classify-item'>潮流女装</div>
                    <div ref="item" class='classify-item'>潮流女装</div>
                    <div ref="item" class='classify-item'>潮流女装</div>
```

```
                <div ref="item" class='classify-item'>潮流女装</div>
                <div ref="item" class='classify-item active'>潮流女装</div>
                <div ref="item" class='classify-item'>潮流女装</div>
                <div ref="item" class='classify-item'>潮流女装</div>
                <div ref="item" class='classify-item'>潮流女装</div>
                <div ref="item" class='classify-item'>潮流女装</div>
            </div>
        </div>
        <div class='goods-content'>
            <!--路由视图，显示子路由的组件-->
            <router-view></router-view>
        </div>
    </div>
    </div>
</template>

<script>
    //引入iScroll
    import iScroll from '../../../assets/js/libs/iscroll';
    export default {
        methods:{
            //返回上一页
            goBack(){
                this.$router.go(-1);
            },
            scrollPreventDefault(e){
                //禁用默认事件
                e.preventDefault();
            }
        },
        mounted(){
            //动态设置标题
            document.title=this.$route.meta.title;
            //监听touchmove默认事件，目的是调用scrollPreventDefault()方法禁用touchmove默认事件
            this.$refs['scroll-classify'].addEventListener("touchmove",this.
            scrollPreventDefault);
            //实例化iScroll
            new IScroll(this.$refs['scroll-classify'], {
                scrollX : false,
                scrollY : true,
                preventDefault : false
            });
        },
        //页面离开
        beforeDestroy(){
            //当页面离开时删除touchmove默认事件，解决内存泄漏问题
            this.$refs['scroll-classify'].removeEventListener("touchmove",this.
            scrollPreventDefault);
        }
    }
</script>

<style scoped>
    .page{width:100%;height:100vh;overflow:hidden;}
    .search-header{width:100%;height:1rem;background:#FFFFFF;display: flex;display: -webkit-
    flex;align-items: center;-webkit-align-items: center;border-bottom: 1px solid #EFEFEF;}
```

```
    .search-header .back{width:0.8rem;height:0.8rem;background-image: url("../../../assets/
    images/home/goods/back.png");background-size:100%;background-repeat: no-repeat;background-
    position: center;}
    .search-header .search{width:80%;height:0.69rem;border:solid 1px #B2B2B2;border-radius:
    0.1rem;font-size:0.28rem;color:#626262;line-height:0.69rem;padding-left:0.2rem;}

    .goods-main{width:100%;height:92.5vh;display:flex;display:-webkit-flex;}
    .goods-main .classify-wrap{width:1.72rem;height:100%;overflow:hidden;margin
    -right:3%;position:relative;z-index:1;}
    .goods-main .classify-wrap .classify-item{width:100%;height:0.8rem;border-bottom:
    1px solid #EFEFEF;background-color:#FFFFFF;font-size:0.28rem;text-align:
    center;line-height:0.8rem;overflow:hidden;}
    .goods-main .classify-wrap .classify-item.active{color:#ff0000}
    .goods-main .goods-content{width:71%;height:100%;}
</style>
```

上面代码注释很清晰，需要注意的是，使用iScroll需要先禁用传入iScroll实例化第一个参数
中元素的touchmove默认事件才能生效。我们在mounted生命周期中用原生JS的方式添加事件，
由于Vue是单页面应用，在页面离开时不能自动删除添加的事件，所以需要在beforeDestroy生命
周期中手动删除事件。

src/pages/home/goods/classify_item.vue文件的代码示例如下。

```html
<template>
    <div ref="goods-classify-content" class="goods-content-main">
        <div>
            <div class='goods-wrap'>
                <div class='classify-name'>裙装</div>
                <div class='goods-items-wrap'>
                    <ul>
                        <li><img src="//vueshop.glbuys.com/uploadfiles /1484284030.jpg" alt=""
                         /></li>
                        <li>裙装66</li>
                    </ul>
                    <ul>
                        <li><img src="//vueshop.glbuys.com/uploadfiles/ 1484284030.jpg" alt="" /></li>
                        <li>裙装66</li>
                    </ul>
                    <ul>
                        <li><img src="//vueshop.glbuys.com/uploadfiles/ 1484284030.jpg" alt="" /></li>
                        <li>裙装66</li>
                    </ul>
                    <ul>
                        <li><img src="//vueshop.glbuys.com/uploadfiles/ 1484284030.jpg" alt="" /></li>
                        <li>裙装66</li>
                    </ul>
                    <ul>
                        <li><img src="//vueshop.glbuys.com/uploadfiles/ 1484284030.jpg" alt="" /></li>
                        <li>裙装66</li>
                    </ul>
                    <ul>
                        <li><img src="//vueshop.glbuys.com/uploadfiles/ 1484284030.jpg" alt="" /></li>
                        <li>裙装66</li>
                    </ul>
                </div>
            </div>
        </div>
```

```
<div class='goods-wrap'>
    <div class='classify-name'>裙装</div>
    <div class='goods-items-wrap'>
        <ul>
            <li><img src="//vueshop.glbuys.com/uploadfiles/ 1484284030.jpg" alt=""
             /></li>
            <li>裙装66</li>
        </ul>
        <ul>
            <li><img src="//vueshop.glbuys.com/uploadfiles/ 1484284030.jpg" alt=""
             /></li>
            <li>裙装66</li>
        </ul>
        <ul>
            <li><img src="//vueshop.glbuys.com/uploadfiles/ 1484284030.jpg" alt=""
             /></li>
            <li>裙装66</li>
        </ul>
        <ul>
            <li><img src="//vueshop.glbuys.com/uploadfiles/ 1484284030.jpg" alt=""
             /></li>
            <li>裙装66</li>
        </ul>
        <ul>
            <li><img src="//vueshop.glbuys.com/uploadfiles/ 1484284030.jpg" alt=""
             /></li>
            <li>裙装66</li>
        </ul>
        <ul>
            <li><img src="//vueshop.glbuys.com/uploadfiles/ 1484284030.jpg" alt=""
             /></li>
            <li>裙装66</li>
        </ul>
    </div>
</div>
<div class='goods-wrap'>
    <div class='classify-name'>裙装</div>
    <div class='goods-items-wrap'>
        <ul>
            <li><img src="//vueshop.glbuys.com/uploadfiles/ 1484284030.jpg" alt=""
             /></li>
            <li>裙装66</li>
        </ul>
        <ul>
            <li><img src="//vueshop.glbuys.com/uploadfiles/ 1484284030.jpg" alt=""
             /></li>
            <li>裙装66</li>
        </ul>
        <ul>
            <li><img src="//vueshop.glbuys.com/uploadfiles/ 1484284030.jpg" alt=""
             /></li>
            <li>裙装66</li>
        </ul>
        <ul>
            <li><img src="//vueshop.glbuys.com/uploadfiles/ 1484284030.jpg" alt="" /></li>
            <li>裙装66</li>
        </ul>
```

```
                    <ul>
                        <li><img src="//vueshop.glbuys.com/uploadfiles/ 1484284030.jpg" alt=""
                         /></li>
                        <li>裙装66</li>
                    </ul>
                    <ul>
                        <li><img src="//vueshop.glbuys.com/uploadfiles/ 1484284030.jpg" alt=""
                         /></li>
                        <li>裙装66</li>
                    </ul>
                </div>
            </div>
        </div>
    </div>
</template>

<script>
    import IScroll from '../../../assets/js/libs/iscroll';
    export default {
        methods:{
            scrollPreventDefault(e){
                e.preventDefault();
            }
        },
        mounted(){
            this.$refs['goods-classify-content'].addEventListener("touchmove",this.
            scrollPreventDefault);
            new IScroll(this.$refs['goods-classify-content'], {
                scrollX : false,
                scrollY : true,
                preventDefault : false
            });
        },
        beforeDestroy(){
            this.$refs['goods-classify-content'].removeEventListener("touchmove", this.
            scrollPreventDefault);
        }
    }
</script>

<style scoped>
    .goods-content-main{width:100%;height:100%;overflow:hidden;position:relative;z-index:1;}
    .goods-wrap{width:100%;height:auto;}
    .goods-wrap .classify-name{font-size:0.28rem;width:100%;height:0.6rem;line-height:0.6rem;overflow:hidden;}
    .goods-wrap .goods-items-wrap{width:100%;height:auto;background-color:#FFFFFF;padding-top:0.2rem;overflow:hidden;}
    .goods-wrap .goods-items-wrap ul{width:32%;height:auto;float:left;margin-left:0.5%;margin-right:0.5%;margin-bottom: 0.2rem;}
    .goods-wrap .goods-items-wrap ul li:nth-child(1){width:1.5rem;height:1.5rem;overflow:hidden;margin:0 auto;text-align: center}
    .goods-wrap .goods-items-wrap ul li:nth-child(1) img{width:auto;height:auto;max-width:100%;max-height:100%;}
    .goods-wrap .goods-items-wrap ul li:nth-child(2){width:90%;height:0.8rem;font-size:0.24rem;overflow:hidden;text-align:center;margin:0 auto;white-space: nowrap;text-overflow: ellipsis;margin-top:0.2rem;}
</style>
```

上面的代码也用到了iScroll，相信大家应该可以看得懂了，由于没有对接服务端请求数据，所以这里的代码比较简单。接下来，在首页的以下位置添加单击事件，跳转到商品分类页面，如图14.6和图14.7所示。

图 14.6　左上角分类图标

在图14.6所示的方框标记的位置添加click事件跳转到商品分类页面，src/pages/home/index/index.vue文件的修改代码如下。

```
<div class="classify-icon" @click="$router.push('/goods/classify')"></div>
```

找到class="classify-icon"的div元素，添加@click事件，跳转到/goods/classify商品分类页面。

图 14.7　快捷导航

在图14.7所示的位置添加click事件，跳转到商品分类页面，代码如下。

```
<ul class="item" v-for="(item,index) in navs" :key="index" @click="$router.push('/goods/
classify/item?cid='+item.cid)">
```

找到class="item"的ul元素，添加@click事件，跳转到商品分类页面，不要忘记添加cid参数。

14.3.2　数据对接深度理解异步回调函数

接下来，开始对接商品分类服务端请求的数据，创建src/api/goods/index.js文件，该文件的代码示例如下。

```
import config from "../../assets/js/conf/config";
import {request} from '../../assets/js/utils/request';

//左侧分类
export function getClassifyData(){
    return request(config.baseApi+"/home/category/menu?token="+config.token);
}

//右侧商品
export function getGoodsData(cid=""){
    return request(config.baseApi+"/home/category/show?cid="+cid+"&token="+config.token);
}
```

右侧商品接口需要传入cid，cid是分类的标识，根据cid的值显示该分类中的商品，如果cid
为空，默认显示第一个分类中的商品。

接下来，将从服务端请求的数据对接到Vuex中，创建src/store/modules/goods/index.js文件，
该文件的代码示例如下。

```javascript
import Vue from 'vue';
//服务端接口数据
import {getClassifyData,getGoodsData} from '../../../api/goods';

export default {
    namespaced:true,
    state:{
        classifys:[],                  //左侧分类数据
        goods:[]                       //右侧商品数据
    },
    mutations:{
        //将服务端请求的数据添加到state.classifys中
        ["SET_CLASSIFYS"](state,payload){
            state.classifys=payload.classifys
        },
        //单击左侧分类
        ["SELECT_ITEM"](state,payload){
            if(state.classifys.length>0){
                for(let i=0;i<state.classifys.length;i++){
                    //如果左侧分类的active属性为true
                    if(state.classifys[i].active){
                        //将active属性值为true的分类设置成false
                        state.classifys[i].active=false;
                        break;
                    }
                }
                //将单击的分类active属性值设置为true，CSS样式发生改变，显示为红色字体
                state.classifys[payload.index].active=true;
                //解决视图不更新的问题
                Vue.set(state.classifys,payload.index,state.classifys[payload.index]);
            }
        },
        //将右侧商品请求的服务端数据添加到state.goods中
        ["SET_GOODS"](state,payload){
            state.goods=payload.goods;
        }
    },
    actions:{
        //左侧分类
        getClassify(conText,payload){
            //服务端请求的左侧分类数据
            getClassifyData().then(res=>{
                if(res.code===200){
                    for(let i=0;i<res.data.length;i++){
                        //增加active属性，目的是单击左侧分类改变CSS样式
                        res.data[i].active=false;
                    }
                    conText.commit("SET_CLASSIFYS",{classifys:res.data});
                    //如果有success()回调函数
                    if(payload.success){
```

```
                //执行success()回调函数
                payload.success();
            }
        }
    })
},
//右侧商品
getGoods(conText,payload) {
    //服务端请求的右侧商品数据, payload.cid是当前分类的标识
    getGoodsData(payload.cid).then(res => {
        //如果服务端请求的数据不为空
        if(res.code===200){
            conText.commit("SET_GOODS",{goods:res.data});
            //如果有success()回调函数
            if(payload.success){
                //执行success()回调函数
                payload.success();
            }
        }else{//如果服务端请求的数据为空
            conText.commit("SET_GOODS",{goods:[]});
        }
    })
}

    }
}
```

接下来，将src/store/modules/goods/index.js文件导入store入口文件中并注入Vuex实例选项modules对象中，src/store/index.js文件的代码示例如下。

```
import Vue from 'vue';
import Vuex from 'vuex';
import index from "./modules/index";
import goods from "./modules/goods";

Vue.use(Vuex);

let store=new Vuex.Store({
    modules:{
        index,
        goods
    }
})
export default store;
```

接下来，将Vuex中的数据对接到src/pages/home/goods/classifys.vue文件中，代码示例如下。

```
<template>
    <div class="page">
        <div class='search-header'>
            <div class='back' @click="goBack()"></div>
            <div class='search'>请输入宝贝名称</div>
        </div>
        <div class='goods-main'>
            <div ref="scroll-classify" class='classify-wrap'>
                <div>
```

```
                            <div ref="item" :class="{'classify-item':true, active:item.active}" v-
                                for="(item,index) in classifys" :key="index" @click="replacePage('/goods/
                                classify/item?cid='+item.cid+'',index)">{{item.title}}</div>
                        </div>
                    </div>
                    <div class='goods-content'>
                    <router-view></router-view>
                    </div>
                </div>
            </div>
        </template>


        <script>
            import {mapActions,mapState,mapMutations} from "vuex";
            import IScroll from '../../../assets/js/libs/iscroll';
            export default {
                methods:{
                    ...mapActions({
                        getClassify:"goods/getClassify"
                    }),
                    ...mapMutations({
                        SELECT_ITEM:"goods/SELECT_ITEM"
                    }),
                    goBack(){
                        this.$router.go(-1);
                    },
                    scrollPreventDefault(e){
                        e.preventDefault();
                    },
                    //单击分类触发的函数
                    selectItem(index){
                        //获取当前类目距ref="scroll-classify"元素的顶部距离
                        let topHeight=this.$refs['item'][0].offsetHeight*index;
                        //计算ref="scroll-classify"的元素1/3的高度
                        let halfHeight=parseInt(this.$refs['scroll-classify'].offsetHeight/3);
                        //计算当前类目距ref="scroll-classify"元素的底部距离
                        let bottomHeight=parseInt(this.$refs['scroll-classify'].scrollHeight- topHeight);
                        //如果当前类目的位置不在顶部并且不在底部时，实现滚动效果
                        if(topHeight>halfHeight && bottomHeight>this.$refs['scroll-classify'].
                          offsetHeight){
                            //iScroll滚动效果
                            this.myScroll.scrollTo(0,-topHeight,1000,IScroll.utils.ease.elastic);
                        }
                        //单击左侧分类，将当前分类字体设置为红色
                        this.SELECT_ITEM({index:index})
                    },
                    //单击左侧分类跳转页面
                    replacePage(url,index){
                        this.$router.replace(url);
                        this.selectItem(index);
                    }
                },
                computed:{
                    ...mapState({
                        classifys:state=>state.goods.classifys
                    })
                },
```

```
        created(){
            //获取路由地址cid参数的值
            this.cid=this.$route.query.cid?this.$route.query.cid:'';
            this.getClassify({success:()=>{
                this.$nextTick(()=>{
                    //refresh()方法重新计算iScroll,当DOM结构发生变化时确保滚动的效果正常
                    this.myScroll.refresh();
                    if(this.classifys.length>0 && this.cid){
                        let i=0;
                        for(;i<this.classifys.length;i++){
                            //如果当前页面路由地址cid参数的值与分类数据的cid相等,表示页面定位在该分类
                                上,跳出循环获取该分类的索引
                            if(this.classifys[i].cid===this.cid){
                                break;
                            }
                        }
                        //将获取到的索引传入selectItem()方法,改变当前分类的样式并且自动滚动到对应的位置
                        this.selectItem(i);
                    }else{           //如果this.cid的值为空
                        //自动定位到第一个分类
                        this.selectItem(0);
                    }
                });
            }});

        },
        mounted(){
            document.title=this.$route.meta.title;
            this.$refs['scroll-classify'].addEventListener("touchmove",this.
            scrollPreventDefault);
            this.myScroll=new IScroll(this.$refs['scroll-classify'], {
                scrollX : false,
                scrollY : true,
                preventDefault : false
            });
        },
        beforeDestroy(){
            this.$refs['scroll-classify'].removeEventListener("touchmove",this.
            scrollPreventDefault);
        }
    }
</script>

<style scoped>
    //CSS样式省略
</style>
```

上面代码注释很清晰,请仔细阅读。this.myScroll.scrollTo()方法可以实现滚动到指定的位置,第一个参数:x横轴坐标(单位:px);第二个参数:y纵轴坐标(单位:px);第三个参数:滚动动画执行的时长(单位:ms);第四个参数:动画效果类型。

在浏览器中渲染的效果如图14.8所示。

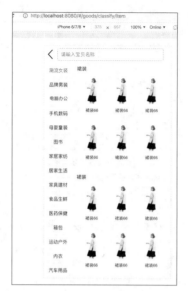

图 14.8   对接数据后左侧分类显示的效果

接下来，对接右侧商品页面，src/pages/home/goods/classify_item.vue文件的代码示例如下。

```
<template>
    <div ref="goods-classify-content" class="goods-content-main">
        <div v-show="goods.length>0">
            <div class='goods-wrap' v-for="(item,index) in goods" :key="index">
                <div class='classify-name'>{{item.title}}</div>
                <div class='goods-items-wrap'>
                    <ul v-for="(item2,index2) in item.goods" :key="index2">
                        <li><img src="../../../assets/images/common/lazyImg.jpg" :data-
                         echo="item2.image" alt="" /></li>
                        <li>{{item2.title}}</li>
                    </ul>
                </div>
            </div>
        </div>
        <div v-show="goods.length<=0" class="no-data">没有相关商品! </div>
    </div>
</template>

<script>
    import {mapActions,mapState} from 'vuex';
    import IScroll from '../../../assets/js/libs/iscroll';
    export default {
        methods:{
            ...mapActions({
                getGoods:"goods/getGoods"
            }),
            scrollPreventDefault(e){
                e.preventDefault();
            },
            //获取商品函数
            init(cid){
```

```
            this.getGoods({cid:cid,success:()=>{
                    this.$nextTick(()=>{
                        //重新计算iScroll
                        this.myScroll.refresh();
                        //图片懒加载
                        this.$utils.lazyImg();
                    })
                }});
            }
        },
        computed:{
            ...mapState({
                goods:state=>state.goods.goods
            })
        },
        created(){
            this.cid=this.$route.query.cid?this.$route.query.cid:"";
            //获取商品
            this.init(this.cid);
        },
        mounted(){
            this.$refs['goods-classify-content'].addEventListener("touchmove",this.
            scrollPreventDefault);
            this.myScroll=new IScroll(this.$refs['goods-classify-content'], {
                scrollX : false,
                scrollY : true,
                preventDefault : false
            });
            //监听iScroll滚动结束
            this.myScroll.on("scrollEnd",()=>{
                //滚动结束后触发懒加载，解决大于一屏的商品无法显示图片的问题
                this.$utils.lazyImg();
            })
        },
        //使用beforeRouteUpdate()方法解决URL参数改变、URL地址不变、数据不更新的问题
        beforeRouteUpdate(to,from,next){
            //当单击左侧分类时重新加载商品数据
            this.init(to.query.cid);
            next();
        },
        beforeDestroy(){
            this.$refs['goods-classify-content'].removeEventListener("touchmove", this.
            scrollPreventDefault);
        }
    }
</script>

<style scoped>
    //CSS样式省略
</style>
```

右侧商品的数据已经对接完成，在浏览器中渲染的效果如图14.9所示。

图 14.9   商品分类页面

14.4   商品搜索

商品搜索是电商网站中非常重要的功能，需要自己封装搜索组件开发实现搜索历史记录和热门搜索功能，并跳转到搜索页面实现模糊搜索、高级筛选搜索、价格排序和销量排序。

商品搜索接口在"接口文档"文件夹中的搜索页面.docx文件中。

扫一扫，看视频

14.4.1   搜索组件开发实现搜索历史记录和热门搜索

搜索组件的最终效果如图14.10所示。

图 14.10   搜索组件的最终效果

最近搜索功能是利用Vuex配合localStorage开发，热门搜索是服务端请求的数据，单击右侧垃圾桶的小图标，会出现一个提示框提示"确认要删除吗？"，这个提示框我们用Vant实现。首先安装Vant，在命令提示符窗口中输入以下命令。

```
npm install vant -S
```

安装完成后，获取服务端接口的热门搜索数据，src/api/search/index.js文件的代码示例如下。

```
import config from '../../assets/js/conf/config';
import {request} from '../../assets/js/utils/request';

//热门搜索
export function getHotKeywordData(){
    return request(config.baseApi+"/home/public/hotwords?token="+config.token);
}
```

接下来，将服务端数据对接到Vuex中，src/store/modules/search/index.js文件的代码示例如下。

```
import {getHotKeywordData} from "../../../api/search";

export default {
    namespaced:true,
    state:{
        //如果缓存中有搜索关键词的数据，读取缓存数据并转换成数组形式，否则设置为空数组
        historyKeywords:localStorage['historyKeywords']?JSON.parse(localStorage['historyKeywords']):[],
        //热门关键词
        hotKeywords:[]
    },
    mutations:{
        //设置搜索关键词
        ["SET_KEYWORDS"](state,payload){
            //将搜索的历史关键词保存起来，是一个数组形式
            state.historyKeywords=payload.historyKeywords;
            //由于Vuex刷新页面数据会丢失，将搜索关键词保存到缓存中，缓存的值必须为字符串，所以用JSON.
            //stringify将数组转成字符串
            localStorage['historyKeywords']=JSON.stringify(state.historyKeywords);
        },
        //删除搜索关键词的历史记录
        ["CLEAR_KEYWORDS"](state,payload){
            state.historyKeywords=[];
            localStorage.removeItem("historyKeywords");
        },
        //设置热门关键词
        ["SET_HOTKEYWORD"](state,payload){
            state.hotKeywords=payload.hotKeywords;
        }
    },
    actions:{
        //从服务端获取热门关键词
        getHotKeyword(conText,payload){
            getHotKeywordData().then(res=>{
                if(res.code===200){
                    conText.commit("SET_HOTKEYWORD",{hotKeywords:res.data});
                }
```

```
        })
      }
    }
  }
```

将src/store/modules/search/index.js文件导入store入口文件中并注入Vuex实例选项modules对象中，在src/store/index.js文件中的新增代码如下。

```
...
import search from "./modules/search";
Vue.use(Vuex);
let store=new Vuex.Store({
    modules:{
        ...
        search
    }
})
export default store;
```

接下来，开发搜索组件，创建src/components/search/index.vue文件，该文件的代码示例如下。

```
<template>
    <div class='search-component' v-show="show.show">
        <div class='search-header'>
            <!--隐藏搜索组件-->
            <div class='close' @click="show.show=false"></div>
            <div class='search-wrap'>
                <div class='search-input-wrap'>
                    <input type="text" class='search' placeholder="请输入宝贝名称" v-model=
                        "keyword" />
                </div>
                <button type="button" class='search-btn' @click="goSearch()"></button>
            </div>
        </div>
        <div class='search-main' v-if="historyKeywords.length">0">
            <div class='search-title-wrap'>
                <div class='search-title'>最近搜索</div>
                <div class='bin' @click="clearHistoryKeywords()"></div>
            </div>
            <div class='search-keywords-wrap'>
                <div class='keywords' v-for="(item,index) in historyKeywords" :key="index" @cli-
                    ck="goSearch(item)">{{item}}</div>
            </div>
        </div>
        <div class='search-main'>
            <div class='search-title-wrap'>
                <div class='search-title'>热门搜索</div>
            </div>
            <div class='search-keywords-wrap'>
                <div class='keywords' v-for="(item,index) in hotKeywords" :key="index"
                    @click="goSearch(item.title)">{{item.title}}</div>
            </div>
        </div>
    </div>
</template>

<script>
```

```
import {mapMutations,mapState,mapActions} from 'vuex';
import { Dialog } from 'vant';
export default {
    name: "my-search",
    data(){
        return {
            keyword:""//class='search'的input元素的值
        }
    },
    props:{
        //接收父组件传过来的show属性，该属性值是对象类型，格式为{show:true}。值为true时显示组件，值为
        //false时隐藏组件
        show:{
            type:Object,
            default:{}
        },
        //是否在搜索页面值为true表示搜索页面，值为false表示其他页面，如首页、分类页面
        isLocal:{
            type:Boolean,
            default: false
        }
    },
    created(){
        //搜索的历史关键词，如果Vuex中有数据则获取，否则为空数组
        this.keywords=this.historyKeywords?this.historyKeywords:[];
        this.getHotKeyword();
    },
    computed:{
        ...mapState({
            //获取历史搜索关键词数据
            "historyKeywords":state=>state.search.historyKeywords,
            //获取热门搜索关键词数据
            "hotKeywords":state=>state.search.hotKeywords
        })
    },
    methods:{
        ...mapMutations({
            "SET_KEYWORDS":"search/SET_KEYWORDS",         //Vuex中的设置搜索关键词
            "CLEAR_KEYWORDS":"search/CLEAR_KEYWORDS"       //Vuex中的删除搜索历史数据
        }),
        ...mapActions({
            "getHotKeyword":"search/getHotKeyword"         //Vuex中的热门搜索
        }),
        //在视图@click="goSearch()"位置使用，将搜索关键词添加到Vuex中和this.keyword数组中
        goSearch(keyword){
            //如果keyword参数有值则取值，否则为this.keyword，默认为空
            let tmpKeyword=keyword || this.keyword || "";
            if(tmpKeyword){
                if(this.keywords.length>0){
                    for(let i=0;i<this.keywords.length;i++){
                        //如果新搜索的关键词存在数组中
                        if(this.keywords[i]===tmpKeyword){
                            //从数组中删除关键词
                            this.keywords.splice(i--,1);
                        }
                    }
                }
```

```
                            //在数组开头添加新搜索的关键词
                            this.keywords.unshift(tmpKeyword);
                            //将搜索的关键词数组添加到Vuex中
                            this.SET_KEYWORDS({historyKeywords:this.keywords})
                        }
                        //隐藏组件
                        this.show.show=false;
                        if(this.isLocal){              //如果是在搜索页面进行搜索，使用replace跳转页面
                            this.$router.replace("/goods/search?keyword=" + tmpKeyword);
                        }else {                        //如果是在其他页面进行搜索，使用push跳转页面
                            this.$router.push("/goods/search?keyword=" + tmpKeyword);
                        }
                    },
                    //删除最近搜索的关键词
                    clearHistoryKeywords(){
                        if(this.historyKeywords.length>0){
                            //vant-ui的Dialog组件
                            Dialog.confirm({
                                title: '',
                                message: '确认要删除吗？'
                            }).then(() => {
                                //删除Vuex中的历史搜索关键词
                                this.CLEAR_KEYWORDS();
                            }).catch(()=>{

                            })
                        }
                    }
                }
            }
        </script>

        <style scoped>
            //CSS样式省略
        </style>
```

注意在视图中<div class='close' @click="show.show=false"></div>这段代码，show.show=false表示隐藏组件，我们知道show是props中的属性，是从父组件接收过来的，Vue是单向数据流，所以props内部的属性值是不可改变的，这里之所以可以直接赋值，是因为接收过来的数据类型是对象类型，更新对象类型的某一个属性值并不是改变指针指向的内存地址，所以可以直接改变值。如果对这个知识点不太了解，可以了解一下JS的引用类型与基本类型的区别。

在首页src/pages/home/index/index.vue文件中使用，在首页搜索框位置添加@click事件，代码如下。

```
<div class="search-wrap" @click="searchShow.show=true">
```

找到class="search-wrap" 的div元素，添加@click事件，该事件的值searchShow.show在data()方法中定义代码如下。

```
data(){
    return {
        searchShow:{show:false}                //show:true显示搜索组件，show:false隐藏搜索组件
    }
},
```

接下来，导入并注册搜索组件，代码示例如下。

```
<script>
    ...
    import MySearch from '../../../components/search';
    export default {
        ...
        components:{
            MySearch
        },
        ...
    }
<script>
```

在视图中添加搜索组件，代码示例如下。

```
<div class="goods-recom">
    ...
</div>
<!--搜索组件-->
<my-search :show="searchShow"></my-search>
```

将搜索组件添加到根元素内部即可。

商品分类页面也有搜索框，也需要添加搜索组件，添加的方式和首页一样，这里就不再做演示，试着自己添加一下，如果遇到困难请观看视频学习。接下来实现搜索页面。

14.4.2　搜索页面 JS 配合 Vuex 实现动态效果

搜索页面的最终效果如图 14.11 所示。单击"综合"菜单显示的排序效果如图 14.12 所示。

扫一扫，看视频

图 14.11　搜索页面　　　　图 14.12　单击"综合"菜单显示的排序效果

单击"筛选"按钮显示的效果如图14.13所示。

图 14.13　单击"筛选"按钮显示的效果

接下来，我们先将静态页面和JS效果开发出来。创建src/pages/home/goods/search.vue文件，创建完成后，配置路由，在src/router.js文件中添加搜索页面，代码示例如下。

```
import Vue from 'vue';
import Router from 'vue-router';

Vue.use(Router);

let router=new Router({
    ...
    routes:[
        ...
        {
            path:"/goods/search",
            name:"goods-search",
            component:()=>import("./pages/home/goods/search")
        }
    ]
});

export default router;
```

在Vuex中添加静态数据，src/store/modules/search/index.js文件的代码示例如下。

```
import Vue from 'vue';
import {getHotKeywordData} from "../../../api/search";

export default {
    namespaced:true,
    state:{
```

```
//如果缓存中有搜索关键词的数据，读取缓存数据并转换成数组形式，否则设置为空数组
historyKeywords:localStorage['historyKeywords']?JSON.parse(localStorage['historyKeyword
s']):[],
//热门关键词
hotKeywords:[],
//筛选中的价格区间数据
priceData:{
    isHide:false,
    items:[
        {price1:1,price2:50,active:false},
        {price1:51,price2:99,active:false},
        {price1:100,price2:300,active:false},
        {price1:301,price2:1000,active:false},
        {price1:1001,price2:4000,active:false},
        {price1:4001,price2:9999,active:false}
    ]
},
//最低价
minPrice:"",
//最高价
maxPrice:"",
//商品规格
attrs:[
    {
        title:"颜色",
        isHide:false,
        param:[
            {
                title:"黑色",
                active:false
            },
            {
                title:"白色",
                active:false
            },
            {
                title:"红色",
                active:false
            }
        ]
    },
    {
        title:"尺码",
        isHide:false,
        param:[
            {
                title:"36",
                active:false
            },
            {
                title:"37",
                active:false
            },
            {
                title:"38",
                active:false
```

```
                }
            ]
        }
    ]
},
mutations:{
    //设置搜索的关键词
    ["SET_KEYWORDS"](state,payload){
        //将搜索的历史关键词保存起来，是一个数组形式
        state.historyKeywords=payload.historyKeywords;
        //由于Vuex刷新页面数据会丢失，将搜索关键词保存到缓存中，缓存的值必须为字符串，所以用JSON.
        //stringify将数组转换成字符串
        localStorage['historyKeywords']=JSON.stringify(state.historyKeywords);
    },
    //清除搜索关键词的历史记录
    ["CLEAR_KEYWORDS"](state,payload){
        state.historyKeywords=[];
        localStorage.removeItem("historyKeywords");
    },
    //设置热门关键词
    ["SET_HOTKEYWORD"](state,payload){
        state.hotKeywords=payload.hotKeywords;
    },
    //显示/隐藏价格
    ["HIDE_PRICE"](state,payload){
        state.priceData.isHide=!state.priceData.isHide
    },
    //选择价格
    ["SELECT_PRICE"](state,payload){
        if(state.priceData.items.length>0){
            for(let i=0;i<state.priceData.items.length;i++){
                //如果价格数组中的索引与单击后接收的价格索引不相等
                if(i!==payload.index){
                    //如果priceData.items数组中active属性为true
                    if(state.priceData.items[i].active){
                        //将active设置为false
                        state.priceData.items[i].active=false;
                        break;
                    }
                }
            }
        }
        //改变选中的价格样式
        state.priceData.items[payload.index].active=!state.priceData.items[payload.
        index].active;
        //解决更新数据视图不能即时渲染的问题
        Vue.set(state.priceData.items,payload.index,state.priceData.items[payload.
        index]);
        //将选中的最低价格赋值给state.minPrice
        state.minPrice=state.priceData.items[payload.index].active?state.priceData.
        items[payload.index].price1:'';
        //将选中的最高价格赋值给state.maxPrice
        state.maxPrice=state.priceData.items[payload.index].active?state.priceData.
        items[payload.index].price2:""
    },
    //设置最小价格
```

```
        ["SET_MINPRICE"](state,payload){
            state.minPrice=payload.minPrice;
            //输入的价格必须为数字
            state.minPrice=state.minPrice.replace(/[^\d|\.]/g,'');
        },
        //设置最大价格
        ["SET_MAXPRICE"](state,payload){
            state.maxPrice=payload.maxPrice;
            //输入的价格必须为数字
            state.maxPrice=state.maxPrice.replace(/[^\d|\.]/g,'');
        },
        //显示/隐藏商品属性
        ["HIDE_ATTR"](state,payload){
            state.attrs[payload.index].isHide=!state.attrs[payload.index].isHide;
            Vue.set(state.attrs,payload.index,state.attrs[payload.index]);
        },
        //选择商品属性
        ["SELECT_ATTR"](state,payload){
            state.attrs[payload.index].param[payload.index2].active=!state.attrs[payload.
            index].param[payload.index2].active;
            Vue.set(state.attrs[payload.index].param,payload.index2,state.attrs[payload.
            index].param[payload.index2]);
        }
    },
    actions:{
        //从服务端获取热门关键词
        getHotKeyword(conText,payload){
            getHotKeywordData().then(res=>{
                if(res.code===200){
                    conText.commit("SET_HOTKEYWORD",{hotKeywords:res.data});
                }
            })
        },
        //选择筛选中的分类并且改变选中样式
        selectClassify(conText,payload){
            //conText.rootState可以跨模块获取数据
            if(conText.rootState.goods.classifys.length>0){
                for(let i=0;i<conText.rootState.goods.classifys.length;i++){
                    if(i!==payload.index){
                        if(conText.rootState.goods.classifys[i].active){
                            conText.rootState.goods.classifys[i].active=false;
                            break;
                        }
                    }
                }
                conText.rootState.goods.classifys[payload.index].active=!conText.rootState.
                goods.classifys[payload.index].active;
                Vue.set(conText.rootState.goods.classifys,payload.index,conText.rootState.
                goods.classifys[payload.index]);
            }
        }
    }
}
```

上面代码中加粗的部分，是新增的代码，主要是操作搜索页面单击"筛选"按钮出现的内容，在

Vuex中改变数据的状态操作视图中的样式，src/pages/home/search/index.vue文件的代码示例如下。

```html
<template>
    <div class='page'>
        <div class='search-top'>
            <div class='search-header'>
                <div class='back' @click="$router.go(-1)"></div>
                <!--是否显示搜索组件-->
                <div class='search-wrap' @click="searchShow.show=true">
                    <div class='search-icon'></div>
                    <!--搜索的关键词-->
                    <div class='search-text'>{{keyword}}</div>
                </div>
                <!--是否显示筛选面板-->
                <div class='screen-btn' @click="isScreen=true">筛选</div>
            </div>
            <div class='order-main'>
                <!--价格排序-->
                <div :class="{'order-item':true, active:isPriceOrder}" @click="selectPrice()">
                    <div class="order-text">综合</div>
                    <div class='order-icon'></div>
                    <ul class='order-menu' v-show="isPriceOrder">
                        <li :class="{active:item.active}" v-for="(item,index) in priceOrderList"
                            :key="index" @click="selectPriceOrder(index)">{{item.title}}</li>
                    </ul>
                </div>
                <!--销量排序-->
                <div :class="{'order-item':true ,active:isSalesOrder}" @click="selectSales()">
                    <div class="order-text">销量</div>
                </div>
            </div>
        </div>
        <!--搜索的商品列表-->
        <div class='goods-main'>
            <div class='goods-list'>
                <div class='image'><img src="//vueshop.glbuys.com/uploadfiles/1524554409.
                    jpg"/></div>
                <div class='goods-content'>
                    <div class='goods-title'>品牌男装</div>
                    <div class='price'>¥100</div>
                    <div class='sales'>销量<span>10</span>件</div>
                </div>
            </div>
            <div class='goods-list'>
                <div class='image'><img src="//vueshop.glbuys.com/uploadfiles/1524554409.
                    jpg"/></div>
                <div class='goods-content'>
                    <div class='goods-title'>品牌男装</div>
                    <div class='price'>¥100</div>
                    <div class='sales'>销量<span>10</span>件</div>
                </div>
            </div>
            <div class='goods-list'>
                <div class='image'><img src="//vueshop.glbuys.com/uploadfiles/ 1524554409.
                    jpg"/></div>
                <div class='goods-content'>
                    <div class='goods-title'>品牌男装</div>
```

```
                <div class='price'>¥100</div>
                <div class='sales'>销量<span>10</span>件</div>
            </div>
        </div>
        <div class='goods-list'>
            <div class='image'><img src="//vueshop.glbuys.com/uploadfiles/ 1524554409.
                jpg"/></div>
            <div class='goods-content'>
                <div class='goods-title'>品牌男装</div>
                <div class='price'>¥100</div>
                <div class='sales'>销量<span>10</span>件</div>
            </div>
        </div>
        <div class="no-data">没有相关商品！</div>
    </div>
<!--筛选面板-->
<div ref="mask" class='mask' v-show="isScreen" @click="isScreen =false"></div>
<!--是否显示筛选面板-->
<div ref="screen" :class="isScreen?'screen move':'screen unmove'">
    <div>
        <!--商品分类-->
        <div class='attr-wrap'>
            <div class='attr-title-wrap' @click="isClassify=!isClassify">
                <div class='attr-name'>分类</div>
                <div :class="{'attr-icon':true, up:isClassify}"></div>
            </div>
            <div class='item-wrap' v-show="!isClassify">
                <div v-for="(item,index) in classifys" :key="index" :class="{item:true,
                    active:item.active}" @click="selectClassify({index:index})">{{item.
                    title}}</div>
            </div>
        </div>
        <div style='width:100%;height:1px;backgroundColor:#EFEFEF'></div>
        <!--价格区间-->
        <div class='attr-wrap'>
            <div class='attr-title-wrap' @click="HIDE_PRICE()">
                <div class='attr-name'>价格区间</div>
                <div class='price-wrap' @click.stop>
                    <div class='price-input'><input type="tel" placeholder="最 低 价"
                        :value="minPrice" @input="SET_MINPRICE({minPrice:$event.target.
                        value})" /></div>
                    <div class='price-line'></div>
                    <div class='price-input'><input type="tel" placeholder="最 高 价"
                        :value="maxPrice" @input="SET_MAXPRICE({maxPrice:$event.target.
                        value})" /></div>
                </div>
                <div :class="{'attr-icon':true, up:priceData.isHide}"></div>
            </div>
            <div class='item-wrap' v-show="!priceData.isHide">
                <div :class="{item:true, active:item.active}" v-for="(item,index)
                    in priceData.items" :key="index" @click="SELECT_
                    PRICE({index:index})">{{item.price1}}-{{item.price2}}</div>
            </div>
        </div>
        <div style='width:100%;height:0.3rem;backgroundColor:#EFEFEF'></div>
        <!--商品规格-->
```

```
                    <div>
                        <div class='attr-wrap' v-for="(item,index) in attrs" :key="index">
                            <div class='attr-title-wrap' @click="HIDE_ATTR ({index:index})">
                                <div class='attr-name'>{{item.title}}</div>
                                <div :class="{'attr-icon':true, up:item.isHide}"></div>
                            </div>
                            <div class='item-wrap' v-show="!item.isHide">
                                <div :class="{item:true, active:item2.active}" v-for="(item2,index2)
                                 in item.param" :key="index2" @click="SELECT_ATTR({index:index,index2
                                 :index2})">{{item2.title}}</div>
                            </div>
                        </div>
                        <div style='width:100%;height:1px;backgroundColor:#EFEFEF'></div>
                    </div>
                    <div style='width:100%;height:1.2rem'></div>
                </div>
                <div class='handel-wrap'>
                    <div class='item'>共<span>10</span>件</div>
                    <div class='item reset'>全部重置</div>
                    <div class='item sure'>确定</div>
                </div>
            </div>
            <!--搜索组件，isLocal表示在搜索页面调用组件-->
            <my-search :show="searchShow" :isLocal="true"></my-search>
        </div>
</template>

<script>
    import {mapState,mapActions,mapMutations} from 'vuex';
    import MySearch from '../../../components/search';
    import IScroll from '../../../assets/js/libs/iscroll';
    export default {
        name: "goods-search",
        data() {
            return {
                //获取从搜索组件传入过来的搜索关键词
                keyword: this.$route.query.keyword ? this.$route.query.keyword : "",
                //显示/隐藏搜索组件
                searchShow:{show:false},
                //显示/隐藏价格排序
                isPriceOrder:false,
                //价格排序的数据
                priceOrderList:[
                    {otype:"all",title:"综合",active:true},
                    {otype:"up",title:"价格从低到高",active:false},
                    {otype:"down",title:"价格从高到低",active:false}
                ],
                //销量排序的样式
                isSalesOrder:false,
                //显示/隐藏筛选面板
                isScreen:false,
                //显示/隐藏商品分类的数据
                isClassify:false
            }
        },
        components:{
```

```
            MySearch
        },
        computed:{
            ...mapState({
                //src/store/modules/goods/index.js文件中的state中的classifys
                classifys:state=>state.goods.classifys,
                //src/store/modules/search/index.js文件中的state中的priceData
                priceData:state=>state.search.priceData,
                //src/store/modules/search/index.js文件中的state中的minPrice
                minPrice:state=>state.search.minPrice,
                //src/store/modules/search/index.js文件中的state中的maxPrice
                maxPrice:state=>state.search.maxPrice,
                //src/store/modules/search/index.js文件中的state中的attrs
                attrs:state=>state.search.attrs
            })
        },
        created(){
            //获取商品分类的数据
            this.getClassify({success:()=>{
                    this.$nextTick(()=>{
                        this.myScroll.refresh();
                    });
            }});
        },
        mounted(){
            this.$refs['screen'].addEventListener("touchmove",this.disableScreenTochmove);
            this.myScroll=new IScroll(this.$refs['screen'], {
                scrollX : false,
                scrollY : true,
                preventDefault : false
            });
        },
        methods:{
            ...mapActions({
                //src/store/modules/goods/index.js文件中的getClassify()方法
                getClassify:"goods/getClassify",
                //src/store/modules/search/index.js文件中的selectClassify()方法
                selectClassify:"search/selectClassify"
            }),
            ...mapMutations({
                //src/store/modules/search/index.js文件中的HIDE_PRICE()方法
                "HIDE_PRICE":"search/HIDE_PRICE",
                //src/store/modules/search/index.js文件中的SELECT_PRICE()方法
                SELECT_PRICE:"search/SELECT_PRICE",
                //src/store/modules/search/index.js文件中的SET_MINPRICE()方法
                SET_MINPRICE:"search/SET_MINPRICE",
                //src/store/modules/search/index.js文件中的SET_MAXPRICE()方法
                SET_MAXPRICE:"search/SET_MAXPRICE",
                //src/store/modules/search/index.js文件中的HIDE_ATTR()方法
                HIDE_ATTR:"search/HIDE_ATTR",
                //src/store/modules/search/index.js文件中的SELECT_ATTR()方法
                SELECT_ATTR:"search/SELECT_ATTR"
            }),
            //操作显示/隐藏价格排序的方法
            selectPrice(){
                this.isPriceOrder=!this.isPriceOrder;
```

```
            },
            //单击价格排序下拉菜单选项，改变字体颜色
            selectPriceOrder(index){
                if(this.priceOrderList.length>0){
                    //样式初始化
                    for(let i=0;i<this.priceOrderList.length;i++){
                        if(this.priceOrderList[i].active){
                            this.priceOrderList[i].active=false;
                            break;
                        }
                    }
                    //改变选中的颜色
                    this.priceOrderList[index].active=true;
                    this.$set(this.priceOrderList,index,this.priceOrderList[index]);
                    this.isSalesOrder=false;              //销量排序样式初始化
                }
            },
            //单击销量排序改变样式
            selectSales(){
                //将字体变成黄色
                this.isSalesOrder=true;
                //隐藏价格排序下拉菜单
                this.isPriceOrder=false;
                //设置价格排序下拉菜单选项的初始化样式
                for(let i=0;i<this.priceOrderList.length;i++){
                    if(this.priceOrderList[i].active){
                        this.priceOrderList[i].active=false;
                        break;
                    }
                }
            },
            //禁用touchmove默认事件
            disableScreenTochmove(e){
                e.preventDefault();
            }
        },
        beforeRouteUpdate(to,from,next){
            //更新搜索关键词
            this.keyword=to.query.keyword;
            next();
        },
        beforeDestroy(){
            this.$refs['screen'].removeEventListener("touchmove",this.disableScreenTochmove);
        }
    }
</script>

<style scoped>
    //CSS样式省略
</style>
```

搜索页面的静态布局和JS动态效果配合Vuex已经完成，在浏览器中渲染的效果如图14.14所示。

图 14.14　静态搜索页面

接下来，对接服务端数据。

14.4.3　完成搜索页面实现数据对接

搜索页面返回的数据比较多，为了性能考虑，需要进行分页处理。移动端最常见的分页获取数据的方式就是上拉加载，当页面滑动到底部时，加载下一页数据。这里使用原生JS实现上拉加载插件，此插件支持PC端和移动端，也支持Vue、React和原生H5。

扫一扫，看视频

下载地址为http://www.lucklnk.com/download/details/aid/399044549，下载完成后找到uprefresh.js文件，将该文件复制到src/assets/js/libs文件夹下。

接下来，在src/api/search/index.js文件中声明从服务端请求数据的接口函数，代码示例如下。

```
import config from '../../assets/js/conf/config';
import {request} from '../../assets/js/utils/request';
    ...
//搜索商品结果
export function getSearchData(data){
    let kwords=data.keyword?data.keyword:"";              //搜索关键词
    let page=data.page?data.page:1;                       //当前页面
    let otype=data.otype?data.otype:"all";
    //排序类型。all:综合, up:从低到高, down:从高到低, sales:销量
    let cid=data.cid?data.cid:"";                         //商品分类的标识
    let price1=data.price1?data.price1:"";               //最低价格
    let price2=data.price2?data.price2:"";               //最高价格
    let param=data.param && data.param!=='[]'?data.param:"";  //所选规格
    //拼接后端所需的URL地址
    let url=config.baseApi+"/home/goods/search?kwords="+kwords+"&param="+param+"&page="+page+"&price1="+price1+"&price2="+price2+"&otype="+otype+"&cid="+cid+"&token="+config.token;
    // console.log(url);
    //如果在开发中传参出现问题，可以在这里将结果打印出来对比接口文档中的参数是否一致，用于调试
    return request(url)
}
```

```
//筛选的商品属性
export function getAttrsData(keyword){
    return request(config.baseApi+"/home/goods/param?kwords="+keyword+"&token="+config.token);
}
```

getSearchData()方法内的参数比较多，在开发时容易出错，可以将拼接好的URL地址打印出来，对比接口文档中的参数值是否正确，来做调试。

接下来对接Vuex，在src/store/modules/search/index.js文件中的完整代码如下。

```
import Vue from 'vue';
import {getHotKeywordData,getSearchData,getAttrsData} from "../../../api/search";

export default {
    namespaced:true,
    state:{
        //如果缓存中有搜索关键词的数据，读取缓存数据并转换成数组形式，否则设置为空数组
        historyKeywords:localStorage['historyKeywords']?JSON.parse(localStorage['historyKeywords
        ']):[],
        //热门关键词
        hotKeywords:[],
        //筛选中的价格区间数据
        priceData:{
            isHide:false,
            items:[
                {price1:1,price2:50,active:false},
                {price1:51,price2:99,active:false},
                {price1:100,price2:300,active:false},
                {price1:301,price2:1000,active:false},
                {price1:1001,price2:4000,active:false},
                {price1:4001,price2:9999,active:false}
            ]
        },
        //最低价
        minPrice:"",
        //最高价
        maxPrice:"",
        attrs:[],                  //商品规格
        searchData:[],             //搜索返回的商品
        cid:"",                    //商品分类的cid
        params:[],                 //选中的规格
        total:0                    //搜索出的商品数量
    },
    mutations:{
        //设置搜索关键词
        ["SET_KEYWORDS"](state,payload){
            //将搜索的历史关键词保存起来，是一个数组形式
            state.historyKeywords=payload.historyKeywords;
            //由于Vuex刷新页面数据会丢失，将搜索关键词保存到缓存中，缓存的值必须为字符串，所以用JSON.
            //stringify将数组转换成字符串
            localStorage['historyKeywords']=JSON.stringify(state.historyKeywords);
        },
        //清除搜索关键词的历史记录
        ["CLEAR_KEYWORDS"](state,payload){
            state.historyKeywords=[];
            localStorage.removeItem("historyKeywords");
        },
```

```
        //设置热门关键词
        ["SET_HOTKEYWORD"](state,payload){
            state.hotKeywords=payload.hotKeywords;
        },
        //显示/隐藏价格
        ["HIDE_PRICE"](state,payload){
            state.priceData.isHide=!state.priceData.isHide
        },
        //选择价格
        ["SELECT_PRICE"](state,payload){
            if(state.priceData.items.length>0){
                for(let i=0;i<state.priceData.items.length;i++){
                    //如果价格数组中的索引与单击后接收的价格索引不相等
                    if(i!==payload.index){
                        //如果priceData.items数组中active属性为true
                        if(state.priceData.items[i].active){
                            //将active设置成false
                            state.priceData.items[i].active=false;
                            break;
                        }
                    }
                }
                //改变选中的价格样式
                state.priceData.items[payload.index].active=!state.priceData.items[payload.
                index].active;
                //解决更新数据视图不能即时渲染的问题
                Vue.set(state.priceData.items,payload.index,state.priceData.items[payload.
                index]);
                //将选中的最低价格赋值给state.minPrice
                state.minPrice=state.priceData.items[payload.index].active?state.priceData.
                items[payload.index].price1:'';
                //将选中的最高价格赋值给state.maxPrice
                state.maxPrice=state.priceData.items[payload.index].active?state.priceData.
                items[payload.index].price2:""
            }
        },
        //设置最低价格
        ["SET_MINPRICE"](state,payload){
            state.minPrice=payload.minPrice;
            //输入的价格必须为数字
            state.minPrice=state.minPrice.replace(/[^\d|\.]/g,'');
        },
        //设置最高价格
        ["SET_MAXPRICE"](state,payload){
            state.maxPrice=payload.maxPrice;
            //输入的价格必须为数字
            state.maxPrice=state.maxPrice.replace(/[^\d|\.]/g,'');
        },
        //显示/隐藏商品属性
        ["HIDE_ATTR"](state,payload){
            state.attrs[payload.index].isHide=!state.attrs[payload.index].isHide;
            Vue.set(state.attrs,payload.index,state.attrs[payload.index]);
        },
        //选择商品属性
        ["SELECT_ATTR"](state,payload){
            state.attrs[payload.index].param[payload.index2].active=!state.attrs[payload.
            index].param[payload.index2].active;
```

```
            Vue.set(state.attrs[payload.index].param,payload.index2,state.attrs[payload.
            index].param[payload.index2]);
        },
        //设置搜索结果
        ["SET_SEARCH_DATA"](state,payload){
            //设置搜索返回的商品
            state.searchData=payload.searchData;
            //设置出的商品数量
            state.total=payload.total;
        },
        //上拉加载数据
        ["SET_SEARCH_DATA_PAGE"](state,payload){
            if(payload.searchData.length>0){
                for(let i=0;i<payload.searchData.length;i++){
                    //添加下一页数据
                    state.searchData.push(payload.searchData[i]);
                }
            }
        },
        //设置商品分类的cid
        ["SET_CID"](state,payload){
            state.cid=payload.cid;
        },
        //设置商品规格
        ["SET_ATTRS"](state,payload){
            state.attrs=payload.attrs;
        },
        //设置选中规格的值
        ["SET_PARAMS"](state,payload){
            if(state.attrs.length>0){
                state.params=[];
                for(let i=0;i<state.attrs.length;i++){
                    for(let j=0;j<state.attrs[i].param.length;j++){
                        if(state.attrs[i].param[j].active){
                            state.params.push(state.attrs[i].param[j].pid);
                        }
                    }
                }
            }
        },
        //筛选全部重置
        ["RESET_SCREEN"](state){
            state.cid="";
            //重置价格
            if(state.priceData.items.length>0){
                for(let i=0;i<state.priceData.items.length;i++){
                    if(state.priceData.items[i].active){
                        state.priceData.items[i].active=false;
                        break;
                    }
                }
                state.minPrice="";
                state.maxPrice="";
            }

            //重置规格
            if(state.attrs.length>0){
```

```
                for(let i=0;i<state.attrs.length;i++){
                    for(let j=0;j<state.attrs[i].param.length;j++){
                        if(state.attrs[i].param[j].active){
                            state.attrs[i].param[j].active=false;
                        }
                    }
                }
                state.params=[];
            }
        }
    },
    actions:{
        //从服务端获取热门关键词
        getHotKeyword(conText,payload){
            getHotKeywordData().then(res=>{
                if(res.code===200){
                    conText.commit("SET_HOTKEYWORD",{hotKeywords:res.data});
                }
            })
        },
        //选择筛选中的分类并且改变选中样式
        selectClassify(conText,payload){
            //conText.rootState可以跨模块获取数据
            if(conText.rootState.goods.classifys.length>0){
                for(let i=0;i<conText.rootState.goods.classifys.length;i++){
                    if(i!==payload.index){
                        if(conText.rootState.goods.classifys[i].active){
                            conText.rootState.goods.classifys[i].active=false;
                            break;
                        }
                    }
                }
                conText.rootState.goods.classifys[payload.index].active=!conText.rootState.goods.
                classifys[payload.index].active;
                Vue.set(conText.rootState.goods.classifys,payload.index,conText.rootState.
                goods.classifys[payload.index]);
                //获取cid
                let cid=conText.rootState.goods.classifys[payload.index].active?conText.
                rootState.goods.classifys[payload.index].cid:"";
                //设置cid
                conText.commit("SET_CID",{cid:cid});
            }
        },
        //获取商品搜索结果
        getSearch(conText,payload){
            getSearchData(payload).then(res=>{
                let pageNum=0;
                if(res.code===200){
                    pageNum=res.pageinfo.pagenum;                //总页数
                    conText.commit("SET_SEARCH_DATA",{searchData:res.data,total:res.pageinfo.
                    total});
                }else{
                    pageNum=0;
                    conText.commit("SET_SEARCH_DATA",{searchData:[],total:0});
                }
                if(payload.success){
                    payload.success(pageNum);
```

```
                    }
                })
        },
        //商品搜索结果分页数据
        getSearchPage(conText,payload){
            getSearchData(payload).then(res=>{
                if(res.code===200){
                    conText.commit("SET_SEARCH_DATA_PAGE",{searchData:res.data});
                }
            })
        },
        //获取商品规格
        getAttrs(conText,payload){
            getAttrsData(payload.keyword).then(res=>{
                if(res.code===200){
                    for(let i=0;i<res.data.length;i++){
                        res.data[i].isHide=false;
                        for(let j=0;j<res.data[i].param.length;j++){
                            res.data[i].param[j].active=false;
                        }
                    }
                    conText.commit("SET_ATTRS",{attrs:res.data});
                }else{
                    conText.commit("SET_ATTRS",{attrs:[]});
                }
                if(payload.success){
                    payload.success();
                }
            })
        },
        //筛选面板重置
        resetScreen(conText){
            //重置分类
            if(conText.rootState.goods.classifys.length>0){
                for(let i=0;i<conText.rootState.goods.classifys.length;i++){
                    if(conText.rootState.goods.classifys[i].active){
                        conText.rootState.goods.classifys[i].active=false;
                        break;
                    }
                }
            }
            conText.commit("RESET_SCREEN");
        }
    }
}
```

接下来，将src/store/modules/search/index.js文件导入store入口文件中并注入Vuex实例选项modules对象中，src/store/index.js文件的代码示例如下。

```
...
import search from "./modules/search";

Vue.use(Vuex);

let store=new Vuex.Store({
    modules:{
        ...
```

```
        search
    }
})
export default store;
```

上面代码中加粗的部分为新增代码，代码注释很清晰，请仔细阅读。接下来将Vuex中的数据对接到src/pages/home/goods/search.vue文件中，代码示例如下。

```
<template>
    <div class='page'>
        <div class='search-top'>
            <div class='search-header'>
                <div class='back' @click="$router.go(-1)"></div>
                <!--是否显示搜索组件-->
                <div class='search-wrap' @click="searchShow.show=true">
                    <div class='search-icon'></div>
                    <!--搜索关键词-->
                    <div class='search-text'>{{keyword}}</div>
                </div>
                <!--是否显示筛选面板-->
                <div class='screen-btn' @click="isScreen=true">筛选</div>
            </div>
            <div class='order-main'>
                <!--价格排序-->
                <div :class="{'order-item':true, active:isPriceOrder}" @click="selectPrice()">
                    <div class="order-text">综合</div>
                    <div class='order-icon'></div>
                    <ul class='order-menu' v-show="isPriceOrder">
                        <li :class="{active:item.active}" v-for="(item,index) in
                        priceOrderList" :key="index" @click="selectPriceOrder(index)">{{item.
                        title}}</li>
                    </ul>
                </div>
                <!--销量排序-->
                <div :class="{'order-item':true ,active:isSalesOrder}" @click="selectSales()">
                    <div class="order-text">销量</div>
                </div>
            </div>
        </div>
        <!--搜索的商品列表-->
        <div class='goods-main'>
            <div class='goods-list' v-for="(item,index) in searchData" :key="index">
                <div class='image'><img src="../../../assets/images/common/lazyImg.jpg" :data-
                echo="item.image"/></div>
                <div class='goods-content'>
                    <div class='goods-title'>{{item.title}}</div>
                    <div class='price'>¥{{item.price}}</div>
                    <div class='sales'>销量<span>{{item.sales}}</span>件</div>
                </div>
            </div>
            <div class="no-data" v-show="searchData.length<=0">没有相关商品！</div>
        </div>
        <!--筛选面板-->
        <div ref="mask" class='mask' v-show="isScreen" @click="isScreen= false"></div>
        <!--是否显示筛选面板-->
        <div ref="screen" :class="isScreen?'screen move':'screen unmove'">
            <div>
```

```
                    <!--商品分类-->
                    <div class='attr-wrap'>
                        <div class='attr-title-wrap' @click="isClassify= !isClassify">
                            <div class='attr-name'>分类</div>
                            <div :class="{'attr-icon':true, up:isClassify}"></div>
                        </div>
                        <div class='item-wrap' v-show="!isClassify">
                            <div v-for="(item,index) in classifys" :key="index" :class="{item:true,
                             active:item.active}" @click="selectClassify({index:index})">{{item.
                             title}}</div>
                        </div>
                    </div>
                    <div style='width:100%;height:1px;backgroundColor:#EFEFEF'></div>
                    <!--价格区间-->
                    <div class='attr-wrap'>
                        <div class='attr-title-wrap' @click="HIDE_PRICE()">
                            <div class='attr-name'>价格区间</div>
                            <div class='price-wrap' @click.stop>
                                <div class='price-input'><input type="tel" placeholder="最低价" :value=
                                 "minPrice" @input="SET_MINPRICE({minPrice:$event.target.value})"
                                 /></div>
                                <div class='price-line'></div>
                                <div class='price-input'><input type="tel" placeholder="最高价" :value=
                                 "maxPrice" @input="SET_MAXPRICE({maxPrice:$event.target.value})"
                                 /></div>
                            </div>
                            <div :class="{'attr-icon':true, up:priceData.isHide}"></div>
                        </div>
                        <div class='item-wrap' v-show="!priceData.isHide">
                            <div :class="{item:true, active:item.active}" v-for="(item,index) in
                             priceData.items" :key="index" @click="SELECT_PRICE({index:index})">
                             {{item.price1}}-{{item.price2}}</div>
                        </div>
                    </div>
                    <div style='width:100%;height:0.3rem;backgroundColor:#EFEFEF'></div>
                    <!--商品规格-->
                    <div>
                        <div class='attr-wrap' v-for="(item,index) in attrs" :key="index">
                            <div class='attr-title-wrap' @click="HIDE_ATTR ({index:index})">
                                <div class='attr-name'>{{item.title}}</div>
                                <div :class="{'attr-icon':true, up:item.isHide}"></div>
                            </div>
                            <div class='item-wrap' v-show="!item.isHide">
                                <div :class="{item:true, active:item2.active}" v-for="(item2,index2)
                                 in item.param" :key="index2" @click="SELECT_ATTR({index:index,index2
                                 :index2})">{{item2.title}}</div>
                            </div>
                            <div style='width:100%;height:1px;backgroundColor:#EFEFEF'></div>
                        </div>
                        <div style='width:100%;height:1.2rem'></div>
                    </div>
                </div>
                <div class="handel-wrap">
                    <div class='item'>共<span>{{total}}</span>件</div>
                    <div class='item reset' @click="resetScreen()">全部重置</div>
                    <div class='item sure' @click="sureSubmit()">确定</div>
                </div>
            </div>
```

```
        <!--搜索组件，isLocal表示在搜索页面调用组件-->
        <my-search :show="searchShow" :isLocal="true"></my-search>
    </div>
</template>

<script>
    import {mapState,mapActions,mapMutations} from 'vuex';
    import MySearch from '../../../components/search';
    import IScroll from '../../../assets/js/libs/iscroll';
    //引入上拉加载插件
    import UpRefresh from '../../../assets/js/libs/uprefresh';
    export default {
        name: "goods-search",
        data() {
            return {
                //获取从搜索组件传入过来的搜索关键词
                keyword: this.$route.query.keyword ? this.$route.query.keyword : "",
                //显示/隐藏搜索组件
                searchShow:{show:false},
                //显示/隐藏价格排序
                isPriceOrder:false,
                //价格排序的数据
                priceOrderList:[
                    {otype:"all",title:"综合",active:true},
                    {otype:"up",title:"价格从低到高",active:false},
                    {otype:"down",title:"价格从高到低",active:false}
                ],
                //销量排序的样式
                isSalesOrder:false,
                //显示/隐藏筛选面板
                isScreen:false,
                //显示/隐藏商品分类的数据
                isClassify:false
            }
        },
        components:{
            MySearch
        },
        computed:{
            ...mapState({
                //src/store/modules/goods/index.js文件中的state对象的classifys属性
                classifys:state=>state.goods.classifys,
                //src/store/modules/search/index.js文件中的state对象的priceData属性
                priceData:state=>state.search.priceData,
                //src/store/modules/search/index.js文件中的state对象的minPrice属性
                minPrice:state=>state.search.minPrice,
                //src/store/modules/search/index.js文件中的state对象的maxPrice属性
                maxPrice:state=>state.search.maxPrice,
                //src/store/modules/search/index.js文件中的state对象的attrs属性
                attrs:state=>state.search.attrs,
                //src/store/modules/search/index.js文件中的state对象的searchData属性
                searchData:state=>state.search.searchData,
                //src/store/modules/search/index.js文件中的state对象的cid属性
                cid:state=>state.search.cid,
                //src/store/modules/search/index.js文件中的state对象的params属性
                params:state=>state.search.params,
                //src/store/modules/search/index.js文件中的state对象的total属性
```

```
                    total:state=>state.search.total
            })
    },
    created(){
        this.otype="all";                          //排序类型默认为综合
        this.pullUp=new UpRefresh();                //实例化上拉加载
        //获取商品分类的数据
        this.getClassify({success:()=>{
                this.$nextTick(()=>{
                    this.myScroll.refresh();
                });
            }});
        //重置筛选面板选中的数据
        this.resetScreen();
        //获取搜索的商品列表
        this.init();
        //获取商品规格
        this.getAttrs({keyword:this.keyword,success:()=>{
                this.$nextTick(()=>{
                    this.myScroll.refresh();
                });
            }})
    },
    mounted(){
        this.$refs['screen'].addEventListener("touchmove",this.disableScreenTochmove);
        this.myScroll=new IScroll(this.$refs['screen'], {
            scrollX : false,
            scrollY : true,
            preventDefault : false
        });
    },
    methods:{
        ...mapActions({
            //src/store/modules/goods/index.js文件中的getClassify()方法
            getClassify:"goods/getClassify",
            //src/store/modules/search/index.js文件中的selectClassify()方法
            selectClassify:"search/selectClassify",
            //src/store/modules/search/index.js文件中的getSearch()方法
            getSearch:"search/getSearch",
            //src/store/modules/search/index.js文件中的getSearchPage()方法
            getSearchPage:"search/getSearchPage",
            //src/store/modules/search/index.js文件中的getAttrs()方法
            getAttrs:"search/getAttrs",
            //src/store/modules/search/index.js文件中的resetScreen()方法
            resetScreen:"search/resetScreen"
        }),
        ...mapMutations({
            //src/store/modules/search/index.js文件中的HIDE_PRICE()方法
            "HIDE_PRICE":"search/HIDE_PRICE",
            //src/store/modules/search/index.js文件中的SELECT_PRICE()方法
            SELECT_PRICE:"search/SELECT_PRICE",
            //src/store/modules/search/index.js文件中的SET_MINPRICE()方法
            SET_MINPRICE:"search/SET_MINPRICE",
            //src/store/modules/search/index.js文件中的SET_MAXPRICE()方法
            SET_MAXPRICE:"search/SET_MAXPRICE",
            //src/store/modules/search/index.js文件中的HIDE_ATTR()方法
            HIDE_ATTR:"search/HIDE_ATTR",
```

```
    //src/store/modules/search/index.js文件中的SELECT_ATTR()方法
    SELECT_ATTR:"search/SELECT_ATTR",
    //src/store/modules/search/index.js文件中的SET_PARAMS()方法
    SET_PARAMS:"search/SET_PARAMS"
}),
//操作显示/隐藏价格排序的方法
selectPrice(){
    this.isPriceOrder=!this.isPriceOrder;
},
//单击价格排序下拉菜单选项，改变字体颜色
selectPriceOrder(index){
    if(this.priceOrderList.length>0){
        //样式初始化
        for(let i=0;i<this.priceOrderList.length;i++){
            if(this.priceOrderList[i].active){
                this.priceOrderList[i].active=false;
                break;
            }
        }
        //改变选中的颜色
        this.priceOrderList[index].active=true;
        this.$set(this.priceOrderList,index,this.priceOrderList[index]);
        this.isSalesOrder=false;            //销量排序样式初始化
        //设置价格排序类型
        this.otype=this.priceOrderList[index].otype;
        //执行搜索商品
        this.init();
    }
},
//单击销量排序改变样式
selectSales(){
    //将字体变成黄色
    this.isSalesOrder=true;
    //隐藏价格排序下拉菜单
    this.isPriceOrder=false;
    //设置价格排序下拉菜单选项的初始化样式
    for(let i=0;i<this.priceOrderList.length;i++){
        if(this.priceOrderList[i].active){
            this.priceOrderList[i].active=false;
            break;
        }
    }
    //设置为按销量排序
    this.otype="sales";
    //执行搜索商品
    this.init();
},
//禁用touchmove默认事件
disableScreenTochmove(e){
    e.preventDefault();
},
//获取搜索商品列表
init(){
    let jsonParams={keyword:this.keyword,otype:this.otype,cid:this.cid,price1:this.
    minPrice,price2:this.maxPrice,param:JSON.stringify(this.params)};
    this.getSearch({...jsonParams,success:(pageNum)=>{
            this.$nextTick(()=>{
                this.$utils.lazyImg();
```

```
                            });
                    //分页curPage:
                    //第一个参数：配置项，当前页码。maxPage：总页数，offsetBottom：距页码底部的距离
                    //第二个参数：回调函数，返回的参数为下一页页码
                    this.pullUp.init({"curPage":1,"maxPage":parseInt(pageNum),
                    "offsetBottom":100},(page)=>{
                        //获取下一页的商品数据
                        this.getSearchPage({...jsonParams,page:page});
                    });
                }});
        },
        //确认搜索
        sureSubmit(){
            //隐藏筛选面板
            this.isScreen=false;
            //设置选择的规格
            this.SET_PARAMS();
            //执行搜索商品
            this.init();
        }
    },
    beforeRouteUpdate(to,from,next){
        //更新搜索关键词
        this.keyword=to.query.keyword;
        //隐藏价格排序
        this.isPriceOrder=false;
        //将排序下拉菜单选项初始化
        if(this.priceOrderList.length>0){
            for(let i=0;i<this.priceOrderList.length;i++){
                if(this.priceOrderList[i].active){
                    this.priceOrderList[i].active=false;
                    break;
                }
            }
        }
        //默认为综合排序
        this.priceOrderList[0].active=true;
        //排序类型设置为综合排序
        this.otype="all";
        //将销量排序样式初始化
        this.isSalesOrder=false;
        //初始化选中的筛选数据
        this.resetScreen();
        //执行搜索商品
        this.init();
        //获取商品规格
        this.getAttrs({keyword:this.keyword,success:()=>{
            this.$nextTick(()=>{
                this.myScroll.refresh();
            });
        }})

        next();
    },
    //页面离开时触发
    beforeDestroy(){
        this.$refs['screen'].removeEventListener("touchmove",this.disableScreenTochmove);
```

```
        //删除上拉加载监听的scroll事件，避免内存溢出
        this.pullUp.uneventSrcoll();
    }
}
</script>

<style scoped>
    //CSS样式省略
</style>
```

上面代码中加粗的部分为新增代码，代码注释很清晰，代码量比较大，建议配合视频学习。商品搜索可以说是非常锻炼逻辑思维的功能，与服务端频繁交互请求数据，拼接参数，设置初始化数据都是搜索页面的难点，至此搜索页面开发完成。

14.5　商品详情

商品详情页面的功能比较多，包括轮播图、商品介绍、商品评价、收藏、选择规格和数量并加入购物车等。

商品详情接口在"接口文档"文件夹中的商品详情.docx文件中。

在商品详情的第二屏需要获取评价数据，商品评价接口在"接口文档"文件夹中的商品评价.docx文件中。

14.5.1　实现加入购物车的抛物线动画效果

商品详情页面的示例如图14.15所示。单击"加入购物车"按钮，弹出选择规格面板，如图14.16所示。

扫一扫，看视频

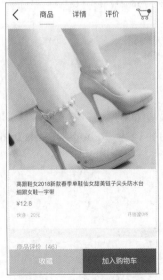

图14.15　商品详情页面

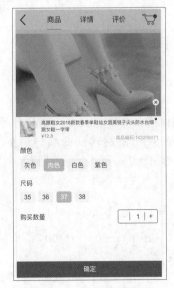

图14.16　选择规格面板

接下来，先创建商品详情页面结构，在src/pages/home/goods文件夹下创建details.vue（商品详情主页面）、details_content.vue（详情内容）、details_item.vue（商品）、details_review.vue（评价）页面，创建完成后，配置路由，在src/router.js文件中新增代码如下。

```
import Vue from 'vue';
import Router from 'vue-router';

Vue.use(Router);

let router=new Router({
    ...
    routes:[
        ...
        {
            path:"/goods/details",
            name:"goods-details",
            component:()=>import("./pages/home/goods/details"),
            redirect:"/goods/details/item",
            children:[
                {
                    path:"item",
                    name:"goods-item",
                    component:()=>import("./pages/home/goods/details_item")
                },
                {
                    path:"content",
                    name:"goods-content",
                    component:()=>import("./pages/home/goods/details_content")
                },
                {
                    path:"review",
                    name:"goods-review",
                    component:()=>import("./pages/home/goods/details_review")
                }
            ]
        }
    ]
});

export default router;
```

配置完路由后，分别在首页、商品分类、搜索商品页面的商品列表视图上添加@click事件，使用$router.push()方法跳转到商品详情页面，跳转的路径为"/goods/details?gid=商品的gid"，src/pages/goods/details.vue文件的代码示例如下。

```
<template>
    <div>
        <div class='details-header'>
            <!--返回-->
            <div class='back' @click="$router.go(-1)"></div>
            <!--选项卡-->
            <div class='tab-wrap'>
                <!--跳转子路由，使用$router.replace()方法跳转页面-->
                <div :class="{'tab-name':true, active:itemStyle}" @click="$router.replace('/
                goods/details?gid='+gid)">商品</div>
```

```
                <div :class="{'tab-name':true, active:contentStyle}" @click= "$router.replace('/
                goods/details/content?gid='+gid)">详情</div>
                <div :class="{'tab-name':true, active:reviewStyle}" @click= "$router.replace('/
                goods/details/review?gid='+gid)">评价</div>
            </div>
            <!--购物车图标-->
            <div id="cart-icon" class='cart-icon'>
                <div class='spot'></div>
            </div>
        </div>
        <!--子路由-->
        <div class="sub-page">
            <router-view></router-view>
        </div>
    </div>
</template>

<script>
    export default {
        data(){
            return {
                //商品的gid
                gid:this.$route.query.gid?this.$route.query.gid:"",
                //选项卡标题的商品样式
                itemStyle:true,
                //选项卡标题的详情样式
                contentStyle:false,
                //选项卡标题的评价样式
                reviewStyle:false
            }
        },
        created(){
            //刷新页面或第一次加载改变选项卡标题的样式
            this.changeTabStyle(this.$route.name);
        },
        methods:{
            //改变选项卡标题的样式
            changeTabStyle(name){
                switch (name) {
                    case "goods-item":                  //如果是商品页面
                        this.itemStyle=true;
                        this.contentStyle=false;
                        this.reviewStyle=false;
                        break;
                    case "goods-content":               //如果是详情页面
                        this.itemStyle=false;
                        this.contentStyle=true;
                        this.reviewStyle=false;
                        break;
                    case "goods-review":                //如果是评价页面
                        this.itemStyle=false;
                        this.contentStyle=false;
                        this.reviewStyle=true;
                        break;
                    default:
                        this.itemStyle=true;
```

```
                      this.contentStyle=false;
                      this.reviewStyle=false;
                      break;
              }
          }
      },
      beforeRouteUpdate(to,from,next){
          //解决URL地址参数改变、地址不改变、数据不更新的问题
          this.changeTabStyle(to.name);
          next();
      }
    }
</script>

<style scoped>
//CSS样式省略
</style>
```

src/pages/goods/details.vue文件页面为商品详情的主路由页面，接下来布局子路由"商品"选项卡的页面。该页面需要使用TweenMax.js文件实现加入购物车时出现抛物线动画的功能，之前在4.2.2小节已经学过，将之前下载好的TweenMax.js文件复制到src/assets/js/libs文件夹中。

接下来，在Vuex中添加静态数据并实现操作视图样式的方法，在src/store/modules/goods/index.js文件中添加的代码如下。

```
import Vue from 'vue';
//服务端接口数据
import {getClassifyData,getGoodsData} from '../../../api/goods';

export default {
    namespaced:true,
    state:{
        ...
        //商品详情页面规格数据
        attrs:[
            {
                title:"颜色",
                values:[
                    {
                        value:"黑色",
                        active:false
                    },
                    {
                        value:"红色",
                        active:false
                    },
                    {
                        value:"白色",
                        active:false
                    }
                ]
            },
            {
                title:"尺码",
                values:[
                    {
```

```
                            value:"36",
                            active:false
                        },
                        {
                            value:"37",
                            active:false
                        },
                        {
                            value:"38",
                            active:false
                        }
                    ]
                }
            ]
        },
        mutations:{
            ...
            //商品详情页面选择商品规格
            ["SELECT_ATTR"](state,payload){
                if(state.attrs.length>0){
                    for(let i=0;i<state.attrs[payload.index].values.length;i++){
                        if(state.attrs[payload.index].values[i].active){
                            state.attrs[payload.index].values[i].active=false;
                            break;
                        }
                    }
                    state.attrs[payload.index].values[payload.index2].active=true;
                    Vue.set(state.attrs[payload.index].values[payload.index2],payload.index2,state.
                    attrs[payload.index].values[payload.index2]);
                }
            }
        },
        ...
    }
```

这时，Vuex中的代码并没有对接服务端请求的数据，只是模拟了商品规格数据和操作选择商品规格的样式效果。接下来，关联到src/pages/home/goods/details_item.vue文件中，代码示例如下。

```
<template>
    <div class="page">
        <!--商品图片轮播图-->
        <div ref="swpier-wrap" class='swpier-wrap swiper-container'>
            <div class="swiper-wrapper">
                <div class="swiper-slide" ><img src="//vueshop.glbuys.com/uploadfiles/
                    1524556409.jpg" alt="" /></div>
                <div class="swiper-slide" ><img src="//vueshop.glbuys.com/uploadfiles/
                    1524556419.jpg" alt="" /></div>
            </div>
            <div ref="swiper-pagination" class="swiper-pagination"></div>
        </div>
        <div class='goods-ele-main'>
            <div class='goods-title'>高跟鞋女2018新款春季单鞋仙女甜美链子尖头防水台细跟女鞋一字带</div>
            <div class='price'>¥288</div>
            <ul class='sales-wrap'>
                <li>快递:20元</li>
                <li>月销量20件</li>
```

```
            </ul>
        </div>
        <div class='reviews-main'>
            <div class="reviews-title">商品评价(20)</div>
            <div class='reviews-wrap'>
                <div class='reviews-list'>
                    <div class='uinfo'>
                        <div class='head'><img alt=""  src="//vueshop.glbuys.com/uploadfiles/
                            1524556409.jpg" /></div>
                        <div class='nickname'>张三</div>
                    </div>
                    <div class='reviews-content'>评价内容</div>
                    <div class='reviews-date'>2019-03-10</div>
                </div>
            </div>
            <div class='reviews-more'>查看更多评价</div>
        </div>
        <div class='bottom-btn-wrap'>
            <div class='btn fav'>收藏</div>
            <div class='btn cart' @click="showPanel()">加入购物车</div>
        </div>
        <!--规格选项面板-->
        <div class='mask' v-show="isPanel" @click="hidePanel()"></div>
        <div ref="cart-panel" :class="isPanel?'cart-panel up':'cart-panel down'">
            <div ref="goods-info" class='goods-info'>
                <div class='close-panel-wrap'>
                    <div class='spot'></div>
                    <div class="line"></div>
                    <div class='close' @click="hidePanel()"></div>
                </div>
                <div ref="goods-img" class='goods-img'>
                    <img src="//vueshop.glbuys.com/uploadfiles/1524556409.jpg" alt="" />
                </div>
                <div class='goods-wrap'>
                    <div class='goods-title'>高跟鞋女2018新款春季单鞋仙女甜美链子尖头防水台细跟女鞋一字
                        带</div>
                    <div class='price'>¥29</div>
                    <div class='goods-code'>商品编码:23123</div>
                </div>
            </div>
            <!--选择商品规格-->
            <div class='attr-wrap'>
                <div class='attr-list' v-for="(item,index) in attrs" :key="index">
                    <div class='attr-name'>{{item.title}}</div>
                    <div class='val-wrap'>
                        <span :class="{'val':true ,'active':item2.active}" v-for="(item2,index2)
                         in item.values" :key="index2" @click="SELECT_ATTR({index:index,index2:i
                         ndex2})">{{item2.value}}</span>
                    </div>
                </div>
            </div>
            <div class='amount-wrap'>
                <div class='amount-name'>购买数量</div>
                <div class="amount-input-wrap">
                    <div :class="amount>1?'btn dec':'btn dec active'" @click="amount>1?
                        --amount:1">-</div>
```

```
                    <div class='amount-input'><input type="tel" :value="amount" @input=
                        "setAmount($event)" /></div>
                    <div class='btn inc' @click="++amount">+</div>
                </div>
            </div>
            <div class='sure-btn' @click="sureSubmit()">确定</div>
        </div>
    </div>
</template>

<script>
    import Vue from 'vue';
    import {mapState,mapMutations} from "vuex";
    import Swiper from '../../../assets/js/libs/swiper';
    import TweenMax from '../../../assets/js/libs/TweenMax';
    import { Toast } from 'vant';
    Vue.use(Toast);
    export default {
        data(){
            return {
                isPanel:false,               //显示/隐藏规格面板
                amount:1                     //商品数量
            }
        },
        created(){
            this.isMove=true;                //抛物线动画状态
        },
        computed:{
            ...mapState({
                //src/store/modules/goods/index.js文件中state的attrs属性
                attrs:state=>state.goods.attrs
            })
        },
        mounted(){
            new Swiper(this.$refs['swpier-wrap'], {
                autoplay: 3000,
                pagination : this.$refs['swiper-pagination'],
                paginationClickable :true,
                autoplayDisableOnInteraction : false
            })
        },
        methods:{
            ...mapMutations({
                //src/store/modules/goods/index.js文件中的SELECT_ATTR方法
                "SELECT_ATTR":"goods/SELECT_ATTR"
            }),
            //显示规格面板
            showPanel(){
                this.isPanel=true;
            },
            //隐藏规格面板
            hidePanel(){
                //如果抛物线动画已结束，隐藏规格面板
                if(this.isMove){
                    this.isPanel=false;
                }
```

```
        },
        //设置数量
        setAmount(e){
            this.amount=e.target.value;
            //数量必须为数字
            this.amount=this.amount.replace(/[^\d]/g,"");
            //如果值为空或值为0，设置为1
            if(!this.amount || this.amount==="0"){
                this.amount=1;
            }
        },
        //确认提交
        sureSubmit(){
            if(this.attrs.length>0){
                let isActive=false;
                for(let i=0;i<this.attrs.length;i++){
                    isActive=false;
                    for(let j=0;j<this.attrs[i].values.length;j++){
                        if(this.attrs[i].values[j].active){
                            isActive=true;
                            break;
                        }
                    }
                    //如果没有选择规格
                    if(!isActive){
                        //提示用户选择规格
                        Toast('请选择'+this.attrs[i].title);
                        break;
                    }
                }
                //如果选中规格
                if(isActive){
                    //添加购物车
                    this.addCart();
                }
            }
        },
        //添加购物车
        addCart(){
            //当没有执行抛物线动画时，执行以下程序
            if(this.isMove){
                this.isMove=false;//动画正在执行时，单击添加购物车不再执行以下程序
                let goodsImg=this.$refs['goods-img'],goodsInfo=this.$refs["goods-info"];
                //克隆图片
                let cloneImg=goodsImg.cloneNode(true);
                //获取src/pages/goods/details.vue文件中的id="cart-icon"的div元素
                let cartIcon=document.getElementById("cart-icon");
                //设置克隆图片的样式
                cloneImg.style.cssText="position:absolute;z-index:10;left:0.2rem;top:0.2rem;wi-
dth:0.4rem;height:0.4rem;";
                //将克隆图片添加到ref="goods-info"的div元素内
                goodsInfo.appendChild(cloneImg);
                //计算克隆图片距cartIcon元素纵轴距离
                let cartTop=window.innerHeight-this.$refs['cart-panel'].offsetHeight;
                //使用TweenMax实现抛物线动画
                TweenMax.to(cloneImg, 2, {bezier:[{x:cloneImg.offsetLeft, y:-100},{x:cartIcon.
offsetLeft, y:-cartTop}],onComplete:()=>{
```

```
                            cloneImg.remove();
                            this.isMove=true;           //动画完成,可以再次执行添加购物车
                        }});
                    //让克隆图片360° 旋转
                    TweenMax.to(cloneImg,0.2,{rotation:360,repeat:-1});
                }
            }
        }
    }
</script>

<style scoped>
    //CSS样式省略
</style>
```

接下来,我们对接从服务端请求的数据。

14.5.2 对接商品详情页面数据

首先在src/api/goods/index.js文件中添加以下代码。

扫一扫,看视频

```
//商品详情
export function getDetailsData(gid=""){
    return request(config.baseApi+"/home/goods/info?gid="+gid+"&type=details&token="+config.
    token);
}

//获取商品规格
export function getSpecData(gid=""){
    return request(config.baseApi+"/home/goods/info?gid="+gid+"&type=spec&token="+config.
    token);
}
```

上面代码获取了请求服务端接口的数据,接下来将其对接到Vuex中,在src/store/modules/goods/index.js文件中修改和添加的代码如下。

```
import Vue from 'vue';
//服务端接口数据
import {getClassifyData,getGoodsData,getDetailsData,getSpecData} from '../../../api/goods';

export default {
    namespaced:true,
    state:{
        ...
        //商品详情页面规格数据
        attrs:[],
        //商品详情数据
        details:{}
    },
    mutations:{
        ...
        //设置商品详情
        ["SET_DETAILS"](state,payload){
            state.details=payload.details;
        },
        //设置商品规格
```

```
        ["SET_ATTRS"](state,payload){
            state.attrs=payload.attrs;
        }
    },
    actions:{
        ...
        //从服务端获取商品详情
        getDetails(conText,payload){
            getDetailsData(payload.gid).then(res=>{
                if(res.code===200){
                    conText.commit("SET_DETAILS",{details:res.data});
                    if(payload.success){
                        payload.success();
                    }
                }
            })
        },
        //从服务端获取商品规格
        getSpec(conText,payload){
            getSpecData(payload.gid).then(res=>{
                if(res.code===200){
                    for(let i=0;i<res.data.length;i++){
                        for(let j=0;j<res.data[i].values.length;j++){
                            res.data[i].values[j].active=false;
                        }
                    }
                    conText.commit("SET_ATTRS",{attrs:res.data});
                }
            })
        }
    }
}
```

上面代码中加粗的部分为新增代码，这里面的代码很简单，有注释，不做过多的解析。

商品页面的第二屏有部分商品评价的数据，我们需要从服务端请求评价接口的数据，在src/api/goods文件夹下创建review.js文件，该文件代码示例如下。

```
import config from "../../assets/js/conf/config";
import {request} from '../../assets/js/utils/request';

//获取商品评价
export function getReviewsData(gid="",page=1) {
    return  request(config.baseApi+"/home/reviews/index?gid="+gid+"&token="+config.
    token+"&page="+page)
}
```

这是一个支持分页的接口，商品页面只需显示第一页的数据即可。

接下来对接到Vuex中，在src/store/modules/goods文件夹下创建review.js文件，该文件代码示例如下。

```
import {getReviewsData} from "../../../api/goods/review";
export default {
    namespaced:true,
    state:{
        reviews:[],                          //评价数据
```

```
            total:0                            //总评价数
    },
    mutations:{
        //设置评价数据和总评价数
        ["SET_REVIEWS"](state,payload){
            state.reviews=payload.reviews;
            state.total=payload.total;
        }
    },
    actions:{
        //从服务端获取评价数据
        getReviews(conText,payload){
            getReviewsData(payload.gid).then(res=>{
                if(res.code===200){              //如果有评价数据
                    //res.pageinfo.total:从服务端获取的总评价数
                    conText.commit("SET_REVIEWS",{reviews:res.data,total:res.pageinfo.total});
                    if(payload.success){
                        payload.success();
                    }
                }else{//如果没有评价数据
                    conText.commit("SET_REVIEWS",{reviews:[],total:0});
                }
            })
        }
    }
}
```

将src/store/modules/goods/review.js文件导入store入口文件中并注入Vuex实例选项modules对象中，在src/store/index.js文件中新增代码如下。

```
import Vue from 'vue';
import Vuex from 'vuex';
...
import goodsReview from "./modules/goods/review";

Vue.use(Vuex);

let store=new Vuex.Store({
    modules:{
        ...
        goodsReview
    }
})
export default store;
```

上面代码中加粗的部分为新增代码，接下来对接到商品页面中，src/pages/home/goods/details_item.vue文件中的完整代码如下。

```
<template>
    <div class="page">
        <!--商品图片轮播图-->
        <div ref="swpier-wrap" class='swpier-wrap swiper-container'>
            <div class="swiper-wrapper">
                <div class="swiper-slide" v-for="(item,index) in details.images" :key="index">
                 <img :src="item" alt="" /></div>
            </div>
```

```html
            <div ref="swiper-pagination" class="swiper-pagination"></div>
        </div>
        <div class='goods-ele-main'>
            <div class='goods-title'>{{details.title}}</div>
            <div class='price'>¥{{details.price}}</div>
            <ul class='sales-wrap'>
                <li>快递:{{details.freight}}元</li>
                <li>月销量{{details.sales}}件</li>
            </ul>
        </div>
        <div class='reviews-main'>
            <div class="reviews-title">商品评价({{total}})</div>
            <div v-show="reviews.length>0">
                <div class='reviews-wrap'>
                    <div class='reviews-list' v-for="(item,index) in reviews" :key="index">
                        <div class='uinfo'>
                            <div class='head'><img alt="" src="../../../assets/images/common/lazyImg.jpg"
                                :data-echo="item.head" /></div>
                            <div class='nickname'>{{item.nickname}}</div>
                        </div>
                        <div class='reviews-content' v-html="item.content"></div>
                        <div class='reviews-date'>{{item.times}}</div>
                    </div>
                </div>
                <div class='reviews-more' @click="$router.replace('/goods/details/
                    review?gid='+gid)">查看更多评价</div>
            </div>
            <div class="no-data" v-show="reviews.length<=0">暂无评价!</div>
        </div>
        <div class='bottom-btn-wrap'>
            <div class='btn fav'>收藏</div>
            <div class='btn cart' @click="showPanel()">加入购物车</div>
        </div>
        <!--规格选项面板-->
        <div class='mask' v-show="isPanel" @click="hidePanel()"></div>
        <div ref="cart-panel" :class="isPanel?'cart-panel up':'cart-panel down'">
            <div ref="goods-info" class='goods-info'>
                <div class='close-panel-wrap'>
                    <div class='spot'></div>
                    <div class="line"></div>
                    <div class='close' @click="hidePanel()"></div>
                </div>
                <div ref="goods-img" class='goods-img'>
                    <img :src="details.images && details.images[0]" alt="" />
                </div>
                <div class='goods-wrap'>
                    <div class='goods-title'>{{details.title}}</div>
                    <div class='price'>¥{{details.price}}</div>
                    <div class='goods-code'>商品编码:{{gid}}</div>
                </div>
            </div>
            <div class='attr-wrap'>
                <div class='attr-list' v-for="(item,index) in attrs" :key="index">
                    <div class='attr-name'>{{item.title}}</div>
                    <div class='val-wrap'>
                        <span :class="{'val':true ,'active':item2.active}" v-for="(item2,index2)
                            in item.values" :key="index2" @click="SELECT_ATTR({index:index,index2:i
                            ndex2})">{{item2.value}}</span>
```

```
                        </div>
                    </div>
                </div>
                <div class='amount-wrap'>
                    <div class='amount-name'>购买数量</div>
                    <div class="amount-input-wrap">
                        <div :class="amount>1?'btn dec':'btn dec active'" @click="amount>1?
                            --amount:1">-</div>
                        <div class='amount-input'><input type="tel" :value="amount" @input="
                            setAmount($event)" /></div>
                        <div class='btn inc' @click="++amount">+</div>
                    </div>
                </div>
                <div class='sure-btn' @click="sureSubmit()">确定</div>
            </div>
        </div>
    </template>

    <script>
        import Vue from 'vue';
        import {mapState,mapMutations,mapActions} from "vuex";
        import Swiper from '../../../assets/js/libs/swiper';
        import TweenMax from '../../../assets/js/libs/TweenMax';
        import { Toast } from 'vant';
        Vue.use(Toast);
        export default {
            data(){
                return {
                    isPanel:false,               //显示/隐藏规格面板
                    amount:1,                    //商品数量
                    //商品的id
                    gid:this.$route.query.gid?this.$route.query.gid:""
                }
            },
            created(){
                this.isMove=true;                //抛物线动画状态
                //获取商品详情, src/store/modules/goods/index.js文件中的getDetails()方法
                this.getDetails({gid:this.gid,success:()=>{
                    this.$nextTick(()=>{
                        new Swiper(this.$refs['swpier-wrap'], {
                            autoplay: 3000,
                            pagination : this.$refs['swiper-pagination'],
                            paginationClickable :true,
                            autoplayDisableOnInteraction : false
                        })
                    });
                }});
                //获取商品规格, src/store/modules/goods/index.js文件中的getSpec()方法
                this.getSpec({gid:this.gid});
                //获取商品评价, src/store/modules/goods/review.js文件中的getReviews()方法
                this.getReviews({gid:this.gid,success:()=>{
                    this.$nextTick(()=> {
                        this.$utils.lazyImg();
                    })
                }});
            },
```

```
computed:{
    ...mapState({
        //src/store/modules/goods/index.js文件中的state对象的attrs属性
        attrs:state=>state.goods.attrs,
        //src/store/modules/goods/index.js文件中的state对象的details属性
        details:state=>state.goods.details,
        //src/store/modules/goods/review.js文件中的state对象的total属性
        total:state=>state.goodsReview.total,
        //src/store/modules/goods/review.js文件中的state对象的reviews属性
        reviews:state=>state.goodsReview.reviews
    })
},
methods:{
    ...mapMutations({
        //src/store/modules/goods/index.js文件中SELECT_ATTR()方法
        "SELECT_ATTR":"goods/SELECT_ATTR"
    }),
    ...mapActions({
        //src/store/modules/goods/index.js文件中的getDetails()方法
        "getDetails":"goods/getDetails",
        //src/store/modules/goods/index.js文件中的getSpec()方法
        getSpec:"goods/getSpec",
        //src/store/modules/goods/review.js文件中的getReviews()方法
        "getReviews":"goodsReview/getReviews"
    }),
    //显示规格面板
    showPanel(){
        this.isPanel=true;
    },
    //隐藏规格面板
    hidePanel(){
        //如果抛物线动画已结束, 隐藏规格面板
        if(this.isMove){
            this.isPanel=false;
        }
    },
    //设置数量
    setAmount(e){
        this.amount=e.target.value;
        //数量必须为数字
        this.amount=this.amount.replace(/[^\d]/g,"");
        //如果值为空或值为0, 设置为1
        if(!this.amount || this.amount==="0"){
            this.amount=1;
        }
    },
    //确认提交
    sureSubmit(){
        if(this.attrs.length>0){
            let isActive=false;
            for(let i=0;i<this.attrs.length;i++){
                isActive=false;
                for(let j=0;j<this.attrs[i].values.length;j++){
                    if(this.attrs[i].values[j].active){
                        isActive=true;
                        break;
                    }
```

```
                    }
                    //如果没有选择规格
                    if(!isActive){
                        //提示用户选择规格
                        Toast('请选择'+this.attrs[i].title);
                        break;
                    }
                }
                //如果选中规格
                if(isActive){
                    //添加购物车
                    this.addCart();
                }
            }
        },
        //添加购物车
        addCart(){
            //当没有执行抛物线动画时，执行以下程序
            if(this.isMove){
                this.isMove=false;//动画正在执行时，单击添加购物车不再执行以下程序
                let goodsImg=this.$refs['goods-img'],goodsInfo=this.$refs["goods-info"];
                //克隆图片
                let cloneImg=goodsImg.cloneNode(true);
                //获取src/pages/goods/details.vue文件中的id="cart-icon"的div元素
                let cartIcon=document.getElementById("cart-icon");
                //设置克隆图片的样式
                cloneImg.style.cssText="position:absolute;z-index:10;left:0.2rem;top:0.2rem;wi-
                dth:0.4rem;height:0.4rem;";
                //将克隆图片添加到ref="goods-info"的div元素内
                goodsInfo.appendChild(cloneImg);
                //计算克隆图片距cartIcon元素纵轴距离
                let cartTop=window.innerHeight-this.$refs['cart-panel'].offsetHeight;
                //使用TweenMax实现抛物线动画
                TweenMax.to(cloneImg, 2, {bezier:[{x:cloneImg.offsetLeft, y:-100},{x:cartIcon.
                offsetLeft, y:-cartTop}],onComplete:()=>{
                        cloneImg.remove();
                        this.isMove=true; //动画完成，可以再次执行添加购物车操作
                }});
                //让克隆图片360° 旋转
                TweenMax.to(cloneImg,0.2,{rotation:360,repeat:-1});
            }
        }
    }
}
</script>

<style scoped>
    //CSS样式省略
</style>
```

上面代码中加粗的部分为新增代码，商品详情页面的逻辑不是很复杂，唯一有难度的就是选择规格和加入购物车时抛物线动画效果。

接下来，开发商品的内容页面，src/pages/home/goods/details_content.vue文件的代码示例如下。

```
<template>
    <div class="page">
        <div class='content' v-html="$store.state.goods.details.bodys"></div>
    </div>
</template>

<script>
    export default {

    }
</script>

<style scoped>
    .page{margin-top:1.2rem;}
    .content{width:90%;margin:0 auto;font-size:0.32rem;line-height:0.5rem;}
</style>
```

这个页面非常简单，商品的内容是从服务端获取，需要支持HTML标签，所以使用v-html指令输出内容。

14.5.3   商品评价数据对接实现上拉加载数据

扫一扫，看视频

接下来，开发商品评价页面。14.5.2小节已经在src/api/goods/review.js文件中获取了服务端接口的数据，这里直接对接Vuex，在src/store/modules/goods/review.js文件中新增代码如下。

```
import {getReviewsData} from "../../../api/goods/review";
export default {
    namespaced:true,
    mutations:{
        ...
        //设置评价分页
        ["SET_REVIEWS_PAGE"](state,payload){
            //添加分页数据
            state.reviews.push(...payload.reviews);
        }
    },
    actions:{
        ...
        //评价分页数据
        getReviewsPage(conText,payload){
            getReviewsData(payload.gid,payload.page).then(res=>{
                if(res.code===200){
                    conText.commit("SET_REVIEWS_PAGE",{reviews:res.data});
                }
            })
        }
    }
}
```

接下来，对接商品评价页面，src/pages/home/goods/details_review.vue文件的代码示例如下。

```
<template>
    <div class="page">
        <div class='reviews-main'>
            <div class="reviews-title">商品评价({{total}})</div>
```

```
                <div class='reviews-wrap' v-show="reviews.length>0">
                    <div class='reviews-list' v-for="(item,index) in reviews" :key="index">
                        <div class='uinfo'>
                            <div class='head'><img src="../../../assets/images/common/lazyImg.jpg"
                                :data-echo="item.head"  /></div>
                            <div class='nickname'>{{item.nickname}}</div>
                        </div>
                        <div class='reviews-content' v-html="item.content"></div>
                        <div class='reviews-date'>{{item.times}}</div>
                    </div>
                </div>
                <div class="no-data" v-show="reviews.length<=0">暂无评价！</div>
            </div>
        </div>
</template>

<script>
    import {mapState,mapActions} from "vuex";
    import UpRefresh from '../../../assets/js/libs/uprefresh';
    export default {
        data(){
            return {
                //获取商品的ID
                gid:this.$route.query.gid?this.$route.query.gid:""
            }
        },
        created(){
            //创建上拉加载实例
            this.pullUp=new UpRefresh();
            //获取Vuex中的商品评价数据
            this.getReviews({gid:this.gid,success:(pageNum)=>{
                this.$nextTick(()=> {
                    this.$utils.lazyImg();              //图片懒加载
                });
                //分页
                this.pullUp.init({"curPage":1,"maxPage":parseInt(pageNum),"offsetBottom":100},
                (page)=>{
                    //获取分页数据
                    this.getReviewsPage({gid:this.gid,page:page});
                });
            }});
        },
        computed:{
            ...mapState({
                //src/store/modules/goods/review.js文件中的state对象的reviews属性
                reviews:state=>state.goodsReview.reviews,
                //src/store/modules/goods/review.js文件中的state对象的total属性
                total:state=>state.goodsReview.total
            })
        },
        methods:{
            ...mapActions({
                //src/store/modules/goods/review.js文件中的getReviews()方法
                "getReviews":"goodsReview/getReviews",
                //src/store/modules/goods/review.js文件中的getReviewsPage()方法
                "getReviewsPage":"goodsReview/getReviewsPage"
            })
        },
```

```
                //页面离开时触发
                beforeDestroy() {
                    //删除上拉加载监听的scroll事件，避免内存溢出
                    this.pullUp.uneventSrcoll();
                }
            }
        </script>

        <style scoped>
            //CSS样式省略
        </style>
```

商品评价页面还是比较简单的，只要能做出上拉加载数据和分页显示数据，基本上就做完了。

14.6　购物车

扫一扫，看视频

　　购物车是电商的核心功能，面试时也会经常问到。开发购物车有两种方式，第一种方式是会员登录后将商品加入购物车，购物车中的商品保存到数据库中进行存储；第二种方式是不需要登录会员，直接将商品加入购物车，购物车中的商品保存到本地缓存。这两种方式的开发思路是一样的，并且都需要使用Vuex进行数据的临时存储，实现组件响应式数据共享。我们采用第二种方式开发购物车。由于数据保存到本地缓存，所以不需要购物车的服务端接口。

　　欣赏一下购物车的最终效果，如图14.17所示。

图 14.17　"购物车"页面

　　"购物车"页面之前已经创建了，这里直接写Vuex中的程序即可。创建src/store/modules/

cart/index.js文件，该文件的代码示例如下。

```javascript
import Vue from 'vue';
export default {
    namespaced:true,
    state:{
        //读取本地缓存的数据
        cartData:localStorage['cartData']?JSON.parse(localStorage['cartData']):[]
    },
    mutations:{
        //添加购物车商品
        ["ADD_ITEM"](state,payload){
            let isSame=false;                          //是否有相同的商品
            if(state.cartData.length>0){               //如果购物车有数据
                for(let i=0;i<state.cartData.length;i++){
                    //已存在购物车的商品ID与新添加购物车的商品ID相等并且规格相等，表示购物车中已有此商品
                    if(state.cartData[i].gid===payload.cartData.gid && JSON.stringify(state.
                    cartData[i].attrs)===JSON.stringify(payload.cartData.attrs)){
                        isSame=true;
                        //增加该商品的数量
                        state.cartData[i].amount=parseInt(state.cartData[i].
                        amount)+parseInt(payload.cartData.amount)
                        break;
                    }
                }
            }
            if(!isSame){                               //如果购物车内没有相同的商品
                //往购物车中添加新的商品
                state.cartData.push(payload.cartData);
            }
            //将购物车中的商品保存到本地缓存
            localStorage['cartData']=JSON.stringify(state.cartData);
        },
        //删除商品
        ["DEL_ITEM"](state,payload){
            state.cartData.splice(payload.index,1);
            localStorage['cartData']=JSON.stringify(state.cartData);
        },
        //更改数量
        ["SET_AMOUNT"](state,payload){
            state.cartData[payload.index].amount=payload.amount;
            //数量必须是数字
            state.cartData[payload.index].amount=parseInt(state.cartData[payload.index].amount.
            replace(/[^\d]/g,""))
            //如果数量为空或0
            if(!state.cartData[payload.index].amount){
                //数量为1
                state.cartData[payload.index].amount=1
            }
            localStorage['cartData']=JSON.stringify(state.cartData);
        },
        //增加数量
        ["INC_AMOUNT"](state,payload){
            state.cartData[payload.index].amount+=1;
            Vue.set(state.cartData,payload.index,state.cartData[payload.index]);
            localStorage['cartData']=JSON.stringify(state.cartData);
        },
```

```
        //减少数量
        ["DEC_AMOUNT"](state,payload){
            state.cartData[payload.index].amount=state.cartData[payload.index].amount>1?--
            state.cartData[payload.index].amount:1;
            Vue.set(state.cartData,payload.index,state.cartData[payload.index]);
            localStorage['cartData']=JSON.stringify(state.cartData);
        },
        //选择商品
        ["SELECT_ITEM"](state,payload){
            state.cartData[payload.index].checked=!state.cartData[payload.index].checked;
            Vue.set(state.cartData,payload.index,state.cartData[payload.index]);
            localStorage['cartData']=JSON.stringify(state.cartData);
        },
        //全选/反选
        ["ALL_SELECT_ITEM"](state,payload) {
            if(state.cartData.length>0){
                for(let i=0;i<state.cartData.length;i++){
                    state.cartData[i].checked=payload.checked;
                }
                localStorage['cartData']=JSON.stringify(state.cartData);
            }
        }


    },
    getters:{
        //计算总金额
        total(state) {
            if (state.cartData.length>0) {
                let total=0;
                for(let i=0;i<state.cartData.length;i++){
                    if(state.cartData[i].checked){
                        total+=state.cartData[i].price*state.cartData[i].amount;
                    }
                }
                return parseFloat(total.toFixed(2));
            }else {
                return 0;
            }
        },
        //计算运费
        freight(state){
            if(state.cartData.length>0){
                let freights=[];
                for(let i=0;i<state.cartData.length;i++){
                    if(state.cartData[i].checked) {
                        //将选中的每个商品的运费添加到数组中
                        freights.push(state.cartData[i].freight);
                    }
                }
                //取最大运费
                return freights.length>0?Math.max.apply(null,freights):0;
            }else{
                return 0;
            }
        }
    }
}
```

上面代码注释很清晰，实现了添加购物车、更改数量、删除购物车中的商品、选择购物车中的商品的功能，使用getter()方法实现了计算总价和计算运费的功能。

将src/store/modules/cart/index.js文件导入store入口文件中并注入Vuex实例选项modules对象中，在src/store/index.js文件中新增代码如下。

```
import Vue from 'vue';
import Vuex from 'vuex';
...
import cart from "./modules/cart";

Vue.use(Vuex);

let store=new Vuex.Store({
    modules:{
        ...
        cart
    }
})
export default store;
```

接下来，在商品详情页面src/pages/home/goods/details.vue文件的右上角购物车图标位置添加@click事件，使用$router.push()方法跳转到"购物车"页面，代码示例如下。

```
<!--购物车图标-->
<div id="cart-icon" class='cart-icon' @click="$router.push('/cart?from=goods_details')">
    <!--如果购物车内有商品，显示红点-->
    <div class='spot' v-show="$store.state.cart.cartData.length>0"></div>
</div>
```

上面代码 "/cart?from=goods_details" 为跳转的路径，后面的参数from作为一个标记，用于在"购物车"页面中判断如果是从商品详情页面跳转到"购物车"页面，在购物车页面左上角显示返回按钮，否则隐藏返回按钮。

在src/pages/home/goods/details_item.vue文件中，添加加入购物车功能代码如下。

```
methods:{
    ...mapMutations({
        //src/store/modules/goods/index.js文件中的SELECT_ATTR()方法
        "SELECT_ATTR":"goods/SELECT_ATTR",
        //src/store/modules/cart/index.js文件中的ADD_ITEM()方法
        ADD_ITEM:"cart/ADD_ITEM"
        }),
    ...
    //添加购物车
    addCart(){
        //当没有执行抛物线动画时，执行以下程序
        if(this.isMove){
            this.isMove=false;              //动画正在执行时，单击添加购物车不再执行以下程序
            let goodsImg=this.$refs['goods-img'],goodsInfo=this.$refs["goods-info"];
            //克隆图片
            let cloneImg=goodsImg.cloneNode(true);
            //获取src/pages/goods/details.vue文件中的id="cart-icon"的div元素
            let cartIcon=document.getElementById("cart-icon");
            //设置克隆图片的样式
            cloneImg.style.cssText="position:absolute;z-index:10;left:0.2rem;top:0.2rem;width:
            0.4rem;height:0.4rem;";
```

```
//将克隆图片添加到ref="goods-info"的div元素内
goodsInfo.appendChild(cloneImg);
//计算克隆图片距cartIcon元素纵轴距离
let cartTop=window.innerHeight-this.$refs['cart-panel'].offsetHeight;
//使用TweenMax实现抛物线动画
TweenMax.to(cloneImg, 2, {bezier:[{x:cloneImg.offsetLeft, y:-100},{x:cartIcon.
offsetLeft, y:-cartTop}],onComplete:()=>{
    cloneImg.remove();


    this.isMove=true;                        //动画完成，可以再次执行添加购物车

    //加入购物车
    let attrs=[],param=[];

    if(this.attrs.length>0){
        //组装选中的规格数据
        for(let i=0;i<this.attrs.length;i++){
            param=[];
            for(let j=0;j<this.attrs[i].values.length;j++){
                if(this.attrs[i].values[j].active){
                    param.push({paramid:this.attrs[i].values[j].vid,title:this.
                    attrs[i].values[j].value})
                }
            }
            attrs.push({attrid:this.attrs[i].attrid,title:this.attrs[i].
            title,param:param})
        }
    }
    //attrs组装后数组数据格式
    /*
    [{
        "attrid": "1034",
        "title": "颜色",
        "param": [{
            "paramid": "1485",
            "title": "蓝色"
        }]
    }, {
        "attrid": "1037",
        "title": "尺码",
        "param": [{
            "paramid": "1488",
            "title": "37"
        }]
    }]
    */
    //购物车数据格式
    let cartData={
        gid:this.gid,                        //商品的ID
        title:this.details.title,            //商品名称
        amount:this.amount,                  //商品数量
        price:this.details.price,            //商品价格
        img:this.details.images[0],          //商品图片
        checked:true,                        //是否勾选。true:勾选, false:未勾选
        freight:this.details.freight,        //商品运费
```

```
                attrs:attrs                          //商品规格
            };
            //添加到Vuex中
            this.ADD_ITEM({cartData:cartData})

        }});
        //让克隆图片360°旋转
        TweenMax.to(cloneImg,0.2,{rotation:360,repeat:-1});
        }
    }
}
```

上面代码中加粗的部分是新增代码，注意组装的数据格式不要写错。接下来就是开发"购物车"页面了，src/pages/home/cart/index.vue文件的代码示例如下。

```html
<template>
    <div class="cart-main">
        <!--导航栏组件,$route.query.from==='goods_details'表示从商品详情页面跳转进入，显示返回图标-->
        <SubHeader title="购物车" :isBack="$route.query.from=== 'goods_details'?true:false"></SubHeader>
        <!--渲染购物车数据-->
        <div class='cart-list' v-for="(item,index) in cartData" :key="index">
            <div :class="{'select-btn':true, 'active':item.checked}" @click="selectItem(index)"></div>
            <div class='image-wrap'>
                <div class='image'><img :src="item.img"/></div>
                <!--删除商品-->
                <div class='del' @click="delItem(index)">删除</div>
            </div>
            <div class='goods-wrap'>
                <!--商品标题-->
                <div class='goods-title'>{{item.title}}</div>
                <!--渲染商品规格-->
                <div class='goods-attr'>
                    <span v-for="(item2,index2) in item.attrs" :key="index2">{{item2.title}}:
                        <template v-for="(item3,index3) in item2.param">{{item3.title}}</template>
                    </span>
                </div>
                <div class='buy-wrap'>
                    <div class='price'>¥{{item.price}}</div>
                    <div class="amount-input-wrap">
                        <!--减少商品数量-->
                        <div :class="item.amount>1?'btn dec':'btn dec active'" @click="DEC_AMOUNT({index:index})">-
                        </div>
                        <div class='amount-input'>
                            <!--更改数量-->
                            <input type="tel" :value="item.amount" @input="SET_AMOUNT({index:index,amount:$event.target.value})"/>
                        </div>
                        <!--增加商品数量-->
                        <div class='btn inc' @click="INC_AMOUNT ({index:index})"> +</div>
                    </div>
                </div>
            </div>
        </div>
```

```
            </div>
            <div class='orderend-wrap'>
                <div class='select-area'>
                    <!--全选按钮-->
                    <div class='select-wrap' @click="allSelect()">
                        <div :class="{'select-btn':true, active:isAllSelect}"></div>
                        <div class='select-text'>全选</div>
                    </div>
                    <div class='total'>运  费:<span>¥{{freight}}</span>  合  计:
                        <span>¥{{total}}</span></div>
                </div>
                <!--如果购物金额大于0可以去结算,否则不能结算-->
                <div :class="total>0?'orderend-btn':'orderend-btn disable'">去结算</div>
            </div>
        </div>
    </template>

    <script>
        import {mapMutations, mapState, mapGetters} from "vuex";
        //导航栏组件
        import SubHeader from "../../../components/sub_header";
        export default {
            data(){
                return {
                    isAllSelect:true                    //全选按钮样式
                }
            },
            created(){
                //检测是否全选
                this.checkAllSelect();
            },
            mounted() {
                //设置标题
                document.title = this.$route.meta.title
            },
            computed: {
                ...mapState({
                    //src/store/modules/cart/index.js文件中的state对象的cartData属性
                    cartData: state => state.cart.cartData
                }),
                ...mapGetters({
                    //src/store/modules/cart/index.js文件中的getters对象的total()方法
                    total: "cart/total",
                    //src/store/modules/cart/index.js文件中的getters对象的freight()方法
                    freight: "cart/freight"
                })
            },
            components: {
                SubHeader
            },
            methods: {
                ...mapMutations({
                    //src/store/modules/cart/index.js文件中的mutations对象的DEL_ITEM()方法
                    DEL_ITEM: "cart/DEL_ITEM",
                    //src/store/modules/cart/index.js文件中的mutations对象的SET_AMOUNT()方法
                    SET_AMOUNT: "cart/SET_AMOUNT",
```

```
                //src/store/modules/cart/index.js文件中的mutations对象的INC_AMOUNT()方法
                INC_AMOUNT: "cart/INC_AMOUNT",
                //src/store/modules/cart/index.js文件中的mutations对象的DEC_AMOUNT()方法
                DEC_AMOUNT: "cart/DEC_AMOUNT",
                //src/store/modules/cart/index.js文件中的mutations对象的SELECT_ITEM()方法
                SELECT_ITEM: "cart/SELECT_ITEM",
                //src/store/modules/cart/index.js文件中的mutations对象的ALL_SELECT_ITEM()方法
                ALL_SELECT_ITEM:"cart/ALL_SELECT_ITEM"
            }),
            //删除商品
            delItem(index) {
                this.DEL_ITEM({index: index});
                this.checkAllSelect();
            },
            //选择商品
            selectItem(index) {
                this.SELECT_ITEM({index: index});
                if(this.cartData.length>0){
                    let isChecked=true;
                    for(let i=0;i<this.cartData.length;i++){
                        if(!this.cartData[i].checked){
                            isChecked=false;
                            break;
                        }
                    }
                    this.isAllSelect=isChecked;
                }else{
                    this.isAllSelect=false;
                }
            },
            //全选
            allSelect(){
                if(this.cartData.length>0){
                    this.isAllSelect=!this.isAllSelect;
                    this.ALL_SELECT_ITEM({checked:this.isAllSelect});
                }w
            },
            //检测是否全选
            checkAllSelect(){
                if(this.cartData.length>0){
                    let isChecked=true;
                    for(let i=0;i<this.cartData.length;i++){
                        if(!this.cartData[i].checked){
                            isChecked=false;
                            break;
                        }
                    }
                    this.isAllSelect=isChecked;
                }else{
                    this.isAllSelect=false;
                }
            }
        }
    }
</script>
```

```
<style scoped>
    //CSS样式省略
</style>
```

以上代码注释很清晰，请仔细阅读。"购物车"页面的逻辑不是很复杂，只需将选中/未选中的逻辑写出来即可，价格的计算在Vuex中使用getters()方法完成。由于导航栏在很多页面都要使用，所以我们封装一个导航栏组件SubHeader，创建src/components/sub_header/index.vue文件，该文件的代码示例如下。

```
<template>
    <div class='sub-header'>
        <!--返回按钮-->
        <div class='back' @click="$router.go(-1)" v-show="isBack"></div>
        <!--导航名称-->
        <div class='title'>{{title}}</div>
        <!--如果右侧有文字，如保存、删除等，显示该元素。在@click事件中添加submit()方法，在父组件中支持
         @click事件-->
        <div class="right-btn" v-if="rightText?true:false" @click= "submit"> {{rightText}}</
         div>
    </div>
</template>

<script>
    export default {
        name: "sub-header",
        props:{
            title:{
                type:String,
                default:""
            },
            isBack:{
                type:Boolean,
                default:true
            },
            rightText:{
                type:String,
                default:""
            }
        },
        methods:{
            submit(){
                //父组件通过自定义submit事件，可以执行@click事件
                this.$emit("submit");
            }
        }
    }
</script>

<style scoped>
    .sub-header{width:100%;height:1rem;background-color:#FFFFFF;display: flex;display:-webkit-flex;align-
    items: center;-webkit-align-items: center;border-bottom: 1px solid #EFEFEF;position: fixed;z-index:
    10;left:0;top:0;justify-content: space-between;padding:0px 0.1rem;box-sizing:border-box}
    .sub-header .back{width:0.8rem;height:0.8rem;background-image:url("../../assets/images/
    home/goods/back.png");background-size:100%;background-repeat: no-repeat;background-
    position: center;}
```

```
    .sub-header .title{width:79%;height:auto;font-size:0.32rem;text-align: center; position:
    absolute;z-index:1;left:50%;top:50%;transform: translate(-50%,-50%))}
    .sub-header .right-btn{width:auto;height:auto;font-size:0.32rem;}
</style>
```

导航栏组件代码比较简单，利用父子组件之间的通信实现了数据交互。

14.7 会员登录与注册

会员登录与注册是常见的功能，使用Vuex配合本地缓存可以轻松地实现会员登录。

会员登录与注册接口在"接口文档"文件夹中的会员登录、注册、修改信息.docx文件中。

14.7.1 会员登录

"会员登录"页面的演示效果如图14.18所示。

扫一扫，看视频

图 14.18 "会员登录"页面

首先请求服务端接口，创建src/api/user/index.js文件，该文件的代码示例如下。

```
import config from "../../assets/js/conf/config";
import {request} from "../../assets/js/utils/request";

//会员登录
export function loginData(data) {
    return request(config.baseApi+"/home/user/pwdlogin?token="+config.token, "post",data)
}

//会员安全认证
export function safeUserData(data) {
    return request(config.baseApi+"/home/user/safe?token="+config.token, "post",data)
}

//安全退出
export function safeOutLoginData(data) {
    return request(config.baseApi+"/home/user/safeout?token="+config.token, "post",data)
}
```

以上3个接口可以完成会员的登录、退出、安全认证（Token验证）功能。

接下来对接到Vuex中，创建src/store/modules/user/index.js文件，该文件的代码示例如下。

```javascript
import {loginData,safeOutLoginData} from "../../../api/user";
let modules={
    namespaced:true,
    state:{
        //会员的ID
        uid:localStorage['uid']?localStorage['uid']:"",
        //会员的昵称
        nickname:localStorage['nickname']?localStorage['nickname']:"",
        //登录状态。true:已登录, false:未登录
        isLogin:localStorage['isLogin']?Boolean(localStorage['isLogin']):false,
        //token值
        authToken:localStorage["authToken"]?localStorage["authToken"]:""
    },
    mutations:{
        //设置登录信息
        ["SET_LOGIN"](state,payload){
            state.uid=payload.uid;
            state.nickname=payload.nickname;
            state.isLogin=payload.isLogin;
            state.authToken=payload.authToken;
            //将登录信息保存到本地缓存
            localStorage["uid"]=payload.uid;
            localStorage['nickname']=payload.nickname;
            localStorage['isLogin']=payload.isLogin;
            localStorage["authToken"]=payload.authToken;
        },
        //退出登录
        ["OUT_LOGIN"](state){
            state.uid="";
            state.nickname="";
            state.isLogin=false;
            state.authToken="";
            localStorage.removeItem("uid");
            localStorage.removeItem("nickname");
            localStorage.removeItem("isLogin");
            localStorage.removeItem("authToken");
        }
    },
    actions:{
        //会员登录
        login(conText,payload){
            loginData(payload).then(res=>{
                // console.log(res);
                if (res.code===200){
                    conText.commit("SET_LOGIN",{uid:res.data.uid,nickname:res.data.nickname,isL-
                    ogin:true,authToken:res.data.auth_token});
                }
                if (payload.success) {
                    payload.success(res)
                }
            })
        },
        //安全退出
        outLogin(conText){
```

```
            safeOutLoginData({uid:conText.state.uid}).then(res=>{
                // console.log(res);
            });
            conText.commit("OUT_LOGIN");
        }
    }
}
export default modules;
```

将src/store/modules/user/index.js文件导入store入口文件中并注入Vuex实例选项modules对象中，在src/store/index.js文件中新增代码如下。

```
import Vue from 'vue';
import Vuex from 'vuex';
...
import user from "./modules/user";

Vue.use(Vuex);

let store=new Vuex.Store({
    modules:{
        ...
        user
    }
})
export default store;
```

接下来，开发登录页面。创建src/pages/home/login/index.vue文件，并在src/router.js文件中配置路由，新增代码如下。

```
import Vue from 'vue';
import Router from 'vue-router';

Vue.use(Router);

let router=new Router({
    ...
    routes:[
        ...
        {
            path:"/login",
            name:"login",
            component:()=>import("./pages/home/login"),
            meta:{keepAlive:false}
        },
    ]
});

export default router;
```

src/pages/home/login/index.vue文件的代码示例如下。

```
<template>
    <div class="page">
        <SubHeader title="会员登录"></SubHeader>
        <div class='main login-main'>
            <div class='code-wrap' style="margin-top:0px"><input type="text" placeholder="手机号"
            v-model="cellphone"/></div>
```

```
            <div class='password-wrap'>
                <div class='password'><input :type="isOpen?'text':'password'" placeholder="密　码"
                 v-model="password" /></div>
                <div class='switch-wrap'>
                    <van-switch v-model="isOpen" active-color="#EB1625" />
                </div>
            </div>
            <div class='sure-btn' @click="doLogin()">登录</div>
            <div class="fastreg-wrap">
                <div><img src="../../../assets/images/home/index/forget.png" alt="忘记密码"/> 忘
                记密码</div>
                <div @click="$router.push('/reg')" ><img src="../../../assets/images/home/
                index/reg.png" alt="快速注册" /> 快速注册</div>
            </div>
        </div>
        </div>
    </div>
</template>

<script>
    import Vue from 'vue';
    import {mapActions} from 'vuex';
    import { Switch,Toast } from 'vant';
    import SubHeader from "../../../components/sub_header";
    Vue.use(Switch);
    Vue.use(Toast);
    export default {
        data(){
            return {
                isOpen:false,
                cellphone:"",
                password:""
            }
        },
        components:{
            SubHeader
        },
        methods:{
            ...mapActions({
                //src/store/modules/user/index.js文件中的login()方法
                login:"user/login"
            }),
            doLogin(){
                if(this.cellphone.match(/^\s*$/)){
                    Toast("请输入手机号");
                    return;
                }
                if(!this.cellphone.match(/^1[0-9][0-9]\d{8}$/)){
                    Toast("您输入的手机号格式不正确");
                    return;
                }
                if(this.password.match(/^\s*$/)){
                    Toast("请输入密码");
                    return;
                }
                //会员登录
                this.login({cellphone:this.cellphone,password:this.password, success:(res)=>{
                        if(res.code===200){              //如果登录成功，返回上一页
```

```
                        this.$router.go(-1);
                }else{                              //登录不成功，打印登录失败信息
                        Toast(res.data);
                }
            }})
        }
      }
   }
</script>

<style scoped>
    //CSS样式省略
</style>
```

登录页面开发完成，输入用户名：13876543210、密码：123456进行登录测试。

最后在首页的"登录"按钮上添加@click事件，使用$router.push()方法跳转到登录页面，在src/pages/home/index/index.vue文件中新增代码如下。

```
<div class="login" @click="$router.push('/login')">登录</div>
```

加粗的部分为新增代码。

14.7.2　会员注册

"会员注册"页面的演示效果如图14.19所示。

扫一扫，看视频

图 14.19　"会员注册"页面

首先获取服务端请求的数据，在src/api/user/index.js文件中新增以下代码。

```
...
//检测图文验证码是否正确
export function checkVCodeData(vcode){
    return request(config.baseApi+"/home/user/checkvcode?token="+config.token, "post",{vcode:vcode})
```

```
    }

    //是否注册过会员
    export function isRegData(username){
        return request(config.baseApi+"/home/user/isreg?token="+config.token,"post",
        {username:username});
    }

    //会员注册
    export function regUserData(data){
        return request(config.baseApi+"/home/user/reg?token="+config.token, "post",data);
    }

    //获取会员信息
    export function getUserInfoData(uid){
        return request(config.baseApi+"/user/myinfo/userinfo/uid/"+uid+"? token="+config.token)
    }
```

接下来对接Vuex，在src/store/modules/user/index.js文件中新增代码如下。

```
import {loginData,safeOutLoginData,checkVCodeData,isRegData,regUserData,getUserInfoData} from
"../../../api/user";
let modules={
    namespaced:true,
    state:{
        //会员的ID
        uid:localStorage['uid']?localStorage['uid']:"",
        //会员的昵称
        nickname:localStorage['nickname']?localStorage['nickname']:"",
        //登录状态。true:已登录, false:未登录
        isLogin:localStorage['isLogin']?Boolean(localStorage['isLogin']):false,
        //token值
        authToken:localStorage["authToken"]?localStorage["authToken"]:"",
        head:"",                                             //头像
        points:0                                             //积分
    },
    mutations:{
        ...
        //退出登录
        ["OUT_LOGIN"](state){
            state.uid="";
            state.nickname="";
            state.isLogin=false;
            state.authToken="";
            state.points=0;
            state.head="";
            localStorage.removeItem("uid");
            localStorage.removeItem("nickname");
            localStorage.removeItem("isLogin");
            localStorage.removeItem("authToken");
            localStorage.removeItem("cartData");          //清除购物车商品
        },
        //设置会员信息
        ["SET_USER_INFO"](state,payload){
            state.head=payload.head;
            state.points=payload.points;
            state.nickname=payload.nickname;
        }
```

```
        },
        actions:{
            ...
            //检测图文验证码
            checkVCode(conText,payload){
                return checkVCodeData(payload.vcode).then(res=>{
                    return res;
                })
            },
            //是否注册会员
            isReg(conText,payload){
                return isRegData(payload.username).then(res=>{
                    return res
                })
            },
            //注册会员
            regUser(conText,payload){
                regUserData(payload).then(res=>{
                    if(payload.success){
                        payload.success(res)
                    }
                })
            },
            //获取会员信息
            getUserInfo(conText,payload){
                getUserInfoData(conText.state.uid).then(res=>{
                    if(res.code===200){
                        conText.commit("SET_USER_INFO",{head:res.data.head,points:res.data.
                        points,nickname:res.data.nickname});
                        if(payload && payload.success){
                            payload.success(res.data);
                        }
                    }
                })
            }
        }
    }
}
export default modules;
```

上面代码中加粗的部分为新增代码。接下来，开发"会员注册"页面，创建src/pages/home/reg/index.vue文件，创建完成后配置路由，在src/router.js文件中新增代码如下。

```
import Vue from 'vue';
import Router from 'vue-router';

Vue.use(Router);

let router=new Router({
    ...
    routes:[
        ...
        {
            path:"/reg",
            name:"reg",
            component:()=>import("./pages/home/reg"),
            meta:{keepAlive:false}
        },
    ]
```

```
    });

    export default router;
```

在src/pages/home/reg/index.vue文件中的代码如下。

```
<template>
    <div class="page">
        <SubHeader title="会员注册"></SubHeader>
        <div class='main'>
            <div class="inputs">
                <input type="text" placeholder="验证码" v-model="vcode" />
                <div class="vcode-img">
                    <!--图文验证码-->
                    <img :src="showCode" @click="changVCode($event)" />
                </div>
            </div>
            <div class='cellphone-wrap'>
                <div class='cellphone'><input type="tel" @input="checkCellphone" placeholder="请输
                    入手机号" v-model="cellphone" /></div>
                <!--获取短信验证码-->
                <div :class="{'code-btn':true, success:isSendMsgCode}" @click="getMsgCode">{{msg
                    CodeText}}</div>
            </div>
            <div class='code-wrap'><input type="text" placeholder="请输入短信验证码" v-model=
                "msgCode" /></div>
            <div class='password-wrap'>
                <div class='password'><input :type="isOpen?'text':'password'" placeholder="请输
                    入密码" v-model="password" /></div>
                <div class='switch-wrap'>
                    <van-switch v-model="isOpen" active-color="#EB1625" />
                </div>
            </div>
            <div class='sure-btn' @click="submit()">注册</div>
        </div>
    </div>
</template>

<script>
    import Vue from 'vue';
    import {mapActions} from "vuex";
    import {Toast,Switch} from "vant";
    import SubHeader from "../../../components/sub_header";
    Vue.use(Toast);
    Vue.use(Switch);
    export default {
        data(){
            return {
                //服务端图文验证码地址
                showCode:this.$config.baseApi+"/vcode/chkcode?token= "+this.$config.token,
                vcode:"",                            //图文验证码
                cellphone:"",                        //手机号
                msgCode:"",                          //短信验证码
                password:"",                         //密码
                isOpen:false,                        //是否明文显示密码
                isSendMsgCode:false,                 //是否可以发送短信验证码
                msgCodeText:"获取短信验证码"            //获取短信验证码文字内容
            }
        },
```

```
components:{
    SubHeader
},
created(){
    this.timer=null;                           //setInterval的变量
},
methods:{
    ...mapActions({
        //src/store/modules/user/index.js文件中的checkVCode()方法
        checkVCode:"user/checkVCode",
        //src/store/modules/user/index.js文件中的isReg()方法
        isReg:"user/isReg",
        //src/store/modules/user/index.js文件中的regUser()方法
        regUser:"user/regUser"
    }),
    //重新获取验证码
    changVCode(e){
        e.target.src=this.$config.baseApi+"/vcode/chkcode?token="+this.$config.
        token+"&random="+new Date().getTime();
        //random参数值为时间戳，目的是清除缓存，每次单击图文验证码可以更新验证码
    },
    //提交注册
    async submit(){
        if(this.vcode.match(/^\s*$/)){
            Toast("请输入图文验证码");
            return;
        }
        //检测图文验证码是否正确
        let vcodeData=await this.checkVCode({vcode:this.vcode});
        if(vcodeData.code!==200){
            Toast("您输入的图文验证码不正确");
            return;
        }
        if(this.cellphone.match(/^\s*$/)){
            Toast("请输入手机号");
            return;
        }
        if(!this.cellphone.match(/^1[0-9][0-9]\d{8}$/)){
            Toast("您输入的手机号格式不正确");
            return;
        }
        //检测手机号是否注册过
        let regData=await this.isReg({username:this.cellphone});
        if(regData.data.isreg==='1'){
            Toast("此手机号已注册过，请更换手机号");
            return;
        }
        if(this.msgCode.match(/^\s*$/)){
            Toast("请输入短信验证码");
            return;
        }
        if(this.password.match(/^\s*$/)){
            Toast("请输入密码");
            return;
        }
        //注册会员
        this.regUser({cellphone:this.cellphone,password:this.password,vcode:this.
        vcode,success:(res)=>{
```

```
                if(res.code===200){    //注册成功跳转到登录页面
                    this.$router.push('/login?from=reg');
                }else{                    //如果注册失败，提示注册失败的信息
                    Toast(res.data);
                }
            }})
        },
        //获取短信验证码
        async getMsgCode(){
            if(this.isSendMsgCode){
                if(this.vcode.match(/^\s*$/)){
                    Toast("请输入图文验证码");
                    return;
                }
                //检测图文验证码是否正确
                let vcodeData=await this.checkVCode({vcode:this.vcode});
                if(vcodeData.code!==200){
                    Toast("您输入的图文验证码不正确");
                    return;
                }
                if(this.cellphone.match(/^\s*$/)){
                    Toast("请输入手机号");
                    return;
                }
                if(!this.cellphone.match(/^1[0-9][0-9]\d{8}$/)){
                    Toast("您输入的手机号格式不正确");
                    return;
                }
                let regData=await this.isReg({username:this.cellphone});
                if(regData.data.isreg==='1'){
                    Toast("此手机号已注册过，请更换手机号");
                    return;
                }
                this.isSendMsgCode=false;
                let time=10;
                this.msgCodeText="重新获取("+time+")";
                this.timer=setInterval(()=>{
                    if(time>0){
                        time--;
                        this.msgCodeText="重新获取("+time+")";
                    }else{
                        //清除定时器
                        clearInterval(this.timer);
                        this.msgCodeText="获取短信验证码";
                        this.isSendMsgCode=true;
                    }
                },1000)
            }
        },
        //验证手机号是否合法，在视图中@input="checkCellphone"地方使用
        checkCellphone(){
            let isChecked=true;
            if(this.cellphone.match(/^\s*$/)){
                isChecked=false;
            }
            if(!this.cellphone.match(/^1[0-9][0-9]\d{8}$/)){
                isChecked=false;
            }
```

```
                    if(isChecked){
                        this.isSendMsgCode=true;
                    }else{
                        this.isSendMsgCode=false;
                    }
                }
            },
            beforeDestroy(){
                //离开页面时清除定时器
                clearInterval(this.timer);
            }
        }
    </script>

    <style scoped>
    //CSS样式省略
    </style>
```

需要注意的是，图文验证码的校验必须符合同源策略才能校验成功，在开发模式下必须配置代理解决跨域的问题，才能校验成功。获取短信验证码，只需将倒计时的效果做出来即可，由于服务端并没有对接短信服务商接口，所以无法获取到短信，短信验证码可以随意填写，服务端并没有做校验。在会员登录页面单击"快速注册"按钮即可跳转到注册页面，进行注册。

14.8　个人中心

"个人中心"页面包含会员登录之后才能进入的页面，如我的订单、个人资料、收货地址管理、绑定手机、修改密码、我的收藏等。

"个人中心"页面的演示效果如图14.20所示。

扫一扫，看视频

图14.20　"个人中心"页面

接下来，开发"个人中心"页面，src/pages/user/ucenter/index.vue文件的代码示例如下。

```html
<template>
    <div>
        <SubHeader title="个人中心" :isBack="false"></SubHeader>
        <div class='user-info-wrap'>
            <div class='head'>
                <img :src="head?head:require('../../../assets/images/user/my/default-head.
                    png')" alt="" />
            </div>
            <div class='nickname'>{{nickname?nickname:'昵称'}}</div>
            <div class='points'>我的积分:{{points}}</div>
        </div>
        <div class='order-name-wrap'>
            <div class='order-name'>全部订单</div>
            <div class='show-order' @click="$router.push('/user/order')">查看全部订单 &gt;</div>
        </div>
        <div class='order-status-wrap'>
            <div class='item' @click="$router.push('/user/order?status=0')">
                <div class='icon wait'></div>
                <div class='text'>待支付</div>
            </div>
            <div class='item' @click="$router.push('/user/order?status=1')">
                <div class='icon take'></div>
                <div class='text'>待收货</div>
            </div>
            <div class='item' @click="$router.push('/user/order/review?status=2')">
                <div class='icon comment'></div>
                <div class='text'>待评价</div>
            </div>
        </div>
        <div class="menu-list-wrap">
            <ul @click="goPage('/user/profile')">
                <li>个人资料</li>
                <li></li>
            </ul>
            <ul @click="goPage('/user/address')">
                <li>收货地址</li>
                <li></li>
            </ul>
            <ul @click="goPage('/user/bind_cellphone')">
                <li>绑定手机</li>
                <li></li>
            </ul>
            <ul @click="goPage('/user/mod_password')">
                <li>修改密码</li>
                <li></li>
            </ul>
            <ul @click="goPage('/user/fav')">
                <li>我的收藏</li>
                <li></li>
            </ul>
            <div class='btn' @click="isLogin?outLogin():goPage('/login')" >{{isLogin?'安全退
                出':'登录/注册'}}</div>
        </div>
    </div>
</template>
```

```
<script>
    import Vue from 'vue';
    import {mapState,mapActions} from "vuex";
    import SubHeader from "../../../components/sub_header";
    import { Dialog } from 'vant';
    Vue.use(Dialog);
    export default {
        mounted(){
            //网站标题
            document.title=this.$route.meta.title
        },
        created(){
            //获取会员信息
            this.getUserInfo();
        },
        methods:{
            ...mapActions({
                //src/store/modules/user/index.js文件中的asyncOutLogin()方法
                asyncOutLogin:"user/outLogin",
                //src/store/modules/user/index.js文件中的getUserInfo()方法
                getUserInfo:"user/getUserInfo"
            }),
            goPage(url){
                //路由跳转页面
                this.$router.push(url)
            },
            //安全退出
            outLogin(){
                Dialog.confirm({
                    title: '',
                    message: '确认要退出吗？'
                }).then(() => {
                    this.asyncOutLogin();
                }).catch(() => {
                    // on cancel
                });
            }
        },
        computed:{
            ...mapState({
                //src/store/modules/user/index.js文件中的state对象的isLogin属性
                isLogin:state=>state.user.isLogin,
                //src/store/modules/user/index.js文件中的state对象的nickname属性
                nickname:state=>state.user.nickname,
                //src/store/modules/user/index.js文件中的state对象的head属性
                head:state=>state.user.head,
                //src/store/modules/user/index.js文件中的state对象的points属性
                points:state=>state.user.points
            })
        },
        components:{
            SubHeader
        },
    }
</script>
```

```
<style scoped>
    //CSS样式省略
</style>
```

个人中心页面很简单，没有什么太复杂的逻辑，注意一下代码加粗的部分，如果<img>元素的src属性值为本地图片路径，需要使用require()函数将图标转换为base64格式进行显示。require()函数并不是JS的函数，只有在Vue脚手架搭建的项目中才能使用。

14.9　确认订单

扫一扫，看视频

在购物车页面中单击"去结算"按钮，进入"确认订单"页面，这个页面显示购物车中已勾选的商品和付款金额，也可以在该页面选择收货地址。

"确认订单"页面的演示效果如图14.21所示。

图 14.21　"确认订单"页面

该页面需要会员登录才能进入，所以需要使用"会员安全认证"接口，该接口在14.7.1小节的src/api/user/index.js文件的safeUserData()函数中请求。

接下来对接到Vuex中，在src/store/modules/user/index.js文件中新增代码如下。

```
import {loginData,safeOutLoginData,checkVCodeData,isRegData,regUserData,getUserInfoData,safeUserData} from "../../../api/user";
let modules={
    namespaced:true,
    ...
    actions:{
        ...
        //会员Token安全认证
```

```
            safeUser(conText,payload){
                safeUserData({uid:conText.state.uid,auth_token:conText.state.authToken}).
                then(res=>{
                    if(res.code!==200){
                        conText.commit("OUT_LOGIN");
                    }
                    if (payload.success){
                        payload.success(res)
                    }
                });
            },
            ...
        }
    }
export default modules;
```

上面代码中加粗的部分为新增代码，会员登录时可以获取到uid和Token，将这两个值存储到Vuex和本地缓存中，然后从Vuex中读取uid和Token，传递给会员的Token认证接口，通过接口与数据库中的uid和Token进行比对，如果相同表示认证成功，否则强制退出登录。

接下来，开发"确认订单"页面，创建src/pages/home/order/index.vue文件，创建完成后，在src/router.js文件中配置路由，新增代码如下。

```
import Vue from 'vue';
import Router from 'vue-router';

Vue.use(Router);

let router=new Router({
    ...
    routes:[
        ...
        {
            path:"/order",
            name:"order",
            component:()=>import("./pages/home/order/index"),
            meta:{auth:true,title:"确认订单"}
        }
    ]
});
router.beforeEach((to,from,next)=>{
    if(to.meta.auth){
        if(Boolean(localStorage['isLogin'])){
            next();
        }else{
            next("/login");
        }
    }else {
        next();
    }
});
export default router;
```

由于"确认订单"页面需要会员登录才能访问，别忘了将meta对象中的auth属性值设置为true，可以在beforeEach全局前置守卫钩子函数中进行会员登录的权限验证。但是这个权限验证并不是很安全，并没有用到Token值，只是使用纯本地缓存的isLogin属性值进行判断，本地缓存中的值可以在Chrome浏览器开发者工具中的Application选项中修改，如果强制地将本地缓存的isLogin属性值改为true，直接可以登录。解决这样的问题，需要使用"会员Token安全认证"接口。如果强制修改本地缓存Token值，则调用该接口与服务端数据库的Token进行比对，如果不相同，则强制退出并跳转到登录页面。

之前在Vuex中已经声明了safeUser()方法，即"会员Token安装认证"的方法，那么如何使用呢？由于这个方法会在很多页面中调用，我们将它放到src/assets/js/utils/index.js文件中全局使用，新增代码如下。

```
...
//会员Token安全认证
function safeUser(_this){
    //src/store/modules/user/index.js文件中的safeUser()方法
    _this.$store.dispatch("user/safeUser",{success:(res)=>{
        if(res.code!==200){
            _this.$router.replace('/login');
        }
    }});
}
export default {
    ...
    safeUser
}
```

接下来，在src/pages/home/order/index.vue文件中使用，该文件的代码示例如下。

```html
<template>
    <div class="page">
        <SubHeader title="确认订单"></SubHeader>
        <div class='main'>
            <!--选择收货地址-->
            <div class='address-wrap' @click="$router.push('/address')">
                <div class='persion-info'>
                    <span>收货人：张三</span><span>13818273552</span>
                </div>
                <div class='address'>
                    <img src="../../../assets/images/home/cart/map.png" alt="收货地址"/><span>北京朝阳</span>
                </div>
                <div v-show="false" class='address-null'>您的收货地址为空,单击添加收货地址</div>
                <div class='arrow'></div>
                <div class='address-border-wrap'>
                    <div class='trapezoid style1'></div>
                    <div class='trapezoid style2'></div>
                    <div class='trapezoid style1'></div>
                    <div class='trapezoid style2'></div>
                    <div class='trapezoid style1'></div>
                    <div class='trapezoid style2'></div>
                    <div class='trapezoid style1'></div>
                    <div class='trapezoid style2'></div>
                    <div class='trapezoid style1'></div>
                    <div class='trapezoid style2'></div>
                </div>
```

```
            </div>
            <!--显示购物车勾选的数据-->
            <div class='goods-wrap'>
                <div class='goods-list' v-for="(item,index) in newCartData" :key="index">
                    <div class='image'><img :src="item.img" alt=""/></div>
                    <div class='goods-param'>
                        <div class='title'>{{item.title}}</div>
                        <div class='attr'>
                            <span v-for="(item2,index2) in item.attrs" :key="index2">{{item2.
                                title}}:
                                <template v-for="(item3,index3) in item2.param">{{item3.
                                    title}}</template>
                            </span>
                        </div>
                        <div class='amount'>x {{item.amount}}</div>
                        <div class='price'>￥{{item.price}}</div>
                    </div>
                </div>
            </div>
            <ul class='total-wrap'>
                <li>商品总额</li>
                <li>￥{{total}}</li>
            </ul>
            <ul class='total-wrap'>
                <li>运费</li>
                <li>￥{{freight}}</li>
            </ul>
        </div>
    </div>
</template>

<script>
    import {mapState,mapGetters} from "vuex";
    import SubHeader from "../../../components/sub_header";
    export default {
        name: "order",
        components:{
            SubHeader
        },
        computed:{
            ...mapState({
                //src/store/modules/cart/index.js文件中的state对象的cartData属性
                cartData:state=>state.cart.cartData
            }),
            ...mapGetters({
                //src/store/modules/cart/index.js文件中的getters对象的total()方法
                total:"cart/total",
                //src/store/modules/cart/index.js文件中的getters对象的freight()方法
                freight:"cart/freight"
            }),
            //购物车页面勾选的商品
            newCartData(){
                if(this.cartData.length>0){
                    let data=this.cartData.filter(item=>{
                        return item.checked
                    })
```

```
                    return data;
                }else{
                    return []
                }
            }
        },
        created(){
            //调用src/assets/js/utils/index.js文件中的safeUse()方法
            this.$utils.safeUser(this);
        },
        mounted(){
            //设置网站标题
            document.title=this.$route.meta.title;
        }
    }
</script>

<style scoped>
    //CSS样式省略
</style>
```

在购物车页面单击"去结算"按钮，跳转到"确认订单"页面，在src/pages/home/cart/index.
vue文件中新增代码如下。

```
<!--如果购物金额大于0可以去结算，否则不能结算-->
<div :class="total>0?'orderend-btn':'orderend-btn disable'" @click= "statement()">去结算</div>
<script>
    export default {
        ...
        methods: {
            ...
            //去结算
            statement(){
                //如果金额大于0，可以跳转到"确认订单"页面
                if(this.total>0){
                    this.$router.push('/order');
                }
            }
        }
    }
</script>
```

上面加粗的代码为新增代码。

14.10 收货地址

在"确认订单"页面中可以选择收货地址，也可以对收货地址进行增、删、改、查。
添加收货地址和修改收货地址中的所在地区字段，需要使用省、市、区三级联动选择
插件，这里我们使用Vant。
收货地址接口在"接口文档"文件夹中的收货地址管理.docx文件中。

14.10.1 收货地址管理

收货地址管理页面的演示效果如图14.22所示。

图 14.22　收货地址管理页面

首先请求收货地址的服务端接口，创建src/api/address/index.js文件，该文件的代码示例如下。

```
import config from "../../assets/js/conf/config";
import {request} from '../../assets/js/utils/request';

//收货地址列表
export function getAddresData(uid){
    return request(config.baseApi+"/user/address/index?uid="+uid+"&token="+config.token);
}

//删除收货地址
export function delAddressData(params){
    return request(config.baseApi+"/user/address/del?uid="+params.uid+"&aid="+params.
    aid+"&token="+config.token);
}
```

接下来对接到Vuex中，创建src/store/modules/address/index.js文件，该文件的代码示例如下。

```
import {getAddresData,delAddressData} from "../../../api/address";
export default {
    namespaced:true,
    state:{
        address:[]              //收货地址数据
    },
    mutations:{
        //设置收货地址数据
        ["SET_ADDRESS"](state,payload){
            state.address=payload.address;
        },
        //删除收货地址
        ["DEL_ADDRESS"](state,payload){
            state.address.splice(payload.index,1);
        }
    },
```

```
    actions:{
        //获取收货地址
        getAddress(conText,payload){
            //conText.rootState.user.uid使用rootState可以跨模块获取数据
            getAddresData(conText.rootState.user.uid).then(res=>{
                if(res.code===200){
                    conText.commit("SET_ADDRESS",{address:res.data});
                }
            })
        },
        //删除收货地址
        delAddress(conText,payload){
            delAddressData({uid:conText.rootState.user.uid,...payload}).then(res=>{
                if(res.code===200){
                    conText.commit("DEL_ADDRESS",{index:payload.index});
                }
            })
        }
    }
}
```

在actions对象中使用conText.rootState可以跨模块获取state对象中的属性，conText.rootState.user.uid表示获取user模块下state对象中的uid属性值。

将src/store/modules/address/index.js文件导入store入口文件中并注入Vuex实例选项modules对象中，src/store/index.js文件的代码示例如下。

```
...
import address from "./modules/address";

Vue.use(Vuex);

let store=new Vuex.Store({
    modules:{
        ...
        address
    }
})
export default store;
```

接下来，开发收货地址管理页面，创建src/pages/home/address/index.vue文件，在src/router.js文件中配置路由，新增代码如下。

```
import Vue from 'vue';
import Router from 'vue-router';

Vue.use(Router);

let router=new Router({
    ...
    routes:[
        ...
        {
            path:"/address",
            name:"address",
            component:()=>import("./pages/home/address/index"),
```

```
                meta:{auth:true,title:"选择收货地址"}
        },
    ]
});
...
export default router;
```

此页面也需要会员登录后才能访问，别忘了将auth属性值设置为true。

接下来开发收货地址管理页面，在src/pages/home/address/index.vue文件中的代码如下。

```
<template>
    <div class="page">
        <SubHeader title="选择收货地址"></SubHeader>
        <div class='main'>
            <div class='address-nav'>
                <div class='address-nav-name-1'>配送地址</div>
                <div class='address-nav-name-2' @click="$router.push('/address/add')">+添加收货
                    地址</div>
            </div>
            <!--收货地址列表-->
            <div class='address-list' v-for="(item,index) in address" :key="index">
                <div class='address-info-wrap'>
                    <!--item.isdefault==='1'表示默认收货地址-->
                    <div class='check-mark' v-if="item.isdefault === '1'?true:false"></div>
                    <div :class="{'address-info':true, 'default':item.isdefault==='1'?true:false}">
                        <div class='person'><span>{{item.name}}</span><span>{{item.
                            cellphone}}</span></div>
                        <div class='address'>
                            <span class='default' v-if="item.isdefault ==='1'?true:false">默认</
                                span>
                            <span class='text'>北京朝阳</span>
                        </div>
                    </div>
                </div>
                <div class='handle-wrap'>
                    <!--修改收货地址-->
                    <div class='edit' @click="$router.push('/address/mod')"></div>
                    <!--删除收货地址-->
                    <div class='del' @click="delAddress(index,item.aid)"></div>
                </div>
            </div>
            <div class="no-data" v-show="false">您还没有添加收货地址! </div>
        </div>
    </div>
</template>

<script>
    import {mapActions,mapState} from "vuex";
    import { Dialog } from 'vant';
    import SubHeader from "../../../components/sub_header";
    export default {
        name: "my-address",
        components:{
            SubHeader
        },
        created(){
```

```
            //会员Token安全认证
            this.$utils.safeUser(this);
            //获取收货地址
            this.getAddress();
        },
        mounted(){
            //设置网站标题
            document.title=this.$route.meta.title;
        },
        computed:{
            ...mapState({
                //src/store/modules/address/index.js文件中的state对象的address属性
                address:state=>state.address.address
            })
        },
        methods:{
            ...mapActions({
                //src/store/modules/address/index.js文件中的actions对象的getAddress()方法
                getAddress:"address/getAddress",
                //src/store/modules/address/index.js文件中的actions对象的asyncDelAddress()方法
                asyncDelAddress:"address/delAddress"
            }),
            //删除收货地址
            delAddress(index,aid){
                Dialog.confirm({
                    title: '',
                    message: '确认要删除吗？'
                }).then(() => {
                    //确认删除收货地址
                    this.asyncDelAddress({index:index,aid:aid})
                }).catch((()=>{

                })
            }
        }
    }
</script>

<style scoped>
    //CSS样式省略
</style>
```

　　收货地址管理页面可以显示已添加的收货地址数据，也可以对已有的地址进行删除，单击"添加收货地址"按钮，可以进入添加收货地址页面。

14.10.2　添加收货地址

扫一扫，看视频

　　先看一下"添加收货地址"页面的演示效果，如图14.23所示；再看一下单击"请选择所在地区"输入框的显示效果，如图14.24所示。

图 14.23 "添加收货地址"页面 　　　　图 14.24 请选择所在地区

首先，请求服务端接口，在src/api/address/index.js文件中新增以下代码。

```
//添加收货地址
export function addAddressData(params){
    return request(config.baseApi+"/user/address/add?token="+config.token, "post",params);
}
```

接下来，对接到Vuex中，在src/store/modules/address/index.js文件中新增代码如下。

```
import {getAddresData,delAddressData,addAddressData} from "../../../api/address";
export default {
    ...
    actions:{
        ...
        //添加收货地址
        addAddress(conText,payload){
            addAddressData({uid:conText.rootState.user.uid,...payload}).then(res=>{
                if(payload.success){
                    payload.success(res);
                }
            })
        }
    }
}
```

接下来，开发"添加收货地址"页面。创建src/pages/home/address/add.vue文件，创建完成后，配置路由，在src/router.js文件中新增代码如下。

```
import Vue from 'vue';
import Router from 'vue-router';

Vue.use(Router);

let router=new Router({
```

```
    ...
    routes:[
        ...
        {
            path:"/address/add",
            name:"address-add",
            component:()=>import("./pages/home/address/add"),
            meta:{auth:true,title:"添加收货地址"}
        }
    ]
});

export default router;
```

　　配置完路由，接下来开发"添加收货地址"页面。"添加收货地址"页面的字段中有选择所在地区，需要省、市、区的数据源，将12.2.4小节中下载好的area.js文件复制到src/assets/data文件夹中，src/pages/home/address/add.vue文件的代码示例如下。

```
<template>
    <div class="page">
        <SubHeader title="添加收货地址"></SubHeader>
        <div class='main'>
            <ul>
                <li>收货人</li>
                <li><input type="text" placeholder="收货人姓名" v-model="name" /></li>
            </ul>
            <ul>
                <li>联系方式</li>
                <li><input type="text" placeholder="联系人手机号" v-model= "cellphone" /></li>
            </ul>
            <ul>
                <li>所在地区</li>
                <li>
                    <input type="text" placeholder="请选择所在地区" class='area' readOnly :value=
                    "showArea" @click="isArea=true" />
                </li>
            </ul>
            <ul>
                <li>详细地址</li>
                <li><input type="text" placeholder="街道详细地址" v-model= "address" /></li>
            </ul>
            <ul>
                <li>设置为默认地址</li>
                <li><input type="checkbox" v-model="isDefault"/></li>
            </ul>
            <button type="button" class='submit-save' @click="submit()">保存</button>
        </div>
        <!--所在地区的省、市、区选择-->
        <van-popup v-model="isArea">
            <van-area :area-list="areaList" @cancel="isArea=false" @confirm="selectArea" />
            </van-popup>
    </div>
</template>

<script>
    import Vue from "vue";
```

```
import {mapActions} from "vuex";
import {Toast,Area,Popup} from "vant";
import SubHeader from "../../../components/sub_header";
//省、市、区数据源
import areaData from '../../../assets/data/area';
Vue.use(Area);
Vue.use(Popup);
export default {
    name: "address-add",
    data(){
        return {
            name:"",                    //收货人
            cellphone:"",               //手机号
            showArea:"",                //所在地区
            address:"",                 //详细地址
            isDefault:false,            //设置为默认地址
            areaList:areaData,          //省、市、区列表
            isArea:false,               //是否显示省、市、区选择
            province:"",                //省
            city:"",                    //市
            area:""                     //区
        }
    },
    created(){
        //会员Token安全认证
        this.$utils.safeUser(this);
        this.isSubmit=true;             //防止重复提交
    },
    components:{
        SubHeader
    },
    methods:{
        ...mapActions({
            //src/store/modules/address/index.js文件中的actions对象的addAddress()方法
            addAddress:"address/addAddress"
        }),
        submit(){
            if(this.name.match(/^\s*$/)){
                Toast("请输入收货人姓名");
                return;
            }
            if(this.cellphone.match(/^\s*$/)){
                Toast("请输入联系人手机号");
                return;
            }
            if(!this.cellphone.match(/^1[0-9][0-9]\d{8}$/)){
                Toast("您输入的手机号格式不正确");
                return;
            }
            if(this.showArea.match(/^\s*$/)){
                Toast("请选择所在地区");
                return;
            }
            if(this.address.match(/^\s*$/)){
                Toast("请输入详细地址");
                return;
            }
```

```
            if(this.isSubmit){
                this.isSubmit=false;//可以防止网速慢时，多次单击"保存"按钮重复提交数据的问题
                //添加收货地址
                this.addAddress({name:this.name,cellphone:this.cellphone,province:this.
                province,area:this.area,city:this.city,address:this.
                address,isdefault:this.isDefault?"1":"0",success:(res)=>{
                        if(res.code===200){
                            Toast({
                                duration:2000,
                                message:"添加成功！",
                                onClose:()=>{
                                    this.$router.go(-1);
                                }
                            })
                        }
                }})
            }
        },
        //选择所在地区
        selectArea(val){
            this.isArea=false;
            let tmpVal=[];
            if(val.length>0){
                for(let i=0;i<val.length;i++){
                    tmpVal.push(val[i].name);
                }
                this.province=tmpVal[0];
                this.city=tmpVal[1];
                this.area=tmpVal[2];
            }
            this.showArea=tmpVal.join(" ");
        }
    }
}
</script>

<style scoped>
    //CSS样式省略
</style>
```

注意上面代码中加粗的部分this.isSubmit变量可以防止网速慢时，多次单击"保存"按钮重复提交数据的问题，这个知识点面试时有可能会问到，逻辑不是很复杂，请仔细阅读代码。

扫一扫，看视频

14.10.3　修改收货地址

进入收货地址管理页面，单击"修改"按钮进入"修改收货地址"页面，如图14.25所示。

图 14.25　进入"修改收货地址"页面

单击图14.25方框位置可以进入"修改收货地址"页面，看一下该位置的代码，src/pages/

home/address/index.vue文件的代码如下。

```
<!--修改收货地址-->
<div class='edit' @click="$router.push('/address/mod?aid='+item.aid)"></div>
```

"修改收货地址"页面的UI样式和添加收货地址是一样的，这里就不再做演示。先请求服务端接口，在src/api/address/index.js文件中新增代码如下。

```
//收货地址详情
export function getAddressInfoData(params){
    return request(config.baseApi+"/user/address/info?uid="+params.uid+"&aid="+params.
    aid+"&token="+config.token);
}

//修改收货地址
export function modAddressData(params){
    return request(config.baseApi+"/user/address/mod?token="+config.token,"post",params);
}
```

修改收货地址，需要两个接口完成，第一个查看收货地址详情接口，当进入"修改收货地址"页面时可以看到已添加的数据，第二个修改收货地址接口，将修改过的内容提交到数据库。

接下来对接到Vuex中，在src/store/modules/address/index.js文件中新增代码如下。

```
import {getAddresData,delAddressData,addAddressData,getAddressInfoData,modAddressData} from
"../../../api/address";
export default {
    ...
    actions:{
        ...
        //收货地址详情
        getAddressInfo(conText,payload){
            getAddressInfoData({uid:conText.rootState.user.uid,...payload}).then(res=>{
                if(res.code===200){
                    if(payload.success){
                        payload.success(res);
                    }
                }
            })
        },
        //修改收货地址
        modAddress(conText,payload){
            modAddressData({uid:conText.rootState.user.uid,...payload}).then(res=>{
                if(payload.success){
                    payload.success(res);
                }
            })
        }
    }
}
```

上面代码中加粗的部分是新增代码，接下来开发"修改收货地址"页面，创建src/pages/address/mod.vue文件，在src/router.js文件中配置路由，该文件新增代码如下。

```
import Vue from 'vue';
import Router from 'vue-router';
```

```
Vue.use(Router);

let router=new Router({
    ...
    routes:[
        ...
        {
            path:"/address/mod",
            name:"address-mod",
            component:()=>import("./pages/home/address/mod"),
            meta:{auth:true,title:"修改收货地址"}
        }
    ]
});

export default router;
```

路由配置完成后，接着开发"修改收货地址"页面，src/pages/home/address/mod.vue文件的代码示例如下。

```
<template>
    <div class="page">
        <SubHeader title="修改收货地址"></SubHeader>
        <div class='main'>
            <ul>
                <li>收货人</li>
                <li><input type="text" placeholder="收货人姓名" v-model="name" /></li>
            </ul>
            <ul>
                <li>联系方式</li>
                <li><input type="text" placeholder="联系人手机号" v-model= "cellphone" /></li>
            </ul>
            <ul>
                <li>所在地区</li>
                <li>
                    <input type="text" placeholder="请选择所在地区" class='area' readOnly :value=
                    "showArea" @click="isArea=true" />
                </li>
            </ul>
            <ul>
                <li>详细地址</li>
                <li><input type="text" placeholder="街道详细地址" v-model= "address" /></li>
            </ul>
            <ul>
                <li>设置为默认地址</li>
                <li><input type="checkbox" v-model="isDefault"/></li>
            </ul>
            <button type="button" class='submit-save' @click="submit()">修改</button>
        </div>
        <van-popup v-model="isArea">
            <van-area :area-list="areaList" @cancel="isArea=false" @confirm="selectArea" />
        </van-popup>
    </div>
</template>

<script>
    import Vue from "vue";
```

```
import {mapActions} from "vuex";
import {Toast,Area,Popup} from "vant";
import SubHeader from "../../../components/sub_header";
import areaData from '../../../assets/data/area';
Vue.use(Area);
Vue.use(Popup);
export default {
    name: "address-mod",
    data(){
        return {
            name:"",                    //收货人
            cellphone:"",               //手机号
            showArea:"",                //所在地区
            address:"",                 //详细地址
            isDefault:false,            //设置为默认地址
            areaList:areaData,          //省、市、区列表
            isArea:false,               //是否显示省、市、区选择
            province:"",                //省
            city:"",                    //市
            area:""                     //区
        }
    },
    created(){
        //会员Token安全认证
        this.$utils.safeUser(this);
        this.isSubmit=true;
        //获取收货地址的ID
        this.aid=this.$route.query.aid?this.$route.query.aid:"";
        //获取收货地址详情
        this.getAddressInfo({aid:this.aid,success:(res)=>{
            this.name=res.data.name;
            this.cellphone=res.data.cellphone;
            this.showArea=res.data.province+" "+res.data.city+" "+res.data.area;
            this.address=res.data.address;
            this.province=res.data.province;
            this.city=res.data.city;
            this.area=res.data.area;
            this.isDefault=res.data.isdefault==='1'?true:false;
        }});
    },
    mounted(){
        document.title=this.$route.meta.title;
    },
    components:{
        SubHeader
    },
    methods:{
        ...mapActions({
            modAddress:"address/modAddress",
            getAddressInfo:"address/getAddressInfo"
        }),
        submit(){
            if(this.name.match(/^\s*$/)){
                Toast("请输入收货人姓名");
                return;
            }
```

```
            if(this.cellphone.match(/^\s*$/)){
                Toast("请输入联系人手机号");
                return;
            }
            if(!this.cellphone.match(/^1[0-9][0-9]\d{8}$/)){
                Toast("您输入的手机号格式不正确");
                return;
            }
            if(this.showArea.match(/^\s*$/)){
                Toast("请选择所在地区");
                return;
            }
            if(this.address.match(/^\s*$/)){
                Toast("请输入详细地址");
                return;
            }
            if(this.isSubmit){
                this.isSubmit=false;
                //修改收货地址
                this.modAddress({aid:this.aid,name:this.name,cellphone:this.cellphone,
                province:this.province,area:this.area,city:this.city,address:this.address,
                isdefault:this.isDefault?"1":"0",success:(res)=>{
                    if(res.code===200){
                        Toast({
                            duration:2000,
                            message:"修改成功！",
                            onClose:()=>{
                                this.$router.go(-1);
                            }
                        })
                    }
                }})
            }

        },
        //选择所在地区
        selectArea(val){
            this.isArea=false;
            let tmpVal=[];
            if(val.length>0){
                for(let i=0;i<val.length;i++){
                    tmpVal.push(val[i].name);
                }
                this.province=tmpVal[0];
                this.city=tmpVal[1];
                this.area=tmpVal[2];
            }
            this.showArea=tmpVal.join(" ");
        }
    }
}
</script>

<style scoped>
    //CSS样式省略
</style>
```

修改收货地址和添加收货地址的开发思路差不多，比较简单，这里就不做过多的解释。

14.10.4 选择收货地址

在收货地址管理页面单击要选择的地址，跳转到"确认订单"页面，如图14.26所示。

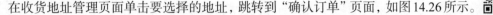

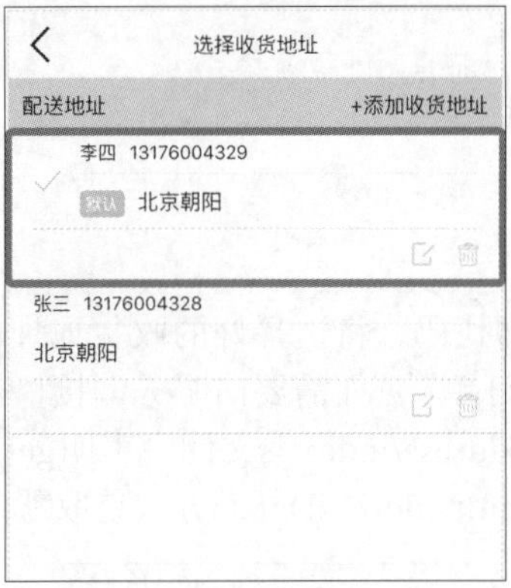

图 14.26 选择收货地址

单击图14.26方框位置，选择并跳转到"确认订单"页面，看一下该位置的代码，src/pages/home/address/index.vue文件的代码示例如下。

```
<template>
...
<!--收货地址列表-->
<template v-show="address.length>0">
<!--selectAddress()方法：选择收货地址-->
    <div class='address-list' v-for="(item,index) in address" :key="index" @click=
    "selectAddress(item.aid)">
        <div class='address-info-wrap'>
            <!--item.isdefault==='1'表示默认收货地址-->
            <div class='check-mark' v-if="item.isdefault==='1'?true:false"></div>
            <div :class="{'address-info':true, 'default':item.isdefault=== '1'?true:false}">
                <div class='person'><span>{{item.name}}</span><span>{{item.cellphone}}</
                 span></div>
                <div class='address'>
                    <span class='default' v-if="item.isdefault==='1'? true:false">默认</span>
                    <span class='text'>北京朝阳</span>
                </div>
            </div>
        </div>
        <div class='handle-wrap'>
            <!--修改收货地址，@click.stop防止冒泡事件-->
            <div class='edit' @click.stop="$router.push('/address/mod?aid= '+item.aid)"></div>
            <!--删除收货地址，@click.stop防止冒泡事件-->
            <div class='del'  @click.stop="delAddress(index,item.aid)"></div>
        </div>
    </div>
</template>
<div class="no-data" v-show="address.length<=0">您还没有添加收货地址！</div>
...
```

```
    </template>
    <script>
        ...
        export default{
            methods:{
                ...
                //选择收货地址
                selectAddress(aid){
                    sessionStorage['addsid']=aid;
                    this.$router.go(-1);
                }
            }
        }
    </scriipt>
```

上面代码中加粗的部分为新增代码，将选择好的收货地址aid存储到sessionStorage中，并跳转到"确认订单"页面，在"确认订单"页面需要向服务端接口获取默认收货地址和收货地址详情的数据。之前我们已经在src/api/address/index.js文件中声明getAddressInfoData()方法获取收货地址详情的数据，接下来新增getDefaultAddressData()方法获取默认收货地址的数据，代码示例如下。

```
//获取默认地址
export function getDefaultAddressData(uid){
    return request(config.baseApi+"/user/address/defaultAddress?uid="+uid+"&token="+config.
    token);
}
```

接下来对接到Vuex中，在src/store/modules/address/index.js文件中的新增代码如下。

```
import {getAddresData,delAddressData,addAddressData,getAddressInfoData,modAddressData,getDefaultAd
dressData} from "../../../api/address";
export default {
    ...
    actions:{
        ...
        //获取默认收货地址
        getDefaultAddress(conText,payload){
            getDefaultAddressData(conText.rootState.user.uid).then(res=>{
                if(res.code===200){
                    if(payload.success){
                        payload.success(res);
                    }
                }
            })
        }
    }
}
```

上面代码中加粗的部分为新增代码。接下来对接到"确认订单"页面，src/pages/home/order/index.vue文件的完整代码如下。

```
<template>
    <div class="page">
        <SubHeader title="确认订单"></SubHeader>
        <div class='main'>
            <!--选择收货地址-->
            <div class='address-wrap' @click="$router.push('/address')">
```

```
            <div class='persion-info' v-show="name?true:false">
                <span>收货人:{{name}}</span><span>{{cellphone}}</span>
            </div>
            <div class='address'  v-show="name?true:false">
                <img src="../../../assets/images/home/cart/map.png" alt="收货地址"/><span>
                    {{showArea}}</span>
            </div>
            <div v-show="!name?true:false" class='address-null'>您的收货地址为空,单击添加收货地
                址</div>
            <div class='arrow'></div>
            <div class='address-border-wrap'>
                <div class='trapezoid style1'></div>
                <div class='trapezoid style2'></div>
                <div class='trapezoid style1'></div>
                <div class='trapezoid style2'></div>
                <div class='trapezoid style1'></div>
                <div class='trapezoid style2'></div>
                <div class='trapezoid style1'></div>
                <div class='trapezoid style2'></div>
                <div class='trapezoid style1'></div>
                <div class='trapezoid style2'></div>
            </div>
        </div>
        <!--显示购物车勾选的数据-->
        <div class='goods-wrap'>
            <div class='goods-list' v-for="(item,index) in newCartData" :key="index">
                <div class='image'><img :src="item.img" alt=""/></div>
                <div class='goods-param'>
                    <div class='title'>{{item.title}}</div>
                    <div class='attr'>
                        <span v-for="(item2,index2) in item.attrs" :key= "index2">{{item2.
                            title}}:
                            <template v-for="(item3,index3) in item2.param">{{item3.
                                title}}</template>
                        </span>
                    </div>
                    <div class='amount'>x {{item.amount}}</div>
                    <div class='price'> ¥{{item.price}}</div>
                </div>
            </div>
        </div>
        <ul class='total-wrap'>
            <li>商品总额</li>
            <li> ¥{{total}}</li>
        </ul>
        <ul class='total-wrap'>
            <li>运费</li>
            <li> ¥{{freight}}</li>
        </ul>
        </div>
    </div>
</template>

<script>
    import {mapState,mapGetters,mapActions} from "vuex";
    import SubHeader from "../../../components/sub_header";
    export default {
```

```
        name: "order",
        data(){
            return {
                aid:sessionStorage['addsid'], //收货地址的aid
                name:"",                                        //收货人姓名
                cellphone:"",                                   //收货人手机号
                showArea:""                                     //收货地址
            }
        },
        components:{
            SubHeader
        },
        computed:{
            ...mapState({
                //src/store/modules/cart/index.js文件中的state对象的cartData属性
                cartData:state=>state.cart.cartData
            }),
            ...mapGetters({
                //src/store/modules/cart/index.js文件中的getters对象的total()方法
                total:"cart/total",
                //src/store/modules/cart/index.js文件中的getters对象的freight()方法
                freight:"cart/freight"
            }),
            //购物车页面勾选的商品
            newCartData(){
                if(this.cartData.length>0){
                    let data=this.cartData.filter(item=>{
                        return item.checked
                    })
                    return data;
                }else{
                    return []
                }
            }
        },
        created(){
            //调用src/assets/js/utils/index.js文件中的safeUser()方法
            this.$utils.safeUser(this);
            //如果有选择的收货地址
            if(this.aid){
                //获取选择后的收货地址信息
                this.getAddressInfo({aid:this.aid,success:(res)=>{
                        this.name=res.data.name;
                        this.cellphone=res.data.cellphone;
                        this.showArea=res.data.province+res.data.city+res.data.area+res.data.
                        address;
                    }});
            }else {
                //否则显示默认收货地址
                this.getDefaultAddress({
                    success: (res) => {
                        sessionStorage['addsid']=res.data.aid;
                        this.name = res.data.name;
                        this.cellphone = res.data.cellphone;
                        this.showArea = res.data.province + res.data.city + res.data.area +
                        res.data.address;
                    }
```

```
        });
      }
    },
    mounted(){
      //设置网站标题
      document.title=this.$route.meta.title;
    },
    methods:{
      ...mapActions({
        //src/store/modules/address/index.js文件中的actions对象的getAddressInfo()方法
        getAddressInfo:"address/getAddressInfo",
        //src/store/modules/address/index.js文件中的actions对象的getDefaultAddress()方法
        getDefaultAddress:"address/getDefaultAddress"
      })
    }
  }
</script>

<style scoped>
  //CSS样式省略
</style>
```

上面代码中加粗的部分为新增代码和修改的代码，代码注释很清晰，这里就不再赘述。

14.11　下单成功

在"确认订单"页面，单击"提交订单"按钮，将购物车中的商品提交到数据库中生成订单编号并跳转到"下单成功"页面。

"下单成功"页面接口在"接口文档"文件夹中的订单接口.docx文件中。

"下单成功"页面的演示效果如图14.27所示。

图14.27　"下单成功"页面

从图14.27可以看出，"下单成功"页面的功能还是比较简单的，显示订单编号，单击"查看订单"按钮可以跳转到订单管理页面，单击"去付款"按钮可以对接微信支付或支付宝。这个项目没有对接任何支付功能，只是预留出接口，方便以后开发使用，所以"去付款"按钮只是一个摆设。如果想学习在线支付功能，可以在uni-app课程中学习，开发思路是一样的。

接下来，我们在"确认订单"页面中单击"提交订单"按钮，将购物车中的数据和收货地址信息添加到数据库中。首先需要请求服务端接口，创建src/api/order/index.js文件，该文件的代码示例如下。

```
import config from '../../assets/js/conf/config';
import {request} from '../../assets/js/utils/request';

//提交订单
export function addOrderData(data){
    return request(config.baseApi+"/order/add?token="+config.token, "post",data);
}

//获取订单编号
export function getOrderNumData(uid){
    return request(config.baseApi+"/order/lastordernum?uid="+uid+"&token="+config.token);
}
```

提交订单接口在"确认订单"页面中单击"提交订单"按钮时使用，获取订单编号在"下单成功"页面中使用。接下来对接到Vuex中，创建src/store/modules/order/index.js文件，该文件的代码示例如下。

```
import {addOrderData,getOrderNumData} from "../../../api/order";
export default {
    namespaced:true,
    state:{
        orderNum:""          //订单编号
    },
    mutations:{
        ["SET_ORDERNUM"](state,payload){
            state.orderNum=payload.orderNum;
        }
    },
    actions:{
        //提交订单
        addOrder(conText,payload){
            addOrderData({uid:conText.rootState.user.uid,...payload}).then(res=>{
                if(payload.success){
                    payload.success(res);
                }
            })
        },
        //获取订单编号
        getOrderNum(conText,payload){
            getOrderNumData(conText.rootState.user.uid).then(res=>{
                if(res.code===200){
                    conText.commit("SET_ORDERNUM",{orderNum:res.data.ordernum});
                }
            })
        }
    }
}
```

将src/store/modules/order/index.js文件导入store入口文件中并注入Vuex实例选项modules对象中，src/store/index.js文件的代码示例如下。

```
...
import order from "./modules/order";

Vue.use(Vuex);

let store=new Vuex.Store({
```

```
    modules:{
        ...
        order
    }
})
export default store;
```

接下来对接到"确认订单"页面中，在src/pages/home/order/index.vue文件中新增代码如下。

```
<template>
    ...
    <div class='balance-btn' @click="submitOrder()">提交订单</div>
    ...
</template>

<script>
    ...
    export default {
        ...
        created(){
            this.isSubmit=true;                 //防止重复提交数据
        },
        methods:{
            ...mapActions({
                ...
                addOrder:"order/addOrder"
            }),
            //提交订单
            submitOrder(){
                if(this.total>0){
                    if(this.isSubmit){
                        this.isSubmit=false;
                    //提交订单到服务端接口，freight:运费，goodsData:购物车里面的数据，addsid: 收货地址的id
this.addOrder({freight:this.freight,goodsData:JSON.stringify(this.cartData),addsid:sessionStorage['
addsid'],success:(res)=>{
                            if(res.code===200){
                                //提交订单成功，跳转到"下单成功"页面
                                this.$router.push("/order/end");
                            }
                        }})
                    }
                }
            }
        }
    }
</script>
```

上面代码中加粗的部分为新增代码，注意goodsData属性值必须使用JSON.stringify()方法转换成字符串格式再提交给服务端接口。

接下来开发"下单成功"页面。创建src/pages/home/order/end.vue文件，创建完成后，在src/router.js文件中配置路由，新增代码如下。

```
import Vue from 'vue';
import Router from 'vue-router';
```

```
Vue.use(Router);

let router=new Router({
    ...
    routes:[
        ...
        {
            path:"/order/end",
            name:"order-end",
            component:()=>import("./pages/home/order/end"),
            meta:{auth:true,title:"下单成功"}
        },
    ]
});
...
export default router;
```

src/pages/home/order/end.vue文件中的代码如下。

```
<template>
    <div class="page">
        <SubHeader title="下单成功"></SubHeader>
        <div class='main'>
            <div class='list success'>下单成功! </div>
            <div class='list ordernum'>订单编号:{{orderNum}}</div>
            <div class='list' @click="$router.push('/user/order')">查看订单</div>
            <div class='pay-btn'>去付款</div>
        </div>
    </div>
</template>

<script>
    import {mapActions,mapState} from "vuex";
    import SubHeader from "../../../components/sub_header";
    export default {
        name: "order-end",
        components:{
            SubHeader
        },
        created(){
            //会员Token安全认证
            this.$utils.safeUser(this);
            //调用获取订单编号的方法
            this.getOrderNum();
        },
        computed:{
            ...mapState({
                //订单编号
                orderNum:state=>state.order.orderNum
            })
        },
        methods:{
            ...mapActions({
                //从Vuex中获取订单编号
                getOrderNum:"order/getOrderNum"
            })
        }
```

```
    }
</script>

<style scoped>
    //CSS样式省略
</style>
```

"下单成功"页面的代码比较简单，没有什么复杂的逻辑。

14.12　订单管理

订单管理可以查看订单的状态，如全部订单、待付款订单、待收货订单、待评价订单，查看订单详情，评价待评价订单。

订单管理所需接口在"接口文档"文件夹中的订单接口.docx文件中。

14.12.1　查看订单与操作订单状态组件的封装

扫一扫，看视频

订单管理页面的演示效果如图14.28所示。

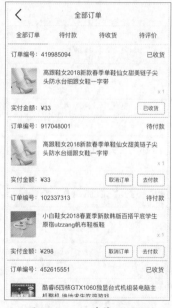

图 14.28　订单管理页面

首先请求订单管理页面相关的服务端接口，在src/api/order/index.js文件中新增代码如下。

```
//订单列表
export function getMyOrderData(data){
    return request(config.baseApi+"/user/myorder/index?uid="+data.uid+"& status="+data.
    status+"&token="+config.token+"&page="+data.page);
}
```

```
//取消订单
export function cancelOrderData(data){
    return request(config.baseApi+"/user/myorder/clearorder?uid="+data.uid+"&ordernum="+data.
    orderNum+"&token="+config.token+"");
}

//确认订单
export function sureOrderData(data){
    return request(config.baseApi+"/user/myorder/finalorder?uid="+data.uid+"&ordernum="+data.
    orderNum+"&token="+config.token);
}

//获取订单详情
export function getOrderInfoData(data) {
    return request(config.baseApi+"/user/myorder/desc?uid="+data.uid+"&ordernum="+data.
    ordernum+"&token="+config.token);
}

//待评价订单
export function getReviewOrderData(data){
    return request(config.baseApi+"/user/myorder/reviewOrder?uid="+data.uid+"&page="+data.
    page+"&token="+config.token);
}

//评价项目选项
export function getReviewServiceData(){
    return request(config.baseApi+"/home/reviews/service?token="+config.token);
}

//提交评价
export function addReviewData(data){
    return request(config.baseApi+"/home/reviews/add?token="+config.token,"post",data);
}
```

以上为新增的请求服务端接口的方法，接下来对接到Vuex中，src/store/modules/order/index.js文件的代码示例如下。

```
import {addOrderData,getOrderNumData,getMyOrderData,cancelOrderData,sureOrderData} from
"../../../api/order";
export default {
    namespaced:true,
    state:{
        orderNum:"",           //订单编号
        orders:[]              //订单列表
    },
    mutations:{
        ["SET_ORDERNUM"](state,payload){
            state.orderNum=payload.orderNum;
        },
        //我的订单列表
        ["SET_ORDERS"](state,payload){
            state.orders=payload.orders;
        },
        //我的订单分页
        ["SET_ORDERS_PAGE"](state,payload){
            state.orders.push(...payload.orders);
```

```
        },
        //取消订单
        ["DEL_ORDERS"](state,payload){
            state.orders.splice(payload.index,1);
        },
        //改变订单状态
        ["SET_STATUS"](state,payload){
            state.orders[payload.index].status=payload.status;
        }
    },
    actions:{
        //提交订单
        addOrder(conText,payload){
            addOrderData({uid:conText.rootState.user.uid,...payload}).then(res=>{
                if(payload.success){
                    payload.success(res);
                }
            })
        },
        //获取订单编号
        getOrderNum(conText,payload){
            getOrderNumData(conText.rootState.user.uid).then(res=>{
                if(res.code===200){
                    conText.commit("SET_ORDERNUM",{orderNum:res.data.ordernum});
                }
            })
        },
        //获取我的订单列表
        getMyOrder(conText,payload){
            getMyOrderData({uid:conText.rootState.user.uid,...payload}).then(res=>{
                let pageNum=0;
                if(res.code===200){
                    pageNum=res.pageinfo.pagenum;
                    conText.commit("SET_ORDERS",{orders:res.data});
                }else{
                    pageNum=0;
                    conText.commit("SET_ORDERS",{orders:[]});
                }
                if(payload.success){
                    payload.success(pageNum);
                }
            })
        },
        //我的订单分页
        getMyOrderPage(conText,payload){
            getMyOrderData({uid:conText.rootState.user.uid,...payload}).then(res=>{
                if(res.code===200){
                    conText.commit("SET_ORDERS_PAGE",{orders:res.data});
                }
            })
        },
        //取消订单
        cancelOrder(conText,payload){
            cancelOrderData({uid:conText.rootState.user.uid,...payload}).then(res=>{
                if(res.code===200){
                    conText.commit("DEL_ORDERS",{index:payload.index});
```

```
            }
        })
    },
    //确认订单
    sureOrder(conText,payload){
        sureOrderData({uid:conText.rootState.user.uid,...payload}).then(res=>{
            if(res.code===200){
                conText.commit("SET_STATUS",{index:payload.index, status: payload.status});
            }
        })
    }
  }
}
```

上面代码中加粗的部分为新增代码。接下来创建订单管理相关页面，在src/pages/user/order文件夹下创建index.vue（订单主路由页面）、list.vue（订单列表页面）、review.vue（待评价页面）文件，并在src/router.js文件中配置路由，新增代码如下。

```
import Vue from 'vue';
import Router from 'vue-router';

Vue.use(Router);

let router=new Router({
    ...
    routes:[
        ...
        {
                path:"/user/order",
                name:"my-order",
                component:()=>import("./pages/user/order"),
                redirect:"/user/order/list",
                meta:{auth:true},
                children:[
                    {
                        path:"list",
                        name:"order-list",
                        component:()=>import("./pages/user/order/list"),
                        meta:{auth:true}
                    },
                    {
                        path:"review",
                        name:"order-review",
                        component:()=>import("./pages/user/order/review"),
                        meta:{auth:true}
                    }
                ]
        }
    ]
});
...
export default router;
```

路由配置完成，接下来开发订单主路由页面，src/pages/user/order/index.vue文件的代码示例如下。

```
<template>
    <div class="page">
        <SubHeader :title="headerTitle"></SubHeader>
        <!--订单状态导航组件,status组件状态-->
        <OrderTags :status="status"></OrderTags>
        <div class='main'>
            <!--子路由-->
            <router-view></router-view>
        </div>
    </div>
</template>

<script>
    import SubHeader from "../../../components/sub_header";
    //订单状态导航组件
    import OrderTags from "../../../components/order_tags";
    export default {
        name: "my-order",
        data(){
            return {
                status:this.$route.query.status?this.$route.query.status:"all",
                headerTitle:"全部订单"
            }
        },
        components:{
            SubHeader,
            OrderTags
        },
        methods:{
            //设置网站标题
            getTitle(){
                switch(this.status){
                    case "all":
                        this.headerTitle="全部订单";
                        document.title=this.headerTitle;
                        break;
                    case "0":
                        this.headerTitle="待付款";
                        document.title=this.headerTitle;
                        break;
                    case "1":
                        this.headerTitle="待收货";
                        document.title=this.headerTitle;
                        break;
                    case "2":
                        this.headerTitle="待评价";
                        document.title=this.headerTitle;
                        break;
                    default:
                        this.headerTitle="全部订单";
                        document.title=this.headerTitle;
                        break;
                }
            }
        },
        created() {
```

```
            //会员Token安全认证
            this.$utils.safeUser(this);
        },
        mounted(){
            //调用设置网站标题的方法
            this.getTitle();
        },
        beforeRouteUpdate(to,from,next){
            //切换订单状态，重新设置网站标题
            this.status=to.query.status;
            this.getTitle();
            next();
        }
    }
</script>

<style scoped>
    .page {
        width: 100%;
        min-height: 100vh;
        background-color: #FFFFFF;
    }
    .main {
        width: 100%;
        padding-top: 1.9rem;
    }
</style>
```

注意上面代码中加粗的部分，我们需要自定义一个订单状态导航的组件，创建src/components/order_tags/index.vue文件，该文件的代码示例如下。

```
<template>
    <div class='tags-wrap'>
        <div :class="{tags:true, active:status==='all'?true:false}" @click="$router.replace('/user/order?status=all')">全部订单</div>
        <div :class="{tags:true, active:status==='0'?true:false}" @click="$router.replace('/user/order?status=0')">待付款</div>
        <div :class="{tags:true, active:status==='1'?true:false}" @click="$router.replace('/user/order?status=1')">待收货</div>
        <div :class="{tags:true, active:status==='2'?true:false}" @click="$router.replace('/user/order/review?status=2')">待评价</div>
    </div>
</template>

<script>
    export default {
        name: "order-tags",
        props:{
            status:{
                type:String,
                default:"all"
            }
        }
    }
</script>
```

```
<style scoped>
    .tags-wrap{width:100%;height:0.8rem;background-color:#FFFFFF;position: fixed;z-index:2;left
    :0;top:1.02rem;border-bottom:#DCDCDC solid 1px;display:flex;display:-webkit-flex;}
    .tags-wrap .tags{width:25%;height:100%;text-align:center;font-size:0.28rem;line-height:0.8rem;}
    .tags-wrap .tags.active{border-bottom:#E42321 1px solid;}
</style>
```

以上代码很简单，接收父组件的status属性值，如果值为all代表全部订单，0代表待付款订单，1代表待收货订单，2代表待评价订单。根据订单状态显示不同的CSS样式。

接下来开发订单列表页面，src/pages/user/order/list.vue文件的代码示例如下。

```
<template>
    <div>
        <div class='order-list' v-for="(item,index) in orders" :key="index" @click="$router.
        push('/user/order/details?ordernum='+item.ordernum)">
            <div class='ordernum-wrap'>
                <div class='ordernum'>订单编号:{{item.ordernum}}</div>
                <div class='status'>{{item.status==='0'?'待付款':item.status=== '1'?'待收货':'已
                收货'}}</div>
            </div>
            <div class='item-list' v-for="(item2,index2) in item.goods" :key="index2">
                <div class='image'><img :data-echo="item2.image" src="../../../assets/images/
                common/lazyImg.jpg" alt=""/></div>
                <div class='title'>{{item2.title}}</div>
                <div class='amount'>x {{item2.amount}}</div>
            </div>
            <div class='total-wrap'>
                <div class='total'>实付金额:¥{{item.total}}</div>
                <div class="status-wrap">
                    <!--如果item.status的值为0，表示未付款状态，可以取消订单-->
                    <div class='status-btn' v-if="item.status==='0'" @click.
                    stop="cancelOrder(index,item.ordernum)">取消订单</div>
                    <!--如果item.status的值为0，显示去支付；如果item.status的值为1，表示已付款，允许操作
                    确认收货状态-->
                    <div class='status-btn' @click.stop="sureOrder(index,item)">{{item.
                    status=='0'?'去付款':item.status=='1'?'确认收货':'已收货'}}</div>
                </div>
            </div>
        </div>
    </div>
</template>

<script>
    import {mapActions,mapState} from "vuex";
    import UpRefresh from '../../../assets/js/libs/uprefresh';
    import { Dialog } from 'vant';
    export default {
        name: "order-list",
        methods:{
            ...mapActions({
                //src/store/modules/order/index.js文件中的actions对象的getMyOrder()方法
                getMyOrder:"order/getMyOrder",
                //src/store/modules/order/index.js文件中的actions对象的getMyOrderPage()方法
                getMyOrderPage:"order/getMyOrderPage",
                //src/store/modules/order/index.js文件中的actions对象的asyncCancelOrder()方法
                asyncCancelOrder:"order/cancelOrder",
```

```
            //src/store/modules/order/index.js文件中的actions对象的asyncSureOrder方法
            asyncSureOrder:"order/sureOrder"
    }),
    //获取我的订单列表数据
    getData(){
        this.getMyOrder({status:this.status,page:1,success:(pageNum)=>{
            this.$nextTick(()=> {
                this.$utils.lazyImg();//懒加载
            });
            //分页
            this.pullUp.init({"curPage":1,"maxPage":parseInt(pageNum),
            "offsetBottom":100},(page)=>{
                this.getMyOrderPage({status:this.status,page:page});
            });
        }});
    },
    //取消订单
    cancelOrder(index,orderNum){
        Dialog.confirm({
            title: '',
            message: '确认要取消吗？'
        }).then(() => {
            this.asyncCancelOrder({orderNum:orderNum,index:index});
        }).catch(()=>{

        })
    },
    //确认订单
    sureOrder(index,item){
        //如果订单状态不是"已收货"
        if(item.status!='2'){
            //status值为2表示为已付款，进入待收货状态
            this.asyncSureOrder({orderNum:item.ordernum,index:index,status:2});
        }
    }
},
computed:{
    ...mapState({
        //订单列表数据
        orders:state=>state.order.orders
    })
},
created(){
    //订单状态
    this.status=this.$route.query.status?this.$route.query.status:"all";
    //实例化上拉加载数据
    this.pullUp=new UpRefresh();
    //获取订单列表数据
    this.getData();
},
beforeDestroy() {
    //删除上拉加载数据UpRefresh中的监听scroll事件
    this.pullUp.uneventSrcoll();
},
beforeRouteUpdate(to, from, next) {
    //解决URL地址不改变、参数改变、数据不更新的问题
```

```
            this.status=to.query.status;
            this.getData();
            next();
        }
    }
</script>

<style scoped>
    //CSS样式省略
</style>
```

14.12.2　"订单详情"页面

在如图 14.29 所示的订单列表页面单击要选择的订单，会进入如图 14.30 所示的"订单详情"页面。

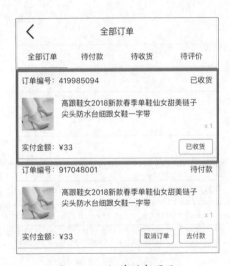

图 14.29　订单列表页面　　　　图 14.30　"订单详情"页面

接下来创建"订单详情"页面src/pages/user/order/details.vue文件，并在src/router.js文件中配置路由，新增代码如下。

```
import Vue from 'vue';
import Router from 'vue-router';

Vue.use(Router);

let router=new Router({
```

```
    ...
    routes:[
        ...
        {
            path:"/user/order/details",
            name:"order-details",
            component:()=>import("./pages/user/order/details"),
            meta:{auth:true,title:"订单详情"}
        }
    ]
});
...
export default router;
```

接下来，需要从Vuex中获取服务端接口中的订单详情数据，在src/store/modules/order/index.js文件中新增代码如下。

```
import {addOrderData,getOrderNumData,getMyOrderData,cancelOrderData,sureOrderData,getOrderInfoDat-
a} from "../../../api/order";
export default {
    namespaced:true,
    state:{
        ...
        orderInfo:{}          //订单详情
    },
    mutations:{
        ...
        //设置订单详情
        ["SET_ORDER_INFO"](state,payload){
            state.orderInfo=payload.orderInfo;
        }
    },
    actions:{
        ...
        //获取订单详情
        getOrderInfo(conText,payload){
            getOrderInfoData({uid:conText.rootState.user.uid,...payload}).then(res=>{
                if(res.code===200){
                    conText.commit("SET_ORDER_INFO",{orderInfo:{ordernum:res.data.
                    ordernum,name:res.data.name,cellphone:res.data.cellphone,status:res.
                    data.status,province:res.data.province,city:res.data.city,area:res.data.
                    area,address:res.data.address,freight:res.data.freight,total:res.data.
                    total,truetotal:res.data.truetotal,ordertime:res.data.ordertime,goods:res.
                    data.goods}});
                }
            })
        }
    }
}
```

上面代码中加粗的部分为新增代码，接下来对接到"订单详情"页面，src/pages/user/order/details.vue文件的代码示例如下。

```
<template>
    <div class='page'>
        <SubHeader title="订单详情"></SubHeader>
```

```html
<div class='main'>
    <div class='ordernum'>订单编号:{{orderInfo.ordernum}}</div>
    <div class='address-wrap'>
        <div class='skew-wrap'>
            <div class='skew'></div>
            <div class='skew'></div>
            <div class='skew'></div>
            <div class='skew'></div>
            <div class='skew'></div>
            <div class='skew'></div>
            <div class='skew'></div>
            <div class='skew'></div>
            <div class='skew'></div>
            <div class='skew'></div>
            <div class='skew'></div>
        </div>
        <div class='address-info'>
            <div class='name'><img src="../../../assets/images/home/main/my2.png"
             alt=""/>{{orderInfo.name}}</div>
            <div class='cellphone'><img src="../../../assets/images/common/cellphone.
             png" alt=""/>{{orderInfo.cellphone}}
            </div>
            <div class='address'>{{orderInfo.province}}{{orderInfo.city}}{{orderInfo.
             area}}{{orderInfo.address}}</div>
        </div>
        <div class='skew-wrap'>
            <div class='skew'></div>
            <div class='skew'></div>
            <div class='skew'></div>
            <div class='skew'></div>
            <div class='skew'></div>
            <div class='skew'></div>
            <div class='skew'></div>
            <div class='skew'></div>
            <div class='skew'></div>
            <div class='skew'></div>
            <div class='skew'></div>
        </div>
    </div>
    <div class='buy-title'>购买的宝贝</div>
    <div class='goods-list' v-for="(item,index) in orderInfo.goods" :key="index" @
    click="$router.push('/goods/details?gid='+item.gid)">
        <div class='image'><img :src="item.image" alt=""/></div>
        <div class='goods-info'>
            <div class='title'>{{item.title}}</div>
            <div class='attr'>
                <span class='amount'>x {{item.amount}}</span>
                <span v-for="(item2,index2) in item.param" :key="index2">{{item2.
                 title}}:
                    <template v-for="(item3,index3) in item2.param"> {{item3.title}}</
                     template>
                </span>
            </div>
        </div>
</div>
```

```
                    <div class='price'>¥{{item.price}}</div>
                </div>
                <ul class='order-status'>
                    <li>支付状态</li>
                    <li>{{orderInfo.status=='0'?'待付款':orderInfo.status==='1'?'待收货':"已收货"}}</li>
                </ul>
                <div class='total-wrap'>
                    <ul class='total'>
                        <li>商品总额</li>
                        <li>¥{{orderInfo.total}}</li>
                    </ul>
                    <ul class='total'>
                        <li>+运费</li>
                        <li>¥{{orderInfo.freight}}</li>
                    </ul>
                </div>
                <div class='true-total'>
                    <div class='total'>实付金额:<span>¥{{orderInfo.truetotal}}</span></div>
                    <div class='order-time'>下单时间:{{orderInfo.ordertime}}</div>
                </div>
            </div>
        </div>
</template>

<script>
    import {mapActions,mapState} from "vuex";
    import SubHeader from "../../../components/sub_header";
    export default {
        name: "order-details",
        data(){
            return{
                ordernum:this.$route.query.ordernum?this.$route.query.ordernum:""
            }
        },
        components:{
            SubHeader
        },
        computed:{
            ...mapState({
                //订单详情数据
                orderInfo:state=>state.order.orderInfo
            })
        },
        methods:{
            ...mapActions({
                //获取订单详情
                getOrderInfo:"order/getOrderInfo"
            })
        },
        created(){
            //会员登录安全认证
            this.$utils.safeUser(this);
            //获取订单详情
            this.getOrderInfo({ordernum:this.ordernum});
        },
```

```
        mounted(){
            //设置网站标题
            document.title=this.$route.meta.title;
        }
    }
</script>

<style scoped>
    //CSS样式省略
</style>
```

"订单详情"页面的代码比较简单，核心功能就是读取数据、显示数据。

14.12.3　待评价订单列表页面

扫一扫，看视频

待评价订单列表页面和订单列表页面的开发思路一样，在该页面中可以跳转到评价页面。待评价订单列表页面的演示效果如图14.31所示。

图 14.31　待评价订单列表页面

在14.12.1小节中，已经创建了待评价订单列表页面并且配置了路由，在src/api/order/index.js文件中声明了请求服务端接口的方法。接下来对接到Vuex中，在src/store/modules/order/index.js文件中新增代码如下。

```
import {addOrderData,getOrderNumData,getMyOrderData,cancelOrderData,sureOrderData,getOrderInfoData,
getReviewOrderData} from "../../../api/order";
export default {
    namespaced:true,
    state:{
        ...
        reviewOrders:[]                    //待评价订单列表
    },
    mutations:{
        ...
        //设置待评价订单
        ["SET_REVIEW_ORDERS"](state,payload){
            state.reviewOrders=payload.reviewOrders;
```

```
        },
        //设置待评价订单分页数据
        ["SET_REVIEW_ORDERS_PAGE"](state,payload){
            state.reviewOrders.push(...payload.reviewOrders);
        }
    },
    actions:{
        ...
        //获取待评价订单列表数据
        getReviewOrder(conText,payload){
            getReviewOrderData({uid:conText.rootState.user.uid,...payload}).then(res=>{
                let pageNum=0;
                if(res.code===200){
                    pageNum=res.pageinfo.pagenum;
                    conText.commit("SET_REVIEW_ORDERS",{reviewOrders:res.data});
                }else{
                    pageNum=0;
                    conText.commit("SET_REVIEW_ORDERS",{reviewOrders:[]});
                }
                if(payload.success){
                    payload.success(pageNum);
                }
            })
        },
        //获取待评价订单列表分页数据
        getReviewOrderPage(conText,payload){
            getReviewOrderData({uid:conText.rootState.user.uid,...payload}).then(res=>{
                if(res.code===200){
                    conText.commit("SET_REVIEW_ORDERS_PAGE",{reviewOrders:res.data});
                }
            })
        }
    }
}
```

上面代码中加粗的部分为新增代码，接下来开发待评价订单列表页面，src/pages/user/review.vue文件的代码示例如下。

```
<template>
    <div>
        <div class='order-list' v-for="(item,index) in reviewOrders" :key="index" @
        click="$router.push('/user/order/details?ordernum='+item.ordernum)">
            <div class='ordernum-wrap'>
                <div class='ordernum'>订单编号:{{item.ordernum}}</div>
                <div class='status'>{{item.status==='0'?'待付款':item.status==='1'?'待收货':'已收
                    货'}}</div>
            </div>
            <div class='item-list' v-for="(item2,index2) in item.goods" :key="index2">
                <div class='image'><img :data-echo="item2.image" src="../../../assets/images/
                    common/lazyImg.jpg" alt=""/></div>
                <div class='title'>{{item2.title}}</div>
                <div class='amount'>x {{item2.amount}}</div>
                <!--item2.isreview==='0'表示没有评价过,使用@click.stop防止冒泡事件,跳转到"提交评价"页
                    面-->
                <div class='status-btn' @click.stop="$router.push('/user/order/add_review?gid='+item2.
                    gid+'&ordernum='+item.ordernum+'')">{{item2.isreview==='0'?'评价':"追加评价"}}</div>
```

```
                </div>
            </div>
        </div>
    </template>

    <script>
        import {mapActions,mapState} from "vuex";
        import UpRefresh from '../../../assets/js/libs/uprefresh';
        export default {
            name: "order-reivew",
            methods:{
                ...mapActions({
                    //获取待评价订单列表数据
                    getReviewOrder:"order/getReviewOrder",
                    //获取待评价订单列表分页数据
                    getReviewOrderPage:"order/getReviewOrderPage"
                })
            },
            computed:{
                ...mapState({
                    //待评价订单列表数据
                    reviewOrders:state=>state.order.reviewOrders
                })
            },
            created(){
                this.$utils.safeUser(this);
                this.pullUp=new UpRefresh();
                this.getReviewOrder({page:1,success:(pageNum)=>{
                    this.$nextTick(()=> {
                        this.$utils.lazyImg();
                    });
                    this.pullUp.init({"curPage":1,"maxPage":parseInt(pageNum),"offsetBottom":100},
                    (page)=>{
                        this.getReviewOrderPage({page:page});
                    });
                }})
            },
            beforeDestroy() {
                this.pullUp.uneventSrcoll();
            }
        }
    </script>

    <style scoped>
        //CSS样式省略
    </style>
```

以上代码比较简单，和订单列表页面相似，这里就不做过多的讲解。

14.12.4 "评价"页面

从待评价订单列表页面单击"评价"按钮可以跳转到"评价"页面。"评价"页面的
演示效果如图14.32所示。

扫一扫，看视频

图 14.32   "评价"页面

在14.12.1小节中，已经在src/api/order/index.js文件中声明了请求服务端接口的方法。接下来对接到Vuex中，在src/store/modules/order/index.js文件中新增代码如下。

```
import {addOrderData,getOrderNumData,getMyOrderData,cancelOrderData,sureOrderData,getOrderInfoData,
getReviewOrderData,getReviewServiceData,addReviewData} from "../../../api/order";
export default {
    namespaced:true,
    state:{
        ...
        reviewOrders:[],              //待评价订单列表
        reviewServices:[]             //评价服务选项
    },
    mutations:{
        ...
        //设置评价服务选项
        ["SET_REVIEW_SERVICES"](state,payload){
            state.reviewServices=payload.reviewServices;
        },
        //设置评价分数
        ["SET_REVIEW_SCORE"](state,payload){
            if(state.reviewServices.length>0){
                //将选中分数星星之后的星星设置成灰色
                for(let  i=payload.index2+1;i<state.reviewServices[payload.index].scores.
                length;i++){
                    state.reviewServices[payload.index].scores[i].active=false;
                }
                //将选中分数星星和选中分数星星之前的星星设置成黄色
                for(let i=0;i<=payload.index2;i++){
                    state.reviewServices[payload.index].scores[i].active=true;
                }
                //选择的分数
                state.reviewServices[payload.index].score=payload.score;
            }
        }
    },
```

```
actions:{
    ...
    //评价服务选项
    getReviewService(conText){
        getReviewServiceData().then(res=>{
            if(res.code===200){
                for(let i=0;i<res.data.length;i++){
                    //评价分数，默认5分
                    res.data[i].score=5;
                    //评价分数列表
                    res.data[i].scores=[
                        {
                            value:1,                    //分数
                            active:true
                            //星星的样式，值为true表示黄色的星星，值为false表示灰色的星星
                        },
                        {
                            value:2,
                            active:true
                        },
                        {
                            value:3,
                            active:true
                        },
                        {
                            value:4,
                            active:true
                        },
                        {
                            value:5,
                            active:true
                        }
                    ]
                }
                conText.commit("SET_REVIEW_SERVICES",{reviewServices:res.data})
            }
        })
    },
    //提交评价
    addReview(conText,payload){
        addReviewData({uid:conText.rootState.user.uid,...payload}).then(res=>{
            if(payload.success){
                payload.success(res);
            }
        })
    }
}
}
```

上面代码中加粗的部分为新增代码，代码注释很清晰，这里不再赘述。接下来开发"评价"页面，创建src/pages/user/order/add_review.vue文件，创建完成后，在src/router.js文件中配置路由，新增代码如下。

```
import Vue from 'vue';
import Router from 'vue-router';
```

```
Vue.use(Router);

let router=new Router({
    ...
    routes:[
        ...
        {
            path:"/user/order/add_review",
            name:"order-add-review",
            component:()=>import("./pages/user/order/add_review"),
            meta:{auth:true,title:"评价"}
        }
    ]
});
...
export default router;
```

路由配置完成后，接着开发"评价"页面，src/pages/user/order/add_review.vue文件的代码示例如下。

```
<template>
    <div class="page">
        <SubHeader title="评价"></SubHeader>
        <div class='main'>
            <ul class='service' v-for="(item,index) in reviewServices" :key="index">
                <li>{{item.title}}</li>
                <li>
                    <div :class="{stars:true, active:item2.active}" v-for="(item2,index2) in item.
                        scores" :key="index2" @click="SET_REVIEW_SCORE({index:index,index2:index2,score:it-
                        em2.value})"></div>
                </li>
            </ul>
            <div class='content-wrap'>
                <textarea placeholder="来分享你的消费感受吧!" v-model="content"></textarea>
            </div>
            <button class='submit' type="button" @click="submit()">提交</button>
        </div>
    </div>
</template>

<script>
    import {mapActions,mapState,mapMutations} from "vuex";
    import {Toast} from "vant";
    import SubHeader from "../../../components/sub_header";
    export default {
        name: "add-review",
        data(){
            return {
                content:""
            }
        },
        components:{
            SubHeader
        },
        created(){
            this.$utils.safeUser(this);
```

```
        //商品的id
        this.gid=this.$route.query.gid?this.$route.query.gid:"";
        //订单编号
        this.ordernum=this.$route.query.ordernum?this.$route.query.ordernum:'';
        this.isSubmit=true;
        //获取评价服务选项
        this.getReviewService();
    },
    mounted(){
        document.title=this.$route.meta.title
    },
    computed:{
        ...mapState({
            //评价服务选项
            reviewServices:state=>state.order.reviewServices,
            //会员的id
            uid:state=>state.user.uid
        })
    },
    methods:{
        ...mapActions({
            //获取评价服务选项
            getReviewService:"order/getReviewService",
            //提交评价
            addReview:"order/addReview"
        }),
        ...mapMutations({
            //设置评价分数
            SET_REVIEW_SCORE:"order/SET_REVIEW_SCORE"
        }),
        submit(){
            if(this.content.match(/^\s*$/)){
                Toast("请输入评价内容");
                return;
            }

            if(this.isSubmit){
                this.isSubmit=false;
                let rsdata=[];//存放评价服务选项及分数
                if(this.reviewServices.length>0){
                    for(let i=0;i<this.reviewServices.length;i++){
                        //gid:商品的id, myid:会员的id, rsid:评价服务选项的id, score:分数
                        rsdata.push({gid:this.gid,myid:this.uid,rsid:this.reviewServices[i].
                        rsid,score:this.reviewServices[i].score})
                    }
                }
                //提交评价到服务端接口
                this.addReview({gid:this.gid,content:this.content,ordernum:this.
                ordernum,rsdata:JSON.stringify(rsdata),success:(res)=>{
                    if(res.code===200){
                        this.$router.go(-1);
                    }else{
                        Toast(res.data);
                    }
                }});
        }
```

```
            }
        }
    }
</script>

<style scoped>
    //CSS样式省略
</style>
```

14.13　修改个人资料

扫一扫，看视频

在修改个人资料页面可以修改会员的个人信息、上传头像、修改昵称和选择性别。
修改个人资料所需接口在"接口文档"文件夹中的会员登录、注册、修改信息.docx
文件中。

修改个人资料页面的演示效果如图 14.33 所示；单击"请选择性别"选择框显示的
效果如图 14.34 所示。

图 14.33　修改个人资料页面

图 14.34　单击"请选择性别"选择框显示的效果

首先请求服务端接口，在src/api/user/index.js文件中新增代码如下。

```
//上传头像
export function uploadHeadData(data){
    return request(config.baseApi+"/user/myinfo/formdatahead?token="+config.token,
    "file",data);
}
```

```
//修改会员信息
export function updateUserInfoData(data){
    return request(config.baseApi+"/user/myinfo/updateuser?token="+config.token,"post",data);
}
```

接下来对接到Vuex中，在src/store/modules/user/index.js文件中新增代码如下。

```
import {loginData,safeOutLoginData,checkVCodeData,isRegData,regUserData,getUserInfoData,safeUserDa-
ta,updateUserInfoData,uploadHeadData} from "../../../api/user";
let modules={
    ...
    mutations:{
        ...
        //退出登录
        ["OUT_LOGIN"](state){
            ...
            sessionStorage.removeItem("addsid");               //删除收货地址id
        },
        ...
    },
    actions:{
        ...
        //上传头像
        uploadHead(conText,payload){
            uploadHeadData(payload).then(res=>{
                if(payload.success){
                    payload.success(res);
                }
            })
        },
        //修改会员信息
        updateUserInfo(conText,payload){
            updateUserInfoData({uid:conText.state.uid,...payload}).then(res=>{
                if(payload.success){
                    payload.success(res);
                }
            })
        }
    }
}
export default modules;
```

上面代码中加粗的部分为新增代码，接下来开发修改个人资料页面，创建src/pages/user/profile/index.vue文件，创建完成后，在src/router.js文件中配置路由，新增代码如下。

```
import Vue from 'vue';
import Router from 'vue-router';

Vue.use(Router);

let router=new Router({
    ...
    routes:[
        ...
        {
            path:"/user/profile",
            name:"profile",
```

```
                component:()=>import("./pages/user/profile"),
                meta:{auth:true,title:"个人资料"}
            }
        ]
    });
    ...
    export default router;
```

路由配置完成后，接着编写修改个人资料页面的程序，src/pages/user/profile/index.vue文件的代码示例如下。

```html
<template>
    <div class="page">
        <SubHeader title="个人资料" right-text="保存" @submit="submit()"></SubHeader>
        <div class='main'>
            <ul class='head'>
                <li>头像</li>
                <li><img :src="showHead" alt=""/><input ref="headfile" type="file" @
                 change="uploadHead" /></li>
            </ul>
            <ul class='list'>
                <li>昵称</li>
                <li><input type="text" placeholder="请设置昵称" v-model="nickname"/> </li>
                <li class='arrow'></li>
            </ul>
            <ul class='list'>
                <li>性别</li>
                <li><input type="text" placeholder="请选择性别"  :value= "showGender" readonly @
                 click="isGender=true" /></li>
                <li class='arrow'></li>
            </ul>
        </div>
        <!--ActionSheet动作面板,选择性别-->
        <van-action-sheet
                v-model="isGender"
                :actions="genders"
                cancel-text="取消"
                title="请选择性别"
                @select="selectGender"
        />
    </div>
</template>

<script>
    import Vue from 'vue';
    import { ActionSheet,Toast } from 'vant';
    import {mapActions} from "vuex";
    import SubHeader from "../../../components/sub_header";
    Vue.use(ActionSheet);
    export default {
        data(){
            return {
                isGender:false,
                //选择性别动作面板数据
                genders:[
                    {name:"男"},
```

```
                        {name:"女"}
                    ],
                    //显示性别文本内容
                    showGender:"",
                    //性别值，值为1代表男，值为2代表女
                    gender:"",
                    //显示的头像
                    showHead:require("../../../assets/images/user/my/default-head.png"),
                    //昵称
                    nickname:"",
                    //头像图片名称
                    head:""
                }
        },
        created(){
            this.$utils.safeUser(this);
            this.isSubmit=true;
            //获取个人资料信息
            this.getUserInfo({success:(data)=>{
                this.nickname=data.nickname;
                this.gender=data.gender;
                this.showGender=this.gender==="1"?"男":this.gender==='2'?"女":"";
                this.showHead=data.head?data.head:require("../../../assets/images/user/my/
                default-head.png");
            }})
        },
        mounted(){
            document.title=this.$route.meta.title;
        },
        components:{
            SubHeader
        },
        methods:{
            ...mapActions({
                //上传头像
                asyncUploadHead:"user/uploadHead",
                //修改个人资料
                updateUserInfo:"user/updateUserInfo",
                //获取个人资料信息
                getUserInfo:"user/getUserInfo"
            }),
            submit(){
                if(this.nickname.match(/^\s*$/)){
                    Toast("请输入昵称");
                    return;
                }
                if(this.gender.match(/^\s*$/)){
                    Toast("请选择性别");
                    return;
                }
                if(this.isSubmit){
                    this.isSubmit=false;
                    //修改个人资料
                    this.updateUserInfo({nickname:this.nickname,gender:this.gender,head:this.
                    head,success:(res)=>{
                            if(res.code===200){
```

```
                                        Toast({
                                            message:"修改成功！",
                                            duration:2000,
                                            onClose:()=>{
                                                this.$router.go(-1);
                                            }
                                        })
                                    }else{
                                        Toast(res.data);
                                    }
                                }})
                    }
            },
            //选择性别
            selectGender(val){
                this.showGender=val.name;
                this.isGender=false;
                this.gender=this.showGender==="男"?"1":this.showGender==='女'?"2":"";
            },
            //上传头像
            uploadHead(e){
                //二进制为文件
                if(e.target.files[0]){
                    //上传头像到服务端接口
                    this.asyncUploadHead({headfile:e.target.files[0], success:(res)=>{
                        if(res.code===200){
                            //上传完成后显示图片
                            this.showHead="http://vueshop.glbuys.com/userfiles/head/"+res.
                            data.msbox;
                            //图片名称
                            this.head=res.data.msbox;
                        }
                    }})
                }
            }

        }
    }
}
</script>

<style scoped>
    //CSS样式省略
</style>
```

修改个人资料功能的实现，主要复习了如何上传图片和使用Vant库的ActionSheet动作面板组件实现选择性别。注意上面代码中加粗的部分，在自定义组件SubHeader新增right-text="保存"可以在导航栏上显示"保存"按钮。使用自定义事件@submit实现@click事件。

14.14　收货地址管理列表

扫一扫，看视频

收货地址管理列表的核心功能就是对数据进行增、删、改、查操作，和14.10节收货地址的开发思路一样，代码基本上也一样，可以尝试自己开发，这里就不再做代码的详解。如果在开发过程中遇到问题，可以跟着本节视频学习本节内容。

　　收货地址管理列表的接口文档和14.10节一样，使用的组件也一样，只是UI有一点不同。接下来演示一下最终效果图，如图14.35 ~ 图14.37所示。

　　图14.37导航栏右侧"删除"按钮的显示和应用，与14.13.1小节中的"保存"按钮开发思路是一样的，可以尝试自己开发。

图 14.35　"收货地址管理"页面

图 14.36　"添加收货地址"页面

图 14.37　"修改收货地址"页面

14.15 绑定手机

扫一扫，看视频

如果想更改注册时输入的手机号，可以在个人中心的"绑定手机"页面进行修改。"绑定手机"所需接口在"接口文档"文件夹中的会员登录、注册、修改信息.docx文件中。

"绑定手机"页面的演示效果如图14.38所示。

图 14.38   "绑定手机"页面

首先请求服务端接口，在src/api/user/index.js文件中新增代码如下。

```
//修改手机号
export function updateCellphoneData(data){
    return request(config.baseApi+"/user/myinfo/updatecellphone? token="+ config.token,
"post",data);
}
```

接下来对接到Vuex中，在src/store/modules/user/index.js文件中新增代码如下。

```
import {loginData,safeOutLoginData,checkVCodeData,isRegData,regUserData,getUserInfoData,safeUserDa-
ta,updateUserInfoData,uploadHeadData,updateCellphoneData} from "../../../api/user";
let modules={
    ...
    actions:{
        ...
        //修改手机号
        updateCellphone(conText,payload){
            updateCellphoneData({uid:conText.state.uid,...payload}).then(res=>{
                if(payload.success){
                    payload.success(res);
                }
            })
```

```
        }
      }
    }
export default modules;
```

上面代码中加粗的部分为新增代码。接下来开发"绑定手机"页面，创建src/pages/user/bind_cellphone/index.vue文件，创建完成后，在src/router.js文件中配置路由，新增代码如下。

```
import Vue from 'vue';
import Router from 'vue-router';

Vue.use(Router);

let router=new Router({
    ...
    routes:[
        ...
        {
            path:"/user/bind_cellphone",
            name:"bind-cellphone",
            component:()=>import("./pages/user/bind_cellphone"),
            meta:{auth:true,title:"绑定手机号"}
        },
    ]
});
...
export default router;
```

配置好路由后，接着开发"绑定手机"页面，src/pages/user/bind_cellphone/index.vue文件的代码示例如下。

```
<template>
    <div class="page">
        <SubHeader title="绑定手机"></SubHeader>
        <div class='main'>
            <div class='tip'>
                <div class='icon'></div>
                <div class='text'>新手机号验证后，即可绑定成功！</div>
            </div>
            <div class='input-wrap' style="margin-top:0.5rem">
                <input type="tel" class='cellphone' @input="checkCellphone" placeholder='绑定手
                机号' v-model="cellphone" />
            </div>
            <div class='input-wrap' style="margin-top:0.2rem">
                <input type="text" class='code' placeholder='请输入短信验证码' v-model="msgCode"
                />
                <div:class="{'code-btn':true, success:isSendMsgCode}" @click="getMsgCode">{{msgC-
                odeText}}</div>
            </div>
            <div class='save-btn' @click="submit">下一步</div>
        </div>
    </div>
</template>

<script>
```

```javascript
import {Toast} from "vant";
import {mapActions} from "vuex";
import SubHeader from "../../../components/sub_header";
export default {
    name: "bind-cellphone",
    data(){
        return {
            cellphone:"",
            msgCode:"",
            isSendMsgCode:false,
            msgCodeText:"获取短信验证码"
        }
    },
    components:{
        SubHeader
    },
    mounted(){
        document.title=this.$route.meta.title;
    },
    created(){
        this.$utils.safeUser(this);
        this.timer=null;
        this.isSubmit=true;
    },
    methods:{
        ...mapActions({
            isReg:"user/isReg",
            updateCellphone:"user/updateCellphone"
        }),
        //获取短信验证码
        async getMsgCode(){
            if(this.isSendMsgCode){
                if(this.cellphone.match(/^\s*$/)){
                    Toast("请输入手机号");
                    return;
                }
                if(!this.cellphone.match(/^1[0-9][0-9]\d{8}$/)){
                    Toast("您输入的手机号格式不正确");
                    return;
                }
                let regData=await this.isReg({username:this.cellphone});
                if(regData.data.isreg==='1'){
                    Toast("此手机号已注册过，请更换手机号");
                    return;
                }
                this.isSendMsgCode=false;
                let time=10;
                this.msgCodeText="重新获取("+time+")";
                this.timer=setInterval(()=>{
                    if(time>0){
                        time--;
                        this.msgCodeText="重新获取("+time+")";
                    }else{
                        clearInterval(this.timer);
                        this.msgCodeText="获取短信验证码";
                        this.isSendMsgCode=true;
```

```
                }
            },1000)
        }
    },
    checkCellphone(){
        let isChecked=true;
        if(this.cellphone.match(/^\s*$/)){
            isChecked=false;
        }
        if(!this.cellphone.match(/^1[0-9][0-9]\d{8}$/)){
            isChecked=false;
        }
        if(isChecked){
            this.isSendMsgCode=true;
        }else{
            this.isSendMsgCode=false;
        }
    },
    //修改手机号
    async submit(){
        if(this.cellphone.match(/^\s*$/)){
            Toast("请输入手机号");
            return;
        }
        if(!this.cellphone.match(/^1[0-9][0-9]\d{8}$/)){
            Toast("您输入的手机号格式不正确");
            return;
        }
        let regData=await this.isReg({username:this.cellphone});
        if(regData.data.isreg==='1'){
            Toast("此手机号已注册过，请更换手机号");
            return;
        }
        if(this.msgCode.match(/^\s*$/)){
            Toast("请输入短信验证码");
            return;
        }
        if(this.isSubmit){
            this.isSubmit=false;
            this.updateCellphone({cellphone:this.cellphone,vcode:this.
            msgCode,success:(res)=>{
                if(res.code===200){
                    this.$router.go(-1);
                }else{
                    Toast(res.data);
                }
            }})
        }
    },
    },
    beforeDestroy(){
        clearInterval(this.timer);
    }
    }
</script>
```

```
<style scoped>
    //CSS样式省略
</style>
```

以上代码比较简单，和14.7.2小节会员注册开发思路是一样的，这里就不再过多解释。

14.16   修改密码

扫一扫，看视频

如果注册时觉得密码设置得过于简单，可以从"个人中心"页面进入"修改密码"页面进行修改。

"修改密码"所需接口在"接口文档"文件夹中的会员登录、注册、修改信息.docx文件中。

"修改密码"页面的演示效果如图14.39所示。

图 14.39   修改密码页面

首先请求服务端接口，在src/api/user/index.js文件中新增代码如下。

```
//修改密码
export function updatePasswordData(data){
    return request(config.baseApi+"/user/myinfo/modpwd?token="+config.token,"post",data);
}
```

接下来对接到Vuex中，在src/store/modules/user/index.js文件中新增代码如下。

```
import {loginData,safeOutLoginData,checkVCodeData,isRegData,regUserData,getUserInfoData,safeUserDa-
ta,updateUserInfoData,uploadHeadData,updateCellphoneData,updatePasswordData} from "../../../
api/user";
let modules={
    ...
    actions:{
        ...
        //修改密码
        updatePassword(conText,payload){
            updatePasswordData({uid:conText.state.uid,...payload}).then(res=>{
                if(payload.success){
                    payload.success(res);
                }
            })
        }
    }
}
export default modules;
```

上面代码中加粗的部分为新增代码。接下来开发"修改密码"页面，创建src/pages/user/mod_password/index.vue文件，创建完成后，在src/router.js文件中配置路由，新增代码如下。

```
import Vue from 'vue';
import Router from 'vue-router';

Vue.use(Router);

let router=new Router({
    ...
    routes:[
        ...
        {
            path:"/user/mod_password",
            name:"mod-password",
            component:()=>import("./pages/user/mod_password"),
            meta:{auth:true,title:"修改密码"}
        },
    ]
});
...
export default router;
```

配置完路由后，接着开发"修改密码"页面，src/pages/user/mod_password/index.vue文件的代码示例如下。

```
<template>
    <div class="page">
        <SubHeader title="修改密码"></SubHeader>
        <div class='main'>
            <div class='input-wrap' style="margin-top:0.3rem">
                <input :type="isOpen?'text':'password'" placeholder="请输入不小于6位的密码" class=
                'password' v-model="password" />
                <div class='switch-wrap'>
                    <van-switch v-model="isOpen" active-color="#EB1625" />
                </div>
            </div>
            <div class='save-btn' @click="submit">提交</div>
        </div>
    </div>
</template>

<script>
    import Vue from 'vue';
    import {Toast,Switch} from "vant";
    import {mapActions} from "vuex";
    import SubHeader from "../../../components/sub_header";
    Vue.use(Switch);
    export default {
        name: "mod-password",
        data(){
            return {
                isOpen:false,
                password:""
            }
        },
```

```
        components:{
            SubHeader
        },
        mounted(){
            document.title=this.$route.meta.title;
        },
        created(){
            this.$utils.safeUser(this);
        },
        methods:{
            ...mapActions({
                updatePassword:"user/updatePassword"
            }),
            submit(){
                if(this.password.match(/^\s*$/)){
                    Toast("请输入密码");
                    return;
                }
                if(this.password.length<6){
                    Toast("密码不能小于6位");
                    return;
                }
                this.updatePassword({password:this.password,success:(res)=>{
                    if(res.code===200){
                        this.$router.go(-1);
                    }else{
                        Toast(res.data);
                    }
                }});
            }
        }
    }
</script>

<style scoped>
    //CSS样式省略
</style>
```

"修改密码"页面的代码很简单，和会员登录与注册功能开发思路是一样的，可以看到上面代码并没有太多的注释，项目开发到这里我们应该已经锻炼出来了没有注释也能读懂他人代码的能力，只有这样才能在工作中干得稳。

14.17 我的收藏

扫一扫，看视频

"我的收藏"可以将自己喜欢的商品收藏起来，等待以后购买。在商品详情页面中单击"收藏"按钮，可以将商品添加到"我的收藏"，从个人中心页面进入"我的收藏"页面查看收藏的商品。

"我的收藏"所需接口在"接口文档"文件夹中的收藏.docx文件中。

"我的收藏"页面的演示效果如图14.40所示。

图 14.40　"我的收藏"页面

首先在商品详情页面中添加"加入收藏"的功能，先请求服务端接口，在src/api/goods/index.js文件中新增以下代码。

```
//加入收藏
export function addFavData(data){
    return request(config.baseApi+"/goods/fav?uid="+data.uid+"&gid="+data.gid+"&token=
"+config.token+"");
}
```

接下来对接到Vuex中，在src/store/modules/goods/index.js文件中新增代码如下。

```
import Vue from 'vue';
//服务端接口数据
import {getClassifyData,getGoodsData,getDetailsData,getSpecData,addFavData} from '../../../
api/goods';

export default {
    ...
    actions:{
        ...
        //加入收藏
        addFav(conText,payload){
            addFavData({uid:conText.rootState.user.uid,...payload}).then(res=>{
                if(payload.success){
                    payload.success(res)
                }
            })
        }
    }
}
```

上面代码中加粗的部分为新增代码，接下来在商品详情页面增加"收藏"功能，在src/pages/home/goods/details_item.vue文件中新增代码如下。

```
<template>
        <div class='btn fav' @click="addFav()">收藏</div>
</template>

<script>
    ...
    export default {
        ...
        computed:{
            ...mapState({
                //src/store/moedules/user/index.js文件中的state对象的isLogin属性
                isLogin:state=>state.user.isLogin
            })
        },
        methods:{
            ...mapActions({
                //src/store/modules/goods/index.js文件中的addFav()方法
                joinFav:"goods/addFav"
            }),
            //加入收藏
            addFav(){
                if(this.isLogin){
                    this.joinFav({gid:this.gid,success:(res)=>{
                        Toast(res.data);
                    }})
                }else{
                    Toast("请登录会员");
                }
            }
        }
    }
</script>
```

上面代码中加粗的部分为新增代码。

接下来开发"我的收藏"页面，首先请求服务端接口，在src/api/user/index.js文件中新增代码如下。

```
//我的收藏
export function getFavData(data){
    return request(config.baseApi+"/user/fav/index?uid="+data.uid+"&token= "+config.
    token+"&page="+data.page+"");
}

//删除收藏
export function delFavData(data){
    return request(config.baseApi+"/user/fav/del?uid="+data.uid+"&fid="+data.fid+"&token=
    "+config.token);
}
```

接下来对接到Vuex中，在src/store/modules/user/index.js文件中新增代码如下。

```
import {loginData,safeOutLoginData,checkVCodeData,isRegData,regUserData,getUserInfoData,safeUserD-
ata,updateUserInfoData,uploadHeadData,updateCellphoneData,updatePasswordData,getFavData,delFavDat-
a} from "../../../api/user";
```

```
let modules={
    ...
    state:{
        ...
        favs:[]                          //我的收藏数据
    },
    mutations:{
        ...
        //设置我的收藏
        ["SET_FAVS"](state,payload){
            state.favs=payload.favs;
        },
        //我的收藏分页
        ["SET_FAVS_PAGE"](state,payload){
            state.favs.push(...payload.favs);
        },
        //删除收藏
        ["DEL_FAVS"](state,payload){
            state.favs.splice(payload.index,1);
        }
    },
    actions:{
        ...
        //我的收藏分页数据
        getFavPage(conText,payload){
            getFavData({uid:conText.state.uid,...payload}).then(res=>{
                if(res.code===200){
                    conText.commit("SET_FAVS_PAGE",{favs:res.data});
                    if(payload.success){
                        payload.success()
                    }
                }
            })
        },
        //删除收藏
        delFav(conText,payload){
            delFavData({uid:conText.state.uid,...payload}).then(res=>{
                if(res.code===200){
                    conText.commit("DEL_FAVS",{index:payload.index});
                    if(payload.success){
                        payload.success();
                    }
                }
            });
        }
    }
}
export default modules;
```

接下来，创建src/pages/user/fav/index.vue文件，创建完成后，在src/router.js文件中配置路由，新增代码如下。

```
import Vue from 'vue';
import Router from 'vue-router';

Vue.use(Router);
```

```
let router=new Router({
    ...
    routes:[
        ...
        {
            path:"/user/fav",
            name:"fav",
            component:()=>import("./pages/user/fav"),
            meta:{auth:true,title:"我的收藏"}
        }
    ]
});
...
export default router;
```

路由配置完成后，接着开发"我的收藏"页面，src/pages/user/fav/index.vue文件的代码示例如下。

```html
<template>
    <div class="page">
        <SubHeader title="我的收藏"></SubHeader>
        <div class='main'>
            <div class='goods-list' v-for="(item,index) in favs" :key="index">
                <div class='image'>
                    <img :data-echo="item.image" src="../../../assets/images/common/lazyImg.
                        jpg" alt=""/>
                </div>
                <div class='title'>{{item.title}}</div>
                <div class='price'>¥{{item.price}}</div>
                <div class='btn-wrap'>
                    <div class='btn' @click="$router.push('/goods/details?gid='+item.gid)">购买
                        </div>
                    <div class='btn' @click="delFav(index,item.fid)">删除</div>
                </div>
            </div>
        </div>
        <div class="no-data" v-show="false">您还没有收藏商品！</div>
    </div>
</template>

<script>
    import {mapActions,mapState} from "vuex"
    import UpRefresh from '../../../assets/js/libs/uprefresh';
    import SubHeader from "../../../components/sub_header";
    import {Dialog} from "vant";
    export default {
        name: "fav",
        components:{
            SubHeader
        },
        mounted(){
            document.title=this.$route.meta.title;
        },
        created(){
            this.$utils.safeUser(this);
            this.pullUp=new UpRefresh();
            this.getFav({page:1,success:(pageNum)=>{
```

```
                        this.$nextTick(()=> {
                            this.$utils.lazyImg();
                            this.pullUp.init({"curPage":1,"maxPage":parseInt(pageNum),
                            "offsetBottom":100},(page)=>{
                                this.getFavPage({page:page,success:()=>{
                                    this.$utils.lazyImg();
                                }});
                            });
                        });
                    }});
                },
                computed:{
                    ...mapState({
                        favs:state=>state.user.favs
                    })
                },
                methods:{
                    ...mapActions({
                        getFav:"user/geetFav",
                        getFavPage:"user/getFavPage",
                        asyncDelFav:"user/delFav"
                    }),
                    //删除收藏
                    delFav(index,fid){
                        Dialog.confirm({
                            title: '',
                            message: '确认要删除吗？'
                        }).then(() => {
                            this.asyncDelFav({index:index,fid:fid,success:()=>{
                                    this.$nextTick(()=>{
                                        this.$utils.lazyImg();
                                    })
                            }});
                        }).catch(()=>{

                        })
                    }
                },
                beforeDestroy() {
                    this.pullUp.uneventSrcoll();
                }
            }
    </script>

    <style scoped>
        //CSS样式省略
    </style>
```

以上代码并不复杂，尽量做到不看注释能读懂代码，如果开发中有困难请观看视频学习。

14.18　最终上线测试

项目开发完成后，需要在真机上测试，看有没有兼容性问题，测试完成后将哪些文件上传到服务器，如果访问地址出现子目录如何配置访问，这些都是必须知道的。

扫一扫，看视频

14.18.1　真机测试

真机测试需要计算机和手机在同一网段内，才能在手机上预览开发的项目。如果有无线WiFi，可以将手机和计算机连接在同一WiFi下测试；如果没有，可以打开手机热点，让计算机连接手机的热点WiFi。连接完成后，在命令提示符窗口中输入npm run dev命令或npm run serve命令运行项目，运行的效果如图14.41所示。

图 14.41　运行项目显示的效果

在手机浏览器地址栏中输入http://192.168.1.5:8080即可访问，如果访问不了，可以尝试关闭计算机操作系统的防火墙。如果没有识别出Network地址，可以在vue.config.js文件中手动配置内网IP地址，最终在手机上访问。那么如何获取IP地址呢？如果是Windows操作系统，在命令提示符窗口中输入ipconfig命令获取；如果是Mac操作系统，在终端输入ifconfig命令获取。接下来以Mac操作系统为例，打开终端输入ifconfig命令，按Enter键，如图14.42所示。

```
lo0: flags=8049<UP,LOOPBACK,RUNNING,MULTICAST> mtu 16384
        options=1203<RXCSUM,TXCSUM,TXSTATUS,SW_TIMESTAMP>
        inet 127.0.0.1 netmask 0xff000000
        inet6 ::1 prefixlen 128
        inet6 fe80::1%lo0 prefixlen 64 scopeid 0x1
        nd6 options=201<PERFORMNUD,DAD>
gif0: flags=8010<POINTOPOINT,MULTICAST> mtu 1280
stf0: flags=0<> mtu 1280
XHC20: flags=0<> mtu 0
en0: flags=8863<UP,BROADCAST,SMART,RUNNING,SIMPLEX,MULTICAST> mtu 1500
        ether ac:bc:32:c3:a6:83
        inet6 fe80::c63:dce9:38c0:92b8%en0 prefixlen 64 secured scopeid 0x5
        inet 192.168.1.5 netmask 0xffffff00 broadcast 192.168.1.255
        inet6 240e:324:650b:5f00:1c30:12f4:654e:1086 prefixlen 64 autoconf secured
        inet6 240e:324:650b:5f00:c923:8210:ef3d:8693 prefixlen 64 autoconf temporary
        nd6 options=201<PERFORMNUD,DAD>
        media: autoselect
        status: active
p2p0: flags=8843<UP,BROADCAST,RUNNING,SIMPLEX,MULTICAST> mtu 2304
        ether 0e:bc:32:c3:a6:83
        media: autoselect
        status: inactive
awdl0: flags=8943<UP,BROADCAST,RUNNING,PROMISC,SIMPLEX,MULTICAST> mtu 1484
        ether 36:43:be:4f:e5:96
        inet6 fe80::3443:beff:fe4f:e596%awdl0 prefixlen 64 scopeid 0x7
        nd6 options=201<PERFORMNUD,DAD>
        media: autoselect
        status: active
en1: flags=8963<UP,BROADCAST,SMART,RUNNING,PROMISC,SIMPLEX,MULTICAST> mtu 1500
        options=60<TSO4,TSO6>
        ether 6a:00:01:4e:67:60
        media: autoselect <full-duplex>
        status: inactive
en2: flags=8963<UP,BROADCAST,SMART,RUNNING,PROMISC,SIMPLEX,MULTICAST> mtu 1500
        options=60<TSO4,TSO6>
        ether 6a:00:01:4e:67:61
        media: autoselect <full-duplex>
        status: inactive
bridge0: flags=8863<UP,BROADCAST,SMART,RUNNING,SIMPLEX,MULTICAST> mtu 1500
        options=63<RXCSUM,TXCSUM,TSO4,TSO6>
        ether 6a:00:01:4e:67:60
        Configuration:
                id 0:0:0:0:0:0 priority 0 hellotime 0 fwddelay 0
                maxage 0 holdcnt 0 proto stp maxaddr 100 timeout 1200
                root id 0:0:0:0:0:0 priority 0 ifcost 0 port 0
                ipfilter disabled flags 0x2
        member: en1 flags=3<LEARNING,DISCOVER>
                ifmaxaddr 0 port 8 priority 0 path cost 0
        member: en2 flags=3<LEARNING,DISCOVER>
                ifmaxaddr 0 port 9 priority 0 path cost 0
        nd6 options=201<PERFORMNUD,DAD>
        media: <unknown type>
```

图 14.42　Mac 操作系统终端获取 IP 地址

图14.42方框位置就是IP地址,将192.168.1.5填写到vue.config.js文件中devServer选项内的host属性中,修改的代码如下。

```
...
devServer:{
        open:false,                      //是否启动打开浏览器
        host:"192.168.1.5",              //主机,0.0.0.0支持局域网地址,可以用真机测试
        port:"8080",
        //配置跨域代理
        proxy:{
            "/api":{
                target:"http://vueshop.glbuys.com/api",
                changeOrigin:true,       //支持跨域
                pathRewrite:{
                    '^/api':""
                }
            }
        }
    },
...
```

上面代码中加粗的部分为修改后的代码,修改后别忘了保存。接下来,使用npm run dev命令或npm run serve命令运行项目,运行的效果如图14.43所示。

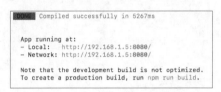

图 14.43 自定义 IP 地址显示的效果

可以看到,Local和Network的IP地址均为内网IP地址,这样就可以用手机访问了。

> **注意:**
> 一般不建议修改IP地址,除非没有Network这个选项,再自定义IP地址,默认设置为0.0.0.0即可。

14.18.2 发布上线

生产环境的代码通常是在apache或nginx环境下运行,使用npm run build命令生成dist文件夹,将该文件夹中的所有文件上传到服务器中,通常采用FTP上传,支持FTP上传的软件有很多,最常用的是FileZilla软件。FileZilla软件的使用很简单,这里不再讲解,视频教程中有演示FileZilla软件的使用。至于apache和nginx服务器的搭建,属于后端和运维范畴,也不在这里讲解,如果想使用apache或nginx搭建服务器,可以百度一下,非常简单。这里主要讲解的是Vue在发布上线时需要注意的一些事项。

将dist文件夹中的所有文件上传到服务器后,如果通过主域名http://www.lucklnk.com访问,那么直接上传即可;如果通过一级目录http://www.lucklnk.com/vue访问,需要配置vue.config.js文件,修改的代码如下。

```
publicPath:'/'
//修改为
publicPath:'/vue/'
```

配置完成后，别忘了保存，使用npm run build命令将打包出来的dist文件夹中的所有文件上传到服务器的Vue文件夹中，通过http:/www.lucklnk.com/vue访问。

14.19　小结

本章的实战项目实现了仿京东电商的核心功能，包括商品分类、商品搜索、商品详情、购物车、会员登录与注册、评价、下单、订单管理、收货地址管理、修改个人资料、收藏等。实战项目是本书的重中之重，同时，真实的企业级完整项目接口文档，从真机测试到最终发布上线，和企业实际开发无异。通过练习这个项目并把它完成，既能使前面学到的理论知识更加巩固，又能在开发项目的过程中，提高自己的实战能力，这样工作中才能游刃有余。通过实战项目，还可以提升逻辑思维、编程思路、解决问题的能力，建议大家多下载一些开源项目，多读他人的代码，因为在工作中大多数都是在原有的项目上进行二次开发，能读懂他人的代码是非常重要的。